Premiere Pro 2021
从入门到精通

刘蔚 编著

人民邮电出版社
北京

图书在版编目（CIP）数据

Premiere Pro 2021从入门到精通 / 刘蔚编著. --
北京：人民邮电出版社，2021.11（2024.2重印）
ISBN 978-7-115-56797-0

Ⅰ．①P… Ⅱ．①刘… Ⅲ．①视频编辑软件 Ⅳ.
①TP317.53

中国版本图书馆CIP数据核字(2021)第128624号

内 容 提 要

本书主要讲解视频剪辑软件 Premiere Pro 2021 的功能、工作流程和操作技法，帮助读者全面学习并掌握 Premiere 视频剪辑技术。

全书包含 52 个案例训练、18 个综合训练、8 个视频剪辑实训，以及 165 集 500 多分钟教学视频（116 分钟软件功能讲解视频和 420 分钟案例制作视频）。本书详细讲解了视频编辑的基础知识、Premiere 的操作界面、Premiere 视频剪辑技术、视频转场技术、抠像技术、调色技术、音频处理技术和字幕制作技术等。除此之外，本书技法应用涉及抖音短视频、栏目包装、Vlog 制作和酷炫视频等方向。全书重要的知识点都配有案例训练，读者可以融会贯通、举一反三地运用到实际工作中，制作出更多精美的效果。

本书提供的学习资源包括所有案例训练、综合训练和商业实训的工程文件、在线教学视频和效果展示视频，读者在实际操作过程中遇到困难时，可以通过观看教学视频辅助学习；教师资源包括 PPT 教学课件、教学大纲和教案等，教师在教学时可直接使用。此外，本书附赠 Premiere 功能讲解部分的练习文件（视频、图片素材和部分 Premiere 模板）供读者使用，以及 4 套相关软件的基础教学视频，供读者扩展学习。

本书非常适合作为初学者学习 Premiere 的教程书，也适合作为院校和数字艺术教育培训机构相关专业课程的教材。

◆ 编　著　刘　蔚
　　责任编辑　张丹阳
　　责任印制　马振武

◆ 人民邮电出版社出版发行　　北京市丰台区成寿寺路 11 号
　　邮编 100164　　电子邮件 315@ptpress.com.cn
　　网址 https://www.ptpress.com.cn
　　北京捷迅佳彩印刷有限公司印刷

◆ 开本：880×1092　1/16
　　印张：30.5
　　字数：1347 千字
　　　　　　　　　　　　　　　　　　彩插：4
　　　　　　　　　　　　　　　　　　2021 年 11 月第 1 版
　　　　　　　　　　　　　　　　　　2024 年 2 月北京第 6 次印刷

定价：129.90 元

读者服务热线：(010)81055410　印装质量热线：(010)81055316
反盗版热线：(010)81055315
广告经营许可证：京东市监广登字 20170147 号

精彩案例展示

案例训练：使用ProDAD Mercalli 2.0调整视频	<<< *100 页*
案例文件	工程文件>CH03>案例训练：使用ProDAD Mercalli 2.0调整视频
难易程度	★★☆☆☆
技术掌握	掌握视频防抖的调整方法

案例训练：制作视频的快慢变化效果	<<< *121 页*
案例文件	工程文件>CH03>案例训练：制作视频的快慢变化效果
难易程度	★★★☆☆
技术掌握	掌握时间重映射、转场的制作方法

案例训练：制作水墨效果转场效果	<<< *129 页*
案例文件	工程文件>CH03>案例训练：制作水墨效果转场效果
难易程度	★★☆☆☆
技术掌握	理解嵌套序列，掌握制作水墨效果转场的方法

案例训练：都市生活方式混剪	<<< *134 页*
案例文件	工程文件>CH03>案例训练：都市生活方式混剪
难易程度	★★★☆☆
技术掌握	理解交互式剪辑思路

案例训练：两小无猜的童年混剪	<<< *136 页*
案例文件	工程文件>CH03>案例训练：两小无猜的童年混剪
难易程度	★★★☆☆
技术掌握	掌握交互式剪辑思路

综合训练：制作朋友圈10秒短视频	<<< *145 页*
案例文件	工程文件>CH03>综合训练：制作朋友圈10秒短视频
难易程度	★★★★☆
技术掌握	掌握使用基本图形与轨道遮罩键效果制作玻璃转场的方法

精彩案例展示

综合训练：制作同学纪念片 <<< *148* 页

案例文件	工程文件>CH03>综合训练：制作同学纪念片
难易程度	★★★☆☆
技术掌握	理解并掌握使用遮罩的方法

综合训练：制作场景纪实片 <<< *150* 页

案例文件	工程文件>CH03>综合训练：制作场景纪实片
难易程度	★★★☆☆
技术掌握	掌握使用超级缩放转场预设的方法

案例训练：制作多角度镜头的视频 <<< *174* 页

案例文件	工程文件>CH04>案例训练：制作多角度镜头的视频
难易程度	★★★☆☆
技术掌握	理解近景、远景及特写镜头之间的搭配

案例训练：制作扭曲转场效果 <<< *178* 页

案例文件	工程文件>CH04>案例训练：制作扭曲转场效果
难易程度	★★★★☆
技术掌握	掌握主观镜头和超级缩放转场预设的使用方法，以及制作扭曲转场的方法

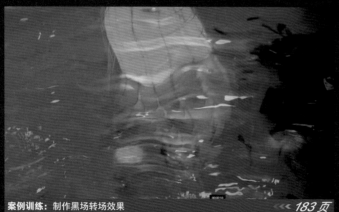

案例训练：制作黑场转场效果 <<< *183* 页

案例文件	工程文件>CH04>案例训练：制作黑场转场效果
难易程度	★★★★☆
技术掌握	掌握制作波纹过渡和黑场过渡的方法

案例训练：制作翻页转场效果 <<< *187* 页

案例文件	工程文件>CH04>案例训练：制作翻页转场效果
难易程度	★★★★☆
技术掌握	理解并熟练使用翻页转场预设的方法

精彩案例展示

案例训练： 制作RGB色彩分离扭曲转场效果　　<<< *188 页*

案例文件	工程文件>CH04>案例训练：制作RGB色彩分离扭曲转场效果
难易程度	★★★★☆
技术掌握	理解并掌握制作RGB色彩分离扭曲转场的方法

案例训练： 制作叠化转场效果　　<<< *190 页*

案例文件	工程文件>CH04>案例训练：制作叠化转场效果
难易程度	★★★★☆
技术掌握	理解并掌握使用亮度键转场的方法

案例训练： 制作多画屏分割转场效果　　<<< *191 页*

案例文件	工程文件>CH04>案例训练：制作多画屏分割转场效果
难易程度	★★★☆☆
技术掌握	理解并熟练使用画面分屏效果的方法

综合训练： 制作变色卡点视频　　<<< *193 页*

案例文件	工程文件>CH04>综合训练：制作变色卡点视频
难易程度	★★★☆☆
技术掌握	熟练掌握利用Lumetri颜色效果制作变色卡点视频的方法

案例训练： 制作文字遮罩效果　　<<< *213 页*

案例文件	工程文件>CH05>案例训练：制作文字遮罩效果
难易程度	★★☆☆☆
技术掌握	理解并掌握制作文字遮罩效果、卷帘转场的方法

综合训练： 使用抠像制作笔刷转场　　<<< *219 页*

案例文件	工程文件>CH05>综合训练：使用抠像制作笔刷转场
难易程度	★★★★☆
技术掌握	掌握在短视频中的应用抠像的方法

精彩案例展示

案例训练：修复曝光不足的视频	<<< 266 页
案例文件	工程文件>CH06>案例训练：修复曝光不足的视频
难易程度	★★★☆☆
技术掌握	掌握提高曝光度的方法

案例训练：调色风格之戏剧风格	<<< 274 页
案例文件	工程文件>CH06>案例训练：调色风格之戏剧风格
难易程度	★★★☆☆
技术掌握	活用调色技巧为视频调出戏剧风格

案例训练：调色风格之黑色电影风格	<<< 276 页
案例文件	工程文件>CH06>案例训练：调色风格之黑色电影风格
难易程度	★★★☆☆
技术掌握	活用调色技巧为视频调出黑色电影风格

综合训练：制作变色效果	<<< 285 页
案例文件	工程文件>CH06>综合训练：制作变色效果
难易程度	★★★★☆
技术掌握	活用调色技巧制作出变色效果

综合训练：调整大片的色彩质感	<<< 291 页
案例文件	工程文件>CH06>综合训练：调整大片的色彩质感
难易程度	★★★★☆
技术掌握	活用调色技巧制作出夜景黑金效果

案例训练：制作音频的鼓点对齐效果2	<<< 337 页
案例文件	工程文件>CH07>案例训练：制作音频的鼓点对齐效果2
难易程度	★★★☆☆
技术掌握	掌握鼓点对齐技巧

精彩案例展示

案例训练：烘托人物情绪		<<< *344 页*
案例文件	工程文件>CH07>案例训练：烘托人物情绪	
难易程度	★★★☆☆	
技术掌握	为视频添加合适的音乐来烘托人物情绪	

案例训练：相同场景切换的音效处理		<<< *347 页*
案例文件	工程文件>CH07>案例训练：相同场景切换的音效处理	
难易程度	★★★☆☆	
技术掌握	掌握相同场景切换的音效处理技巧	

综合训练：制作炫酷字幕特效		<<< *386 页*
案例文件	工程文件>CH08>综合训练：制作炫酷字幕特效	
难易程度	★★★★☆	
技术掌握	掌握特效字幕的制作方法	

综合训练：制作字幕扫光特效		<<< *389 页*
案例文件	工程文件>CH08>综合训练：制作字幕扫光特效	
难易程度	★★★★☆	
技术掌握	活用字幕技巧制作出字幕扫光特效	

综合训练：制作诗文效果		<<< *394 页*
案例文件	工程文件>CH08>综合训练：制作诗文效果	
难易程度	★★★★☆	
技术掌握	活用字幕技巧为字幕制作出诗文效果	

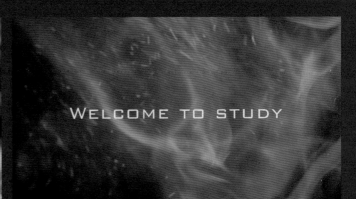

综合训练：制作电影片头字幕		<<< *394 页*
案例文件	工程文件>CH08>综合训练：制作电影片头字幕	
难易程度	★★★★☆	
技术掌握	活用字幕技巧制作电影片头字幕	

精彩案例展示

9.2 制作抖音快闪视频		<<< *408 页*
案例文件	工程文件>CH09>制作抖音快闪视频	
难易程度	★★★★☆	
技术掌握	掌握照片在视频中的呈现方式与鼓点对齐技术	

10.1 制作纪录片照片定格效果		<<< *428 页*
案例文件	工程文件>CH10>制作纪录片照片定格效果	
难易程度	★★★☆☆	
技术掌握	掌握定格照片的拍摄模拟技法和字幕扭曲效果的制作思路	

10.2 制作娱乐栏目片头		<<< *440 页*
案例文件	工程文件>CH10>制作娱乐栏目片头	
难易程度	★★★★☆	
技术掌握	掌握音乐节奏的卡点技巧和照片动态效果的制作方法	

11.1 制作Vlog颜色卡点效果		<<< *442 页*
案例文件	工程文件>CH11>制作Vlog颜色卡点效果	
难易程度	★★★★☆	
技术掌握	掌握定格变色效果和视频跳跃效果的制作思路	

12.1 制作音乐节娱乐视频		<<< *476 页*
案例文件	工程文件>CH12>制作音乐节娱乐视频	
难易程度	★★★★☆	
技术掌握	掌握流光效果、明暗效果、虚实结合效果的制作方法	

12.2 制作动感酷炫相册		<<< *488 页*
案例文件	工程文件>CH12>制作动感酷炫相册	
难易程度	★★★★☆	
技术掌握	掌握RGB颜色分离和多镜头融合的技术	

前 言

Premiere是Adobe公司开发的一款常用的视频编辑软件，是视频编辑爱好者和专业人士广泛使用的视频编辑工具。它提供了采集、剪辑、调色、美化音频、添加字幕、输出、DVD刻录的一整套流程，并和其他Adobe软件高效协同，足以应对在编辑、制作、工作流上遇到的所有挑战，满足任何创建高质量作品的要求。

目前，随着移动互联网的不断发展，短视频时代来临，Premiere也从最初的专业影视编辑软件变成了全领域视频编辑软件，你可以在自媒体、抖音、栏目包装甚至朋友圈中看到Premiere的影子，它已经成为一款全民娱乐与工作的得力软件了。

本书特色

52个案例训练： 本书是针对零基础读者的入门教程，书中详细介绍了Premiere的重要功能，针对这些功能，还安排了案例进行训练，让读者能够深度学习，从而熟练掌握工具的使用方法和功能。

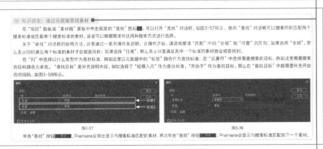

18个综合训练： 本书将Premiere的技术划分为六大模块（第3~8章），针对这些模块均安排了综合训练，帮助读者融会贯通，应用到实际工作中。

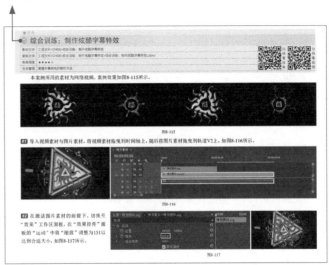

189个技术/技巧： 全书穿插了大量"技巧提示""疑难问答""知识课堂"，这些内容依次是操作过程中的技巧、学习过程中的问题解答、实操过程中的技术拓展，希望它们可以帮助读者学会科学合理地使用Premiere进行视频剪辑。

8个商业实训： 本书第9~12章列举了Premiere常见的四大应用方向的商业实训案例，包括抖音短视频、栏目包装视频、Vlog和酷炫视频。

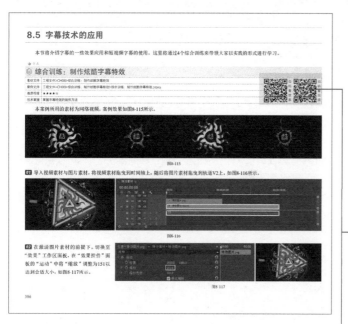

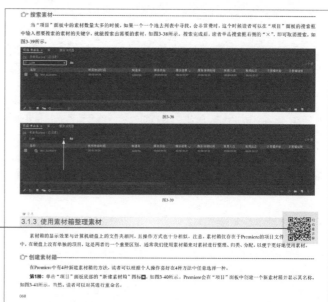

功能讲解视频、案例教学视频及效果展示视频均可扫码在线观看。

内容安排

全书共分为12章，以"技术讲解+案例训练"的形式进行讲解。另外，因为视频剪辑会涉及Premiere的多个功能，所以全书的案例会有功能交叉的情况，对于还没有讲到的知识，读者可以先掌握操作步骤，后续再深入学习、理解原理。

第1章： 讲解了视频剪辑的基础知识，包括非线性编辑的特点，以及帧、视频像素、分辨率、码流等视频剪辑必备的一些知识。

第2章： 讲解了Premiere的操作界面，包含界面的组成、界面的操作逻辑，以及使用Premiere进行视频剪辑时的基本操作。

第3章： 讲解了Premiere视频剪辑技术和流程，包含导入素材、编辑素材、序列操作、编辑操作、粗剪、精剪、插件处理、高级剪辑技巧、剪辑手法等，这些内容是视频剪辑的基本技术，也是贯穿整个视频剪辑的技术。

第4章： 讲解了Premiere的转场技术，包含关键帧的操作、画面过渡的基本操作、过渡工具、无技巧转场、技巧转场等内容。

第5章： 讲解了Premiere的抠像技术，包含不透明度的应用、蒙版的应用、颜色键、超级键，以及运动区域抠像等。

第6章： 讲解了Premiere的调色技术，包含视频调色的基本知识、调色工具、调色插件、调色技巧等，这是视频精剪的必备知识，请读者一定要掌握。

第7章： 讲解了Premiere的音频处理技术，包含音频的基本编辑、音频的优化、音频的鼓点对齐、音乐的添加与调整、转场音效的处理技巧等。

第8章： 讲解了Premiere的字幕制作技术，包含字幕的种类和格式、字幕的创建、字幕的处理、字幕效果等。

第9~12章： 讲解了Premiere在抖音短视频、栏目包装、Vlog和酷炫视频方面的应用，这4章为综合实训内容，可以帮助读者快速掌握Premiere在行业中的应用。

由于编者水平有限，书中难免会有一些疏漏之处，希望读者能够谅解，并批评指正。

刘蔚

2021年6月

资源与支持

本书由"数艺设"出品,"数艺设"社区平台(www.shuyishe.com)为您提供后续服务。

学习资源

配套资源

• 全部案例的工程文件(素材及源文件)、案例教学
视频(78集)、效果展示视频

• 功能讲解视频(87集)

教师资源

• PPT教学课件

• 教案及教学大纲

附赠资源

• 开源视频素材(含部分可直接使用的Premiere模板)

• Photoshop 软件基础教学视频(80集)

• Illustrator 软件基础教学视频(20集)

• Cinema 4D 软件基础教学视频(118集)

• 3ds Max 软件基础教学视频(174集)

资源获取请扫码

数艺设"社区平台,为艺术设计从业者提供专业的教育产品。

与我们联系

我们的联系邮箱是 szys@ptpress.com.cn。如果您对本书有任何疑问或建议,请您发邮件给我们,并请在邮件标题中注明本书书名及ISBN,以便我们更高效地做出反馈。

如果您有兴趣出版图书、录制教学课程,或者参与技术审校等工作,可以发邮件给我们。如果学校、培训机构或企业想批量购买本书或"数艺设"出版的其他图书,也可以发邮件联系我们。

如果您在网上发现针对"数艺设"出品图书的各种形式的盗版行为,包括对图书全部或部分内容的非授权传播,请您将怀疑有侵权行为的链接通过邮件发给我们。您的这一举动是对作者权益的保护,也是我们持续为您提供有价值内容的动力之源。

关于"数艺设"

人民邮电出版社有限公司旗下品牌"数艺设",专注于专业艺术设计类图书出版,为艺术设计从业者提供专业的图书、视频电子书、课程等教育产品。出版领域涉及平面、三维、影视、摄影与后期等数字艺术门类,字体设计、品牌设计、色彩设计等设计理论与应用门类、UI设计、电商设计、新媒体设计、游戏设计、交互设计、原型设计等互联网设计门类,环艺设计手绘、插画设计手绘、工业设计手绘等设计手绘门类。更多服务请访问"数艺设"社区平台www.shuyishe.com。我们将提供及时、准确、专业的学习服务。

学习资源说明

116分钟功能讲解教学视频：针对全书的重点工具和功能，编者专门录制了教学视频，详细地演示了这些工具和功能的操作技巧、应用方式。

420分钟案例教学视频：因为Premiere属于实操型软件，单凭图文来学习案例，难免会产生一些疑问，所以本书提供了所有案例训练、综合训练、商业实训的完整教学视频，详细地记录了每一个案例的制作过程。

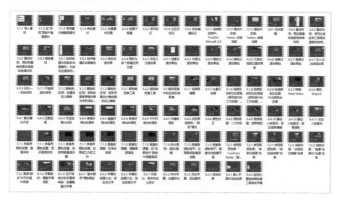

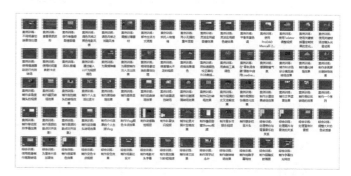

案例效果展示视频：在图书中很难展示视频的动态效果，读者可以通过扫描二维码来观看案例的剪辑效果。

为方便读者学习，随书附赠全部案例的素材文件和工程文件。

本书还特别赠送大量的视频素材、图片素材和Premiere模板文件，方便读者日常制作和学习。

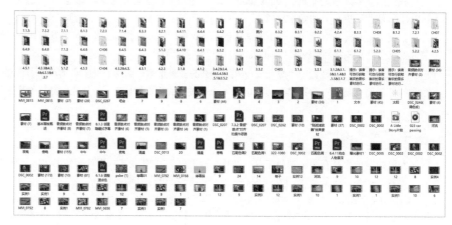

目 录

基础视频集数：19集 ▪▪▪▪ 案例视频集数：16集 ▪▪▪▪ 视频时长：74分钟

第3章 Premiere视频剪辑技术 051

基础视频集数：12集 ——— 案例视频集数：16集 ——— 视频时长：60分钟

基础视频集数：7集 ——— 案例视频集数：5集 ——— 视频时长：24分钟

基础视频集数：11集　　案例视频集数：5集　　视频时长：66分钟

第8章 字幕制作技术 363

案例视频集数：2集　　视频时长：28分钟

第9章 抖音短视频实训 395

案例视频集数：2集　　视频时长：37分钟

第10章 栏目包装实训 427

第 1 章

1

视频编辑的基础知识

要学习用Premiere剪辑视频，并不是直接打开Premiere，然后在界面中不断操作就能学好的。要想做出属于自己的短视频作品，除了要掌握软件的相关知识，还需要了解和掌握视频编辑的相关知识，如非线性编辑、帧速率、码流、视频分辨率、视频格式等，这些都是在编辑视频之前要掌握的知识点。

学习重点 🔍

学完本章能做什么

了解了视频编辑的基础知识，你才能对Premiere的单位、参数、设置等做到心中有数，避免在进行剪辑操作的时候还受基础概念的影响，从而影响学习效率。

1.1 影视剪辑的发展

随着时代的发展，人们对影视作品的需求不断增加，使得视频内容质量高成为当今影视行业的基础要求。剪辑作为影视行业非常重要的一个环节，在影视行业的发展过程中起着重要的作用。因此，了解剪辑的发展历史，对影视行业从业者来说相当重要。

作为一种独特的艺术表现手段，影视剪辑的发展历程可大致分为4个时期："原生态"时期、"蒙太奇"时期、"动作剪辑"时期和"数字合成"时期。

1.1.1 "原生态"时期

早期的电影是没有经过剪辑的，电影制作者只通过胶片记录下他们感兴趣的画面，通常会一直拍摄画面至胶片跑完，例如，由一个镜头拍摄成的电影《火车进站》就是如此，如图1-1所示。受到当时技术条件的限制，大部分影片只能放映约1分钟。当时，电影大多记录现实活动，因此电影仅仅是对现实的一种复制，并不能够称之为"电影艺术"。

图1-1

1.1.2 "蒙太奇"时期

在一次偶然的影片放映错误中，人们无意中发现了电影衔接放映所带来的特殊效果。正是这次偶然事件的发生促成了传统剪辑的形成。从此原本只是单纯用以记录现实形态的影片开始具备了虚构成分和创作的含义。剪辑师们突破了单镜头叙事的方式，提出了分镜头的概念，从此有了从"特写"到"全景"的镜头语言——景别，可以通过将不同的镜头剪辑在一起创造出一个全新的完整故事。剪辑与"蒙太奇"可以赋予影像超越本身的意义，并且可以激发出强烈的情感。总之，电影的剪辑技术在这个时期内诞生并飞速地发展。

图1-2所示的片段可以简单地理解为"蒙太奇"镜头语言，通过拼凑不同时间片段，叙述了主人公的工作、生活、所处环境及家庭情况。

图1-2

1.1.3 "动作剪辑"时期

"蒙太奇"语言的形成为影像剪辑确定了整体的架构原则，而以好莱坞戏剧电影为标志的"动作剪辑"则为影片在具体的镜头技术层面上提供了相应的法则。"动作剪辑"注重镜头与镜头之间衔接的流畅性、连贯性。在镜头语言构成上，"动作剪辑"重视并强调对人在生活中所表现的正常、有逻辑的心理趋向的顺应。

1.1.4 "数字合成"时期

"数字合成"技术使电影工作者可以在拍摄之前就对剪辑进行构思,预览技术的出现使剪辑师可以获取更多的信息来剪辑他的影片。如今的剪辑已经具备系统化的特征,电影从业者可以在工作室里进行剧本编写、拍摄、剪辑等。有些电影中的每个角色都有其对应的数字虚拟角色,有的情景为了满足某种特殊的要求也会用到数字的场景。

科技的进步正影响着电影行业的发展,在不久的将来会出现更多先进的剪辑技术,这些剪辑技术都将成为电影艺术的有力表现手段。

1.2 线性编辑概述

本节主要介绍传统的线性编辑模式,读者可以了解一下,以便更好地理解下一节将要介绍的非线性编辑的优势。

1.2.1 线性编辑的概念

线性编辑是一种传统的编辑方式,即编辑人员根据视频内容的要求将素材按照线性顺序连接成完整视频的一种编辑技术。线性编辑时必须按照顺序排列所需的视频画面,其依托的是以一维时间轴为基础的线性记录系统。

1.2.2 线性编辑的特点

在线性编辑中,素材在磁带上根据时间顺序依次排列,这种编辑方式要求编辑人员优先编辑素材的首个镜头,然后依次编辑其他镜头,直至结尾镜头编辑完成。这就要求编辑人员必须事先对这些镜头的组接做好构思,一旦完成编辑,这些镜头的组接顺序将不方便再次修改,任何改动都会直接影响到记录在磁带上的内容(改动点至结尾的部分将受到影响,需要重新编辑或进行复制处理)。

1.2.3 线性编辑的缺点

线性编辑经常暴露出以下缺点。

☞ **素材不能做到随机存取**

磁带是线性编辑系统的记录载体,节目内容按照时间顺序线性排列,在寻找素材时录像机需要在时间轴上按照镜头的顺序一段一段地进行卷带搜索,不能随机跳跃,因此素材的选择很费时间,影响了编辑效率。多次的搜索操作也会对录像机的机械伺服系统和磁头造成较多的磨损。

☞ **多次复制导致信号严重衰减、声画质量降低**

在节目制作中,一个重要的问题就是母带的翻版磨损。传统编辑方式的实质是复制,即将源素材信息复制到另一盘磁带上。而复制时存在着衰减现象,当我们进行编辑及多代复制时,信号在传输和编辑过程中容易受到外部干扰,造成信号的损失,使图像的劣化更为明显。

☞ **不能随意地进行插入或删除等操作**

因为磁带的线性记录是线性编辑的基础,所以一般只能按照编辑的顺序记录信息,虽然通过插入编辑的方式可以替换已录磁带上的声音或图像,但是这种替换要求用于替换的片段和磁带上被替换的片段时间一致,而不能进行增删,也就是说,不能改变节目的长度。这样的方式对于节目的编辑修改显得非常不便。

☞ **设备较多,安装调试较为复杂**

线性编辑系统连线复杂,包括视频线、音频线、控制线、同步机等,在操作过程中经常出现不匹配的现象。由于一起工作的设备种类繁多,如录像机(被用作录像机/放像机)、编辑控制器、特技发生器、时基校正器、字幕机等,这些设备各自起着特定的作用,各种设备的性能、指标各不相同，当它们连接在一起工作时，会对视频信号造成较大的影响（衰减）。而同时使用较多的设备，也会使得操作人员众多，操作过程较为复杂。

线性编辑除具有以上缺点外，还经常暴露出因其人机界面较为生硬而限制制作人员的发挥等问题。

1.3 非线性编辑概述

本节主要介绍非线性编辑的特点、优势和流程，读者可以了解一下，熟悉日后需要做的工作。

1.3.1 非线性编辑的概念

非线性编辑是相对于传统磁带的线性编辑而言的，是指借助计算机进行的数字化编辑。在这个过程中素材的放置突破了单一的时间顺序的限制，可以按照多种顺序进行排列，大大提高了编辑效率。

1.3.2 非线性编辑的特点

在非线性编辑系统中几乎所有的工作都在计算机里完成，不再需要种类繁多的外部设备，素材信息都以数字化的视频、音频信号的形式存储在硬盘介质中，调用更加灵活。

非线性编辑技术具有快捷、简便、灵活的特性。从业人员只需上传一次素材即可实现多次编辑，且视频信号质量始终不会因为编辑次数的增加而降低，大大减少了编辑设备的需求及人力资源的浪费，提高了工作效率。非线性编辑需要使用专门的编辑软件及硬件，如今绝大多数的电视、电影制作机构都采用了非线性编辑系统。

1.3.3 非线性编辑的优势

非线性编辑系统集录像机、切换台、数字特技机、编辑机、多轨录音机、调音台、MIDI创作设备、时基校正器等设备为一体，包括了市面上几乎所有的传统后期制作设备。其优势如下。

☞ 信号质量高

在使用传统的录像带编辑节目时，素材磁带会产生多次磨损，且这些机械的磨损是不可逆的。此外，制作特技效果时的"翻版"操作也会造成信号的损失。而在非线性编辑系统中，这些缺点是不存在的，在多次的复制与编辑过程中，信号的质量始终不变（由于信号的压缩与解码，多少存在一些质量损失，但比起线性编辑，其损失量很小）。

☞ 制作水平高

在传统的编辑中，制作一个10分钟左右的节目时，制作人员往往需要处理长达四五十分钟的素材带，从这些素材带中选择合适的镜头并进行编辑组接，同时添加必要的转场及特技效果。这个过程中包含了大量的机械性重复劳动，耗时耗力。而在非线性编辑系统中，所有素材全部存储在硬盘中，可以随时进行精确调用，大大提高了制作效率。同时，种类繁多的特技效果也提高了节目的制作水平。

☞ 节约资源/设备寿命长

由于非线性编辑系统具有高度集成性，有效节约了投资。而录像机在整个编辑过程中只需要用于输入素材及录制节目带，避免了磁鼓的多次磨损，使得录像机的寿命大大延长。

☞ 便于升级

在影视制作中，制作水平的提高往往需要新设备的支持（投资）。而非线性编辑系统的优势在于其易于升级的开放式结构（支持多种第三方硬件及软件），功能的增加只需要通过软件的升级就能够快速实现。

互联网是当今社会发展的一大热点,非线性编辑系统可以充分利用网络进行数据管理,还可以利用网络上的其他计算机进行协同工作。

1.3.4 非线性编辑的流程

非线性编辑的流程可以简单地分成输入、编辑、输出这3个步骤。而由于不同软件功能存在差异,其流程可以进一步细化。在Premiere中,其流程主要分成如下5个步骤。

☞ 素材采集与输入--

采集的主要任务是利用Premiere将模拟视频、音频信号转换成数字信号存储到计算机中,或者将外部的数字视频信息存储到计算机中,成为可以处理的素材;输入的主要任务是把其他软件处理完成的图像、声音等导入Premiere中。采集和输入都是为后续的其他操作做准备。

☞ 素材编辑---

Premiere中的素材编辑即设置素材的入点与出点,并选择最合适的素材部分,然后按照时间的顺序对素材进行组接的过程。

☞ 添加特技效果---

在Premiere中,特技效果包括转场、合成等。那些炫酷的视频效果都是在这个步骤中完成的。

☞ 字幕制作---

字幕的制作包括文字和图形两个方面。Premiere拥有强大的字幕制作工具,同时也为用户提供了大量的字幕制作模板。

☞ 输出--

以上步骤完成即代表节目编辑完成,此时既可以回录到录像带上,也可以生成视频文件,发布到网上等。

> ① 技巧提示
>
> 因为本书主要介绍视频的编辑技法,而视频的输出主要是参数设置,因此不专门设立章节讲解,读者可以在"附录A Premiere常用视频输出参数"中查看,并使用相关参数设置。

1.4 视频的基本概念

一提到视频,大家都有熟悉的两个概念,那就是时长和画面。这里面涉及很多概念,如帧、帧速率、像素、分辨率、码流等。注意,提到时长,读者可能想到的是时、分、秒,但是用Premiere剪辑视频时,最小单位为帧。

1.4.1 帧

在视频中,一幅静止的图像被称作一帧。人眼具有一种特殊的"视觉暂留"生物现象,即人眼观察的物体消失后,物体映像在人眼的视网膜上会保留一段非常短暂的时间(0.1~0.4秒)。人们经常利用这一现象,将一系列图像(物体位置或形状变化很小的图像)连续播放,人眼就会看到连续活动的画面。

观察图1-3所示的月亮"圆缺"的变化,这个过程呈现出随着时间推移,画面发生变化的动态效果,而1~9是不同时刻的月亮状态,每个时刻的状态就被称为一帧,其效果被称为静帧效果。

图1-3

1.4.2 帧速率

　　帧速率是指每秒刷新的图像的帧数，即图形处理器每秒能够刷新几次。对影片而言，帧速率指每秒所包含帧数，单位为fps。一般而言，要生成平滑连贯的动画效果，帧速率一般不小于8 fps，也就是1秒至少包含8帧，也就是8张图片。

　　电影的帧速率为24 fps，电视的帧速率为25 fps或30 fps。运动类动作拍摄的帧速率为50 fps或60 fps，慢动作拍摄的帧速率为120 fps或240 fps。

　　帧速率并非越高越好，帧速率越高所需要的图片数目就越多，需要的存储空间也就越大。在实际操作中应根据视频的使用环境进行相应的帧速率设置。

1.4.3 像素

　　像素是指由一个数字序列表示的图像中所呈现的最小单位（不能够再切割成更小的单位）。像素是构成图像的小方格，这些小方格都有一个明确的位置和色彩数值，小方格的数量、位置和颜色就决定了该图像所呈现出的样子。

　　例如，我们打开一张图片，如图1-4所示，然后放大这张图片，直到画面中出现明显的小方格，如图1-5所示。这时读者应该能明白了，这张图片就是由不同颜色的小方格拼在一起形成的，而一个小方格就代表一个像素。视频中的像素原理与此相同。

图1-4

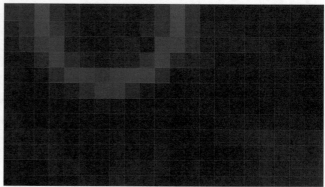

图1-5

1.4.4 视频分辨率

视频分辨率是用于度量视频图像内数据（像素）多少的一个参数。例如一个视频的分辨率为320×180，表示视频在横、纵两个方向上的有效像素分别是320列（k）和180行（p）。

这个时候读者应该就能明白我们日常生活中说的720p、1080p概念了，它们就是纵向像素分别为720行、1080行，那么结合现在视频的尺寸比例普遍为16：9，不难计算出720p的横向像素为1280列，1080p的横向像素为1920列。

这里以1080p为例，根据视频分辨率的概念，1080p的视频分辨率计算方式如下。

视频分辨率=横向像素数×纵向像素数=1920×1080

目前我们看到的视频分辨率为1920×1080就是这个意思。通常情况下，在同一个显示设备中播放不同分辨率的视频，大分辨率的视频内容要比小分辨率的更丰富，也更清晰。

例如，我们在分辨率为1920×1080的显示器中播放1080p的视频，因为视频分辨率和显示器分辨率一致，所以全屏播放时可以完整清晰地播放，如图1-6所示；如果在该显示器中全屏播放720p的视频，因为视频分辨率没有显示器的那么大，所以将视频扩展到与显示器屏幕一样的大小时，像素格会被拉伸，所以视频看起来是有模糊感的，如图1-7所示。

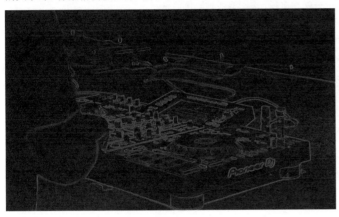

图1-6

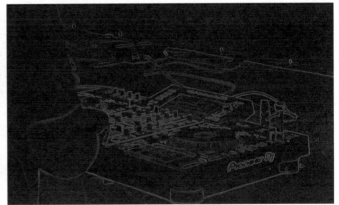

图1-7

! 技巧提示

通过上述内容，读者应该能明白为什么观看视频的时候，部分视频全屏显示后变模糊了。请读者思考或者动手试一试，将1080p和720p的视频分别在分辨率为1280×720的显示器中全屏播放，哪个更清晰。

1.4.5 码流和电视制式

对于这两个术语，读者只需要知道前者的作用和后者的概念即可。

码流指视频文件在单位时间内使用的数据流量，也叫码率，是视频编码中的画面质量控制中最重要的参数。在分辨率相同的情况下，视频文件的码流越大，压缩比就越小，画面质量就越好。

电视制式是电视信号的标准，简称制式，可以简单地理解为传输电视图像或声音信号所采用的一种技术标准。世界上使用的电视广播制式主要有PAL、NTSC和SECAM 3种，国内大部分地区使用PAL制式，市场上正规渠道的DV产品都是PAL制式的。

1.5 数字视频的基础知识

数字视频是和模拟视频相对的，指以数字形式记录的视频。其制作方式是采用视频捕捉设备（如数字摄像机等）将外界影像的颜色和亮度信息转变为电信号，再将电信号记录到存储介质（如磁盘等）中。

1.5.1 数字视频的优势

数字视频的优势有以下3点。

第1点: 对数字视频可以不失真地进行没有次数限制的复制,且查询与存储方便。

第2点: 数字视频可以在计算机网络(局域网或广域网)上传输图像数据,且没有距离限制,也不易受到外界因素的干扰。

第3点: 数字视频具有更好的信息交互性,不需要布设数量庞大的线路,从而减少了工作量。

1.5.2 数字视频的常用格式

数字视频有以下几种常用格式。

☞ AVI---

这是一种将音频和视频同步组合在一起的文件格式。这种格式的特点在于其对视频文件进行了有损压缩,且压缩比较高,因此尽管画面质量不算最好,但其应用范围非常广泛。AVI支持256色和RLE压缩,多用来保存电视、电影等各种影像信息。

☞ MPEG---

这是一种运动图像压缩算法的国际标准,现已被几乎所有的计算机平台支持。它包括MPEG-1、MPEG-2和MPEG-4。其中MPEG-1被广泛应用在VCD(Video Compact Disc)的制作上;MPEG-2被应用在DVD(Digital Versatile Disc)的制作、HDTV(高清晰度电视)和一些高要求的视频编辑处理方面;MPEG-4是一种全新的压缩算法,使用这种算法的ASF格式可以把一部约120分钟的电影压缩为文件大小仅300 MB左右的视频流,方便用户在网络上观看。

☞ MOV---

MOV即QuickTime影片格式,它是由苹果公司开发的一种音频、视频文件格式,常用于存储数字媒体类型的文件。其特点在于兼容性好、所需存储空间小。与AVI格式相比,MOV格式文件也采用了有损压缩的方式,但画面效果较AVI格式要稍微好一些。

☞ WMV---

这是微软公司开发的一种视频编解码格式,其特点在于可同时下载与播放,因此适合网络实时视频的播放。

☞ FLV/F4V---

FLV即Flash Video的简称,其特点在于文件小、加载速度快,因此许多网站视频采用这种格式;F4V可以理解为FLV的升级版,支持H.264编码的高清视频。

☞ RMVB--

即Real Media可变比特率,相较于常见的按固定比特率(CBR)编码的流媒体,RMVB较常应用于本地多媒体文件保存上。

☞ MKV---

MKV不是一种压缩格式,而是一种多媒体容器文件。它能够容纳多种不同编码类型的视频、音频及字幕流,如AVI、WAV、MPEG、RMVB、MOV等。

1.5.3 逐行扫描与隔行扫描

逐行扫描(也叫作非交错扫描)是一种对位图图像进行编码的方式,如图1-8所示,即每一帧图像由电子束按顺序一行一行地连续扫描,扫描显示第1行、第2行、第3行……直至最后一行。逐行扫描的画面清晰度高且无闪烁,动态失真较小,但带宽等技术要求相较于隔行扫描更高。

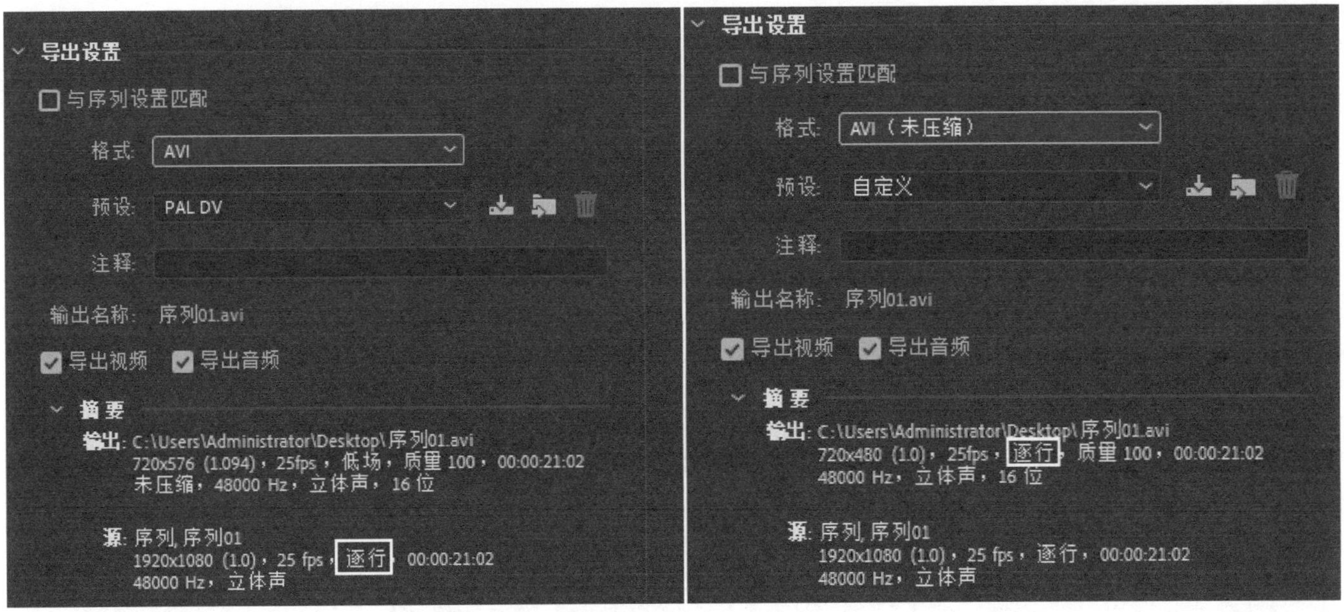

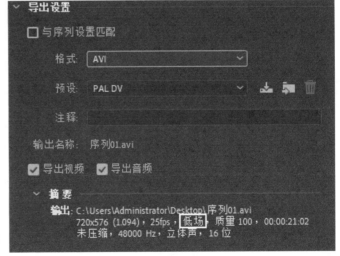

图1-8

隔行扫描（也叫作交错扫描）也是一种对位图图像进行编码的方式，即每一帧图像被分割为奇偶两场，交替进行扫描，首先扫描显示属于奇场的第1行、第3行、第5行……直至奇数行的最后一行，然后扫描显示属于偶场的第2行、第4行、第6行… 直至偶数行的最后一行。隔行扫描的带宽等技术要求相比逐行扫描较低，但画面容易产生行间闪烁、并行现象及垂直边缘锯齿化现象等。

1.5.4 场

视频扫描分为逐行扫描和隔行扫描两种，在隔行扫描播放的设备中，每一帧画面都将被拆分显示，拆分后得到的不完整画面称为"场"，如图1-9所示。在采用NTSC制式的电视中，显示设备每秒需要播放60场画面（NTSC制式的帧速率为30 fps，即每秒30帧。因为每帧画面被隔行扫描分割为两场，所以总计为60场，PAL制式同理）；对于PAL制式的电视来说，则需要每秒播放50场的画面。而无场是针对逐行扫描而言的。

1.5.5 时间码

时间码是数字摄像机在记录图像信号时，为每一幅图像标记的唯一时间编码。这是一种应用于流的数字信号，这种信号为视频中的每一帧都分配一个数字，用以表示时、分、秒和帧，如图1-10所示。

图1-9

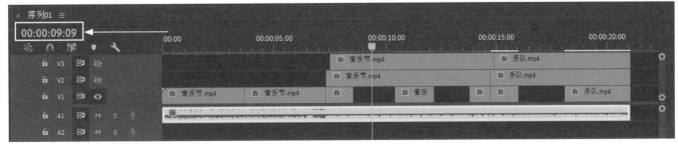

图1-10

◎ 知识课堂：时间码的运算

　　时间码的前面3个数分别表示时、分、秒，为六十进制；而最后一个表示帧的数字的进制则不是固定的，它是由帧速率决定的，例如对于帧速率为25 fps的视频，帧数字为二十五进制，也就是满25帧，则需要进1秒，如图1-11所示；如果是帧速率为30 fps的视频，帧数字则为三十进制，也就是满30帧进1秒，如图1-12所示。

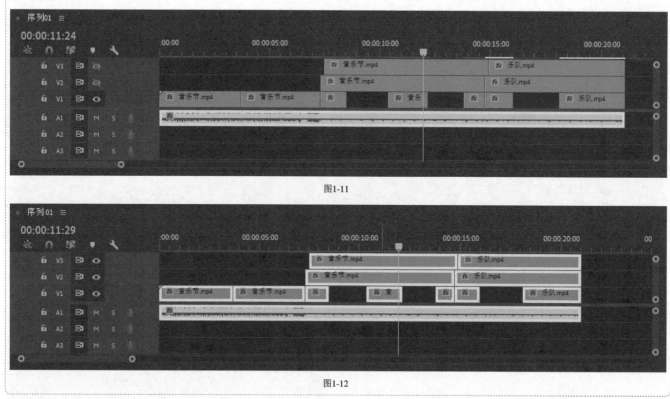

图1-11

图1-12

1.5.6 有损压缩与无损压缩

　　有损压缩也叫作破坏性压缩，是利用人类对图像或声波中的某些频率不敏感的特性，允许数据在压缩过程中损失一定量的信息。有损压缩后虽然最终不能够完全恢复原始数据，但是所损失的部分对解读原始数据的影响不大，其目的是利用较大的压缩比来节省数据空间。

　　无损压缩是利用数据的统计冗余进行的压缩，无损压缩后可以完全恢复原始数据而不引起任何失真，但其压缩率受到数据统计冗余度的理论限制，一般为2∶1到5∶1。无损压缩常用于文本数据、程序和特殊应用场合的图像数据（如指纹图像、医学图像等）的压缩。

1.5.7 帧内压缩与帧间压缩

　　帧内压缩也叫作空间压缩，即压缩一帧图像时，仅考虑该帧的数据而不考虑相邻帧之间的冗余信息，这种压缩方式实际上与静态图像的压缩类似。帧内压缩一般采用有损压缩的算法，但还达不到很高的压缩比。

　　帧间压缩也叫作时间压缩，是基于许多连续画面的前后两帧具有相关性（即连续画面的相邻帧之间具有冗余信息）的特点实现的，一般采用无损压缩的方式进行。

2 Premiere的操作界面

第 章

本章主要带领读者认识Premiere Pro 2021，这是我们接下来要重点学习的软件。本章主要介绍Premiere Pro 2021的界面构成、各个部分的功能、界面的控制。另外，为了方便读者学习，笔者结合多年的操作经验，将一些常用的操作技巧也总结了出来。

学完本章能做什么

熟悉Premiere Pro 2021的工作界面和操作逻辑，不仅可以避免在操作过程中受Premiere Pro 2021烦琐复杂的界面影响而降低操作效率，还能根据自己的习惯配置属于自己的操作界面。

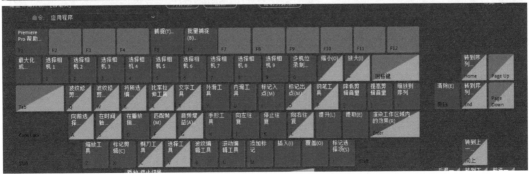

2.1 Premiere快速入门

本节主要介绍Premiere的功能和工作流程，让读者在学习用Premiere剪辑视频之前了解和熟悉需要使用的工具。

2.1.1 Premiere的功能与作用

第1个： Premiere是一个非线性编辑系统，Premiere允许用户在编辑的视频中灵活放置、替换和移动视频、音频和图像，用户无须按照特定顺序来进行编辑，并且可以随时对视频项目的任何部分进行更改。

第2个： 读者可将多个剪辑组合起来，创建一个序列。用户可以以任意顺序编辑序列的任何部分，再更改内容并移动视频剪辑，以改变它们在视频中的播放顺序、将视频图层混合在一起、添加特效。

第3个： 用户可以组合多个序列，且无须快进或倒带即可跳到视频剪辑中的任意时刻。

第4个： Premiere支持磁带和无磁带媒体格式，包括XDCAM EX、XDCAM HD422、AVC-Intra、DPX、DVCProHD、AVCHD（包含NXCAM及AVCCAM）、DSLR视频和Canon XF。它对最新的原始视频格式提供原生的支持，包含来自RED、ARRI、Canon和Blackmagic摄像机的视频。

2.1.2 Premiere的工作流程

本小节主要介绍Premiere的常见工作流程，具体介绍如下。

☞ **完整的视频剪辑流程**---

熟悉素材

剪辑师获得前期拍摄的素材后，需要将素材整体浏览多遍，熟悉摄影师拍摄了哪些素材，并对每条素材有大致的印象，以便后续配合剧本整理剪辑思路。

整理思路

在充分熟悉素材之后，剪辑师需要结合这些素材和剧本整理出剪辑的思路，通常情况下这个工作可能会和导演一起探讨完成。

镜头分类筛选

有了整体的剪辑思路之后，接下来剪辑师就需要对素材进行筛选与分类，最好将不同场景的系列镜头分类整理到不同文件夹中，这个工作可以在剪辑软件的项目管理面板中完成，分类的主要目的是方便后续的剪辑和素材管理。

粗剪

粗剪的目的是根据剪辑思路搭建影片的框架，使视频表现的情节完整化。将素材分类整理完成之后，接下来的工作就是在剪辑软件中按照分好类的戏份场景进行拼接剪辑，挑选合适的镜头将每一场戏流畅地剪辑出来，然后将每一场戏按照剧本叙事的方式拼接。

精剪

精剪的目的是调整影片的节奏并烘托影片的气氛。完成粗剪之后，剪辑师需要对影片进行精剪，精剪主要是对影片做"减法"和"乘法"。做"减法"是在不影响剧情的情况下，修剪掉拖沓的不必要的段落，让影片更加紧凑；做"乘法"可以使影片的情绪氛围及主题得到进一步升华。

添加配乐/音效

合适的配乐可以给影片加分，配乐是整部片子风格的重要组成部分，对影片的氛围节奏方面也有很大影响，所以好的配乐对于影片至关重要。而音效则可以使片子在声音上更有层次。

制作字幕/特效

影片剪辑完成后，需要给影片添加字幕及制作片头片尾等的特效。需要注意的是特效的制作有时候会和剪辑一起进行。

影片调色

所有剪辑工作完成之后，需要对影片进行颜色统一校正和风格调色，一般情况下会有专业的调色师来完成渲染输出。

☞ 标准的数字视频工作流--

获取素材

录制原始素材或收集素材。

将视频传输到存储器中

对于无磁带的媒体格式，Premiere通常不需要进行转换即可直接读取媒体文件。并且在使用无磁带媒体格式时，需将文件备份到另一个位置，防止存储器失效。

对于基于磁带的媒体格式，Premiere会通过其他适当的硬件将视频转换为数字文件。

组织视频剪辑

将项目中的所有视频分类，放置到项目中的文件夹中。

创建序列

在"时间轴"面板中，将想要的视频部分和音频剪辑合并成一个序列。

添加过渡效果

将过渡效果放置在剪辑之间以创建视频效果，并通过在多个轨道上放置剪辑来创建综合的视觉效果。

创建或导入字幕或图形

将字幕或图形放置在序列中以创建视频效果。

调整音频混合

调整音频剪辑的音量，达到较好的混合结果，并在音频剪辑上使用过渡效果和其他效果以完善音频。

输出

将完成的项目导出到文件或录像带中。

☞ 增强工作流--

Premiere具有易于使用的视频编辑工具及用于处理、调整和优化项目的高级工具。下面介绍具体使用流程。

高级音频编辑

Premiere提供了优于其他非线性编辑器的音频效果和编辑功能，用于创建和放置5.1环绕声音频通道，编辑取样电平，在音频剪辑和音轨上使用多种音频效果，并使用系统自带的先进插件及第三方虚拟工作室技术（Virtual Studio Technology，VST）插件。

色彩校正和分级

读者可以使用高级色彩校正滤镜（包含一个专用的色彩校正和分级面板——Lumetri）校正和增强视频效果。Premiere还提供二级色彩校正选择，通过调整孤立的色彩和部分图像，提升合成图像的品质。

关键帧控制

Premiere提供了精确的控制功能，使读者无须使用合成或运动图形应用程序，即可微调视觉和运动效果的时间，从而优化视觉和运动特效。因为关键帧使用标准界面设计，所以当读者学习了在Premiere中使用关键帧后，即可使用所有Adobe Creative Cloud产品中的关键帧。

广泛的硬件支持

可选择的专用的输入/输出硬件较广泛，所以组装系统时可根据需求及预算进行选择。Premiere既支持用于数字视频编辑的低成本计算机，也支持可以轻松编辑3D立体视频、高清（HD）视频、4K视频和360°视频等的高性能工作站。

GPU加速

水银回放引擎有两种运行模式，即纯软件模式和图形处理单元（GPU）加速模式。GPU加速模式要求工作站中的显卡满足最低的规范要求。兼容显卡的列表可访问Adobe官网进行查询。

多机位编辑

Premiere会在一个面板中分割显示多个摄像机源，用户可单击相应的区域或者使用快捷键来选择一个摄像机角度，快速、轻松地编辑由多个摄像机拍摄的素材。用户也可以根据音频剪辑和时间码自动同步多个摄像机角度。

项目管理

用户通过一个对话框即可查看、删除、移动、搜索、重组剪辑和文件夹，管理媒体文件，通过将真正应用在序列中的剪辑复制到某一文件夹中来合并项目，然后删除未使用的媒体文件，释放硬盘空间。

元数据

Premiere支持Adobe XMP，后者将与媒体文件相关的其他信息保存为可被多个应用程序访问的元数据。这些信息为查找剪辑和交流重要信息提供媒介，例如交流喜欢的视频等。

创意字幕

用户可以使用字幕设计器创建字幕和图形，或使用在任何合适的软件中创建的图形。除此之外，Adobe Photoshop文件可以直接被导入为拼合图像或者单独的图层，用户可以有选择地合并、组合和制作动画。

高级修剪

Premiere提供了快速、便利的修剪快捷键和高级的修剪工具，可以对序列中剪辑的开始点和结束点进行精确调整，对多个剪辑进行复杂的时序调整。

媒体编码

使用Adobe Media Encoder的高级功能，并以详细的首选项的设置为基础，可以用多种不同的格式创建符合自己需要的视频和音频文件的序列副本。

用于VR头盔的360°视频

使用一种特殊的VR视频显示模式来编辑制作360°视频的素材，这种显示模式能查看图片的特定区域，也可以通过VR头盔来查看视频和正在编辑的剪辑，以获得更自然和直观的编辑体验。

2.2 认识Premiere的工作界面

了解了Premiere的相关功能后，下面需要认识Premiere的工作界面，这样在后面才能熟练运用软件中的各个功能。

2.2.1 Premiere的启动界面

启动Premiere，如图2-1所示，读者可以在"主页"对话框中单击相关的功能按钮来进行操作，包括"新建项目"和"打开项目"等，如图2-2所示。

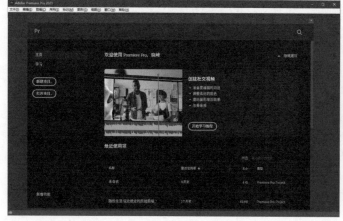

图2-1

图2-2

这里单击"新建项目"按钮，打开"新建项目"对话框，可在"名称"中设置项目名称，在"位置"中设置项目保存位置，然后单击"确定"按钮，如图2-3所示。创建好项目后，就可以进入Premiere的工作界面了，如图2-4所示。

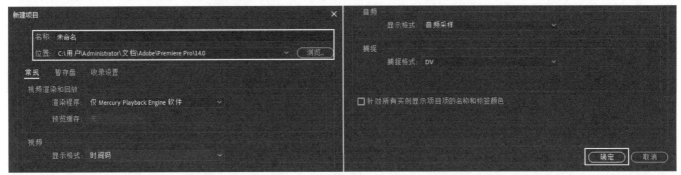

图2-3

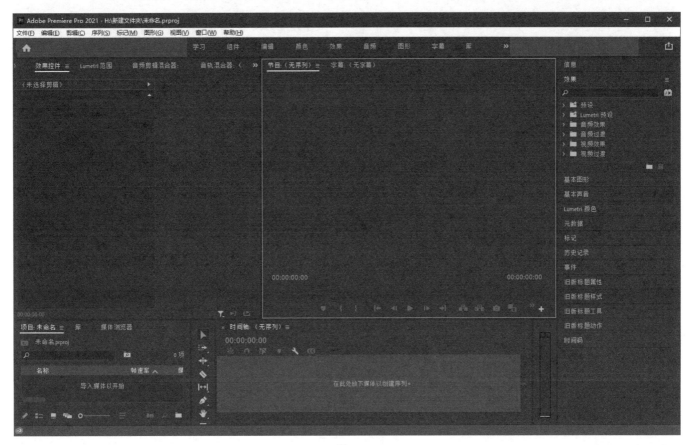

图2-4

> ① 技巧提示
>
> 　对于其他参数，读者保持默认设置即可。另外，建议读者在设置"位置"的时候尽量将项目的保存位置设置在素材所在的文件夹中，这样可以方便项目文件的转移。另外，读者的初始界面可能因为各种原因与笔者的不一样，先不用担心，接下来会介绍如何科学地配置Premiere的工作界面。

2.2.2 Premiere的工作区

　之所以读者打开的界面与书中的不一致，很有可能是因为工作区不一致。**Premiere**默认包含了八大工作区，如图2-5所示，通过单击不同的工作区选项卡，可以切换到不同的工作区面板。

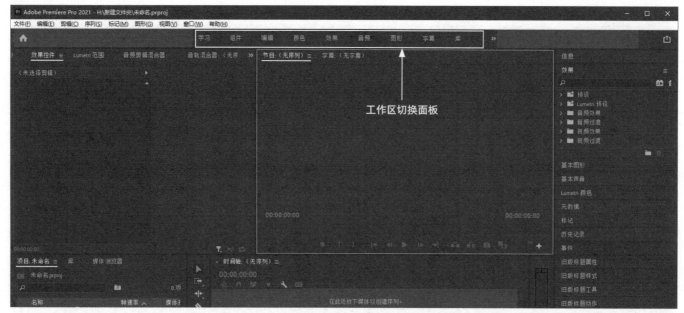

图2-5

◎ 知识课堂：如何切换Premiere的工作区

认识了工作区后，读者应该能意识到，如果我们要调整效果，那么得切换到"效果"工作区；如果要调整颜色，那么得切换到"颜色"工作区。这样复杂的来回操作无疑会让我们的工作效率大打折扣。因此，这里给出笔者常用的一种界面布局，觉得合适的读者可以照着设置，觉得不合适的可以使用默认的工作界面。

单击工作区切换面板右侧的展开图标▮，然后选择"所有面板"命令，如图2-6所示。

图2-6

此时Premiere的工作界面如图2-7所示，且此时的工作区切换面板均未激活，因为现在Premiere的所有面板都在当前工作界面中了。在实际操作中，我们可以根据需求选择各个面板的选项卡找到对应的面板，也可以拖曳面板之间的界线，缩放所需面板，如图2-8所示。

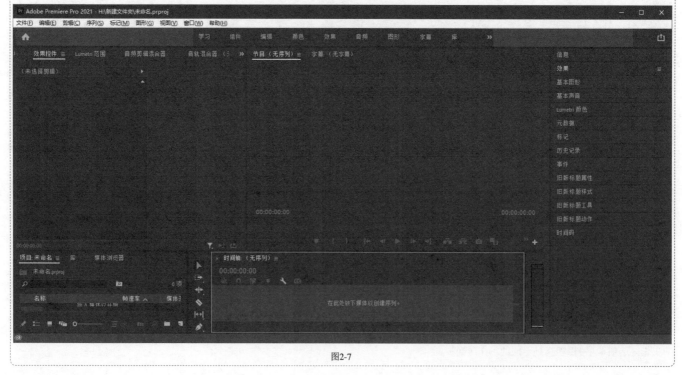

图2-7

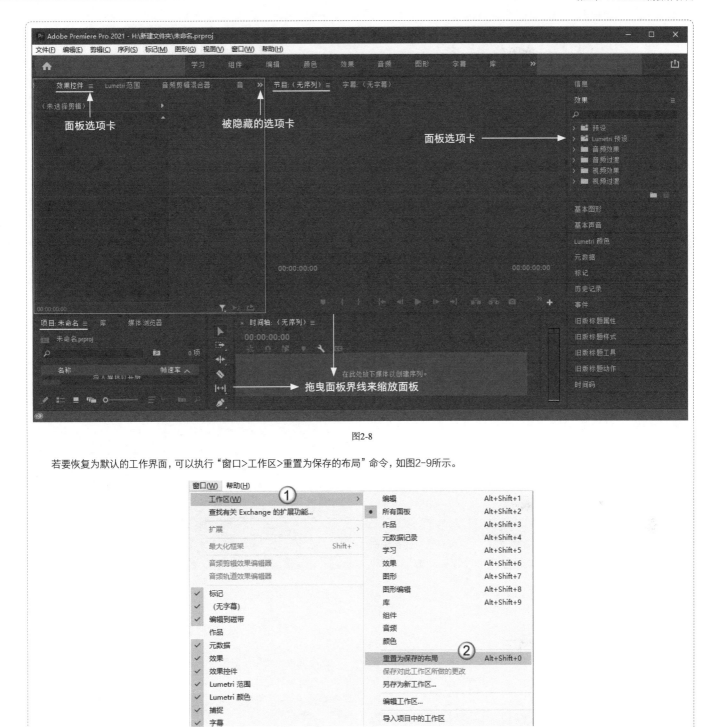

图2-8

若要恢复为默认的工作界面，可以执行"窗口>工作区>重置为保存的布局"命令，如图2-9所示。

图2-9

2.3 管理素材的面板

所谓视频剪辑，就是对已有的视频素材进行编辑处理，管理素材是进行视频剪辑前需要做的工作。在Premiere中，导入素材的面板主要有2个，即"项目"面板和"媒体浏览器"面板。

☆ 重点
2.3.1 "项目"面板

"项目"面板位于Premiere工作界面的左下角,这里将"项目"面板放大,如图2-10所示。"项目"面板主要用于导入素材和管理素材,另外读者也可以在"项目"面板中创建序列。

图2-10

☆ 重点
2.3.2 "媒体浏览器"面板

单击"媒体浏览器"选项卡,可以切换到"媒体浏览器"面板,该面板是直接链接到计算机磁盘的,读者可以在这里选择计算机磁盘中的位置,从而导入素材,如图2-12所示。

2.4 编辑素材的面板

将素材导入Premiere中后可以直接使用,也可以对素材的视频部分和音频部分进行简单的处理,主要会用到两个面板:"源"面板和"音频剪辑混合器"面板。

☆ 重点
2.4.1 "源"面板

"项目"面板上方就是"源"面板,在"源"面板中,读者可以查看素材的内容,并对素材进行帧标记、设置出入点、创建子剪辑等操作,如图2-13所示。

图2-13

① 技巧提示

关于序列的内容,会在第3章中详细介绍,读者在此只需要了解各个面板的作用和位置,做到熟悉界面,为后续的操作打下基础。另外,对于Premiere来说,允许同时存在多个"项目"面板,也就是说读者可以在已有项目的Premiere中另外新建项目,新建的项目会生成新的"项目"面板,与已有的"项目"面板出现在相同的位置,如图2-11所示。

图2-11

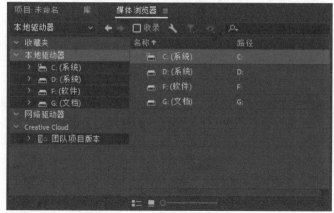

图2-12

☆ 重点
2.4.2 "音频剪辑混合器"面板

这个面板主要用于对素材音频进行处理,如图2-14所示,在后续的内容中会详细介绍。

图2-14

2.5 剪辑视频的面板

虽然将前面的面板归纳为素材操作方面的面板，但是剪辑视频就是对各种素材的操作。本节主要介绍对素材进行剪辑操作时需要用到的剪辑面板。注意，本节所介绍的面板是视频剪辑工作中的重要面板，也是在整个剪辑过程中使用频率极高的面板。

👍重点
2.5.1 "时间轴"面板

"时间轴"面板如图2-15所示，主要负责完成大部分的剪辑工作，还可用于查看并处理序列。我们的剪辑工作是必须且高频使用这个面板的，"时间轴"面板可以说是剪辑的基石。

> ① 技巧提示
>
> 关于序列的内容，在后面会详细介绍，序列是视频剪辑中的重要内容。

图2-15

👍重点
2.5.2 "节目"面板

"节目"面板在"源"面板右边，使用它可以预览剪辑过程中的效果变化，也可以预览成片效果，如图2-16所示。使用该面板，可以让我们对剪辑的效果了如指掌，以提高剪辑工作的成功率。

> ① 技巧提示
>
> 旁边的"参考"面板用于显示所选内容的初始状态，以便和"节目"面板中的效果进行对比，从而让我们知道剪辑过程中的效果变化情况。

图2-16

👍重点
2.5.3 "效果控件"面板

"效果控件"面板是素材的效果调整面板，如果为素材添加了各种效果，那么可以在这个面板中找到对应的效果参数。通过调整它们，就能对素材效果进行设置，如图2-17所示。

> ① 技巧提示
>
> "效果控件"面板与"源"面板在同一个区域，读者可以通过单击选项卡来打开它。

图2-17

👍 重点

2.5.4 工具面板

在"时间轴"面板旁边有一个工具面板，每一个图标都表示一个具有一种特定功能的工具，主要用于编辑视频内容，如图2-18所示。使用工具时，鼠标的指针会自动变换为与工具的功能相对应的外观。默认情况下会选择第1个工具，即"选择工具" ▶，主要用于选择对象；最下方的"手形工具" ✋主要用于改变面板内显示的内容，可以拖曳查看。至于其他工具，在后续的操作过程中会讲到，这里就不一一单独介绍了。

图2-18

① 技巧提示

读者可以看到有的工具图标旁边有个小三角形，表示这个工具下还有其他工具，在该工具上按住鼠标左键不动，即可显示出来。

2.6 辅助工作区

在Premiere工作界面最右侧，有一列面板卷展栏，如图2-19所示，它们在整个剪辑过程中特定的时候会使用到，直接单击即可调出相应的面板。

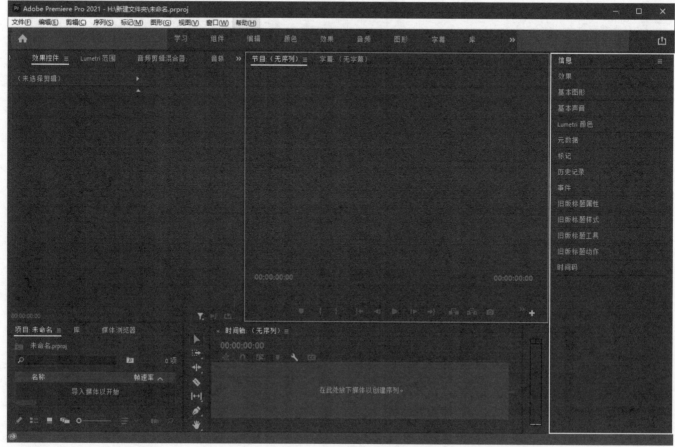

图2-19

2.7 Premiere的基本操作

在使用Premiere进行视频剪辑之前，我们要掌握一些软件的基本操作。本节将介绍一下Premiere的通用操作，请读者加以练习并熟练掌握，以便于后续的学习。读者可以打开学习资源中的任意素材进行操作学习，如图2-20所示。

图2-20

⚙重点
2.7.1 素材/序列/项目的关系

对于素材、序列、项目，很多读者在开始学习的时候搞不懂这三者的关系，导致自己在整个学习过程中都浑浑噩噩的。这里先来看"项目"面板和"时间轴"面板，如图2-21所示。

图2-21

素材、序列、项目的层次关系是：序列包含素材，项目包含序列和素材。我们的剪辑工作可以简单地理解为将多个素材编排成一个序列，下面用一个简单的示意图来表示，如图2-22所示。

一个项目中可以存在多个序列，一个序列可以理解为一个故事视频，素材是这个剪辑视频中需要放入的各个片段。下面举一个故事脚本的例子来说明。

项目是这个故事的整体剧情：一天的生活。

序列1：户外生活。户外生活包含3个片段，"素材1"是"我出门"的片段，"素材2"是"我开车"的片段，"素材3"是"我和朋友玩耍"的片段，现在将这3个片段在"序列1"中组合拼凑，就形成了户外生活这个剧情1。

序列2：家庭生活。家庭生活包含4个片段，"素材4"是"开车回家"，"素材7"是"做饭"，"素材5"是"看电视"，"素材6"是"休息"，将这4个片段按时间线编排在"序列2"中，就构成了家庭生活这个剧情2。

"序列1"+"序列2"就构成了"一天的生活"这个整体剧情。

这里，读者可能会问，是否可以将两个剧情合并为一个序列，当然是可以的，只要能在一个序列中厘清关系即可，多序列存在的价值就是便于厘清关系。

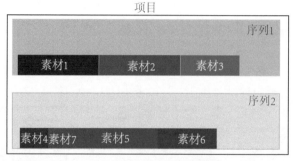

图2-22

☞ **素材的存在形式**--

素材在不同面板中的形式是不一样的，素材在"项目"面板中以缩略图或列表的形式存在，在"时间轴"面板中以进度条的形式存在，如图2-23所示。

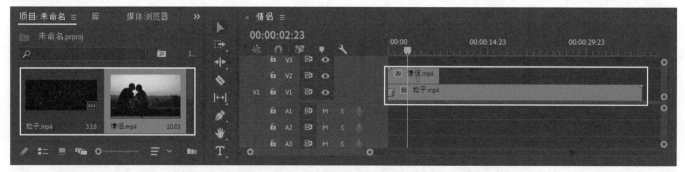

图2-23

如果双击素材，例如双击"粒子"素材，那么在"源"面板中可以查看素材的情况，如图2-24所示。

图2-24

☞ **序列的存在形式**

因为这里我们是直接打开项目文件，所以序列是直接存在的（关于序列的创建，在后续的内容中会详细介绍）。序列是存在于"项目"面板中的，通常在所有素材后面；而在"时间轴"面板中，序列是处于打开状态的，且"时间轴"面板展示了序列中的所有素材的编辑情况，如图2-25所示。

图2-25

⑦ **疑难问答：在"项目"面板中怎么分辨序列和素材？**

可以通过名称来识别。当然，如果是直接拖曳素材到"时间轴"面板中，那么Premiere会自动创建基于当前素材属性的序列，并以素材名命名序列，这个时候可以根据图标来识别，序列的图标为█，素材的图标为█，如图2-26和图2-27所示。另外，通常情况下，序列和素材的预览画面也不同。

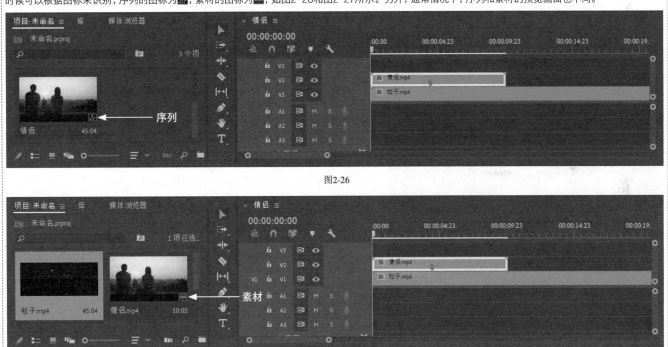

图2-26

图2-27

☞ **项目**

项目是整个项目文件，一个项目的所有文件都存在于"项目"面板中，包括素材、序列等。注意，项目并不等于序列，虽然看起来有点像，因为打开项目就打开了序列，项目的情况和序列一样，但是随着剪辑的进行，一个项目中会包含多个序列。

◆ 重点

2.7.2 新建/打开/保存项目

在前面的介绍中，我们打开过项目，也通过新建项目进入了Premiere的工作界面，但是在新建项目的过程中，可能还需要设置一系列参数，例如视频"显示格式"、音频"显示格式""捕捉格式"等。要新建项目，除了可以在"主页"对话框中单击"新建项目"按钮 ，之外，还可以执行"文件>新建>项目"命令（快捷键为Ctrl+Alt+N），如图2-28所示。

同理，要打开项目，除了可以单击"主页"对话框中的"打开项目"按钮 ，还可以执行"文件>打开项目"命令（快捷键为Ctrl+O），然后在对话框中选择对应的项目源文件（扩展名为".prproj"），如图2-29和图2-30所示。

图2-28　　　　　　　　　　　　图2-29　　　　　　　　　　　　图2-30

① 技巧提示

除了可以使用上述打开方式，读者还可以将工程文件直接拖曳到Premiere的界面中。

设置视频显示格式

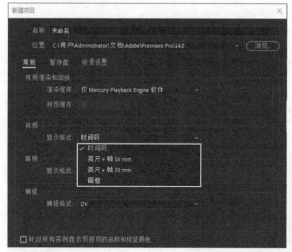

图2-31

新建项目时，Premiere会打开"新建项目"对话框，其中视频"显示格式"中包含4种格式选项，默认为"时间码"，如图2-31所示。

重要选项介绍

时间码：计算视频文件或磁带文件的小时、分钟、秒和各个帧的通用标准，在Premiere中以这种形式来度量视频的长度，如图2-32所示。

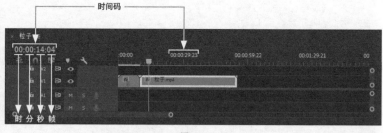

图2-32

英尺+帧16 mm/英尺+帧35 mm：这是两种比较老的胶片计算方式，用于计算英尺数和帧数（类似于英尺和英寸），后面的"16 mm"和"35 mm"为胶片规格，表示16 mm胶片和35 mm胶片。在这两种计数方式下，每英尺为40帧，也就是说，如果时刻是$A+B$，那么帧数就是$A \times 40+B$，如图2-33所示，当前时刻是10+35，表示现在播放的是$10 \times 40+35=435$帧的画面。

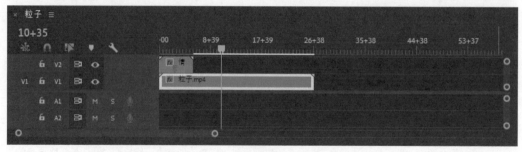

图2-33

画框：此选项仅统计视频的帧数。例如，在图2-33所示的"10+35"的位置单击鼠标右键，然后选择"画框"命令，如图2-34所示，此时会统计出当前时刻的帧数，如图2-35所示。

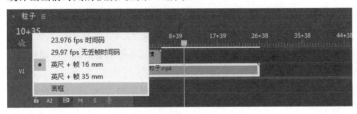

图2-34

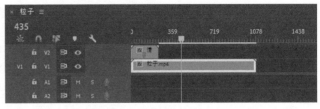

图2-35

☞ 设置音频显示格式--

"音频"的"显示格式"有"音频采样"和"毫秒"两种，如图2-36所示。

重要选项介绍

音频采样：在此模式下，Premiere将以小时、分钟、秒和采样显示序列的时间，而每秒的采样数量取决于序列的设置。在录制数字音频时，会捕捉到一个声音样本，且使用麦克风捕捉时，可以达到每秒数千次。

毫秒：在此模式下，Premiere将以小时、分钟、秒和毫秒显示序列的时间。

图2-36

☞ 捕捉格式---

"捕捉格式"分为DV和HDV两种，如图2-37所示，此参数主要用于将视频从录像带转录到硬盘中。

☞ 文件设置---

在Premiere中可以选择自动保存文件的位置。自动保存文件是工作时自动创建的项目文件副本，打开其中一个副本，即可返回之前的项目。使用基于项目的设置时，在默认情况下，Premiere会将新创建的媒体文件与项目文件一起保存，即"与项目相同"，如图2-38所示。通常情况下，选择默认的"与项目相同"即可。

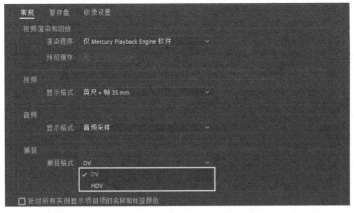

图2-37

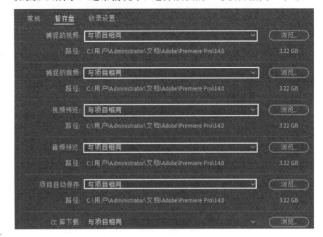

图2-38

☞ 保存项目---

保存项目与常规的计算机保存操作一样，按快捷键Ctrl+S或快捷键Ctrl+Shift+S即可。

2.7.3 设置Premiere的界面颜色

读者第1次打开Premiere时，它的界面是纯黑色的，本书为了方便印刷和学习，特意将界面颜色调整到了最亮。执行"编辑>首选项>外观"命令，如图2-39所示，打开"首选项"对话框，此时会自动跳转到"外观"选项卡，读者只需要拖动滑块即可调整界面亮度，向左为深色，向右为浅色，如图2-40所示。

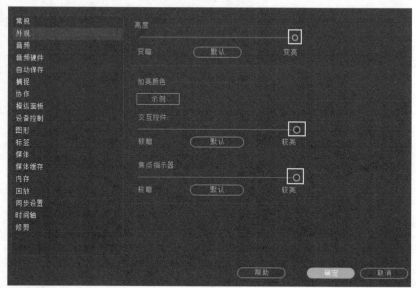

图2-39 　　　　　　　　　　　　　　　　　　　　　　图2-40

👑重点

2.7.4 设置快捷键

Premiere有一些快捷键，可以帮助读者快速操作。当然，对于Premiere还未设置快捷键的功能，我们也可以手动设置。执行"编辑>快捷键"命令，可以打开"键盘快捷键"对话框，如图2-41所示。读者可以在"快捷键分布情况"中查看键位和功能的关系，也可以在"命令面板"中设置快捷键。

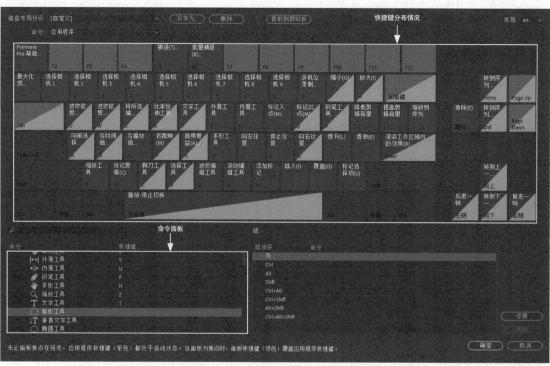

图2-41

> ① 技巧提示
>
> 读者可能会有疑问，Premiere不是快捷键很多吗，为什么在快捷键分布情况中并没有看到太多快捷键。注意，这是常规情况下的单键情况，如果这个时候单击Ctrl键，快捷键分布情况会发生变化，各键上面显示的功能即同时按Ctrl键和该键所执行的操作，例如现在A键上显示"全选"，表示快捷键Ctrl+A为"全选"功能，如图2-42所示。

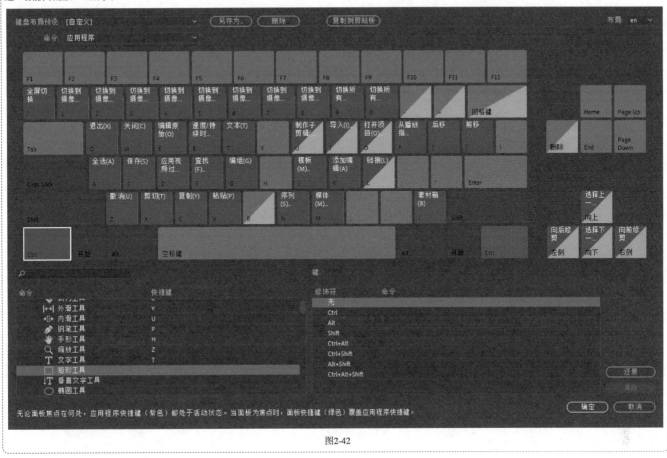

图2-42

如果我们要设置新的快捷键，应该怎么操作呢？

01 在"命令"面板中找到或搜索到需要设置快捷键的功能，例如这里找到"矩形工具"，如图2-43所示。

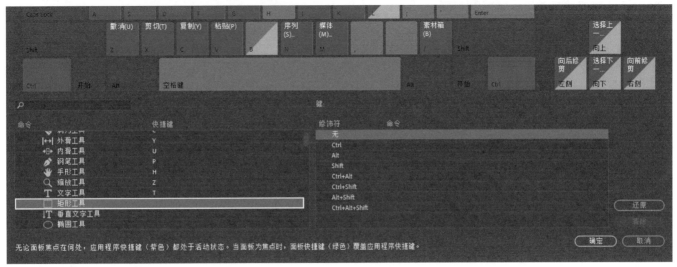

图2-43

02 单击"矩形工具"后面的空白的快捷键区域,如图2-44所示,此时后面会出现一个空白的快捷键设置文本框,如图2-45所示。

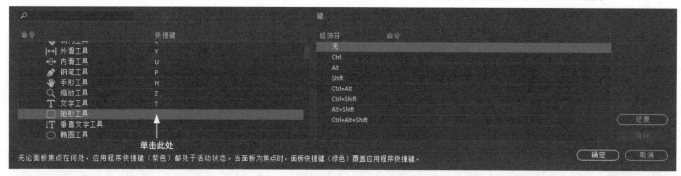

图2-44

图2-45

03 直接在键盘上输入未被占用的快捷键键位,例如,在此时Ctrl模式下,H键没有被占用,那么在键盘上按住Ctrl键的同时再按H键,"矩形工具"就会被设置上快捷键Ctrl+H,如图2-46所示。单击"确定"按钮 确定 ,即可生效。

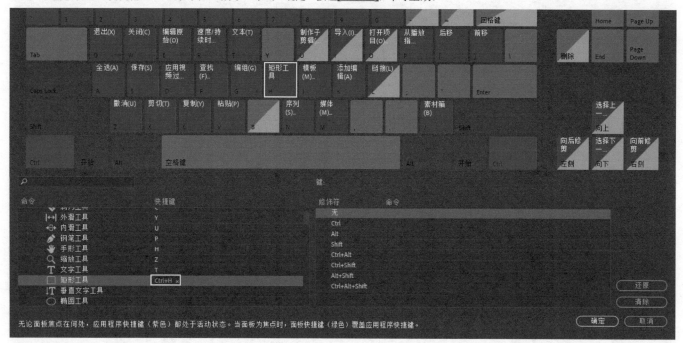

图2-46

---

① **技巧提示**

　　如果设置了快捷键后,在Premiere中按相应的快捷键,功能无法被调用,那很有可能是这个快捷键与其他程序的快捷键冲突,如QQ、微信等。这个时候,读者只需要取消掉其他程序的快捷键即可。另外,对于Premiere的常用快捷键,本书已经整理到了后面的"附录B Premiere常用快捷键"中,读者可以随时查阅。

重点

2.7.5 通过"信息"面板查看项目情况

通常，在视频剪辑过程中，我们会查看项目的相关信息，以便准确地进行后续的剪辑工作或交接工作。这里打开一个练习文件，然后展开"信息"面板，如图2-47所示。"信息"面板用于显示"项目"面板中所选素材或序列中所选的剪辑及过渡效果的信息。下方的"序列信息"默认显示的是当前选择的序列的信息。如果打开的项目只有一个序列，那么这里会默认显示该序列的信息。

☞ **不选择任何对象**--

读者打开"信息"面板的时候显示情况可能和书中的不一样，可能是图2-48所示的界面。这是因为当前并没有选择项目中的任何对象，"信息"面板中只展示当前打开的序列的信息。

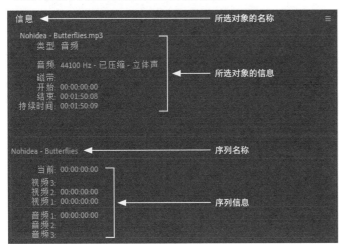

图2-47

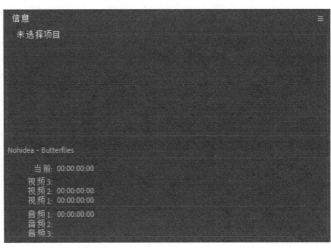

图2-48

重要参数介绍

当前：指的是当前播放头所在的位置，这个时间点是相对于时间序列中的时间点，也就是整体剪辑的时间点，如果我们移动播放头，那么这个地方的时间会与序列中的时间码保持一致，如图2-49所示。

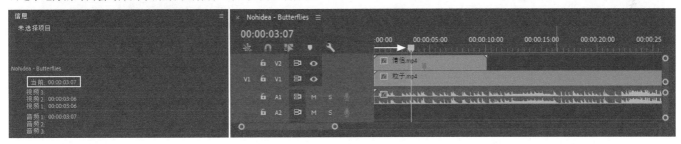

图2-49

视频1/视频2/视频3：分别对应"时间轴"面板的轨道V1、轨道V2和轨道V3，指的是相对于原视频的时间点。以图2-49为例，当前播放头在"视频2"（轨道V2）的00:00:03:07的位置，表示当前画面是轨道V2中的素材"情侣"的00:00:03:07的画面，也就是说当前序列播放的是"视频2"在这个时刻的画面；"视频1"同理。

音频1/音频2/音频3：显示素材的音频信息，与"视频1""视频2""视频3"同理。注意，这里的音频与视频时间不一样，而序列时间与音频时间一致，这是因为当前序列是用音频素材创建的序列，帧速率是以音频为准的，而视频可能在帧速率上与音频略有出入，所以造成了时间上的差别。

◎ 知识课堂：素材在序列中的存在情况

在查看某些项目的时候，会发现在序列的同一时刻，两段视频的播放画面不在同一时刻。以图2-50为例，现在播放头在序列中00:00:03:07的位置，也就是当前"节目"面板播放的是序列第3秒7帧的画面，此时"信息"面板中的"视频2"的时间点却是00:00:04:16，也就是第4秒16帧，这是因为放入序列中的"视频2"的起点与序列的起点不相同，如图2-51所示。

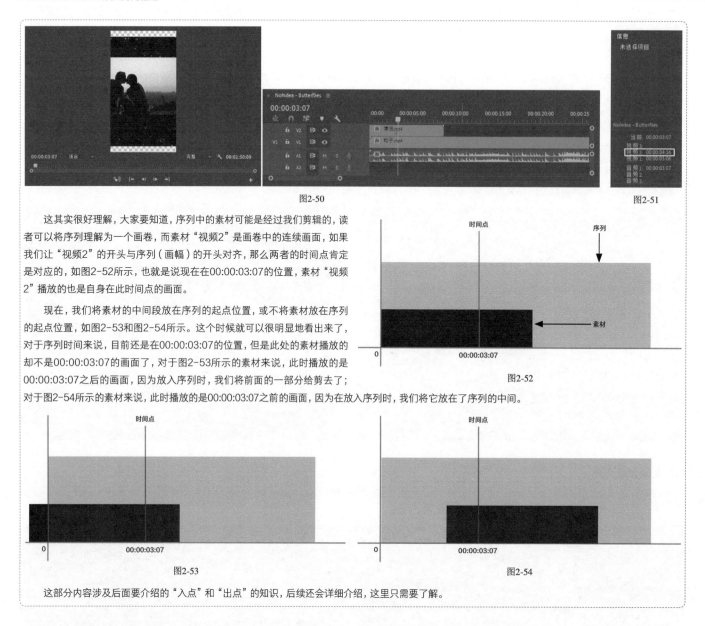

图2-50　　　　　　　　　　　　　　　　　　　　图2-51

这其实很好理解，大家要知道，序列中的素材可能是经过我们剪辑的，读者可以将序列理解为一个画卷，而素材"视频2"是画卷中的连续画面，如果我们让"视频2"的开头与序列（画幅）的开头对齐，那么两者的时间点肯定是对应的，如图2-52所示，也就是说现在在00:00:03:07的位置，素材"视频2"播放的也是自身在此时间点的画面。

现在，我们将素材的中间段放在序列的起点位置，或不将素材放在序列的起点位置，如图2-53和图2-54所示。这个时候就可以很明显地看出来了，对于序列时间来说，目前还是在00:00:03:07的位置，但是此处的素材播放的却不是00:00:03:07的画面了，对于图2-53所示的素材来说，此时播放的是00:00:03:07之后的画面，因为放入序列时，我们将前面的一部分给剪去了；对于图2-54所示的素材来说，此时播放的是00:00:03:07之前的画面，因为在放入序列时，我们将它放在了序列的中间。

图2-52

图2-53　　　　　　　　　　　　　　　　　　　　图2-54

这部分内容涉及后面要介绍的"入点"和"出点"的知识，后续还会详细介绍，这里只需要了解。

选择时间轴中的素材

在时间轴中选择素材"情侣"，此时可以看到"信息"面板显示出了素材"情侣"的信息，如图2-55所示。"开始""结束""持续时间"分别表示运用在序列中的"情侣"片段，使用了基于原素材的片段的开始时间、结束时间和持续时间。现在的信息表示，当前运用在序列中的"情侣"片段是原素材00:00:00:00~00:00:10:02范围内的片段。

图2-55

将鼠标指针移动到"时间轴"面板中的素材开始和结束位置，待鼠标指针变为█时，分别向左和向右拖曳素材，如图2-56和图2-57所示。

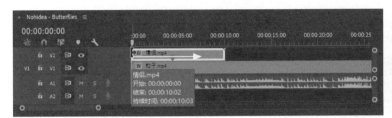

图2-56

图2-57

这个时候可以看到"情侣"素材前面少了一段，也就是说放在序列中的素材片段没有原素材长，也就意味着"情侣"素材在序列中不会被完全播放。现在再来看"信息"面板，如图2-58所示，现在"开始""结束""持续时间"都发生了变化，表示在当前序列中，只使用了"情侣"素材00:00:01:17~00:00:05:24范围内的片段。

图2-58

> ① 技巧提示
>
> 读者在学习的时候，如果不知道案例的出入点，又不放心自己去设置，可以打开源文件来查看各个素材的剪切情况，从而还原案例效果。

☞ 在"项目"面板中选择素材

在"项目"面板中选择素材"情侣"，此时的"信息"面板如图2-59所示。"入点""出点""持续时间"表示"项目"面板中的素材的编辑情况。

图2-59

> ① 技巧提示
>
> 关于"入点""出点"的知识，在第3章中会详细介绍，到时候读者就能理解这里的意思了。目前的信息表示未对原素材进行任何设置。

2.7.6 如何在项目中查看效果

当读者打开一个项目时，应该会迫不及待地想知道项目的效果是什么，这个时候读者可能会去拖曳"时间轴"面板的播放头来查看效果，如图2-60所示。这样是可以预览序列的效果的，但是未必是完整的。

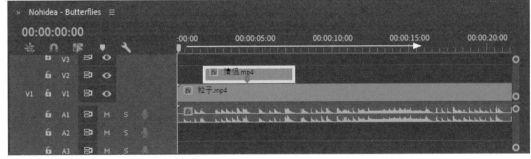

图2-60

请读者注意"时间轴"面板中的红线,如图2-61所示。它表示当前序列中的剪辑缺少与原素材关联的已渲染预览文件,在不渲染的情况下拖曳播放头或按Space键,是不能以全帧速率播放的,也就是会出现卡顿现象。

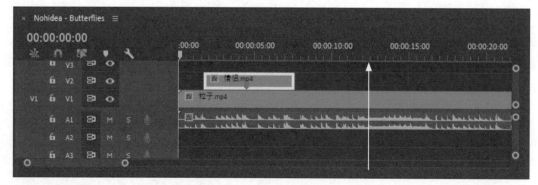

图2-61

当这根线变为绿色或者黄色的时候,证明当前序列是预渲染过的,那么就可以以全帧速率播放了,如图2-62所示。

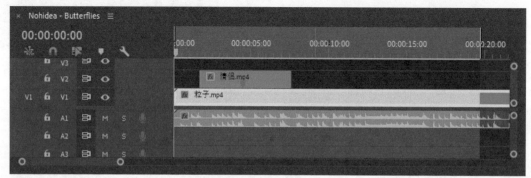

图2-62

(!) 技巧提示

关于预渲染的方法请读者翻阅"附录A Premiere常用视频输出参数"。

第**3**章 Premiere视频剪辑技术

📷 基础视频集数: 19集　　📷 案例视频集数: 16集　　🕐 视频时长: 74分钟

　　在使用Premiere剪辑之前,读者必须掌握相关的基础剪辑操作,了解剪辑的相关常用操作,才能制作出优质的视频效果。本章主要介绍Premiere的基本剪辑工具和操作方法。除此之外,本章还将介绍一些常用的剪辑手法,如交互式剪辑(混剪)、蒙太奇剪辑和情感表现的慢速处理等。

学习重点　🔍

学完本章能做什么

　　读者可以对素材进行出入点设置、帧标记,然后根据序列需求编排出视频内容。另外,读者还可以利用各种剪辑手法来对素材进行处理,也可以将主观情感表现在视频中。

3.1 导入和整理媒体素材

要进行视频剪辑工作，前提是有视频素材，否则就算再好的剪辑技术也无法施展。本节主要介绍视频素材的处理方法。

👑重点

3.1.1 导入素材

扫码看讲解

将素材导入Premiere的方式有很多种，如使用"导入"命令、使用"媒体浏览器"等。不过在实际工作中，我们的一切操作准则都是提高工作效率，因此下面介绍比较快捷和实用的导入方式。

👉 使用媒体浏览器--

"媒体浏览器"能自动检测计算机上的摄像机数据，最小可以显示一个具体的文件，还可以查看并自定义与素材相关的元数据。注意，"媒体浏览器"的操作与计算机的系统浏览操作十分相似。"媒体浏览器"面板左侧有一系列导航文件夹，单击其右上角的◀和▶可以更改浏览级别，如图3-1所示。

读者可以单独选择一个素材，也可以选择多个素材，还可以选择文件夹，然后按住鼠标左键不放，将鼠标指针移动到"项目"选项卡上，如图3-2所示，待切换到"项目"面板后，将鼠标指针移动到面板内，如图3-3所示，接着释放鼠标左键即可将所选内容导入"项目"面板，如图3-4所示。

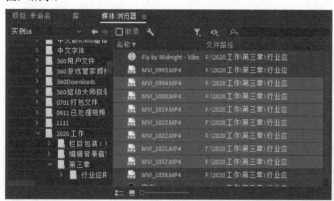

图3-1

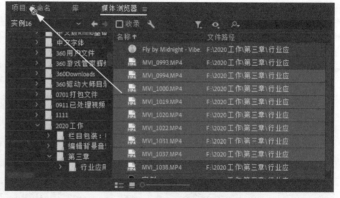

图3-2

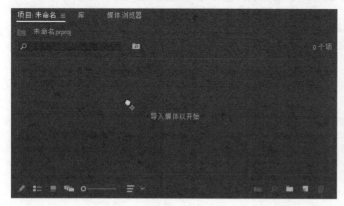

图3-3

图3-4

⚪ 技巧提示

在选择素材的时候，可以使用鼠标框选需要的素材；也可以按住Ctrl键依次单击需要的素材，选择多个素材；还可以按住Shift键分别单击首尾两个素材，选择这两个素材及它们之间的所有素材。另外，除了可以通过拖曳面板边界来缩放面板，还可以选择面板，按键盘上的`键（英文输入法）来最大化显示面板，如图3-5所示。

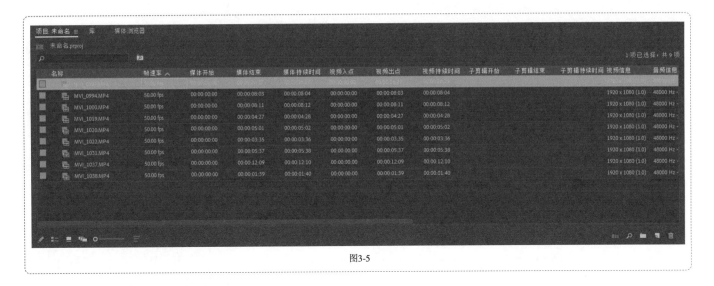

图3-5

☞ 双击“项目”面板的空白区域

在“项目”面板的空白区域双击鼠标左键，如图3-6所示，可以直接打开“导入”对话框，然后根据路径选择需要的素材，单击“打开”按钮 打开(O) ，如图3-7所示，即可导入所选素材，如图3-8所示。

图3-6

图3-7

图3-8

◎ 知识课堂：导入图片文件素材

Premiere可以导入任意图形和图形文件，支持Photoshop和Illustrator文件。Photoshop主要用于处理像素（栅格）构成的图像；Illustrator作为矢量图程序，通常用于处理技术插图、线形图片和复杂的图形等文件。

导入拼合的Photoshop文件

双击“项目”面板的空白区域，打开“导入”对话框，查找并选择Photoshop分层文件，单击“打开”按钮，打开“导入分层文件”对话框，其中显示了文件的分层情况，如图3-9所示。“导入为”中包含4种导入分层文件的方式，如图3-10所示。

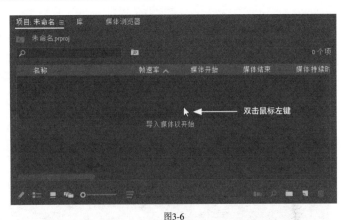

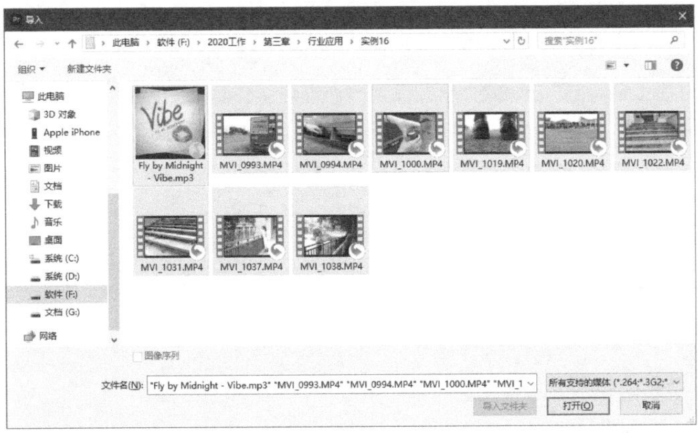

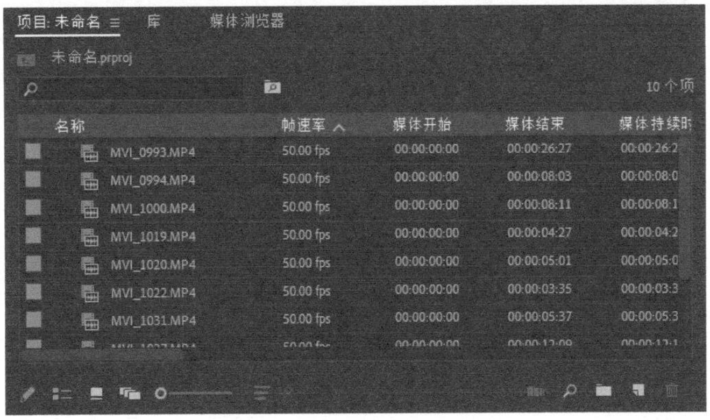

重要选项和参数介绍

合并所有图层：将所有图层合并，并将单个文件作为拼合剪辑导入Premiere中。

合并的图层：将选定的图层作为拼合剪辑导入Premiere中。

各个图层：仅将从列表中选择的单个图层导入素材箱中，其中每个源图层对应一个剪辑。

序列：仅导入选定的图层并将每个图层作为一个剪辑，Premiere还会创建包含单独轨道上的每个图层的序列。

素材尺寸：如果读者选择"序列"或"各个图层"的方式，那么会激活"素材尺寸"，其中包含"文档大小"和"图层大小"两个选项，如图3-11所示。

文档大小：以原始的Photoshop文件大小导入所选的图层。

图层大小：将剪辑的帧大小与其在原始Photoshop文件中的帧大小匹配。如果是无法填充整个画布的图层，可能会因为删除了透明区域而裁剪得更小。

将分层文件导入Premiere后，读者可以在"项目"面板中查找到以文件名称命名的素材箱，如图3-12所示。双击新产生的素材箱，显示其内容，如图3-13所示。此时，可以向下拖曳滚动条，找到并双击序列，将其导入"时间轴"面板进行检查，如图3-14和图3-15所示。

图3-9

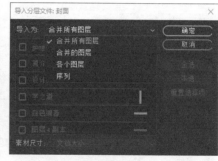

图3-10

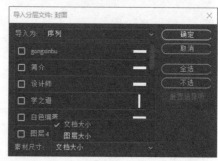

图3-11

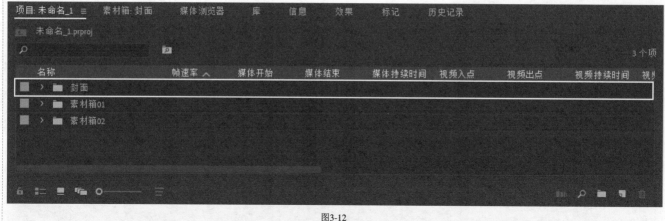

图3-12

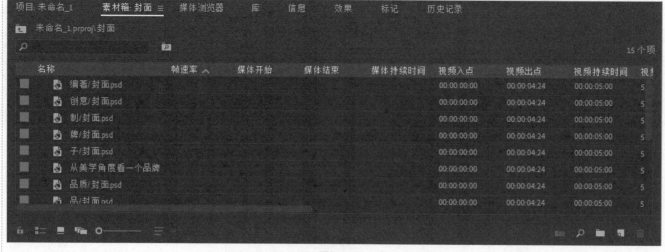

图3-13

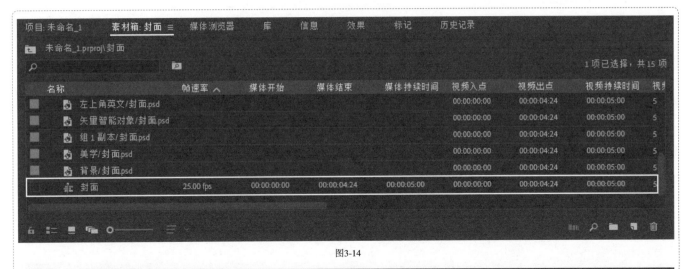

图3-14

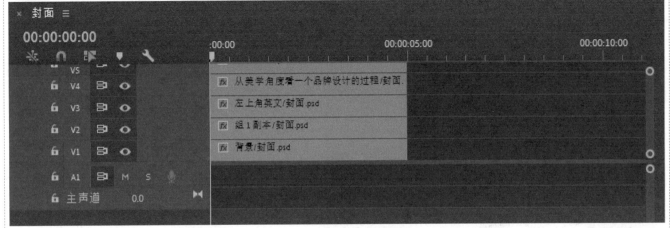

图3-15

导入Illustrator文件

同理，双击"项目"面板的空白区域，打开"导入"对话框，然后选择Illustrator文件，单击"打开"按钮，如图3-16所示，即可导入该文件。

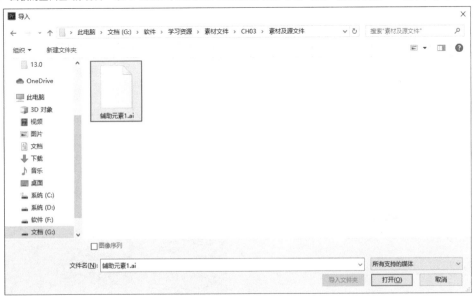

图3-16

注意，Premiere会在导入阶段使用栅格化将矢量（基于路径）Illustrator文件转换为Premiere使用的像素化图像格式，且自动对Illustrator文件的边缘进行抗锯齿或平滑处理。另外，Premiere会将所有的空白区域转换为透明的Alpha通道，以使这些区域底部的素材在时间轴上显示出来，如图3-17和图3-18所示。

图3-17　　　　　　　　　　　　　　　　　　图3-18

☞ 直接拖曳

在计算机中打开素材所在的文件夹，然后选择需要导入的素材，将其直接拖曳到"项目"面板中，即可导入当前所选素材，如图3-19所示。

图3-19

👑 重点

3.1.2 在"项目"面板中查看素材

无论采用何种方式将素材导入Premiere中，其所有内容都会在"项目"面板中显示。"项目"面板提供了出色的浏览素材和处理数据的工具，并且提供了一个用于组织所有内容的特殊文件夹。注意，如果在"项目"面板中删除了序列使用的素材，则序列中的此剪辑也会被自动删除。

☞ 自定义"项目"面板显示模式

将素材导入到"项目"面板中后，有两种模式显示素材，分别为列表和图标，还有一种可以灵活调整素材顺序和位置的显示模式。对应的图标在"项目"面板的下方，如图3-20所示，当前显示模式为列表模式，面板中的素材均以列表信息的形式展示，读者可以查看它们的"帧速率""媒体开始""媒体结束""媒体持续时间"等信息。

图3-20

单击"图标视图"图标■，"项目"面板中的素材会以缩略图的形式显示，如图3-21所示。将鼠标指针移动到其中一个素材的缩略图中，缩略图的下方会出现一个简易的播放条，上面有一个黑色的小格子，表示现在画面的播放进度，如图3-22所示；水平移动鼠标指针（不要单击左键、滚轮或右键），可以发现简易的播放条上的小方格以相同速度移动，画面也随着发生变化，如图3-23所示。因此，读者可以将图标视图中的缩略图理解为一个小型播放器，读者可以粗略地预览素材的大致效果。

图3-21

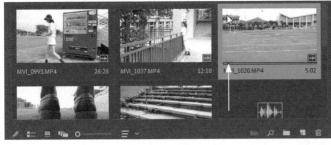

图3-22

图3-23

单击"自由变换视图"图标■，为了方便读者查看，这里选择"项目"面板，在英文输入法下，按键最大化显示"项目"面板，如图3-24所示。其中，素材也是以缩略图的形式显示的，功能与图标视图一致。在当前视图中，可以拖曳任何素材，然后重新排布它们的顺序和位置，如图3-25所示。读者可以在这种模式下调整好素材的顺序，便于后期检索。

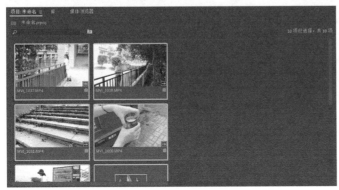

图3-24

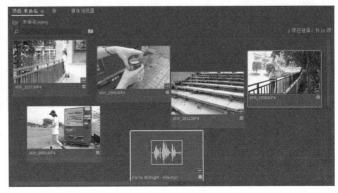

图3-25

当选择任意素材时，视图的上方都会出现该素材的相关信息，包含名称、分辨率、时长、帧速率等信息，如图3-26所示。另外，如果觉得当前缩略图太小，可以拖曳下方的滑块放大缩略图，查看"项目"面板没有显示出来的内容，如图3-27所示。

图3-26

图3-27

❓ **疑难问答：为什么界面中没有素材的相关信息？**

如果读者的"项目"面板中没有素材的相关信息，即显示为如图3-28所示的效果，这是因为"项目"面板中的"预览区域"未被激活。单击"项目"选项卡右侧的菜单图标 ≡，然后选择"预览区域"命令，如图3-29所示，即可激活"预览区域"。另外，在预览区域中的缩略图查看器中可以播放素材或设置新的标识帧，Premiere会将新选的帧显示为缩略图的封面。

图3-28

图3-29

☞ **在"项目"面板中查看资源**

将"项目"面板切换到列表视图模式，单击"项目"面板中的"名称"，"项目"面板中的项目会按字母（数字）降序或升序显示，如图3-30和图3-31所示。

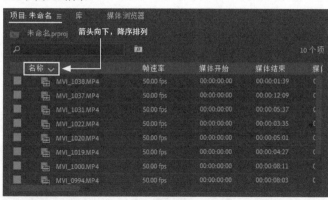

图3-30

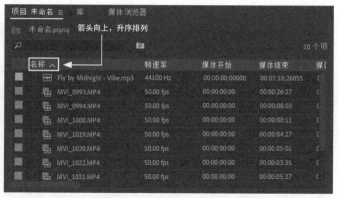

图3-31

⚠ **技巧提示**

升序和降序排列是按字母先后顺序和数字大小进行的。升序和降序是完全相反的，这里以升序为例。升序排列是以从小到大、从先到后的顺序排列，而对于文件的名称来说，是从首位开始比较的，以图3-31中的素材为例，具体原理如下。

01 先对比所有素材名称的首字母，此处只有F和M的区别，因为在字母表中F在M之前，所以F开头素材的在M开头的之前，这也是视频素材在音频素材之前的原因。

02 如果首字母相同，那么依次往后对比，这里的视频开头都是MVI_，所以对比后面的数字编号，数字小的就在前面。

同理，在"项目"面板中单击其他属性名称，也可以对素材进行排列，例如单击"媒体持续时间"，Premiere会按素材持续时间的长短升序或降序来显示素材，如图3-32和图3-33所示。

图3-32

图3-33

另外，读者还可以根据需要移动属性，例如单击"视频持续时间"，然后向左拖曳到"帧速率"属性栏左侧的位置，待██图标出现时，如图3-34所示，释放鼠标左键，即可将"视频持续时间"移动到"帧速率"之前，如图3-35所示。

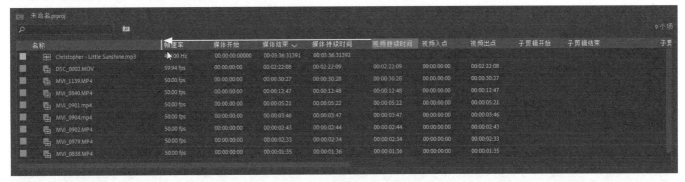

图3-34

图3-35

有时候因为部分属性栏的宽度不够，所以无法完整显示相关信息，此时可以加宽属性栏，例如将鼠标指针放在"视频持续时间"右侧的位置，待光标变为██后，按住鼠标左键向右拖曳，如图3-36所示，即可增大"视频持续时间"的宽度，如图3-37所示。

图3-36

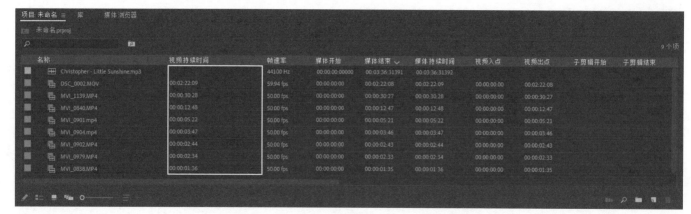

图3-37

搜索素材

当"项目"面板中的素材数量太多的时候，如果一个一个地去列表中寻找，会非常费时，这个时候读者可以在"项目"面板的搜索框中输入想要搜索的素材的关键字，就能搜索出需要的素材，如图3-38所示。搜索完成后，读者单击搜索框右侧的"×"，即可取消搜索，如图3-39所示。

图3-38

图3-39

重点

3.1.3 使用素材箱整理素材

素材箱的显示效果与计算机硬盘上的文件夹相同，且操作方式也十分相似。注意，素材箱仅存在于Premiere的项目文件中，在硬盘上没有单独的项目，这是两者的一个重要区别。通常我们使用素材箱来对素材进行整理、归类、分配，以便于更好地使用素材。

创建素材箱

在Premiere中有4种新建素材箱的方法，读者可以根据个人操作喜好在4种方法中任意选择一种。

第1种：单击"项目"面板底部的"新建素材箱"图标■，如图3-40所示。Premiere会在"项目"面板中创建一个新素材箱并显示其名称，如图3-41所示。当然，读者可以对其进行重命名。

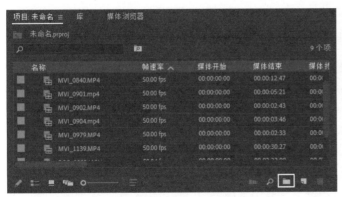

图3-40

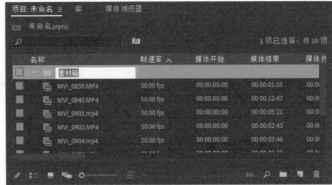

图3-41

第2种：在选中"项目"面板的情况下执行"文件>新建>素材箱"命令（快捷键为Ctrl+B），可以在"项目"面板中创建新素材箱，如图3-42所示。

第3种：在"项目"面板中的空白区域单击鼠标右键，然后选择"新建素材箱"命令，如图3-43所示。

第4种：当"项目"面板中已有素材时，可以选择需要的素材，然后直接拖曳这些素材到"新建素材箱"图标■上进行素材箱的创建，如图3-44所示。

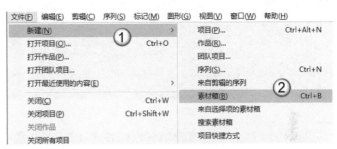

图3-42

图3-43

图3-44

---

① 技巧提示

在素材箱中还可以创建素材箱，这就和计算机文件夹的原理一样，即在文件夹下还可以继续创建文件夹。

☞ 管理素材箱中的素材

可以根据需求将素材按类型放在对应的素材箱中，实现对素材的归类和整理。单击素材箱前的展开图标▶即可显示素材箱中的内容，如图3-45所示。

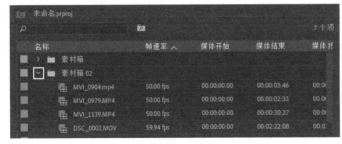

图3-45

② 疑难问答：是否可以将一个素材箱中的素材复制到其他素材箱中？

可以。选择需要复制的素材，然后按住Ctrl键，可以将素材箱A中的素材拖曳复制到素材箱B中，如图3-46所示。注意，"项目"面板中的素材是可以随意复制的，但它们的链接都将指向同一个素材源文件。总之，素材箱的操作方法和计算机文件夹的操作方法十分相似。

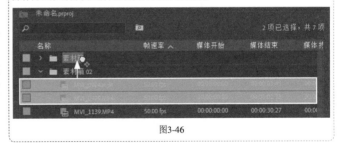

图3-46

☞ **更改素材箱视图**

更改素材箱视图其实与更改"项目"面板中素材的显示方式一样，在前面已经介绍过，即分别使用"列表视图"图标、"图标视图"图标和"自由变换视图"图标。

☞ **指定标签**

"项目"面板和"素材箱"面板中的每个素材箱和素材都有其标签颜色。在列表视图中，名称左侧显示了每个素材箱和素材的标签颜色，如图3-47所示。将素材添加到序列中时，"时间轴"面板上将显示此颜色。例如这里的音乐和视频素材标签分别为绿色和蓝色，将它们分别拖一个到"时间轴"面板中，可以发现视频素材剪辑条为蓝色，音乐素材剪辑条为绿色，如图3-48所示。这样可以方便后续我们管理和查找素材。

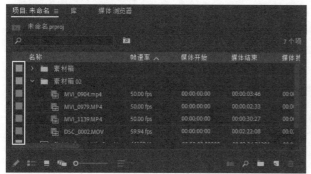
图3-47

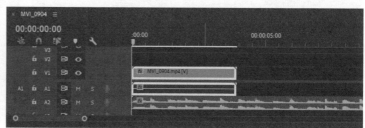
图3-48

当素材过多时，我们可以为素材箱和素材设置不同的标签颜色，也可以为同类素材箱或同类素材设置相同的标签颜色，方便在编辑时识别它们。在素材箱中选择素材，然后单击鼠标右键，在弹出的快捷菜单中选择"标签"命令，可在子菜单中选择需要替换为的颜色，如图3-49和图3-50所示。

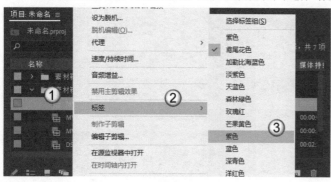
图3-49

图3-50

⑦ **疑难问答：标签颜色只能设置为Premiere自带的吗？**

不是。读者可以根据自己的需要设置想要的颜色。执行"编辑>首选项>标签"命令，如图3-51所示，打开"首选项"对话框，读者可以在"标签"选项组中根据需要设置标签的颜色和名称，如图3-52所示。注意，在这里更改标签的颜色和名称后，"项目"面板中的标签颜色也会同步发生变化。

图3-51

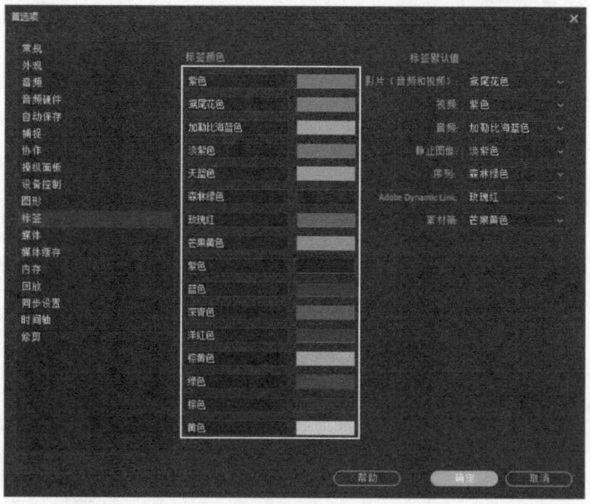

图3-52

注意，如果在更改颜色时，正在更改的颜色已经用在了素材上，那么素材的标签颜色会同步发生变化。

自定义元数据显示

在前面的学习中，我们知道"列表视图"模式在默认情况下会显示素材的各种属性，这些属性被称为"元数据"，例如"媒体持续时间""视频入点"等。在编辑视频时，我们可以自定义要显示的元数据有哪些。单击"项目"面板或"素材箱"面板的菜单图标 ，然后在快捷菜单中选择"元数据显示"命令，如图3-53所示，打开"元数据显示"对话框，如图3-54所示。

图3-53

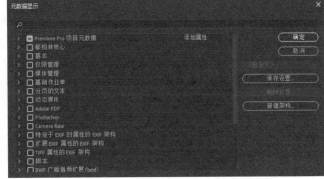

图3-54

展开"Premiere Pro项目元数据"卷展栏，这里面默认勾选了一些元数据类型，读者可以根据需要取消勾选一些类型，也可以勾选一些要新增的类型，例如这里勾选"媒体类型"，然后单击"确定"按钮 ，如图3-55所示。此时，"项目"面板中会出现"媒体类型"的元数据组，如图3-56所示。

图3-55

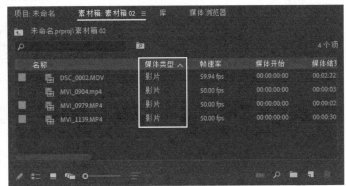

图3-56

注意，在不自定义元数据显示顺序的条件下，其排列顺序与"元数据显示"对话框的顺序吻合。另外，在"项目"面板或"素材箱"面板中自定义元数据的显示情况后，两者不共用，是相互独立的，也就是说读者需要分别设置两个面板。

◎ 知识课堂：通过元数据查找素材

在"项目"面板或"素材箱"面板中单击底部的"查找"图标 ，可以打开"查找"对话框，如图3-57所示。使用"查找"对话框可以搜索同时匹配两个搜索标准或匹配单个搜索标准的素材，读者可以根据需求对这两种搜索方式进行选择。

关于"查找"对话框的使用方法，这里通过一系列操作来说明。在操作之前，请读者厘清"匹配"中的"全部"和"任意"的区别，如果选择"全部"，那么表示同时满足两个标准的素材才会被查找到；如果选择"任意"，那么表示只要满足其中一个标准的素材就会被查找到。

在"列"中选择以什么类型作为查找标准，例如这里以元数据中的"标签"颜色作为查找标准；在"运算符"中选择需要搜索的目标，例如这里需要搜索的目标颜色为紫色。"查找目标"是补充说明内容，例如选择了"视频入点"作为查找标准，"开始于"作为查找目标，那么在"查找目标"中就需要补充开始的时间码，如图3-58所示。

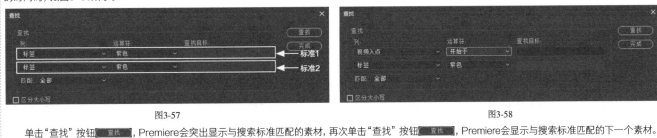

图3-57

图3-58

单击"查找"按钮 ，Premiere会突出显示与搜索标准匹配的素材，再次单击"查找"按钮 ，Premiere会显示与搜索标准匹配的下一个素材。

👑 重点

3.1.4 修改素材

将素材导入"项目"面板后，可能无法直接使用某些素材，也就是说，在这之前，我们需要对素材进行一系列操作，然后才能将素材应用到剪辑中。修改素材即使用Premiere修改素材的各项属性，包含调整音频声道、合并剪辑、解释素材、处理Raw文件等。

☞ 调整音频声道

Premiere具有高级音频管理功能。读者通过精确的音频管理功能可以制作单声道（单独的声道）序列、立体声（多个声道的音频组合成完整的声道）序列、5.1声道序列和32声道序列等。如果读者要制作立体声序列并使用高保真声音源，可使用默认设置。当使用专业摄像机录制音频时，可用多个麦克风录制多个声道，这些声道同样适用于常规立体声音频。但它们还包含完全独立的声音，所以需要使用摄像机为录制的音频添加元数据，用以区分音频采用单声道还是立体声道。执行"编辑>首选项>音频"命令可以为导入的新媒体文件设置声道的各种参数，如图3-59所示。

> ① 技巧提示
>
> 关于音频的处理，在后续的章节中会详细介绍，读者在此了解即可。

☞ 合并剪辑

在合并不同设备上录制的音频和视频文件时，要注意保证素材的同步性。读者可以手动定义同步点，例如"场记板"，也可以根据时间码信息或音频自动同步剪辑。在使用音频同步剪辑时，如果想要让合并的剪辑拥有匹配的音频，可进行自动同步操作；反之，则可手动添加入点标记和出点标记，或者使用外部时间码。

01 选择具有视频和音频的剪辑素材和只有音频的剪辑素材，单击鼠标右键，然后选择"合并剪辑"命令，如图3-60所示。

02 打开"合并剪辑"对话框，在"同步点"中选择需要的选项即可合并，如图3-61所示。合并出的素材文件如图3-62所示。

图3-59

图3-60

图3-61

图3-62

☞ 解释素材

要使Premiere正确地解释剪辑，必须先了解视频的像素长宽比（像素的形状）、帧速率和显示字段的顺序。Premiere可以从文件的元数据中找到这些信息，读者也可以对其进行更改。使用鼠标右键单击素材箱中需要更改解释的剪辑素材，然后执行"修改>解释素材"命令，如图3-63所示，打开"修改剪辑"对话框，如图3-64所示，在该对话框中即可进行更改。

图3-63

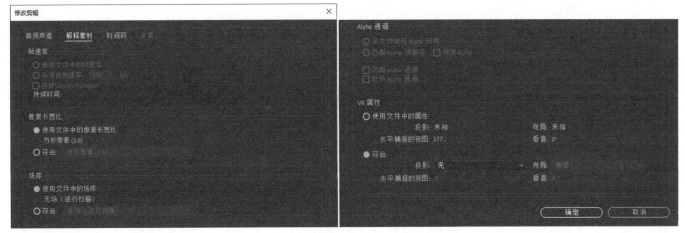

图3-64

☞ 处理Raw文件--

对于使用RED摄像机新建的R3D文件和使用ARRI摄像机新建的ARI文件，Premiere提供了特殊的设置。这些文件格式与专业单反数字相机使用的Camera Raw格式类似，为方便查看文件和更改解释，Raw文件始终有一个应用的解释图层，读者可以在其中直接更改照片中的颜色。

在"项目"面板中使用鼠标右键单击剪辑素材，选择"源设置"命令，打开"MPEG源设置"对话框，如图3-65所示。读者可以使用它访问剪辑素材的原始解释控件。

图3-65

> ① 技巧提示
>
> "MPEG源设置"是一个功能强大的颜色校正工具，具有自动白平衡的功能，可以对红色、绿色和蓝色进行单独调整。右侧有一系列的单独控件，这些控件是调整图像的，在列表最下方可选择增益设置。在特殊情况下，可能需要移动"源"面板播放头才能查看更新的结果，若已经将此剪辑编辑到了序列中，也会在序列中更新此剪辑。

3.2 在"源"面板中编辑素材

将素材导入"项目"面板后，如果要对单个素材进行编辑，需要将素材拖曳到"源"面板中打开。读者在"源"面板中可以加载素材、标记素材、设置素材范围、创建子剪辑等。

🔖 重点
3.2.1 加载素材

双击"项目"面板中的素材或将素材拖曳到"源"面板中，可以在"源"面板中显示素材，以便对其进行查看与添加标记等操作，如图3-66和图3-67所示。

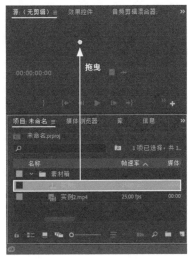

图3-66   图3-67

若要关闭"源"面板中的素材,可以单击"源"面板的菜单按钮▤,然后在下拉菜单中选择"关闭"命令来关闭指定素材,也可以选择"全部关闭"命令来关闭所有素材,如图3-68所示。

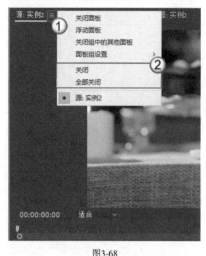

图3-68

图3-69

当素材数量过多且需要对大部分素材文件进行查看时,可以单击素材箱面板的"列表视图"按钮▤,并单击"名称",以确保按字母顺序显示剪辑,如图3-70所示。

按住Ctrl键依次单击需要查看的素材,可以连续选择多个素材,如图3-71所示;也可以按住Shift键,依次单击首尾素材,可以选择这两个素材及它们之间的所有素材,如图3-72和图3-73所示;如果出现选多了的情况,按住Alt键,单击不需要选择的素材,即可取消选择该素材。

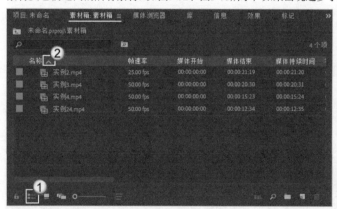

图3-70

图3-71

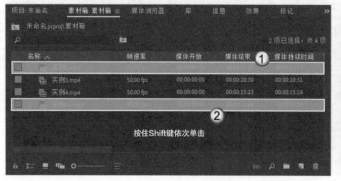

图3-72

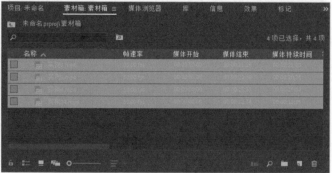

图3-73

选择素材后,将它们拖曳到"源"面板中,读者可以使用"源"面板中的命令选择对应的素材,如图3-74所示。

图3-74

3.2.2 标记素材

在"源"面板中打开素材后,读者可以按Space键播放当前素材(再次按Space键即暂停),也可以单击播放条下面的图标来进行一系列操作。读者还可以拖曳播放头来快速查看视频内容,如图3-75所示。

在播放过程中,读者可以单击"添加标记"图标💙或按M键来标记需要做记号的画面,如图3-76所示。该功能通常用于卡点,对一段素材进行标记操作后,在"源"面板中的播放条上会出现标记符号,如图3-77所示。

> ① 技巧提示
>
> 通常我们将这种操作称为帧标记或者标记点,这个操作在Premiere剪辑中使用频率非常高。

图3-75

图3-76

图3-77

在空白区域单击鼠标右键,选择"转到下一个标记"或"转到上一个标记"命令,可以让播放头直接跳转到下一个或上一个标记点的位置,以便查找标记点的时间码或画面,如图3-78和图3-79所示。如果要删除、隐藏、显示标记符号,单击鼠标右键,选择对应的命令即可。另外,当进行了错误操作后,可以按快捷键Ctrl+Z撤销。

图3-78

图3-79

读者应该会发现，在"源"面板、"节目"面板和"时间轴"面板中都有播放条，且都有一样的图标，它们的功能是一样的。将有标记的素材拖曳到"时间轴"面板中后，序列中的剪辑条上也会保留一样的标记点，如图3-80所示。

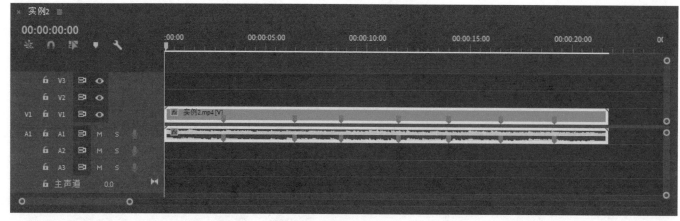

图3-80

◎ 知识课堂：时间码的输入方法

这里读者可能有疑问，如果直接输入时间码，是不是也可以让播放条跳转，答案是肯定的。在输入时间码的时候，直接输入对应数字即可，而不是按时间码的显示格式输入，例如我们要让播放头跳转到00:00:05:18的位置，也就是第5秒18帧的位置，只需要输入"00000518"，如图3-81所示，然后按Enter键即可，如图3-82所示。

图3-81

图3-82

因为Premiere在计算时间码的时候，4个数是对应时、分、秒、帧的，每一个数是两位数，所以我们输入"00000518"后，它会自动从数字的最后一位向前分配，将18分配给帧，将05分配给秒，将前面的两个00分别分配给分和时。

另外，高位数为0时，是可以不输入的，也就是00000518中的518之前都是0，这5个0是可以不输入的，Premiere在显示时间码时会自动用0补全高位数。也就是说，我们要跳转到哪个位置，直接输入对应的时间码即可，因为每一个时间单位是两位数，所以不足两位的前面用0补足。

例如这里我们要跳转到第6秒6帧的位置，那么直接输入"606"或"0606"即可，如图3-83和图3-84所示。

图3-83

图3-84

最后，在输入时间码的时候，时、分、秒的进制都是六十进制，但是一定要注意帧的进制，也就是"帧速率"，以25 fps为例，此视频的帧进制为二十五进制，也就是表示帧的数字最为24。如果输入的数字大于了24，那么Premiere会自动进位，例如这里输入"0630"，如图3-85所示，即第6秒30帧，但是现在的帧速率为25 fps，所以Premiere会自动对30帧进行进位，也就是30-25=5，然后秒位上加1，时间码显示为00:00:07:05，如图3-86所示。

| 图3-85 | 图3-86 |

重点

3.2.3 设置素材范围

在使用素材制作剪辑的时候，通常我们不会用到整个素材片段，也就是只使用其中一段，这个时候就可以在"源"面板中通过单击"标记入点" 和"标记出点" 来设置素材的播放起点和结束点。下面介绍操作方法。

01 播放素材或拖曳播放头，当找到需要的视频片段的起点时，单击"标记入点" （快捷键为I），设置视频入点，如图3-87所示。

02 继续播放素材或拖曳播放头，当找到需要的视频片段的结束点时，单击"标记出点" （快捷键为O），设置视频出点，如图3-88所示。此时回到"项目"面板中查看素材，可以看到"媒体持续时间"为原素材的总时长，后面出现的"视频入点""视频出点"和"视频持续时间"就是截取的视频片段的属性，如图3-89所示。

| 图3-87 | 图3-88 |

图3-89

如果这个时候将"项目"面板中的素材拖曳到"时间轴"面板中,通过总时长就可以看出剪辑条也是截取后的片段,如图3-90所示。另外,与帧标记操作一样,读者可以通过单击"转到入点"按钮(快捷键为Shift+I)或"转到出点"按钮(快捷键为Shift+O)将播放头移动到对应的时间点。

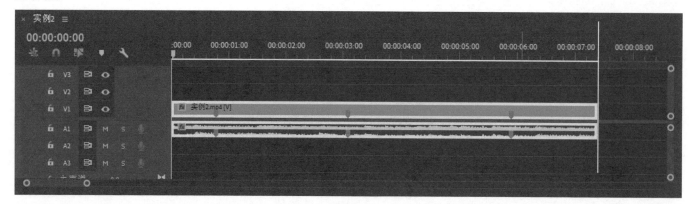

图3-90

当要使用一个素材的多个片段时,上述方法会显得特别烦琐,这个时候可以使用"插入"按钮将当前片段直接插入"时间轴"面板,然后继续编辑,继续插入。注意,在使用"插入"时,素材片段是插入到"时间轴"面板中播放头的后面。同理,使用"覆盖"是使用当前片段覆盖掉播放头后面的剪辑片段。

重点

3.2.4 创建子剪辑

如果序列中有一个剪辑素材,读者想使用其中一个片段或几个片段时,可以使用前面介绍的方法来操作。但是如果想保留每一个片段,以备后续使用,且又不影响原素材在"项目"面板中的属性,那么可以通过创建子剪辑来完成。

在"源"面板中通过单击"标记入点"按钮和"标记出点"按钮选择所需的剪辑范围,如图3-91所示;在剪辑画面上单击鼠标右键,在弹出的快捷菜单中选择"制作子剪辑"命令,如图3-92所示;打开"制作子剪辑"对话框,根据需要设置"名称",单击"确定"按钮,如图3-93所示。

图3-91

图3-92

图3-93

子剪辑创建完成后,会在"项目"面板中生成子剪辑,且显示子剪辑的"名称""媒体开始""媒体技术""媒体持续时间"等信息,如图

3-94所示。注意，子剪辑与常规剪辑的属性相同，读者可以以素材箱的形式对它们进行组织，区别在于子剪辑的图标█与常规剪辑的图标█不同。注意，在原始剪辑上制作子剪辑后，原始剪辑会一直保留素材的入点和出点，这个时候读者可以在"源"面板中打开原始剪辑，然后单击鼠标右键，选择"清除入点"和"清除出点"命令。

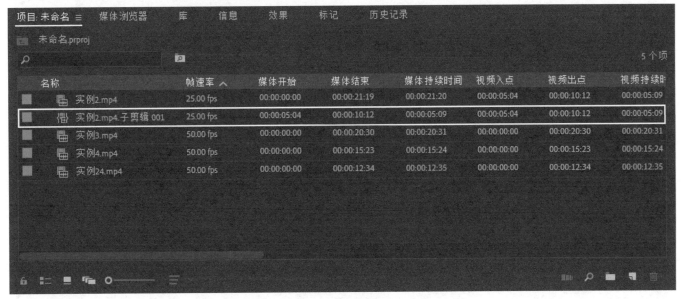

图3-94

◎ 知识课堂：编辑子剪辑

在编辑子剪辑之前，请读者注意，子剪辑与原始剪辑共享相同的媒体文件，也就意味着如果原媒体文件丢失，那么项目中的原始剪辑和子剪辑都将丢失。

双击"项目"面板中的子剪辑，在"源"面板中将其打开，然后在画面上单击鼠标右键，在弹出的快捷菜单中选择"编辑子剪辑"命令，如图3-95所示，打开"编辑子剪辑"对话框，如图3-96所示。

图3-95

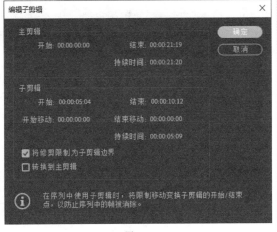

图3-96

主剪辑： 展示了原始剪辑的"开始"时刻、"结束"时刻和"持续时间"信息，这部分内容不可编辑。

子剪辑： 展示了子剪辑的"开始"时刻、"结束"时刻和"持续时间"等信息，读者可以编辑"开始"时刻和"结束"时刻来调整子剪辑的范围，不过调整是建立在一定条件上的；注意，子剪辑的"开始"时刻和"结束"时刻是以原始剪辑为参照对象的，这也是为什么"开始"时刻不是00:00:00:00，而是00:00:05:04，表示子剪辑是从原始剪辑的第5秒4帧开始的。"结束"时刻原理相同。

勾选"将修剪限制为子剪辑边界"后有编辑范围的限制。该选项在创建子剪辑时是默认被勾选的，表示子剪辑的范围是受到"开始"时刻和"结束"时刻限制的。

01 将"项目"面板中的子剪辑拖曳到"时间轴"面板中，然后将鼠标指针移动到子剪辑的结束位置，鼠标指针变为█，如图3-97所示。下面就要对子剪辑的范围进行设置。

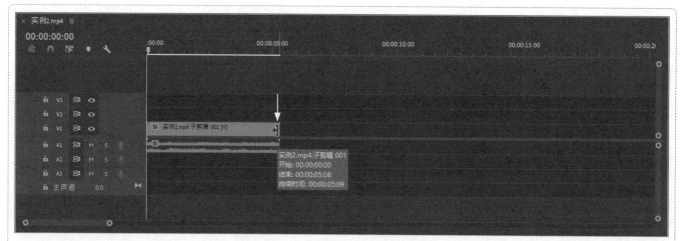

图3-97

02 按住鼠标左键并向左侧拖曳鼠标指针，可以缩小子剪辑的范围，如图3-98所示。其中，前面的00:00:02:01表示结束时刻前移2秒1帧，后面的"持续时间"表示编辑后的持续时间。

图3-98

03 用同样的方法将子剪辑向右侧拖曳，可以将子剪辑范围还原到子剪辑的初始范围，但是如果继续向右拖曳，会发现无法拖曳，且提示"达到修剪媒体限制 视频1"，表示子剪辑在"时间轴"面板中的可编辑范围被限定为创建子剪辑时标记的入点和出点之间，如图3-99所示。

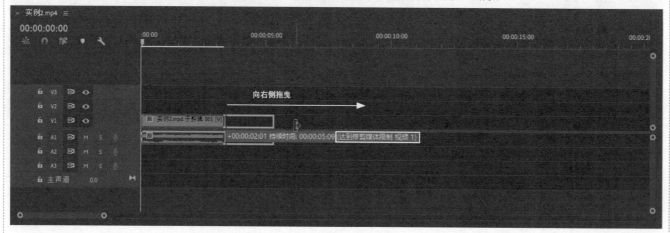

图3-99

这里是以子剪辑右侧的出点位置为例演示的，读者可以试一试在子剪辑左侧的开始位置（入点）进行上述的操作。

不勾选"将修剪限制为子剪辑边界"则无编辑范围的限制。这里的"无编辑范围的限制"并不是指可以随意地设置子剪辑的范围，而是不受创建子剪辑时标记的出点和入点的限制，但受限于原始剪辑的长度。

01 在"编辑子剪辑"对话框中取消勾选"将修剪限制为子剪辑边界"，然后单击"确定"按钮 ，如图3-100所示。

02 回到"时间轴"面板，将鼠标指针移动到子剪辑边缘，待鼠标指针变为 时，按住鼠标左键并向右侧拖曳，如图3-101所示。此时，子剪辑突破了出点的限制，可以延长出去。

03 继续向右侧拖曳，会出现拖曳不动的情况，并提示"达到修剪媒体限制 视频1"，如图3-102所示。这是因为当前位置是原始剪辑的结束时刻，所以在不勾选"将修剪限制为子剪辑边界"时，在"时间轴"面板上是可随意调整子剪辑范围的，但不能超出原始剪辑的范围。

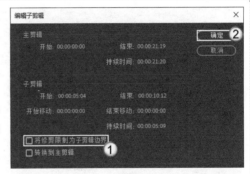

图3-100

图3-101

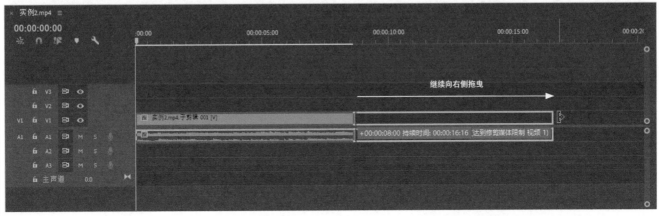

图3-102

勾选"转换到主剪辑"后，可以将子剪辑的时间范围恢复为原始剪辑的实际范围。

在"源"面板中的子剪辑画面上单击鼠标右键，选择"编辑子剪辑"命令，打开"编辑子剪辑"对话框，然后勾选"转换到主剪辑"，接着单击"确定"按钮 ，如图3-103所示。此时，"子剪辑"中的参数不可用。

回到"时间轴"面板，子剪辑的可编辑范围与原始剪辑相同，如图3-104所示。"项目"面板中的子剪辑的"媒体开始"和"媒体结束"也与原始剪辑相同，如图3-105所示。

图3-103

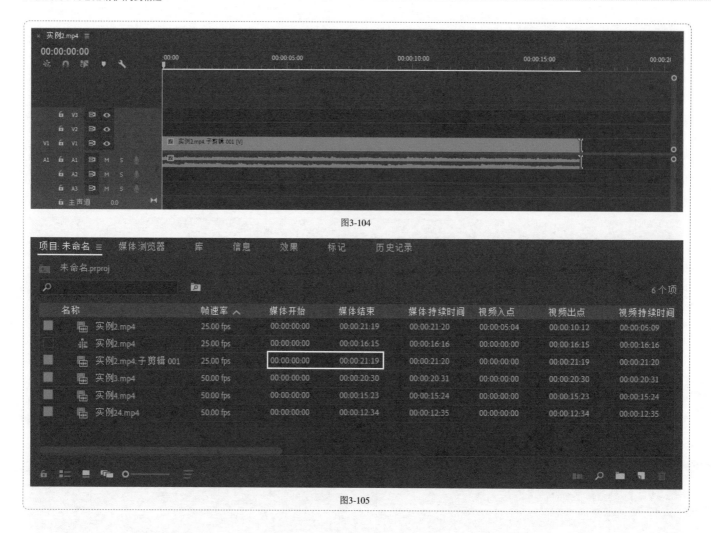

图3-104

图3-105

3.3 使用"时间轴"面板进行剪辑

"时间轴"面板如图3-106所示。读者可以将剪辑素材添加到"时间轴"面板的序列中，然后对它们进行编辑、添加视觉与音频特效和混合音轨，以及在不同位置添加标题和图形等操作。在"时间轴"面板中可以同时打开多个序列，每个序列都在各自的"时间轴"面板中显示。注意，时间轴上显示的时间始终是从左到右递增的。

图3-106

3.3.1 "时间轴"面板中序列的操作

前面已经介绍过，序列是一个包含一系列依次播放的素材的容器，可以具有多个混合图层，通常具有特效标题和音频。另外，项目可以拥有任意数量的序列。在对素材进行编排和剪辑之前，是需要创建序列的，主要有以下3种方法。

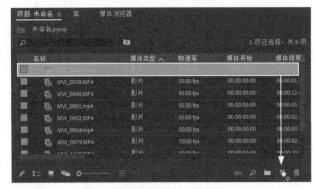

☞ 创建自动匹配源媒体的序列--

将"项目"面板中的任意剪辑素材拖曳到"项目"面板底部的"新建项"图标 上或直接拖曳到"时间轴"面板中，如图3-107和图3-108所示，Premiere会根据剪辑素材自动创建一个与剪辑素材名称相同的新序列，如图3-109所示。

图3-107

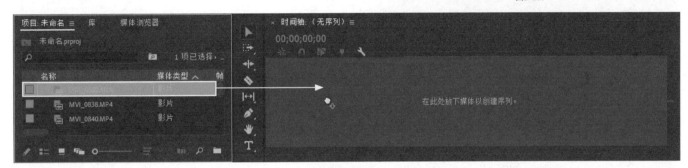

图3-108

图3-109

☞ 调用预设序列--

单击"项目"面板中的"新建项"图标 ，选择"序列"命令，如图3-110所示，打开"新建序列"对话框，读者可以根据项目需求选择并调整预设，自己在"设置"选项卡中设置序列的相关参数，如果想下次继续使用，可以单击"保存预设"按钮 保存预设… 对调整好的设置进行存储，如图3-111所示。

图3-110

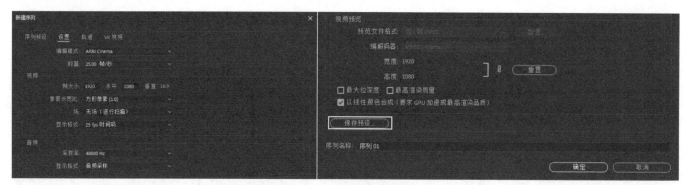

图3-111

若想在"时间轴"面板中打开序列,可直接在"项目"面板或"素材箱"面板中使用鼠标左键双击"序列"图标。另外,读者还可以在序列上单击鼠标右键,在弹出的快捷菜单中选择"在时间轴内打开"命令,如图3-112所示。

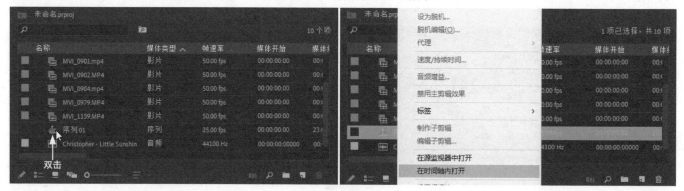

图3-112

通过上述操作,读者可以在"时间轴"面板中打开一个或多个序列,单击序列名称即可切换到各序列独立的"时间轴"面板,如图3-113所示。如果要删除"时间轴"面板中的序列,可以单击序列名称前的"关闭"按钮,如图3-114所示。

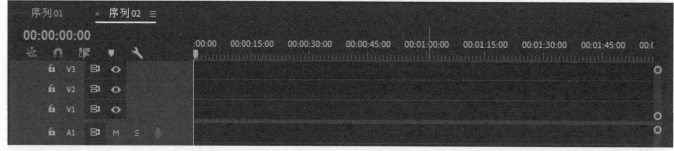

图3-113

图3-114

当将素材拖曳到序列中时，如果素材的相关属性（例如"帧速率"）与序列的设置不符，会弹出"剪辑不匹配警告"对话框，读者可以根据需要进行选择，如图3-115所示。

图3-115

---

⑦ **疑难问答**：为什么双击序列后会弹出"导入"对话框？

因为双击的位置不对。如果读者双击序列后出现了"导入"对话框，如图3-116所示，那么一定是双击到了序列中的空白位置，如图3-117所示。这个时候一定要确认鼠标指针是落在序列图标 ▤▤ 上的，然后再进行双击。除此之外，双击到其他地方还会激活其他功能，例如重命名、信息列表的展开等。

图3-116

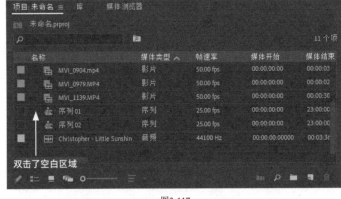

图3-117

☞ **轨道操作**--

序列通过视频轨道和音频轨道来限制添加剪辑的位置，"时间轴"面板最多可支持99个视频轨道和99个音频轨道。V即Video，表示视频轨道，A即Audio，表示音频轨道，1、2、3表示轨道1、轨道2、轨道3。读者可以将剪辑素材添加到序列的轨道中并进行组合、编辑，从而完成视频的编辑，如图3-118所示。

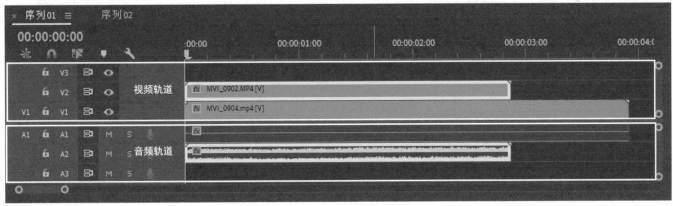

图3-118

注意，在"时间轴"面板中，顶部视频优先于底部视频显示于视频轨道中，也就是说，当序列中多个轨道中都有剪辑时，在同一时刻，画面中显示位于上方轨道中的内容，这与Photoshop图层的原理类似。当多个轨道都包含音频时，在同一时刻，所有音频会混合，从而形成混音效果。

Premiere具有多种滚轮操作，鼠标指针所处位置不同，结果也不同，下面依次说明。

鼠标指针悬停在任意轨道上时，滚动轮滚可左右滚动。

鼠标指针悬停在视频和音频轨道上时，按住Ctrl键，滚动轮滚可上下滚动。注意，这需要有多个视频和音频轨道被激活。

鼠标指针悬停在任一轨道标题，例如"V1""V2"等处时，按住Alt键滚动滚轮，可增大或减小此轨道的高度。

鼠标指针悬停在视频或音频轨道标题，例如"V1""V2"等处时，按住Shift键滚动滚轮，可增大或减小所有此类轨道的高度。

在轨道标题左侧有一组按钮，常用的如图3-119所示，读者可以挨个去试一试，这些按钮在剪辑过程中会时常被用到。

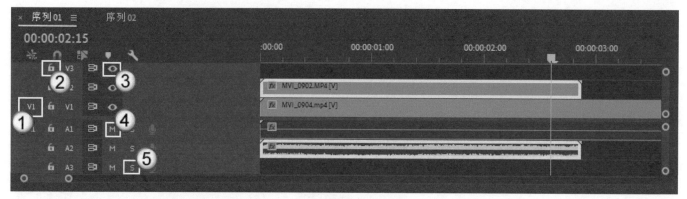

图3-119

①单击轨道前的空白区域，会出现该图标，表示现在这个轨道为指定轨道，使用"插入" 等按钮插入素材时，会默认插入这个轨道。

②使用这个按钮可以锁定当前轨道，让其不可操作。

③单击这个图标，可以让当前视频轨道上的素材不可视。

④单击这个图标，会让当前音频轨道中的音频无效，即静音。

⑤单击这个图标，会让其他音频轨道中的音频无效，只播放该轨道的音频，也就是独奏。

读者可能会发现序列中的轨道中的剪辑条太短、轨道高度太小，不利于在轨道中有大量素材的情况下查看素材，这个时候可以通过"时间轴"面板中的滑块来改变显示比例，如图3-120所示。注意，拖曳中间的滚动条，可以改变轨道中显示的内容。

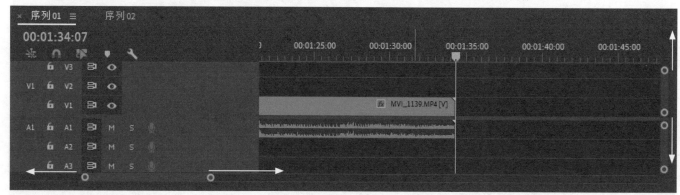

图3-120

⚠ 技巧提示

在实际操作过程中，这样去拖曳会让操作非常不方便，通常情况下都是使用快捷，按＋键和－键可以在横向上增大和缩小显示比例，按快捷键Ctrl＋＋和快捷键Ctrl＋－可以在纵向上放大和缩小轨道。另外，按→键和←键可以移动播放头，读者可以自行结合Ctrl键或Alt键来使用这些按键。

👉 入点与出点

使用"时间轴"上的入点与出点可将剪辑素材添加到所需的序列位置，也可以选择想要删除的序列部分。当与轨道标题一起使用时，读者可以非常精确地选择并从多个轨道中删除整个剪辑或部分剪辑。

设置入点与出点

在"时间轴"上与"源"面板中添加入点和出点的主要差别是两者的控件不同，但"节目"面板中的控件也适用于时间轴。在确保"时间轴"面板被激活的情况下可为"时间轴"添加入点与出点，方法是单击"节目"面板中的"标记入点"按钮 （快捷键为I）与"标记出点"按钮 （快捷键为O）。

若需根据序列中剪辑素材的持续时间快速标记入点与出点，可以选择剪辑，然后按/键，在"时间轴"中剪辑素材的开始处与结束处分别添加一个入点标记与出点标记。

清除入点与出点

在"时间轴""源"面板和"节目"面板中，删除入点和出点的方式是相同的。使用鼠标右键单击"时间轴"面板顶部的时间标尺，选择所需选项即可完成对应操作。

> ① 技巧提示
>
> 在实际操作中，建议读者使用快捷键来进行操作，从而提高工作效率。
>
> Shift+Ctrl+I：删除入点。
>
> Shift+Ctrl+O：删除出点。
>
> Shift+Ctrl+X：同时删除入点和出点。

👑 重点

🖐 案例训练：制作一个序列

素材文件	工程文件>CH03>案例训练：制作一个序列
案例文件	工程文件>CH03>案例训练：制作一个序列>案例训练：制作一个序列.prproj
难易程度	★☆☆☆☆
技术掌握	掌握序列的制作方法

01 将素材拖曳至"项目"面板底部的"新建项" 🔲 上，Premiere会创建一个名称与所选素材的名称相同的新序列，如图3-121所示。这也是一种制作与媒体文件完美匹配的序列的快捷方式。

02 此时，"时间轴"面板会自动创建一个序列，如图3-122所示。读者可以根据自己的想法将其他素材拖曳到"时间轴"面板的轨道中，将素材按先后顺序排列，组成一段视频，如图3-123所示。

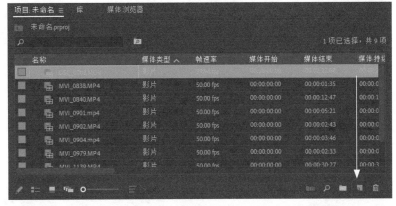

图3-121

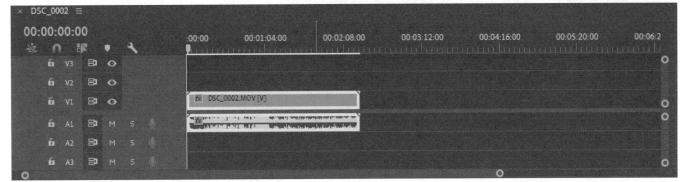

图3-122

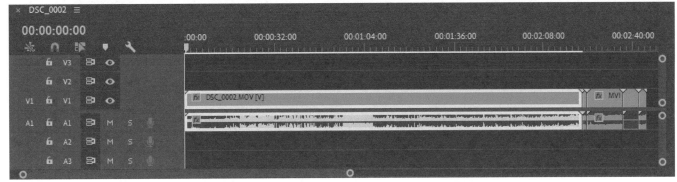

图3-123

3.3.2 同步锁定

读者可以将同步理解为任意两件事同时发生，例如配乐与字幕同时出现等。轨道锁定可以在编辑时防止更改轨道内容，即避免对序列进行意外更改。这些功能对应的按钮都在"时间轴"面板中。

保持"切换同步锁定"按钮 ▤ 被激活，当使用插入功能添加剪辑时，所有内容都将聚在一起。保持"切换轨道锁定"按钮 🔒 被激活，就不能对轨道进行任何更改，如图3-124所示。

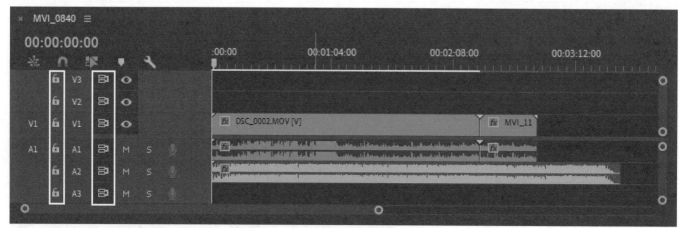

图3-124

这里以序列中的多个视频轨道、音乐轨道为例，使用插入功能来介绍如何使用同步锁定。

保持轨道的默认状态，在"项目"面板中选择一个素材，然后单击鼠标右键，选择"插入"命令，将素材插入到轨道中，可以看到素材插入到了播放头所在的位置，然后音频轨道A2被切开，如图3-125所示。

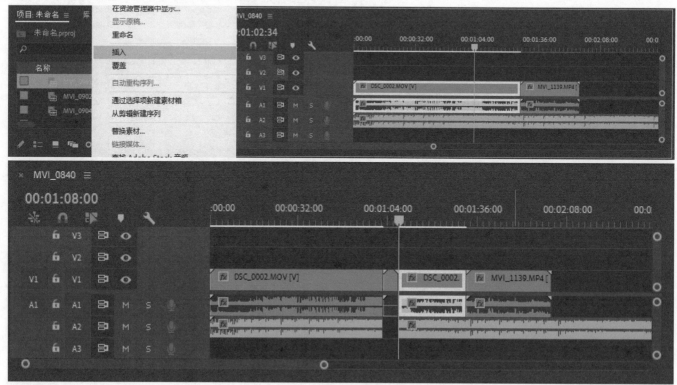

图3-125

这说明在"同步锁定"情况下，各轨道在时间码上是锁定的，如果这个时候取消轨道A2的同步锁定，然后进行插入操作，结果如图3-126所示。这说明，轨道A2的音频不与其他轨道锁定，是独立存在的，插入素材后，素材并不能将它截断。

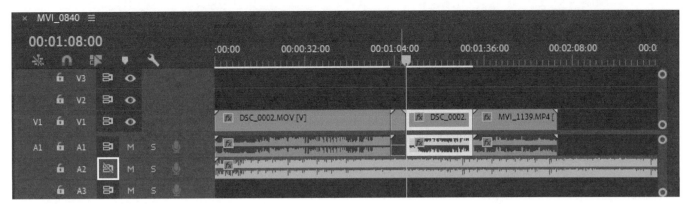

图3-126

🖢 重点

3.3.3 查找与删除时间轴的间隙

非线性编辑的特点是可以随意移动剪辑并删除不需要的剪辑部分。删除部分剪辑时,使用"提升"命令会留下间隙(使用"提取"命令则不会)。当复杂序列被缩小后会很难发现序列间隙,所以需要通过自动查找来寻找间隙。

☞ 查找间隙--

要自动查找间隙,需先选择序列,按↓键,"时间轴"中的播放头将被自动调至下一段序列,如图3-127所示。

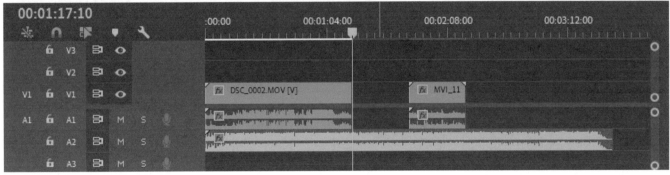

图3-127

☞ 删除间隙--

找到间隙并选择间隙,然后按Delete键或单击鼠标右键,然后选择"波纹删除"命令,即可删除间隙,如图3-128所示。

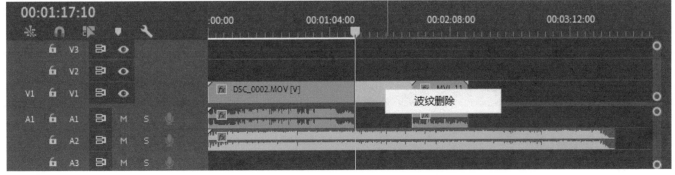

图3-128

👑 重点

3.3.4 选择/移动/删除剪辑

本小节主要介绍剪辑素材的选择、移动、提升和删除操作。这些是序列中的重要操作，请读者不断练习，熟能生巧。

👉 选择剪辑--

在对剪辑应用调整之前，通常需要在序列中选择剪辑。在选择剪辑素材时，应注意以下3点。

第1点：编辑具有视频和音频的剪辑时，每个剪辑都至少有两个部分。当视频和音频剪辑由同一原始摄像机录制时，它们会自动链接，单击其中一个，也会自动选择另一个。

第2点：在"时间轴"中可通过使用入点和出点来选择剪辑。

第3点：进行选择时将启用"选择工具" ▶（快捷键为V）。

下面介绍选择剪辑的几种方式。

加选/减选

在序列中通过单击可以选择剪辑，按住Shift键单击可加选其他剪辑或取消选择已选剪辑。双击剪辑则会在"源"面板中打开它。

框选

在"时间轴"的空白处按住鼠标左键且不松开，然后拖曳鼠标指针，创建一个选择框，可以框选剪辑，如图3-129所示，接着释放鼠标左键，即可选择被选框接触过的剪辑条，如图3-130所示。

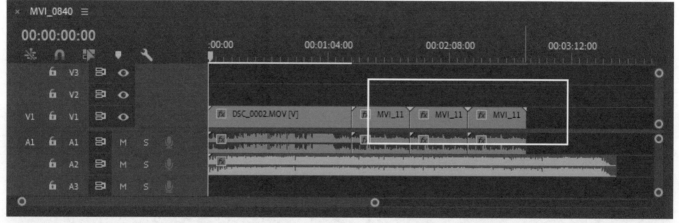

图3-129

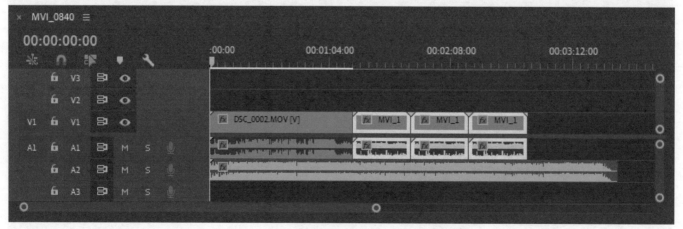

图3-130

选择轨道上的连续剪辑

使用"向前选择轨道工具" ▶▶（快捷键为A）可以选择轨道上的连续剪辑。选择"向前选择轨道工具" ▶▶，单击任一轨道上的任意剪辑，所有轨道上从单击位置到序列结尾的剪辑都会被选择，若有音频与这些剪辑链接，那这些音频也会被选择。

如果在使用"向前选择轨道工具" 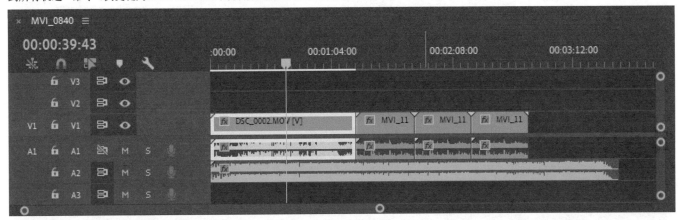时按住Shift键,则会选择当前轨道上从鼠标单击位置到序列结尾的剪辑。

仅选择视频和音频

单击"选择工具" ,按住Alt键,单击时间轴上的一些剪辑,可以只选择视频或音频内容。注意,框选同样适用此操作。

拆分剪辑

单击"剃刀工具" (快捷键为C),在剪辑中单击,可以将一个剪辑拆分为两部分。

在使用"剃刀工具" 时按住Shift键,可以拆分所有轨道上的剪辑。另外,在确保选择了"时间轴"面板的情况下,执行"序列>添加编辑"命令(快捷键为Ctrl+K,多称为"截断"),可在所选轨道上的剪辑的播放头处截断,如图3-131和图3-132所示;如果执行"序列>添加编辑到所有轨道"命令(快捷键为Shift+Ctrl+K),则会截断播放头位置所有轨道的剪辑,如图3-133所示。

图3-131

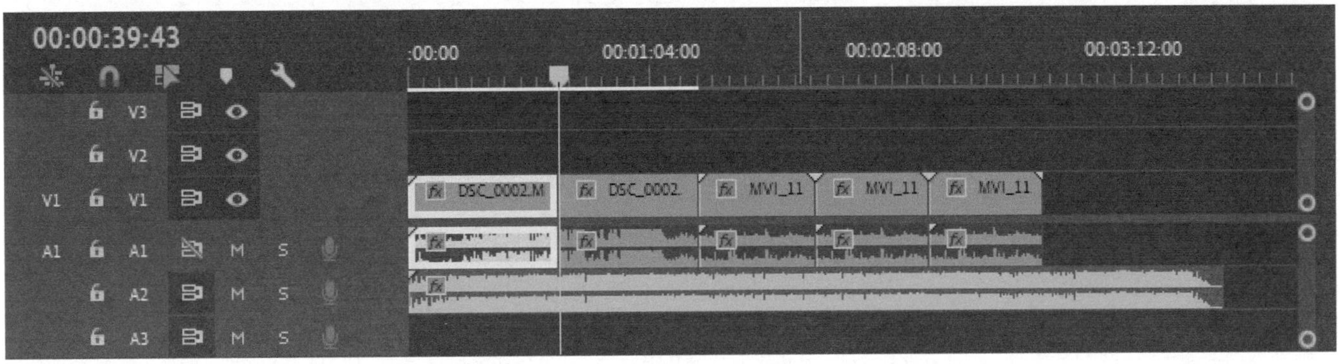

图3-132

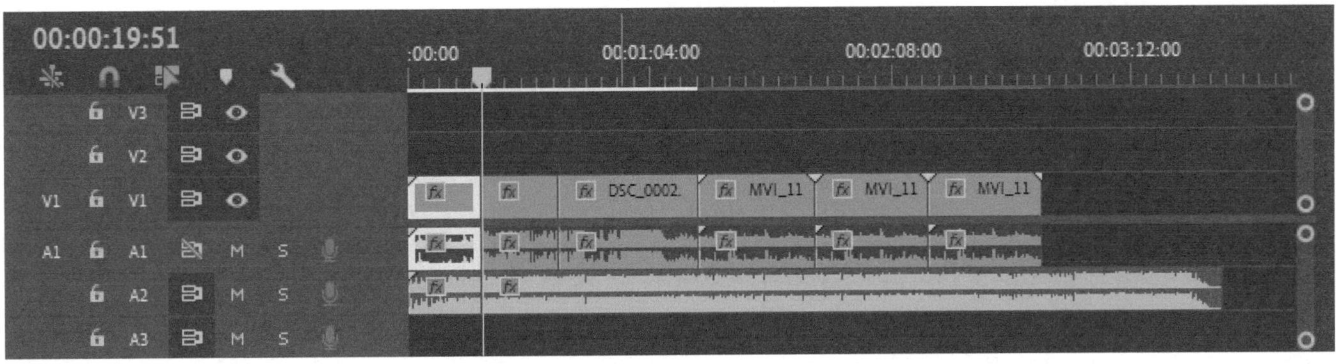

图3-133

⑦ **疑难问答:明明看起来截断了剪辑,为什么会叫"添加编辑"呢?**

将这个功能叫作"截断",是从视觉效果出发的,而这个功能的本质确实是在轨道中新添加了一个剪辑素材,即将现有剪辑从当前播放头位置一分为二,剪辑后的两个素材与原素材是完全一样的,不是原素材的一部分。读者可以单击"波纹编辑工具" ,选择第1段剪辑,将鼠标指针放在截断点的位置,待鼠标指针发生变化后，向右拖曳鼠标指针，如图3-134所示，此时第一段剪辑被拉长，且最多可以拉长到原素材的长度，如图3-135所示。这说明所谓的"裁断"其实就是把一段素材一分为二，每一个都是与原素材一样的，只是入点和出点发生了变化。

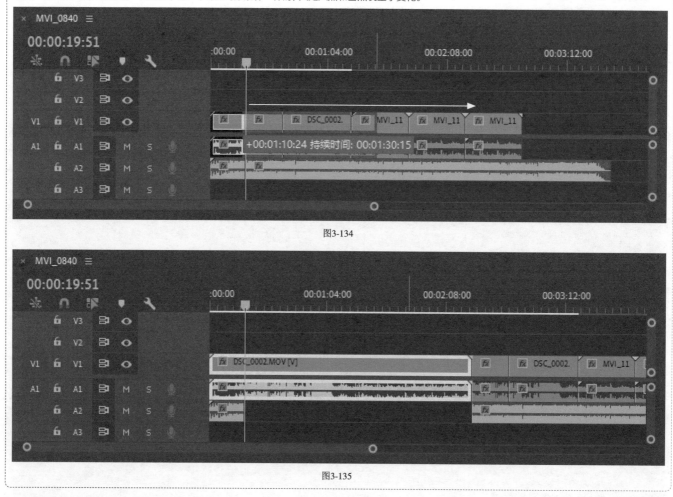

图3-134

图3-135

链接和取消链接剪辑

在前面的操作中，我们发现如果素材中带有音频，只要我们选择其中一个，就会自动选择另一个，如图3-136所示。如果要单独操作音频和视频，就需要将音频和视频分离。

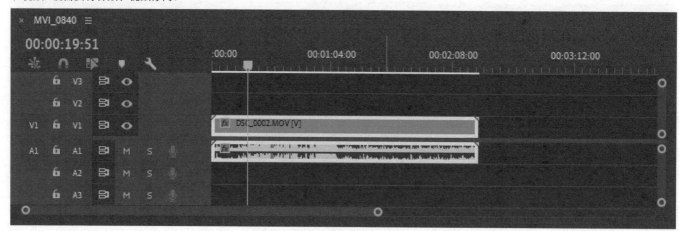

图3-136

选择需分离音频和视频的剪辑，然后单击鼠标右键，选择"取消链接"命令，如图3-137所示，此时，剪辑的音频和视频被分离，可以单独删除和设置出入点，如图3-138所示。

图3-137 　　　　　　　　　　　　　　　　　　　　　图3-138

按住Shift键选择剪辑和音频，然后单击鼠标右键，选择"链接"命令，如图3-139所示，链接后的效果如图3-140所示。

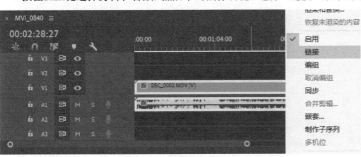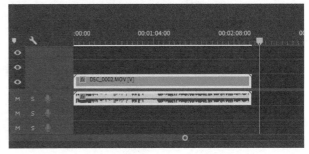

图3-139 　　　　　　　　　　　　　　　　　　　　　图3-140

☞ **移动剪辑**---

插入剪辑会让现有剪辑向后（右）移动，而覆盖剪辑会替换现有剪辑。

拖曳剪辑

拖放剪辑时，默认模式是覆盖。

在"时间轴"面板的左上角有"对齐"按钮，启用后剪辑的边缘会自动对齐，如图3-141所示。

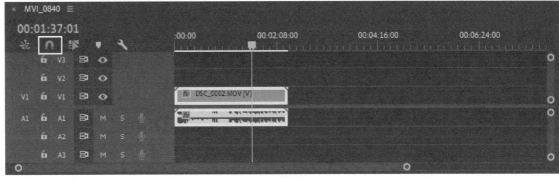

图3-141

在"时间轴"上单击最后一个剪辑，并向后拖曳一定距离，因为此剪辑之后没有剪辑，所以会在此剪辑前面添加一个空隙且不影响其他剪辑，如图3-142所示。

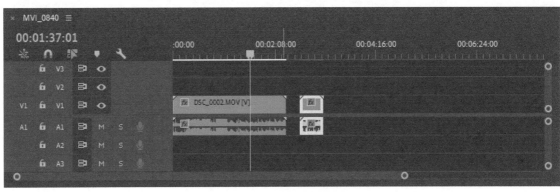

图3-142

在打开了"对齐"模式的情况下，向左缓慢拖曳剪辑，直至与其前面剪辑的末尾对齐，再释放鼠标左键，则此剪辑会与上一个剪辑的末尾相接，如图3-143和图3-144所示。

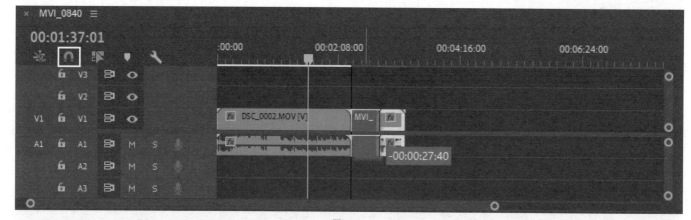

图3-143

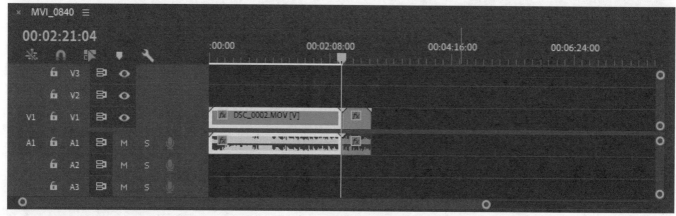

图3-144

微移剪辑的快捷键

按一次←键可向左移1帧；如果要向左移5帧，则可按快捷键Shift+←。

按一次→键可向右移1帧；如果要向右移5帧，则可按快捷键Shift+→。

按快捷键Alt+↑可以将剪辑向上移一个轨道，按快捷键Alt+↓可以将剪辑向下移一个轨道。

在序列中重新排列剪辑

在"时间轴"上拖曳剪辑并在拖曳过程中按住Ctrl键，Premiere将使用"插入"模式，可将该段剪辑插入另外两段剪辑之间。插入时需注意将剪辑的边界对齐，对齐时每条轨道上会出现一个箭头，如图3-145所示。

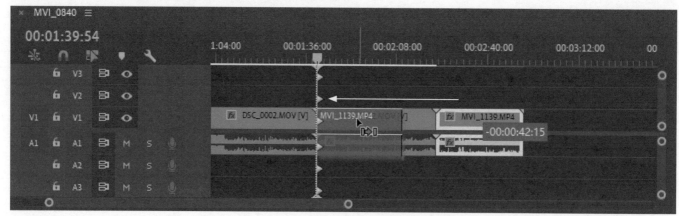

图3-145

有的时候会出现一种情况，即将前面的剪辑素材移动到后面时，原素材所在的位置会出现空隙，如图3-146和图3-147所示。

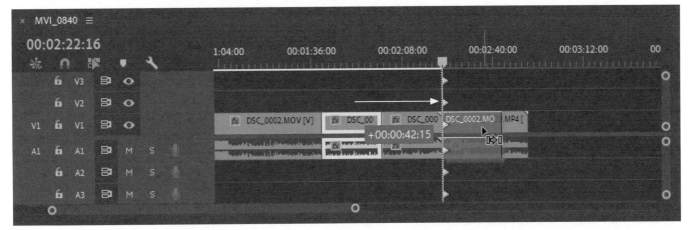

图3-146

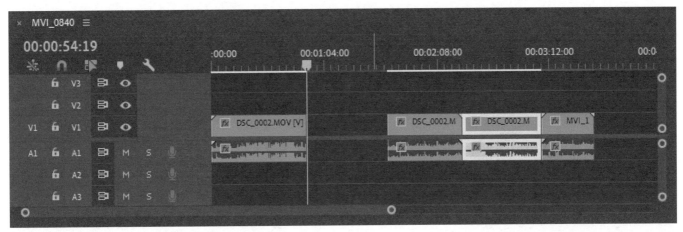

图3-147

按快捷键Ctrl+Z撤销，在拖曳过程中按住Ctrl键和Alt键，则序列中不会留下间隙，如图3-148所示。

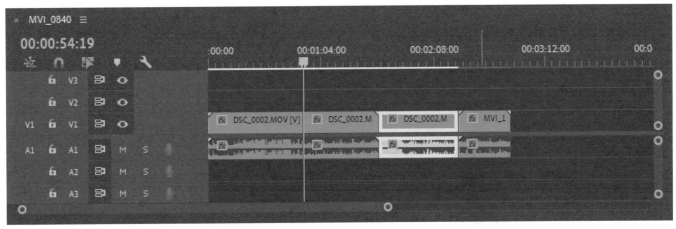

图3-148

使用剪贴板

Premiere会根据启用的轨道为序列添加剪辑副本，底部的轨道会接收剪辑。

单击选择需要复制的剪辑片段，然后按快捷键Ctrl+C将其添加至剪贴板中，接着将播放头放在需要粘贴的位置，按快捷键Ctrl+V即可。

☞ 提升和删除剪辑--

提升和删除剪辑操作通常会在"插入"或"覆盖"模式下进行。

提升

进行提升操作将删除所选序列，并留下间隙。在时间轴上使用入点和出点以选择需要删除的部分，即定位播放头并按I键和O键分别设置入点与出点，选择后单击"节目"面板底部的提升按钮（快捷键为;）即可删除所选序列部分，但会留下间隙。这个时候，读者可使用鼠标右键单击间隙并选择"波纹删除"以清除间隙。

> ① 技巧提示
>
> 在"节目"面板相关内容中会详细介绍这个功能。

提取

进行提取操作将删除所选序列，且不留下间隙。基本步骤与提升相同，快捷键为'。

删除和波纹删除

删除：按Delete键删除所选序列，留下间隙。

波纹删除：按快捷键Delete+Shift删除所选序列，不会留下痕迹。

禁用剪辑

禁用的剪辑仍然存在于序列中，只是看不到（"节目"面板）或者听不到它们，这是一种有选择地隐藏复杂且多层序列部分的功能。

使用鼠标右键单击剪辑并取消勾选"启用"选项，如图3-149所示，则会禁用此剪辑，即播放序列时将无法看到此剪辑，但能看到此剪辑是存在的，如图3-150所示。而再次使用鼠标右键单击剪辑并选择"启用"，则会重新启用此剪辑，即播放序列时将会看到此剪辑。

图3-149   图3-150

3.4 在"节目"面板中查看效果

"节目"面板用于显示"时间轴"面板中当前序列显示的内容和生成的视频，其时间标尺是"时间轴"面板的缩小版，如图3-151所示。读者可以将"节目"面板理解为简单的剪辑效果预览工具。

图3-151

👑 重点

3.4.1 提升与提取

"节目"面板的控件与"源"面板的控件大体相同。"节目"面板的"提升"按钮 ⬛ (快捷键为;) 和 "提取"按钮 ⬛ (快捷键为') 具有从序列中删除剪辑素材的功能。在"时间轴"面板上移动播放头，然后单击鼠标右键，选择"标记出点"和"标记入点"来选择范围，如图3-152所示。单击"提升"按钮 ⬛ ，所选部分会被删掉，且留下空隙，如图3-153所示。单击"提取"按钮 ⬛ ，所选部分会被删除，且后面的片段自动与前面的片段末尾对齐，不留下空隙，如图3-154所示。

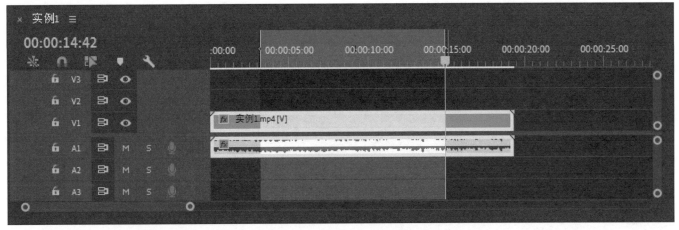

图3-152

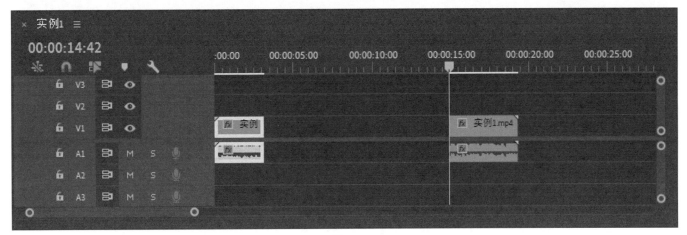

图3-153

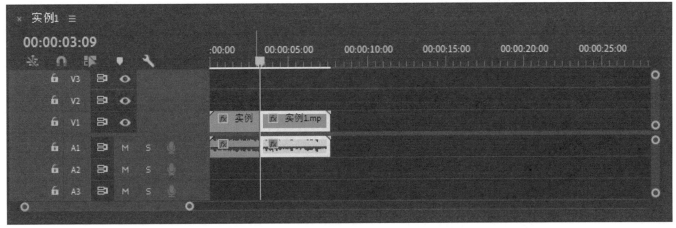

图3-154

“节目”面板的播放头和“时间轴”面板的播放头是同步的，当移动一个面板的播放头时，另一面板的播放头也将随之移动，因此读者可以在任意面板中更改播放头的位置，当前的显示帧是正在处理的序列中的播放头位置。另外，当前处理的序列名称在“节目”面板的左上角显示。

> ① 技巧提示
>
> 读者可以在“节目”面板中预览并查看使用的特效。当在“节目”面板中添加入点和出点时，它们也将会被添加到当前显示的序列中。

3.4.2 使用“节目”面板向时间轴中添加剪辑

在素材箱中打开序列，将“时间轴”的播放头放至序列结尾的剪辑素材最后一帧的后面，然后按住Shift键使播放头与剪辑末尾对齐，如图3-155所示。另外，读者也可以通过按↑键和↓键在剪辑之间切换。

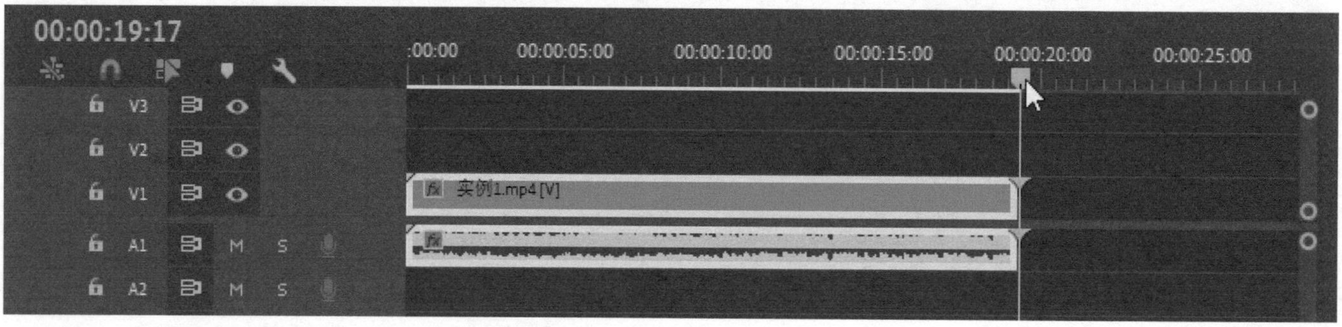

图3-155

在“源”面板中打开素材箱中的剪辑，在需要使用的部分剪辑处添加一个入点与一个出点，然后将所需的剪辑素材直接从“源”面板中拖曳至“节目”面板中。此时，“节目”面板中会出现几个区域，选择“覆盖”，如图3-156所示，Premiere会将剪辑添加到序列末尾。

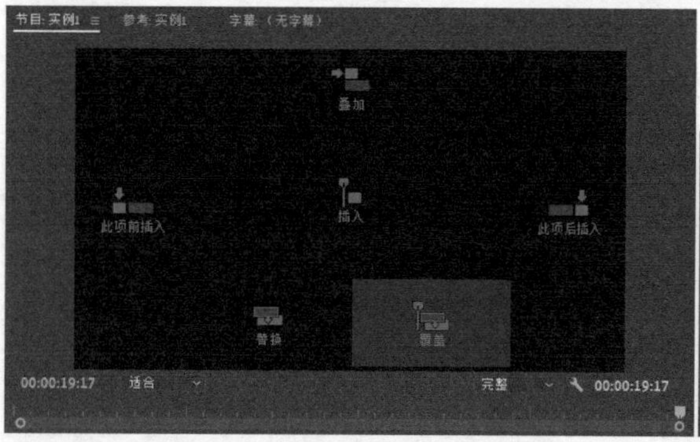

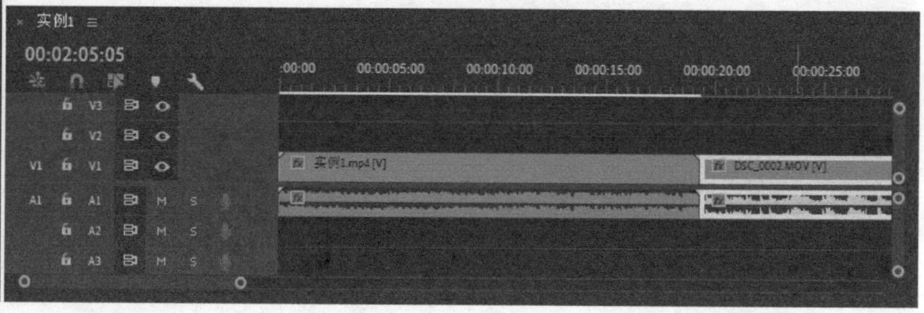

图3-156

3.4.3 使用“节目”面板插入剪辑

要在当前剪辑中插入另一部分剪辑时，需在“源”面板中为剪辑添加一个新的入点和一个新的出点，按住Ctrl键并将所需部分剪辑从“源”面板中拖曳至“节目”面板中，如图3-157所示。释放鼠标左键后，剪辑将被插入到序列中，如图3-158所示。

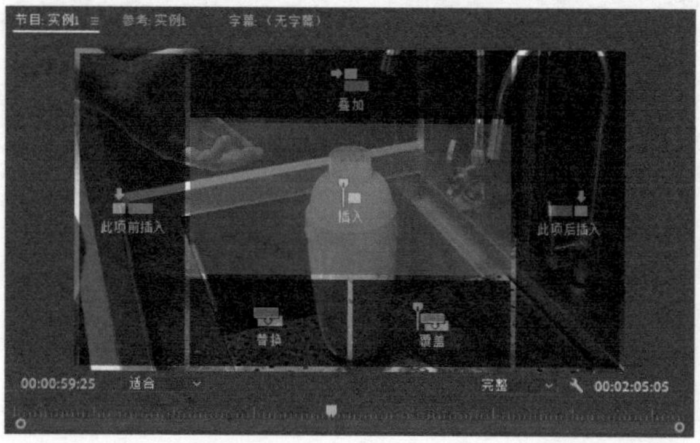

图3-157

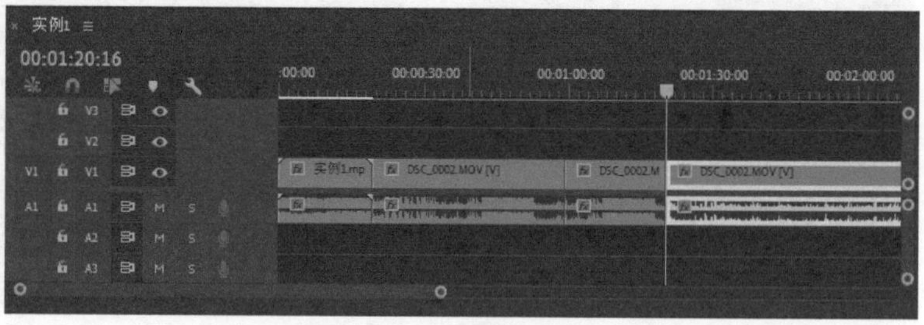

图3-158

3.5 标记的使用

　　其实在"源"面板相关内容中已经简单介绍过标记,但由于这个功能特别重要,因此这里单独提出来详细介绍。标记主要用于提供剪辑和序列中的具体时间并为它们添加注释,这些标记可帮助使用者保持条理并与合编者共享内容,它们是对剪辑或"时间轴"进行操作的。为剪辑添加的标记包含在原始媒体文件的元数据中,即在另一个项目中打开此剪辑时可以看到相同的标记。

3.5.1 标记类型

　　标记主要分为以下4种类型。

　　注释标记: 这是一种常规标记,用于标记名称、注释和持续时间。

　　章节标记: 这是一种特殊标记,在制作DVD或蓝光光盘时,Adobe Encore可以将它转换为常规章节标记。

　　Web链接: 这是一种特殊标记,支持多种视频格式(如QuickTime等),在播放视频时可用它自动打开网页。当导出序列以创建支持的格式的文件时,会将Web链接标记包含在文件中。

　　Flash提示点: 这是Abode Flash使用的一种标记。将提示点添加到Premiere 的"时间轴"中,可以在编辑序列的同时准备Flash项目。

⚑ 重点

3.5.2 序列标记

扫码看讲解

　　要在剪辑中添加一个标记作为提醒,以便稍后替换它,可以进行以下操作。

`01` 打开素材箱中的剪辑素材,将"时间轴"播放头放在所需位置。

`02` 单击"时间轴"面板上的"添加标记"按钮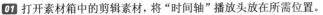(快捷键为M),"时间轴"面板的上方会显示一个绿色的标记,可将其作为一个视觉提醒,如图3-159所示。另外,读者也可以在"节目"面板中按M键进行标记。

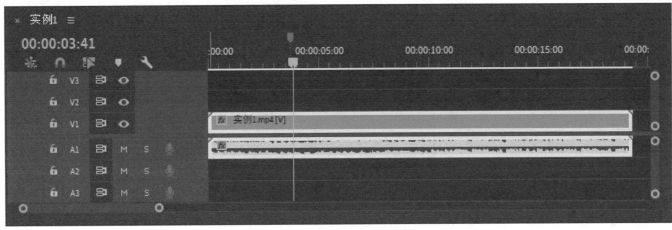

图3-159

> ① 技巧提示
>
> 　　有时候帧标记也会处于序列上。

3.5.3 更改标记注释

　　打开"标记"面板,如图3-160所示。在"标记"面板中有一个以时间顺序显示标记的标记列表,当"时间轴"面板或"源"面板处于活动状态时,还会显示序列或剪辑的标记。如果在界面中找不到该面板,可以在菜单栏中执行"窗口>标记"命令。

　　在"标记"面板中选择任意一个标记,按Delete键可以删除当前的标记。当然,也可以选择剪辑素材,然后双击标记面板的缩略图,打开"标记"对话框,单击"删除"按钮,如图3-161所示。

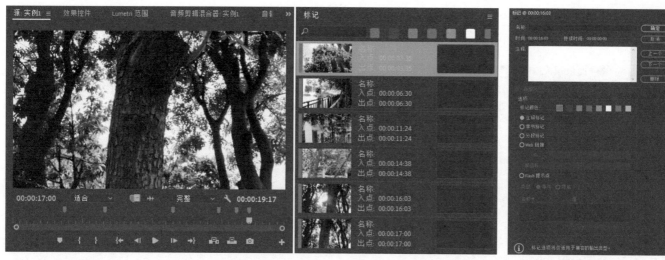

图3-160　　　　　　　　　　　　　　　　　　　　　　　图3-161

在"持续时间"文本框中输入时间点，例如"500"，Premiere会自动添加标点符号，将此数字转化为00:00:05:00，即5秒，在"注释"文本框中输入注释文字，然后单击"确定"按钮，即可完成标记的更改，如图3-162所示。此时，"时间轴"面板、"源"面板和"标记"面板中都有标记注释，如图3-163所示。

图3-162　　　　　　　　　　　　　　　　　　　　　　　图3-163

⚠ 技巧提示

　　在"源"面板中打开素材箱中的剪辑，播放此剪辑并在播放过程中多次按M键，可以快速添加标记。打开"标记"面板可以看到添加的所有标记。注意，一定要先单击"源"面板，确保激活了该面板。执行"标记>清除所有标记"命令，可以删除"源"面板中的所有标记。

3.5.4　交互式标记

　　交互式标记即"Flash提示点"，添加方法与常规标记相同。

01 在"时间轴"上需要添加标记的位置放置播放头，按M键添加一个常规标记。

02 在"时间轴"或"标记"面板中，双击已经添加的标记，打开"标记"对话框。

03 将"标记类型"改为"Flash提示点"，然后单击"+"按钮 ，接着根据需要添加"名称"和"值"等详细信息，如图3-164所示。

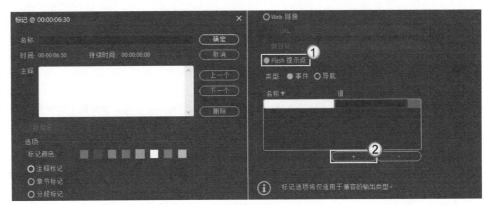

图3-164

3.5.5 自动编辑标记

自动编辑标记即自动将剪辑添加到序列的标记处。

01 打开"项目"面板中的序列，将"时间轴"的播放头放在开始处并播放序列，然后按M键添加初始标记，当播放到所需位置时，再次按M键。

02 将"时间轴"的播放头放在序列的开始处，然后在素材箱中单击或框选所有剪辑。

03 单击"项目"面板底部的"自动匹配序列"按钮 ，然后根据需要选择匹配的设置，单击"确定"按钮 ，如图3-165所示。

> **! 技巧提示**
> 在后续的案例训练中会详细介绍使用方法。

图3-165

3.6 视频剪辑的思路和流程

视频剪辑是比较开放的一个话题，读者将不同的片段在Premiere中组合起来，然后输出，这可以叫作视频剪辑；读者将素材导入Premiere，选取不同的片段，编排不同的顺序，调整对应的音频，对片段进行调色，对转场进行处理，调整各种效果，这也是视频剪辑。对于视频剪辑来说，有粗剪和精剪之分，本节带领读者了解一下相关思路和流程。

3.6.1 粗剪影片的思路和流程

在剪辑过程中，将镜头和段落依大致的先后顺序接合成影片初样称为粗剪。

☞ 思路---

粗剪的主要目的在于搭建整个影片的结构，一般情况下不需要进行非常细致的调整，主要对影片的逻辑及前后场的连接进行调整。一般情况下不会用过多的时间来修正剪辑点，否则会失去粗剪的意义。

在信息镜头的处理上，数量宁多勿少，且仅对声音和图片进行粗略处理。

如果粗剪的视频相对较长，则可以在不损害故事情节完整性的前提下对其进行修剪；如果粗剪的视频相对较短，则可以在合适的位置进行扩展以展开故事情节；如果视频长度合适但故事情节起伏错乱，则需要剪辑师思考并确认在何处可以进行修改。粗剪的视频一般比成片视频要长出至少10%的时间。后续精剪时，影片的长度会由它自身的叙事方式和风格来决定。

☞ **流程**

素材文件管理

可将素材按照图片、视频、音频等分类，或者将不同场景的系列镜头分类整理到不同文件夹中，将这些文件夹拖曳至"项目"面板中时，会自动生成一个素材箱。

处理音频、视频和图片

如果场景主要由对话驱动，则需要先编辑音频轨道，即要暂时忽略视频轨道并专注于制作音频流。当完成对话的所有操作时视频轨道将跳至各处。以试听音频的方式来确认位置，最后再处理视频和图片素材。

如果场景主要由动作驱动，则需要先编辑视频或图片，由于音轨会四处跳跃，可以在视觉效果处理流程结束之后处理音频。

检查

检查内容的中心思想是否明确，是否可以清楚地向观众传达核心内容。

结合素材检查影片信息量是否足够，是否缺少信息镜头，例如大环境、人物关系、细节特写、情绪叠加等。

☛ 重点
3.6.2 精剪影片的思路和流程

精剪是粗剪完成后的步骤，即反复浏览粗剪的视频，找出问题并予以解决，再根据确切的剪接点剪接出最终完整视频。

☞ **思路**

精剪的过程是针对影片的细节进行调整，删减影片中某些不必要的镜头或者信息冗杂的部分；部分影片中会存在某些段落缺少信息的情况，此时需要插入更多的补充镜头以增加信息量，从而加强并巩固粗剪所确定的影片结构和节奏。

在增加、删减的过程中还需要考虑剪辑点和镜头内容表达的准确性与完整性，以确保视觉效果的流畅性。

☞ **流程**

删减冗余镜头

删减镜头时首先要考虑的是删减与主题及叙事无关的内容，这些内容不仅会扰乱影片的节奏，还会打散整个影片要表达的内容。

需要删减过度堆砌的镜头（例如一件事用3个镜头就能说明，却使用了4个镜头予以讲述）。

在特殊情况中为了增加时长或者拍摄镜头不足以支撑影片的内容时，剪辑师会将相同信息的镜头组拆开使用。

增加内容

在一些重要的段落中需要增加信息，可分屏插入多个画面以加快节奏，从而提高信息传达效率。

把控节奏

节奏的把控除对视频的调整外还包括对音乐的调整，以及根据音乐调整镜头的节奏。需要注意前后镜头的逻辑、转场效果、声音处理（同期、音效）和音乐剪接、特效镜头与正片合并等细节问题。

3.7 使用插件优化剪辑

插件是剪辑工作中必须涉猎的，合理地使用插件可以让某些工作事半功倍。

☛ 重点
3.7.1 视频稳定防抖：ProDAD Mercalli 2.0

ProDAD Mercalli 俗称"防抖滤镜"，可以以提高视频画面的稳定性。下面介绍具体操作方法。

01 打开"效果"面板，然后打开"视频效果"，找到"Mercalli 2.0 UI"，然后导入一个略有抖动的视频，并将"Mercalli 2.0 UI"拖曳到视频中，即可使用预览功能，如图3-166所示。

图3-166

02 在"效果控件"的面板中找到"Mercalli 2.0 UI"，然后单击右侧的设置按钮，即会弹出插件的对话框，如图3-167和图3-168所示。通常使用默认选项，即"通用相机"模式即可，确认使用后会出现渲染的界面，如图3-169所示。

03 如果选择"水平分割画面"，视频回放会被水平分成两部分，如图3-170所示，一半是原视频，另一半是使用防抖插件后的视频，方便读者比较效果，看是否符合要求。

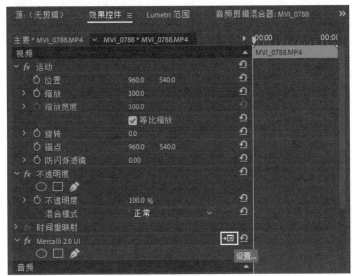

图3-167

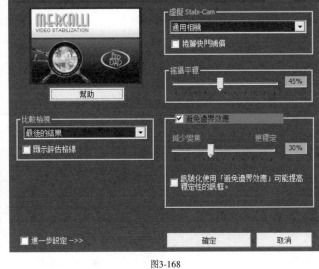

图3-168

图3-169

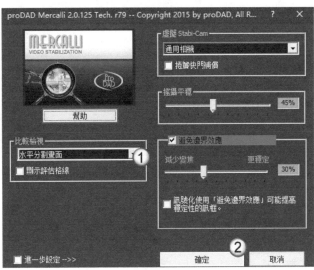

图3-170

04 如果选择"垂直分割画面"，则视频回放会被竖直分成两部分，如图3-171所示，一半是原视频，另一半是使用防抖插件后的视频。

05 在右侧的编辑选项中可以使用稳定镜头的一些功能，达到最后镜头稳定性的改善。使用"摇摄平稳"滑块，如图3-172所示，可调整视频中移动的整体平滑度。向右移动滑块会提高稳定度，使视频更稳定。

图3-171

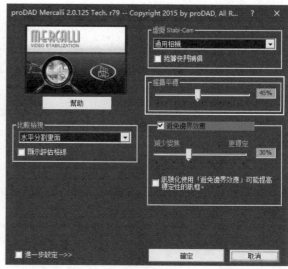

图3-172

06 使用"减少变焦"滑块，如图3-173所示，可调整视频的稳定度，减少抖动。将滑块移动到右边可以提高稳定度；将滑块左移则会降低稳定度，但有助于尽可能保留原始视频的信息和分辨率。

07 各种稳定的摄像头可以分析和纠正不稳定的视频，单击"虚拟Stabi-Cam"并选择一个合适的稳定凸轮（默认选择为"通用相机"），如图3-174所示。因为每一段视频都有不同的特点，所以可使用"通用相机"来稳定摄像机，然后进行初始视频的分析。

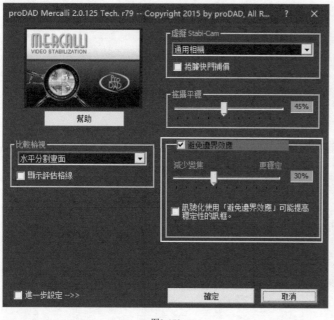

图3-173

图3-174

① 技巧提示

　　如果对特定视频的稳定效果处理不理想，还可以使用其他可用的稳定摄像头（"滑开式相机""防震相机"或"替代相机"）。读者可以使用不同的参数设置进行尝试，以便找到理想的稳定效果。

👑重点

3.7.2 慢动作变速：Twixtor

Twixtor是一款超级慢动作插件，此插件可以近乎无级地减慢或加速视频，从而带来惊人的视觉效果。

👉 加速视频---

扫码看讲解

01 在"项目"面板中导入一个需要进行加速处理的视频，将视频拖曳至"时间轴"面板中新建一个序列。打开"效果"面板中的"视频效果"，找到安装的Twixtor Pro插件，并将Twixtor Pro拖曳到视频中，如图3-175所示。

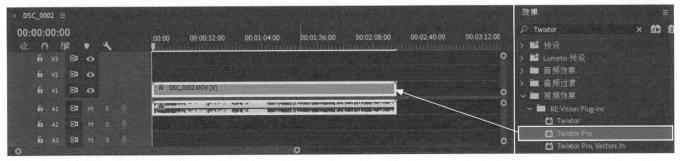

图3-175

02 在"效果控件"面板中找到导入的Twixtor Pro插件，选择默认的Twixtored Output选项，如图3-176所示。

03 设置Use GPU为ON，如图3-177所示。

图3-176

图3-177

04 如果拍摄的视频是上场优先或者下场优先，一定要选择与视频属性对应的选项，如图3-178所示。

05 在调整速度时，可以直接在Speed %选项中输入数值或拖曳滑块，如图3-179所示。完成设置后按Enter键即可预渲染。

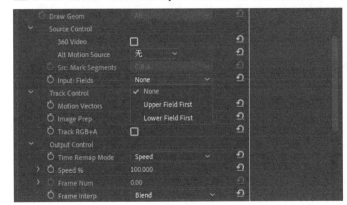

图3-178

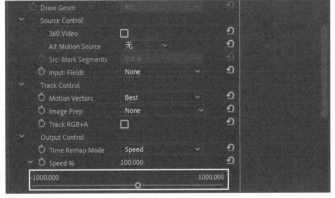

图3-179

减速视频--

01 使用鼠标右键单击"项目"面板中的剪辑,选择"从剪辑新建序列"命令,如图3-180所示,创建一个与剪辑同名的序列,如图3-181所示。

图3-180

图3-181

02 因为是慢放视频,所以需要新建一个调整图层以填充嵌套序列的剩余时长。使用鼠标右键单击"项目"面板的空白处,在"新建项目"中找到"调整图层"命令,如图3-182所示,单击后会打开"调整图层"对话框,使用默认设置即可,单击"确定"按钮,创建调整图层,如图3-183所示。

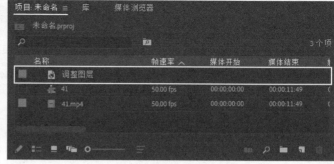

图3-182

图3-183

! **技巧提示**

在后续的内容中会详细介绍调整图层。

---

03 将"项目"面板中的调整图层拖曳至"时间轴"面板中嵌套序列的视频轨道结尾处,如图3-184所示,并拉长调整图层至足够长,如图3-185所示,以便后续操作。

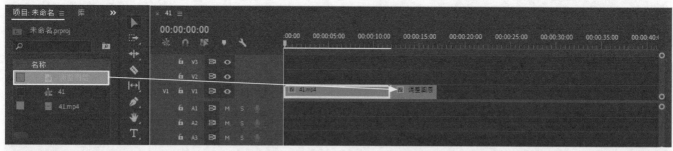

图3-184

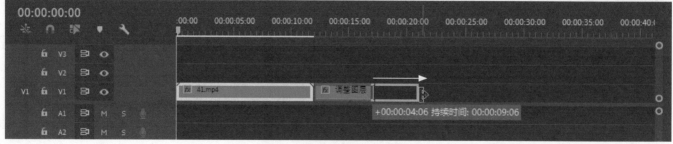

图3-185

04 框选序列中的剪辑与调整图层，单击鼠标右键，选择"嵌套"命令，然后单击"确定"按钮，创建一个嵌套序列，具体操作和效果如图3-186所示。

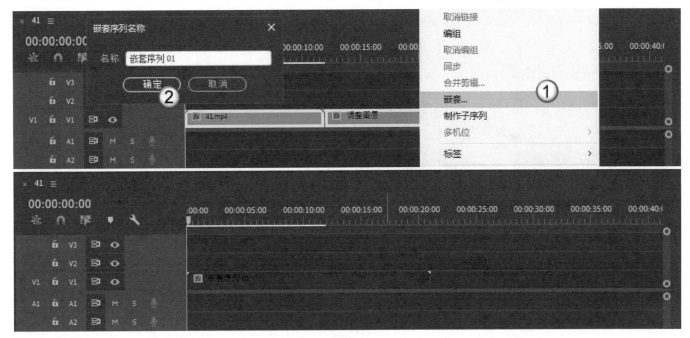

图3-186

> ① 技巧提示
>
> "嵌套"是一种嵌套序列的创建方法，读者可以简单地理解为将所选素材打包成一个序列，调整这个嵌套序列，序列中的所有素材都会产生效果变化。如果读者在这里不创建嵌套序列，可以在后续的操作中将Twixtor Pro拖曳到每个素材上。显然，前者在操作上更简单，后者更为烦琐。因此，在对整个序列的素材都会使用同一种效果处理，且参数都一样的情况下，可以考虑这种方式。

05 在"效果"面板中找到Twixtor Pro，将Twixtor Pro拖曳至嵌套序列01上，如图3-187所示。打开"效果控件"面板，使用Speed%调整速度，如图3-188所示。

图3-187

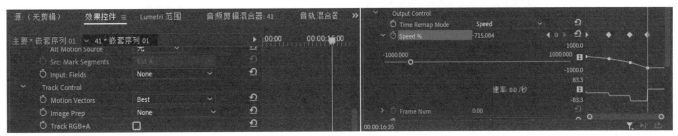

图3-188

♛重点

🖑 案例训练：使用ProDAD Mercalli 2.0调整视频

素材文件	工程文件>CH03>案例训练：使用ProDAD Mercalli 2.0调整视频
案例文件	工程文件>CH03>案例训练：使用ProDAD Mercalli 2.0调整视频>案例训练：使用ProDAD Mercalli 2.0调整视频.prproj
难易程度	★★☆☆☆
技术掌握	掌握视频防抖的调整方法

本例主要使用视频稳定防抖插件ProDAD Mercalli 2.0对视频进行调整，让画面更平稳，如图3-189所示。

图3-189

01 导入素材文件，单击"项目"面板空白处并框选所有素材，将所有素材拖曳至"时间轴"面板中，创建新序列，并将其重命名为"序列01"。删除序列中所有素材的音频和无须用到的视频片段，也就是设置各个素材的出点和入点，如图3-190所示。

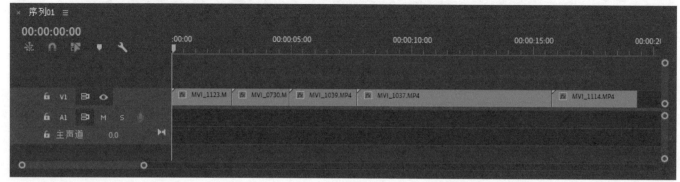

图3-190

ⓘ 技巧提示

　　素材名从左到右依次为MVI_1123、MVI_0730、MVI_1039、MVI_1037、MVI_1114。为了方便读者找到每个素材的入点和出点，这里笔者依次双击"时间轴"面板中的剪辑条，然后在"源"面板中标示出来，例如第1个素材的入点为00:00:00:00，也就是原素材的开始位置，出点为00:00:02:26，如图3-191所示，其他素材的入点和出点如图3-192~图3-195所示。

图3-191

图3-192　　　　　　　　　　　　　图3-193

图3-194　　　　　　　　　　　　　图3-195

注意，这些视频片段的内容是供读者参考的，读者也可以根据自己的想法选择想要的片段内容。

02 将"项目"面板中的音频拖曳至A1轨道上，并截选所需长度，如图3-196所示。

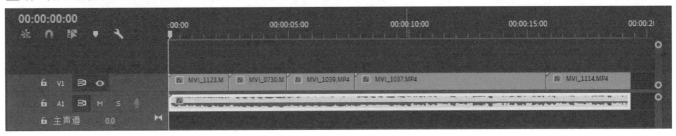

图3-196

① **技巧提示**

音频片段的参考范围为00:00:00:00~00:00:19:16，如图3-197所示。

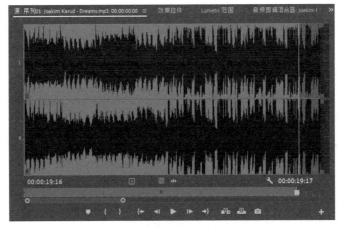

图3-197

03 在效果中搜索"叠加溶解",将"叠加溶解"效果拖曳至最后两段素材的剪辑点处,如图3-198所示。框选轨道上的所有剪辑,使用鼠标右键单击并选择"嵌套"命令,单击"确定"按钮,形成嵌套序列,如图3-199和图3-200所示。

图3-198

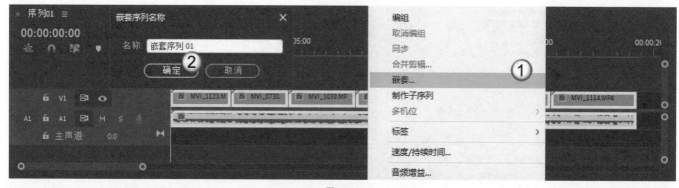

图3-199

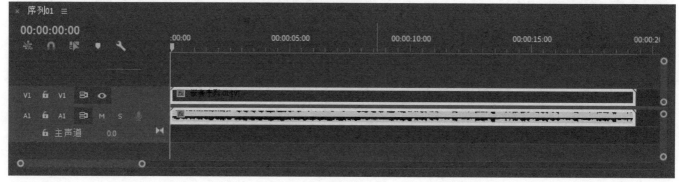

图3-200

---

① 技巧提示

　"叠加溶解"是一种转场效果,读者在这里可以了解一下。

---

04 在"效果"面板中找到Mercalli 2.0 UI,将其拖曳至"时间轴"面板中的嵌套序列上,如图3-201所示。

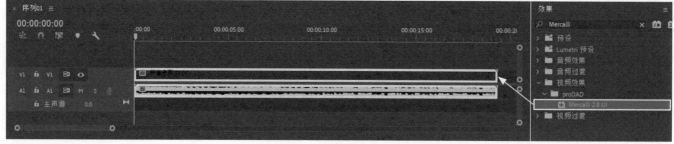

图3-201

05 打开"效果控件"面板，打开插件的设置选项，如图3-202所示，打开对话框，保持默认设置，如图3-203所示。

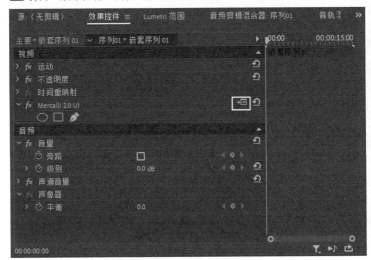

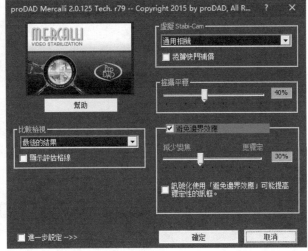

图3-202　　　　　　　　　　　　　　　　　　　图3-203

> ① 技巧提示
>
> 因为在使用此插件后再对素材进行裁剪等操作时需要重新设置插件，所以尽量在完成所有剪辑后使用此插件。

☝ 重点

🖐 **案例训练：使用Twixtor 调整视频**

素材文件	工程文件>CH03>案例训练：使用Twixtor调整视频
案例文件	工程文件>CH03>案例训练：使用Twixtor调整视频>案例训练：使用Twixtor调整视频.prproj
难易程度	★★☆☆
技术掌握	掌握视频防抖的调整方法

本案例使用慢动作变速插件Twixtor对视频进行调整，如图3-204所示。

图3-204

01 将所有素材拖曳至"时间轴"面板中，创建新序列，并将其重命名为"序列01"。将"项目"面板中的音频拖曳至A1轨道上，并截选所需长度，根据音乐节奏制作卡点，如图3-205所示。

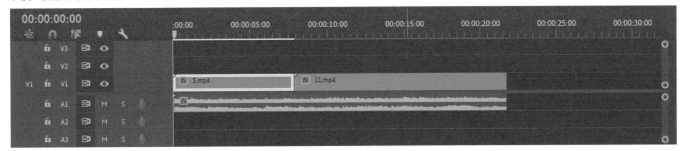

图3-205

> ① 技巧提示
>
> 素材依次为"5.mp4"和"11.mp4"，素材范围为00:00:00:00~00:00:07:22和00:00:00:00~00:00:13:22。音频素材的范围为00:00:00:00~00:00:21:19。

02 将"叠加溶解"效果拖曳到剪辑"5.mp4"和"11.mp4"的剪辑点处，如图3-206所示。

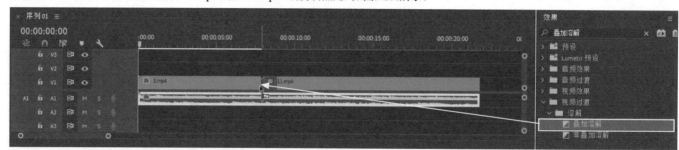

图3-206

03 打开"效果"面板，在搜索框中输入Twixtor Pro字段，找到Twixtor Pro插件并将其拖曳到素材"11.mp4"上，如图3-207所示。

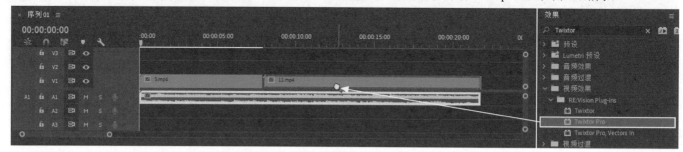

图3-207

---

① 技巧提示

读者可以将播放头移动到素材"11.mp4"剪辑条上，可以发现"节目"面板发生了变化，如图3-208所示。

图3-208

---

04 打开"效果控件"面板，找到Twixtor Pro插件效果中的Speed%选项，如图3-209所示。

图3-209

05 按住Shift键移动播放头，让其处在第2段素材的开头位置，单击"Speed%"选项前的"切换动画"图标 🖾，添加一个速度为100%的关键帧，如图3-210所示。

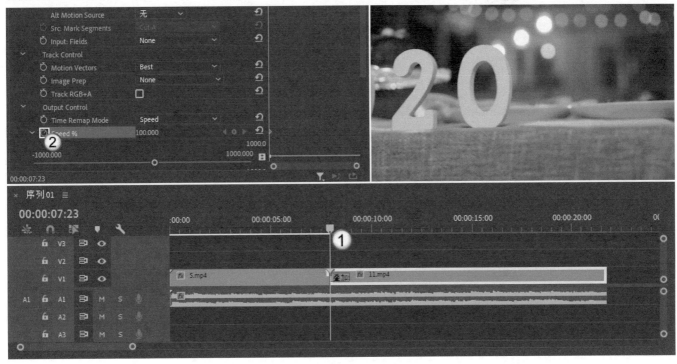

图3-210

06 将播放头往右拖曳至所需位置（本实例中移动了40帧，即按住Shift键的同时，单击8次→键），然后将Speed%调整为80，并按Enter键，添加一个速度为80%的关键帧，如图3-211所示。

图3-211

07 将播放头移动至序列的最后一帧，将Speed%调整为50，并按Enter键，添加一个速度为50%的关键帧，如图3-212所示。效果如图3-213所示。

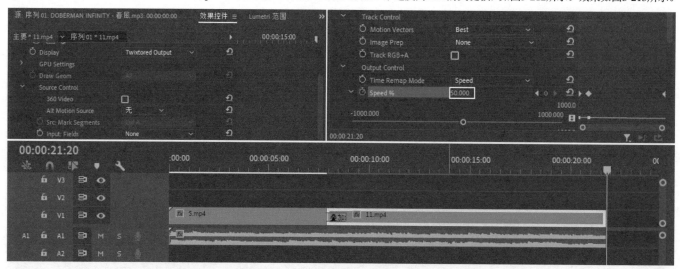

图3-212

图3-213

⊕ 技巧提示

　　当素材长度不足时，可以添加调整图层，并将其与需要进行慢速处理的素材一起嵌套，再添加关键帧，即可在慢速处理后延长素材。当需要同时慢放的视频由多个素材组成时，可先将其嵌套。

3.8 常见的高级剪辑技巧

　　本节主要介绍四点编辑、重设时间、替换素材、嵌套和高级修剪的使用方法。

👑 重点

3.8.1 四点编辑

　　在前面介绍了标准的三点编辑，即使用入点和出点在"源"面板、"节目"面板和"时间轴"中描述剪辑的源、持续时间和位置。除了三点编辑外，还有四点编辑。四点编辑通常在"源"面板中设置的素材持续时间与"时间轴"中所选的素材持续时间不同时使用。下面介绍操作流程，这里我们有两段素材，一段是从柜机里面拿出饮料，一段是打开饮料盖。

01 在"项目"面板中导入取饮料的素材，然后将其拖曳到"时间轴"面板中新建序列，如图3-214所示。

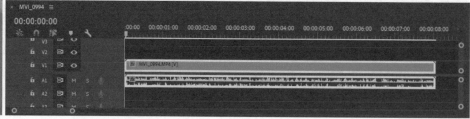

图3-214

02 这个时候打开"节目"面板，拖曳播放头到去取饮料的瞬间，设置入点，然后在结尾处设置出点，让开盖子的片段替换掉这一段内容，"时间轴"面板也会显示出这个范围，如图3-215所示。

图3-215

> ⓘ 技巧提示
>
> 此处的范围为00:00:05:00~00:00:08:04。

03 在"项目"面板双击开盖子的素材，在"源"面板中打开它，通过设置入点和出点选择剪辑片段，注意，此片段与"时间轴"面板中所选片段的持续时间不同，如图3-216所示。

图3-216

04 将鼠标指针悬停在"源"面板的画面上，单击并拖曳剪辑片段至"节目"面板中，"节目"面板中会出现几个选项，选择"覆盖"，如图3-217所示。

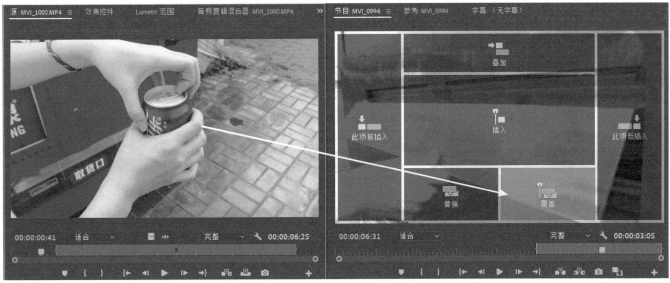

图3-217

05 在弹出的"适合剪辑"对话框中选择"更改剪辑速度（适合填充）"选项，如图3-218所示。此时，"时间轴"面板中所选择的范围会被"源"面板中的所选片段替换，且片段的时长会被压缩为"时间轴"面板中所选范围的时长，如图3-219所示。

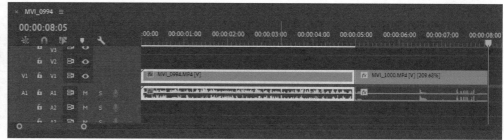

图3-218 　　　　　　　　　　　　　　　　　　　　　　　图3-219

> ⚠ 技巧提示
>
> 　　此对话框只在"源"面板与"节目"面板中都设置了入点和出点的情况下才会弹出。读者可在编辑的剪辑中看到表示速度变化的数字，如图3-220所示，大于100%表示原片段播放速度加快，反之则表示减慢。
>
>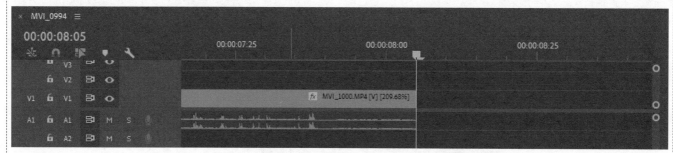
>
> 图3-220
>
> 　　此时读者播放序列，可以看到当拿出饮料的瞬间，画面就跳转到开盖子的片段，且这个片段的速度很快。而目前总时长还是第一个片段的8秒左右。这种方法多用于在当前序列中插入其他替换素材，且可以根据不同时长来设置片段是快放还是慢放。

👑重点

3.8.2 重设时间

　　重新设置剪辑时间是一种增加戏剧性或给观众更多的时间来研究或品味的有效方式，例如在播放某个片段的时候，通过慢放或快放来烘托影片的氛围。

👉 **更改剪辑的速度或持续时间**---

　　"速度/持续时间"命令可以以两种不同的方式更改剪辑的时间，即将剪辑的持续时间精确更改为一个特定时间或更改播放的百分比（低于100%为慢放，反之为快放）。下面介绍操作流程。

01 使用鼠标右键单击序列并选择"速度/持续时间"命令，也可以在"时间轴"面板中使用鼠标右键单击剪辑并选择"速度/持续时间"命令（快捷键为Ctrl+R），前者为设置整个序列的速度，后者为设置单个剪辑的速度。这里以后者为例，如图3-221所示。这个时候会打开"剪辑速度/持续时间"对话框，如图3-222所示。

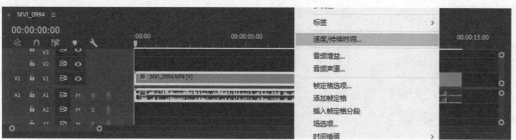

图3-221 　　　　　　　　　　　　　　　　　　　　　图3-222

02 默认情况下,"持续时间"和"速度"保持链接状态(图标显示为 ），这样在任一个选项中输入数据都会影响另一个数据。输入一个新"持续时间"或"速度",例如这里在"速度"中输入200,那么因为速度增大了1倍,时间肯定要缩短一半,如图3-223所示;同样,如果设置"速度"为50%,那么因为速度减小了一半,持续时间肯定会增加一倍,如图3-224所示。

图3-223

图3-224

① 技巧提示

因为这段剪辑后面还有剪辑,所以虽然持续时间增减了,但是在"时间轴"面板的序列中只会使用原持续时间内的片段,也就是当前剪辑速度会慢一半,但是在序列中只播放原来的前半部分。读者可以将后面的剪辑移动到轨道V2和A2中,再进行前面的操作,可以看到剪辑条的明显变化。

03 在上一步中,我们可以看到,当在序列中已经排布好剪辑条后,在进行增大速度或减小速度的操作时,要么会留下空隙,要么会无法完全展开,这个时候可以勾选"波纹编辑,移动尾部剪辑",使相连的剪辑之间波纹滚动,如图3-225和图3-226所示。

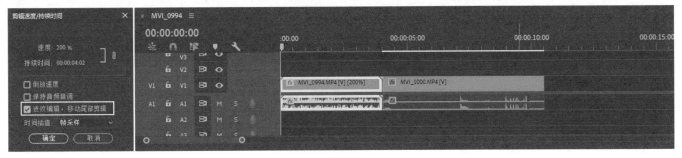

图3-225

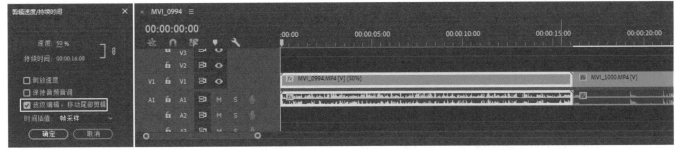

图3-226

04 如果断开"速度"和"持续时间"的链接（图标显示为），那么"速度"和"持续时间"是独立的。读者可以使用"速度"设置视频的播放速度，那么视频的总时长会发生对应的变化，但是"持续时间"表示在序列中使用的"持续时间"。例如，这里单独设置播放速度为50%，视频的总时长会变为16秒，但是"持续时间"仍然为8秒，那么序列中的剪辑的播放速度会放慢50%，但是只使用前8秒的内容，如图3-227所示。如果重新设置持续时间为10秒，那么序列中使用的内容为前10秒的内容，如图3-228所示。

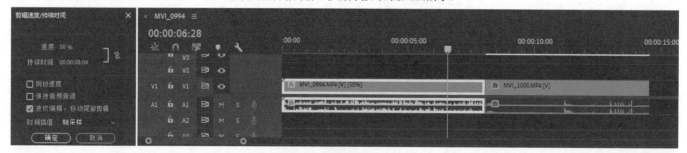

图3-227

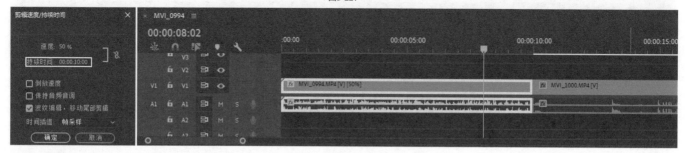

图3-228

---

① **技巧提示**

如果勾选了"倒放速度"，确认后将会在"时间轴"的速度数值旁边看到一个负号，而且视频内容是倒着播放的，如图3-229所示。

图3-229

当剪辑包含音频，且在改变速度或持续时间的情况下需要保持剪辑的当前音调时，可以在"剪辑速度/持续时间"对话框中选择"保持音频音调"。注意，此操作仅对细微的速度变更有效。

☞ **使用比率拉伸工具更改速度和持续时间**—————————————————————

当剪辑内容符合要求，但时长过短时，可使用此工具将剪辑拉伸到所需时长。

01 在"项目"面板中，加载所需序列，这里加载的序列中有3段剪辑，如图3-230所示。在工具面板中选择"比率拉伸工具"（快捷键为R），如图3-231所示。

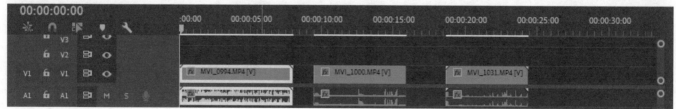

图3-230

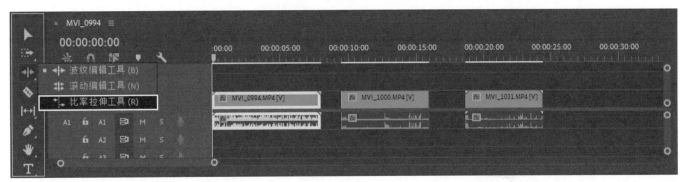

图3-231

02 移动鼠标指针到第1段剪辑的右边缘上，单击并拖曳它，直至与第2段剪辑相接为止，如图3-232所示。此时，第1段剪辑的速度发生了改变，如图3-233所示。

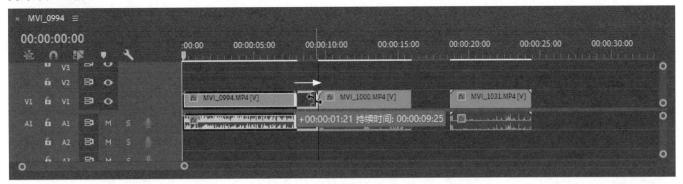

图3-232

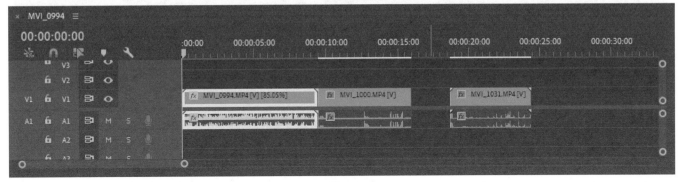

图3-233

03 选择第3段剪辑，将鼠标指针移动到第3段素材开始处，单击并向左拖曳到第2段剪辑的结尾处，直至与第2段剪辑相接为止，如图3-234所示。此时，第3段剪辑的速度也发生了改变，如图3-235所示。

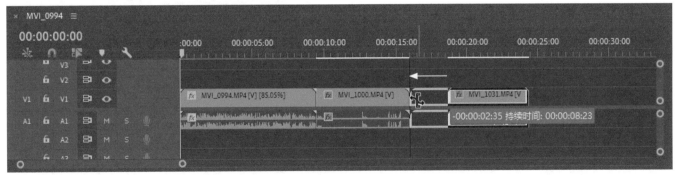

图3-234

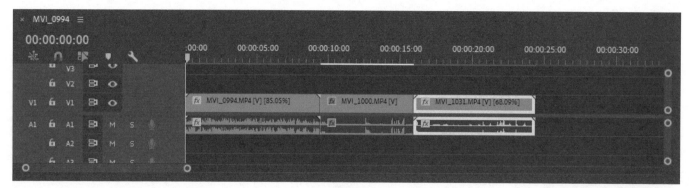

图3-235

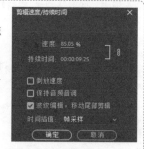

图3-236

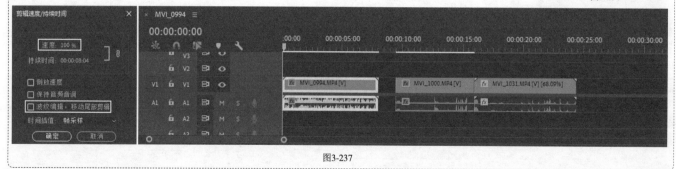

图3-237

用时间重映射更改速度和持续时间

"时间重映射"是通过使用关键帧来改变剪辑的速度，可使一段剪辑中同时拥有慢动作和快动作，还可从一种速度平滑过渡到另一种速度，灵活度非常高。总之，"时间重映射"可以调整一段剪辑内任意时间点的速度变化情况，下面介绍操作流程。

01 选择一个剪辑片段，打开"效果控件"面板，面板中的"视频"有3个默认卷展栏，展开"时间重映射"卷展栏，如图3-238所示。

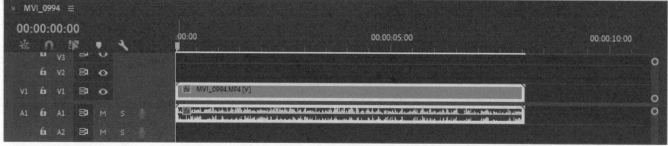

图3-238

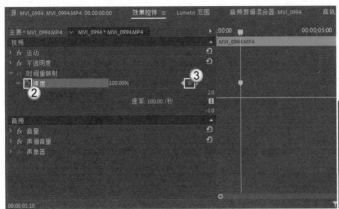

02 在"时间轴"面板或"效果控件"中将播放头移动00:00:01:21位置，单击"时间重映射"卷展栏中的"切换动画"图标 ，然后单击"添加/移除关键帧"图标 ，打上一个关键帧，如图3-239所示。

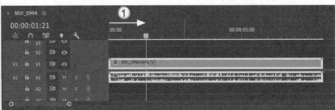

图3-239

03 继续移动播放头，然后单击"添加/移除关键帧"图标 ，为该时间点添加一个关键帧，此时，剪辑已经被分为了3个"速度部分"，如图3-240所示。

04 保持第1部分的设置不变，向上或向下拖曳第1个关键帧和第2个关键帧之间的白线到某一数值处，这里向下拖曳到70%处，此时，剪辑长度被拉伸，以适应该部分速度的改变，如图3-241和图3-242所示。注意，向上拖曳为加速，向下为减速。

05 要创建更精细的速度变化，可使用速度关键帧过渡。将第1个速度关键帧的右半部分向右拖曳，创建速度过渡。此时，白线将向下倾斜，如图3-243所示。

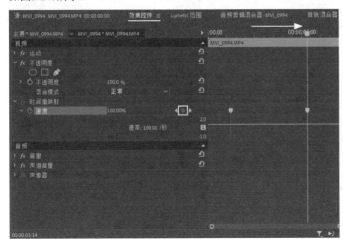

图3-240

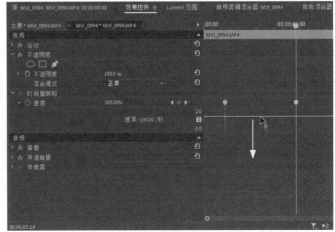

图3-241

图3-242

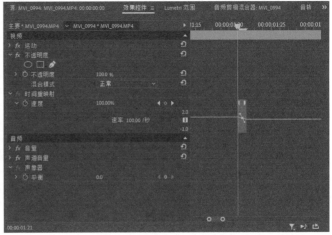

图3-243

06 拖曳第2个速度关键帧的左半部分以创建过渡，然后使用鼠标右键单击视频剪辑，在"时间插值"中选择"帧混合"命令，如图3-244所示。

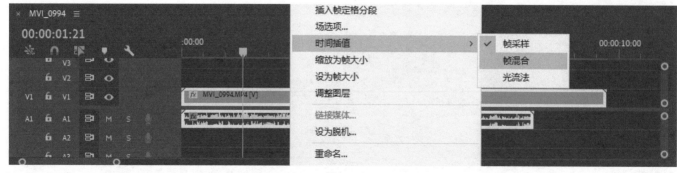

图3-244

> ① 技巧提示
>
> 若需删除时间重映射效果，可选择剪辑，打开"效果控件"面板，单击时间重映射的"速度"旁边的"切换动画"图标 ◎ 。另外，"时间重映射"会使视频部分的时长发生变化，但音频部分维持不变，通常需要进行后期音频处理。

3.8.3 替换素材

使用替换素材功能可替换面板中的素材。下面介绍具体方法。

01 在"项目"面板中加载序列，然后播放序列，并找到需要替换的素材。

02 在"项目"面板中选择剪辑，使用鼠标右键单击此剪辑，选择"替换素材"命令，如图3-245所示。

03 找到文件夹，并选择所需的替换文件，单击"选择"按钮即可。

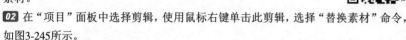

图3-245

👍 重点

3.8.4 嵌套的用法

在前面的案例训练中，我们用到过嵌套序列。"嵌套"可将多个剪辑合成一个完整的序列，以便更加快捷地进行编辑。下面介绍操作方法。

在"项目"面板中加载序列，此序列包含多个剪辑。拖曳鼠标框选需要嵌套的剪辑，使用鼠标右键单击并选择"嵌套"命令，如图3-246所示。另外，读者可在嵌套形成的序列中添加所需效果和其他剪辑。

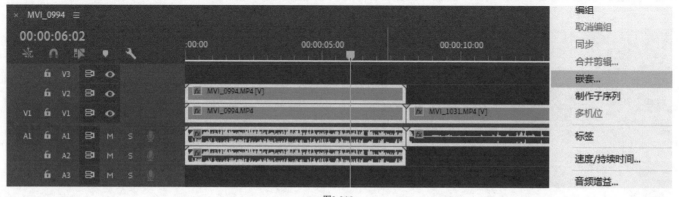

图3-246

> ① 技巧提示
>
> 下面介绍一些嵌套序列的常用操作。
>
> **双击嵌套序列：**双击后会进入原始剪辑，可对其进行修改。若将原始剪辑片段拖离序列，则嵌套序列中的此剪辑片段也随之消失，即对嵌套中的剪辑进

行修改会同步影响整个嵌套序列。

单击嵌套序列: 单击后按Delete键可删除嵌套序列; 如果要恢复嵌套序列, 只需将"项目"面板中的序列拖曳至"时间轴"面板中即可。

当只需要嵌套序列中的一段剪辑时, 可在"源"面板中打开序列, 通过添加入点和出点选择剪辑, 再将剪辑拖曳至所需序列中即可。

👑 重点

3.8.5 高级修剪

高级修剪包括波纹编辑、滚动编辑、内滑编辑和外滑编辑4个部分。

👉 波纹编辑--

波纹编辑是一种避免产生间隙的方法。使用"波纹编辑工具" ◄▮► 延长或缩短剪辑时, 编辑点后的所有剪辑都会往左移动填补间隙, 或者往右移动形成更长的剪辑。

按B键切换到"波纹编辑工具" ◄▮►, 将鼠标指针悬停在需要编辑的编辑点上, 然后观察鼠标指针所指方向, 根据需要进行拖曳。此时, 可通过显示的时间码或"节目"面板显示的两个画面——左侧画面为第1个剪辑被拖曳后的最后1帧, 右侧为紧挨着的第2个剪辑的第1帧, 来判断两个视频之间的衔接画面, 如图3-247所示。确认无误后, 释放鼠标左键即可, "时间轴"面板如图3-248所示。

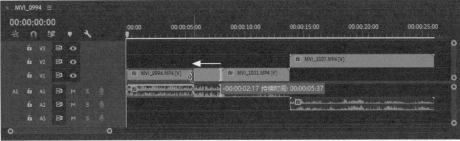

图3-247

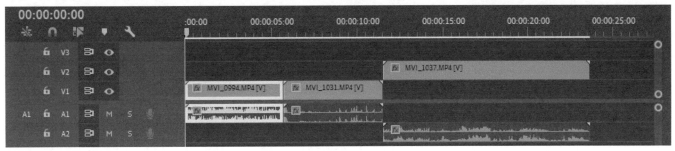

图3-248

❓ **疑难问答: 为什么在移动剪辑时, 其他轨道的剪辑不跟着移动?**

读者遇到的问题可能如图3-249所示。这就涉及前面介绍的"同步锁定"了。出现这种问题, 是因为对应轨道的"同步锁定"被关闭了, 如图3-250所示, 读者只需要激活它就可以了。

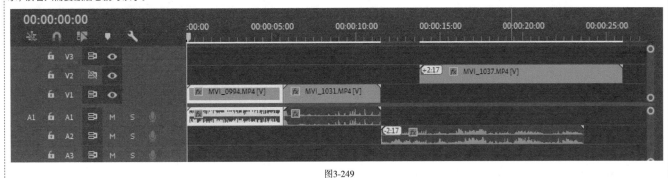

图3-249

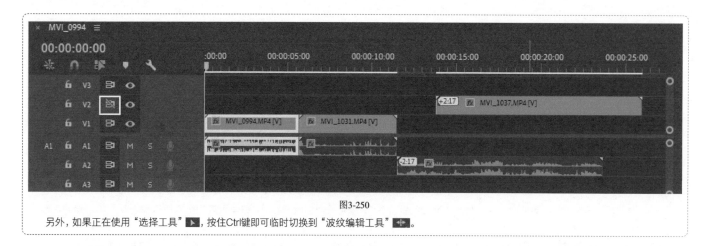

图3-250

另外，如果正在使用"选择工具" ▶，按住Ctrl键即可临时切换到"波纹编辑工具" ◀▶。

☞ 滚动编辑

滚动编辑通常使用在两段剪辑之间的编辑点上，即修剪相邻的入点和出点，并以同样的帧数调整它们，且不会改变项目的总体长度，以达到一段剪辑缩短，另一段剪辑变长的操作效果。

在"项目"面板中加载需编辑的序列，单击"滚动编辑工具" 🛱（快捷键为N），将鼠标指针悬停在所选的两个剪辑间的剪辑点上，单击并向左拖曳以删除部分剪辑，如图3-251所示，确定好位置后释放鼠标左键即可，如图3-252所示。

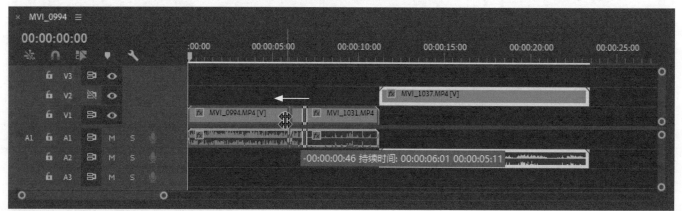

图3-251

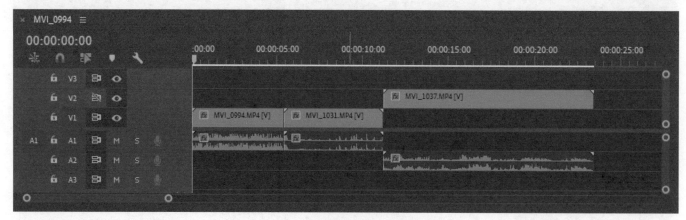

图3-252

② 疑难问答：为什么拖曳不了？

使用这个工具的前提条件是剪辑是拥有入点和出点的，如果没有，那么自然无法操作，如图3-253所示。另外，在"时间轴"面板中可以看到剪辑是否有入点和出点，即看剪辑条左上角和右上角是否有倒三角，有表示没有入点或出点，没有则表示有入点或出点，如图3-254所示。

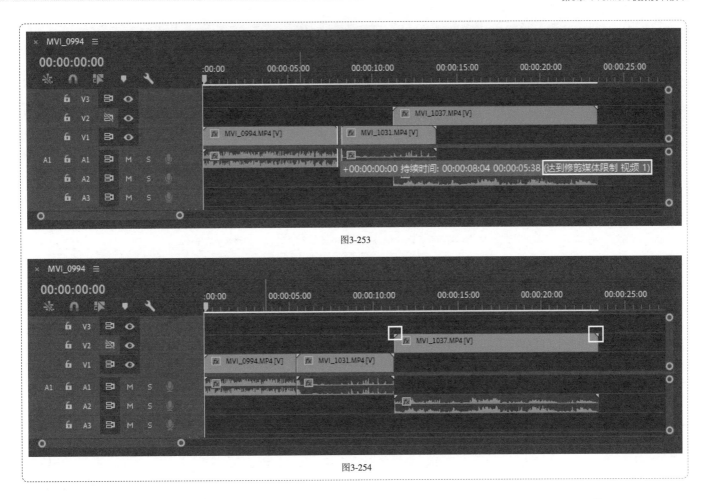

图3-253

图3-254

☞ 内滑编辑

使用"内滑工具" （快捷键为U）可在"时间轴"上向前或向后滑动剪辑，即在不改变该剪辑的入点、出点和序列的长度的情况下，以相同的帧数改变左侧剪辑的出点和右侧剪辑的入点。注意，使用这个工具的前提是：左侧剪辑有出点，右侧剪辑有入点，否则无法操作。

下面以图3-255所示的序列为例，单击"内滑工具" ，将鼠标指针悬停在第2段剪辑上，单击并向左拖曳剪辑，此时，观察"节目"面板中显示的4个画面，上方两个分别是第2段剪辑的入点和出点，不发生改变；下方的两个分别是第1段剪辑的出点和第3段剪辑的入点，会随滑动而改变，如图3-256所示。

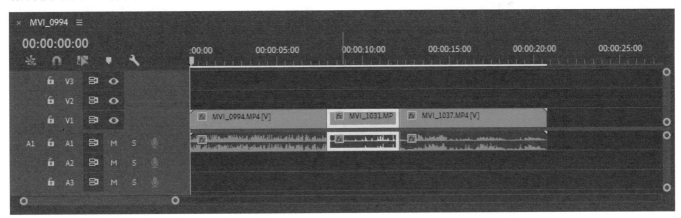

图3-255

图3-256

外滑编辑

使用"外滑工具" （快捷键为Y）可以相同的帧数向前或向后更改剪辑的入点和出点，即在不改变其持续时间或影响相邻的帧的情况下，更改剪辑的开始帧和结束帧。这个工具与"内滑工具" 刚好相反，可以将这个工具的作用简单地理解为：在不影响整个序列和前后剪辑的前提下，更改自身的出点和入点。

这里以图3-257所示的序列为例，单击"外滑工具" ，将鼠标指针悬停在第2段剪辑上，然后单击并拖曳剪辑，此时，观察"节目"面板中显示的4个画面，上方两个分别是第1段剪辑的出点和第3段剪辑的入点，不发生改变，下方两个分别是第2段剪辑的入点和出点，会随着滑移而改变，如图3-258所示，确认后，在所需位置释放鼠标左键即可。

图3-257

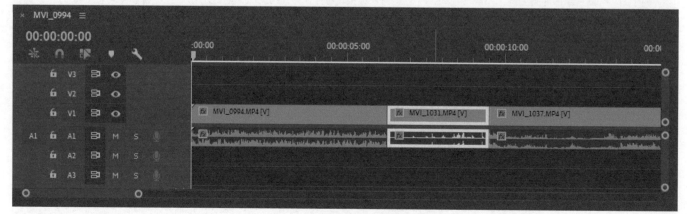

图3-258

✋案例训练：使用时间重映射卡点

素材文件	工程文件>CH03>案例训练：使用时间重映射卡点
案例文件	工程文件>CH03>案例训练：使用时间重映射卡点>案例训练：使用时间重映射卡点.prproj
难易程度	★★☆☆☆
技术掌握	熟练掌握时间重映射的变速卡点功能

本案例使用了时间重映射对视频进行卡点，如图3-259所示。

图3-259

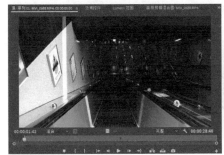

01 将素材"MVI_0688"拖曳至"时间轴"面板中，删除序列中素材的音频无须用到的素材片段，如图3-260所示。

图3-260

> ① 技巧提示
> 时间范围为00:00:01:42~00:00:28:40。

02 选择"时间轴"面板中的素材，然后按快捷键Ctrl+R，打开"剪辑速度/持续时间"对话框，设置"速度"为200%，如图3-261所示。

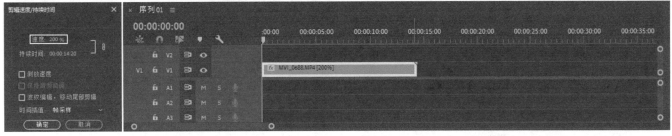

图3-261

03 将音乐素材拖曳到轨道A1中，然后根据需要设置音乐的时间范围，并播放音乐，根据节奏按M键进行标记，音乐的范围和标记点如图3-262所示。

图3-262

> ① 技巧提示
> 这里的操作其实就是卡鼓点，听音乐的节拍打标记，读者如果比较生疏，可以直接使用图3-262中的时间点。标记点的时间点依次为：00:00:00:30、00:00:01:00、00:00:02:21、00:00:02:41、00:00:03:11。

04 打开"效果控件"面板,展开"时间重映射"卷展栏,然后在播放头处单击鼠标右键,选择"转到下一个标记"命令,如图3-263所示。

05 单击"速度"前面的"切换动画"图标 ,然后单击"添加/移除关键帧"图标 ,为当前位置添加关键帧,如图3-264所示。

06 将播放头移动到下一个标记点,然后单击"添加/移除关键帧"图标 ,继续添加关键帧,如图3-265所示。

图3-263

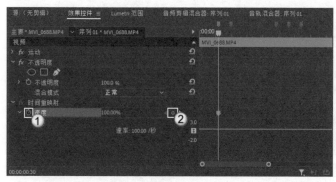

图3-264

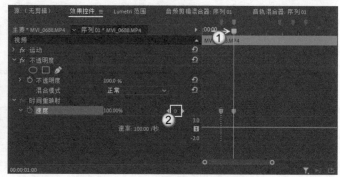

图3-265

> ① **技巧提示**
>
> 以此类推,为后面的标记点都加上关键帧,如图3-266所示。

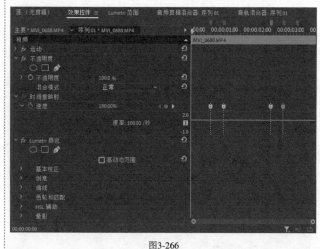

图3-266

07 将几个关键帧的时间线向上拖曳,使其速度增加到300%,如图3-267所示。此时,素材的播放效果是开始正常,然后在关键位置突然加速,接着回归正常,再加速,最后回归正常。

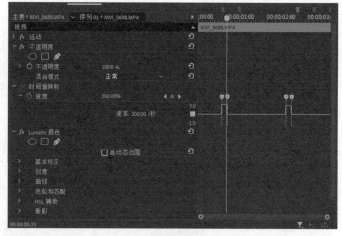

图3-267

08 请读者根据前面的方法对后面的素材进行同样的操作,"时间轴"面板如图3-268所示,参考效果如图3-269所示。

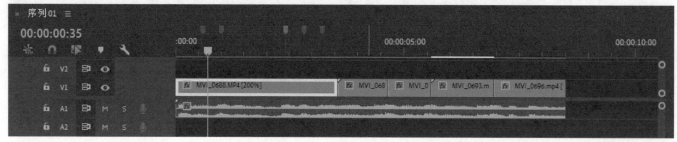

图3-268

图3-269

✋ 案例训练：制作视频的快慢变化效果

素材文件	工程文件>CH03>案例训练：制作视频的快慢变化效果
案例文件	工程文件>CH03>案例训练：制作视频的快慢变化效果>案例训练：制作视频的快慢变化效果.prproj
难易程度	★★★☆☆
技术掌握	掌握时间重映射、转场的制作方法

本案例使用了时间重映射、快速向右转场，另外，本例涉及了后面的转场、效果等内容，读者可以先行了解，为后续的学习打下基础，如图3-270所示。

图3-270

01 将素材MVI_0858拖曳至"时间轴"面板中，创建新序列，并将其重命名为"序列01"，如图3-271所示。

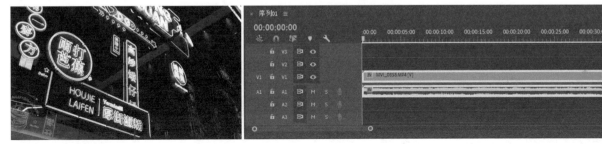

图3-271

02 将音频和视频部分分离，然后删除音频，接着在"节目"面板中设置入点和出点，读者可以根据自己的想法选择，这里作者想保留前面的部分，所以选择了00:00:00:00~00:00:13:09的范围，如图3-272所示。

03 这里我们想做快放的效果，所以需要找到要快放的片段，读者可以播放素材，然后在觉得不错的位置按M键标记关键帧，如图3-273所示。

图3-272

图3-273

> ⚠ 技巧提示
>
> 这里主要介绍的是思路，读者不一定要按作者的时间点来制作，但是要掌握制作这种效果的思路。标记点的时间点为：00:00:04:03、00:00:04:44、00:00:06:26、00:00:07:06、00:00:08:29、00:00:09:14、00:00:10:48、00:00:11:28。

04 选择素材，打开"效果控件"面板，使用"时间重映射"的"速度"为素材添加关键帧，让视频忽快忽慢，如图3-274所示。

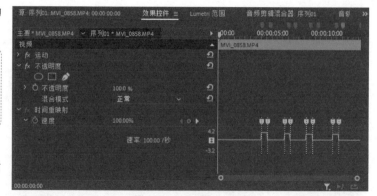

图3-274

> ① **技巧提示**
>
> 读者可以在播放头上单击鼠标右键，然后选择"转到下一个标记"，让播放头跳转到下一个标记点。另外，对于这里的速度大小，读者可以根据需要拖曳，书中的只是一个参考值。

05 导入音乐，然后导入其他素材，用相同的方法处理其他素材，并选择音乐范围，如图3-275所示。

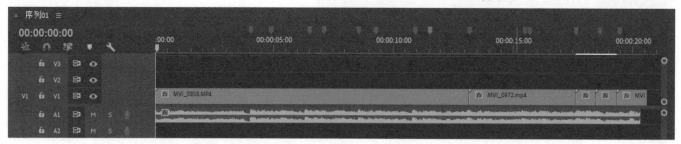

图3-275

> ① **技巧提示**
>
> 素材从左到右依次为MVI_0858、MVI_0972、MVI_0853、MVI_0849、MVI_0893。读者在这里可以任意发挥，因为剪辑视频本身就是个人灵感的发挥。另外，最后多出的一段视频素材是为了做交叉溶解效果的。后续的内容涉及后面的知识，读者可以先了解。

06 在"效果"面板中搜索"交叉溶解"，将其拖曳至最后一段素材的末端，如图3-276所示。

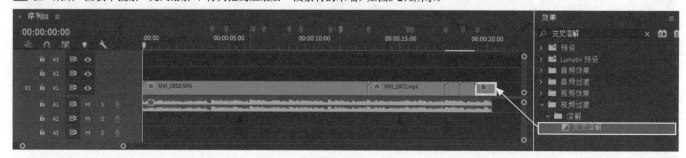

图3-276

07 在"项目"面板中单击鼠标右键，然后执行"新建项目>调整图层"命令，创建一个"调整图层"，如图3-277所示，然后将"项目"面板中的"调整图层"拖曳到轨道V2上，并以两段剪辑的剪辑点为中心，调节调整图层长度为左右各10帧，如图3-278所示。

图3-277

图3-278

08 为"调整图层"添加一个偏移的视频效果，如图3-279所示。

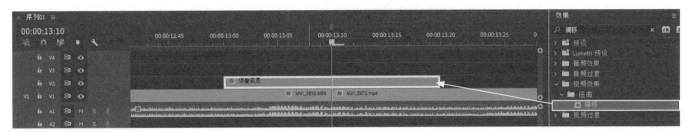

图3-279

09 打开"效果控件"面板，将播放头移动到调整图层的开始位置，然后单击"将中心移位至"前的"切换动画"图标🔘，添加一个关键帧，如图3-280所示。

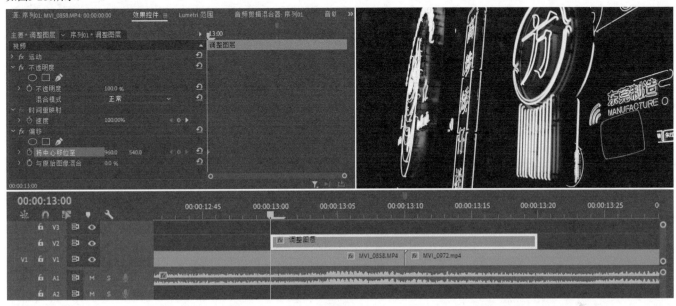

图3-280

10 将播放头移动到调整图层的结束位置，单击"添加/移除关键帧"图标🔘，将960调整为-960，如图3-281所示。

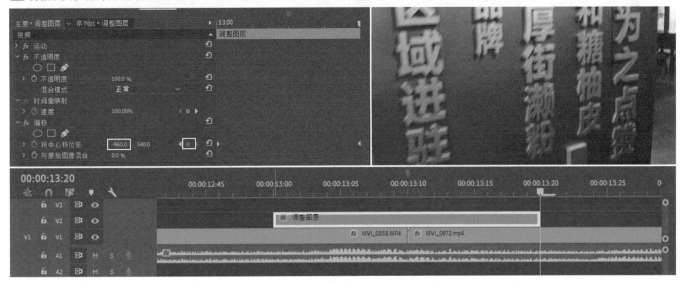

图3-281

ⓘ 技巧提示

　　如果读者的画面与书中的不一致，那是正常的，因为后面素材的范围都是读者自己选择的，难免会有出入。

---

11 为调整图层添加一个"方向模糊"效果，将播放头移动到调整图层的中间，在"效果控制"面板中将方向调整为-90°，"模糊长度"调整为150，并单击"模糊长度"前的"切换动画"图标⚬，如图3-282所示。

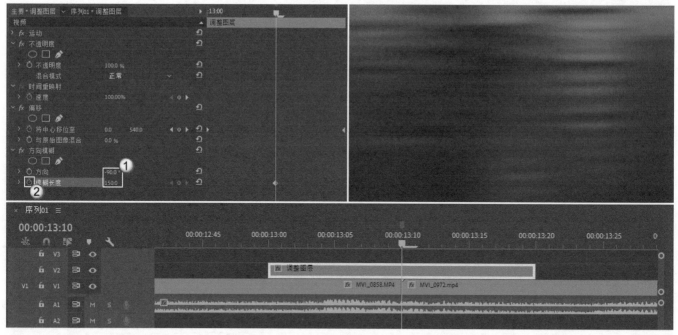

图3-282

12 将播放头移动到调整图层的开始处，设置"模糊长度"为0，如图3-283所示；将播放头移动到调整图层的结尾处，设置"模糊长度"为0，如图3-284所示。这样调整图层就形成了一个"清晰→模糊→清晰"的过渡效果，如图3-285所示。

图3-283

图3-284

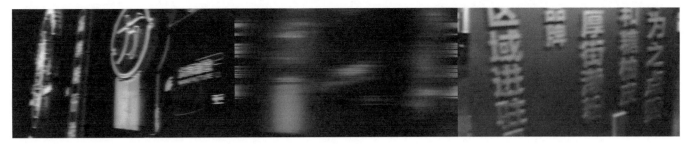

图3-285

13 与添加"方向模糊"效果的操作方法一样，为"调整图层"添加一个"色调分离"效果，将播放头移动到调整图层的中间，在"效果控制"面板中将"级别"改为23，并添加一个关键帧，然后在"调整图层"的开始和结尾处分别添加一个关键帧，修改"级别"为255，如图3-286所示。效果如图3-287所示。

14 框选开始处的3个关键帧，使用鼠标右键单击其中一个关键帧并选择"临时插值>缓出"命令，如图3-288所示。框选结尾处的3个关键帧，使用鼠标右键单击其中一个关键帧并选择"临时插值>缓入"命令，如图3-289所示。

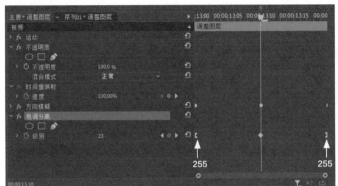

图3-286

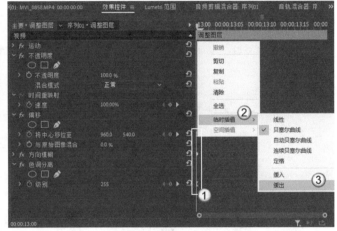

图3-288

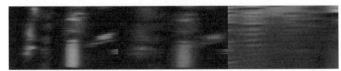

图3-287

15 框选中间的两个关键帧，使用鼠标右键单击其中一个关键帧，选择"自动贝塞尔曲线"命令，如图3-290所示。

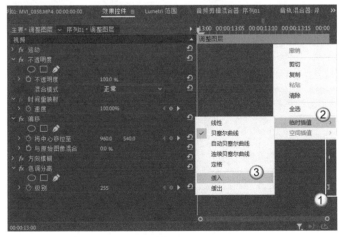

图3-289

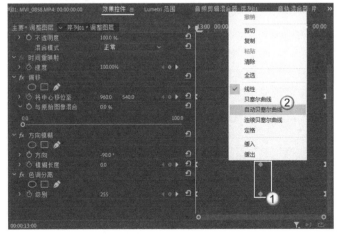

图3-290

16 按住Alt键拖曳序列中的"调整图层"到另一个剪辑点，可将此转场的"调整图层"复制并粘贴，如图3-291所示。最终效果如图3-292所示。

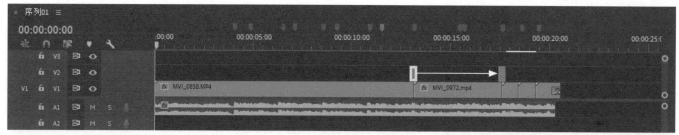

图3-291

图3-292

> ① 技巧提示
>
> 使用"时间重映射"后剪辑的长度会发生改变，所以通常优先用它进行调整。另外，读者可以使用前面介绍的防抖插件进行最终效果的优化。

👑重点

🖐案例训练：制作视频的交叉溶解效果

素材文件	工程文件>CH03>案例训练：制作视频的交叉溶解效果
案例文件	工程文件>CH03>案例训练：制作视频的交叉溶解效果>案例训练：制作视频的交叉溶解效果.prproj
难易程度	★★★☆☆
技术掌握	使用时间重映射更改速度形成变速卡点和快速向左转场

本案例使用了时间重映射、快速向右转场、快速向左转场、视频的交叉溶解效果，如图3-293所示。

图3-293

01 将素材MVI_0894拖曳至"时间轴"面板中，创建新序列，并将其重命名为"序列01"，删除序列中所有素材的音频和无须用到的素材片段，使用"时间重映射"的"速度"为素材添加关键帧，并改变速度形成卡点，如图3-294所示。

02 将素材MVI_0888拖曳至序列中，紧跟第1段素材后的卡点，并将素材倒放且加速到120%，这里同样使用"时间重映射"功能，如图3-295所示。

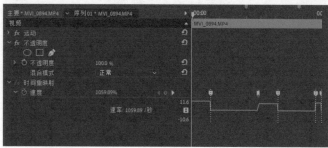

图3-294

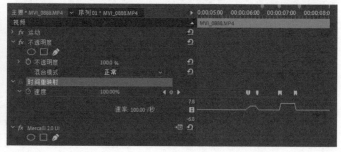

图3-295

> ① 技巧提示
>
> 这里的方法与上一个案例完全一样，读者可以自行处理，也可以打开本案例的源文件来查看。

03 将其他素材拖曳至序列中，根据音乐节奏作卡点，如图3-296所示，将中间3段剪辑分别加速到合适速度。

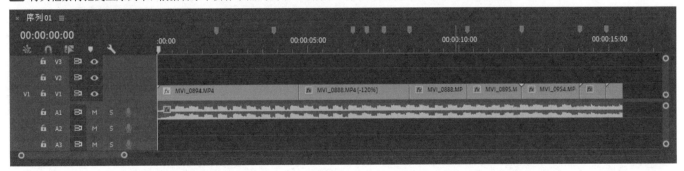

图3-296

> ① 技巧提示
>
> 　　素材依次为MVI_0894、MVI_0888、MVI_0888、MVI_0895、MVI_0954、MVI_0971、MVI_0970。注意，这里有两段素材都是MVI_0888，说明分别截取了原素材中的一部分来作为序列中的素材。

04 在"效果"面板中搜索"交叉溶解"，将其拖曳至最后两段剪辑间的剪辑点处，并设置对齐方式为"中心切入"，如图3-297~图3-299所示。

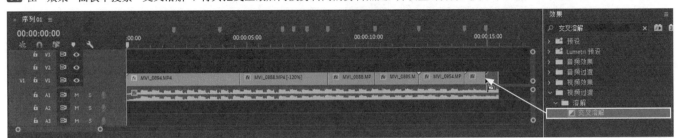

图3-297

图3-298

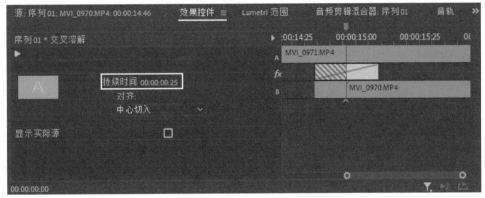

图3-299

05 在"项目"面板中创建一个调整图层,将其拖曳到V2轨道上,并以两段剪辑的剪辑点为中心,调节调整图层长度为左右各10帧,如图3-300所示。

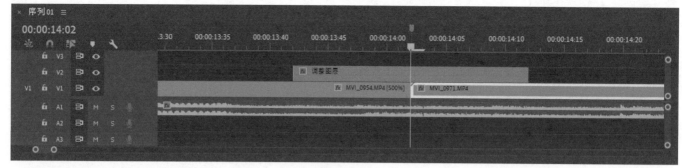

图3-300

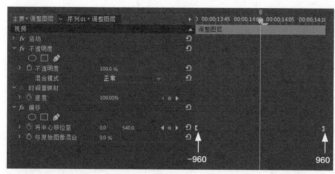

图3-301

06 为"调整图层"添加一个"偏移"效果,打开"效果控件"面板,将"将中心移位至"选项的值960修改为-960,然后在"调整图层"轨道开始处添加一个关键帧,接着在轨道结尾处添加一个关键帧,并将-960调整回960,如图3-301所示。效果如图3-302所示。

图3-302

07 为"调整图层"添加一个"方向模糊"效果,将播放头移到调整图层的中间,在"效果控制"面板中将方向改为90°,"模糊长度"改为150,并在剪辑点处添加一个关键帧,然后在调整图层的开始和结尾处分别添加一个关键帧,修改"模糊长度"为0,如图3-303所示。效果如图3-304所示。

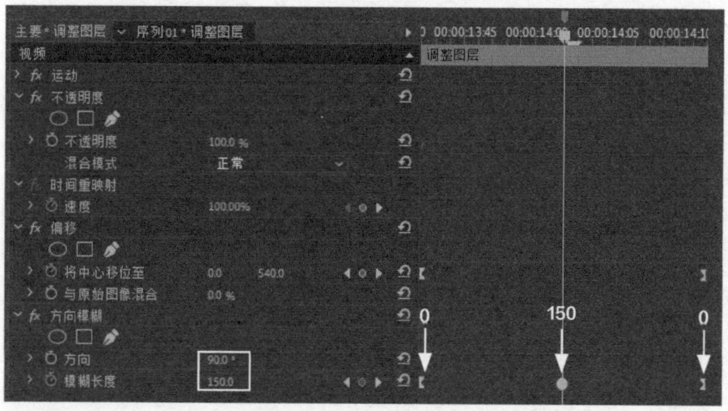

图3-303

图3-304

08 为"调整图层"添加一个"色调分离"效果,将播放头移动到调整图层的中间,将"级别"改为23,并在剪辑点处添加一个关键帧,然后在"调整图层"的开始和结尾处分别添加一个关键帧,修改"级别"为255,如图3-305所示。效果如图3-306所示。

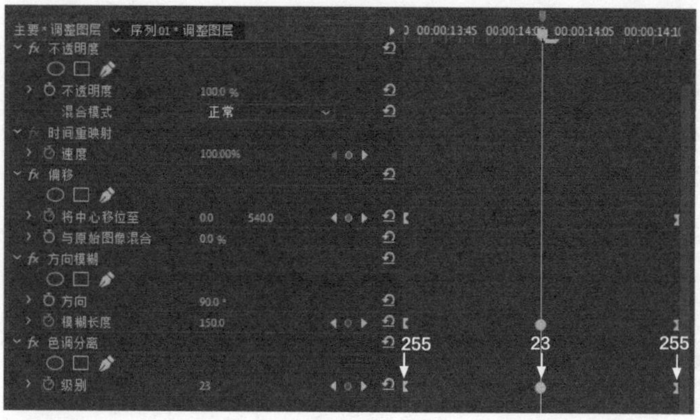

图3-305

图3-306

09 框选开始处的3个关键帧，使用鼠标右键单击其中一个关键帧并选择"临时插值>缓出"命令，如图3-307所示。

10 框选结尾处的3个关键帧，使用鼠标右键单击其中一个关键帧并选择"临时插值>缓入"命令，如图3-308所示。

11 框选中间的两个关键帧，使用鼠标右键单击其中一个关键帧，选择"自动贝塞尔曲线"命令，如图3-309所示。

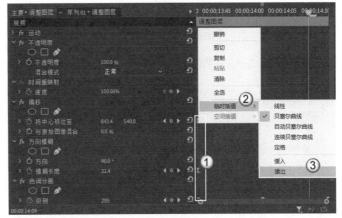

图3-307

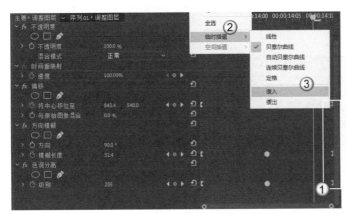

图3-308

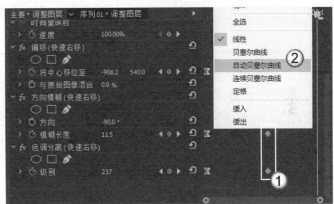

图3-309

> ① 技巧提示
>
> 此时，快速向左转场设置完毕。快速向右转场的设置步骤可以参照前面的案例。另外，读者可以对有需要的素材进行防抖处理。注意，对需要进行"时间重映射"操作的素材可以按顺序进行设置，将设置的转场保存为预设，方便之后使用。最终效果如图3-310所示。
>
>
>
> 图3-310

👑 重点

🖱 **案例训练：制作水墨效果转场效果**

素材文件	工程文件>CH03>案例训练：制作水墨效果转场效果
案例文件	工程文件>CH03>案例训练：制作水墨效果转场效果>案例训练：制作水墨效果转场效果.prproj
难易程度	★★☆☆☆
技术掌握	理解嵌套序列，掌握制作水墨效果转场的方法

本案例使用了嵌套序列、水墨效果转场，读者可以观看教学视频学习，如图3-311所示。

图3-311

3.9 多机位编辑

本节将介绍多机位编辑的方法，主要包含创建、切换和编辑多台摄像机。

👑 重点

3.9.1 如何创建与切换多台摄像机

在创建多台摄像机之前，必须将素材加载到"项目"面板中。下面介绍具体流程。

👉 确定同步点--

可通过在所有剪辑上添加标记、设置入点或出点来确定同步点。因为剪辑上的入点和出点容易被意外删除，而标记很难被意外删除，所以使用标记来确定同步点更可靠。

此外，也可通过将多个摄像机连接到一个常见同步源，或仔细配置摄像机并同步录制过程来同步多个摄像机，即使用时间码同步。而以音频确定同步点时，需要每台摄像机都处于录制音频的状态。

👉 为多机位源序列添加剪辑------------

确定需要使用的剪辑和同步点后，即可创建多机位源序列。扫码看讲解

01 按住Shift键并在"项目"面板中选择需要使用的剪辑，然后使用鼠标右键单击其中一个剪辑并选择"创建多机位源序列"命令，如图3-312所示。

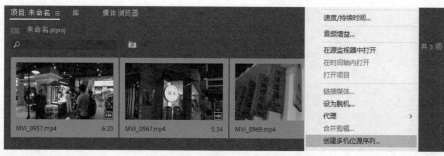

图3-312

02 打开"创建多机位源序列"对话框，如图3-313所示，根据需要进行设置，Premiere会在素材箱中添加多机位源序列。双击此多机位源序列，将其加载至"源"面板中，进行多角度查看，如图3-314所示。

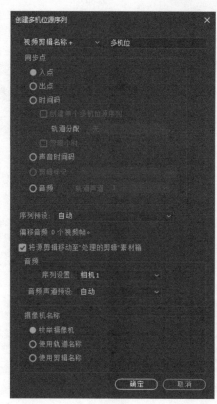

图3-313

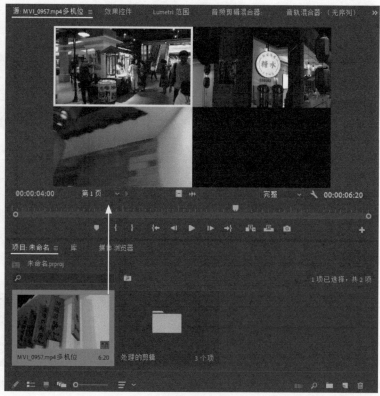

图3-314

创建多机位目标序列

使用鼠标右键单击多机位源序列并选择"从剪辑新建序列"命令，则多机位目标序列创建完成，如图3-315所示。按Space键即可在"源"面板中实时查看播放的4个角度。

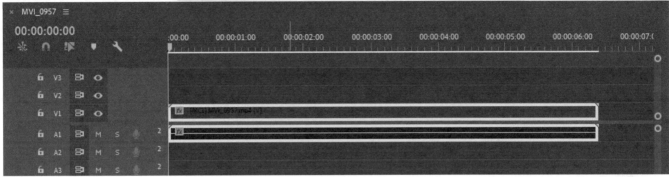

图3-315

3.9.2 如何编辑多台摄像机

正确创建了多机位源序列并将它添加到多机位目标序列中后，即可进行编辑。使用"节目"面板中的多机位视图可实时处理此任务。

启用录制

01 单击"节目"面板右下角的"按钮编辑器"图标，打开"按钮编辑器"面板，如图3-316所示。

02 将"切换多机位视图"按钮和"多机位开/关切换"按钮拖曳至传送控件区，如图3-317所示。

图3-316

图3-317

03 单击"切换多机位视图"按钮 ▦◻，然后将鼠标指针悬停在"节目"面板上，并按 ` 键使面板最大化，接着按主键盘上的1键以选择摄像机1，按2键以选择摄像机2，以此类推，如图3-318所示。

图3-318

> ① **技巧提示**
>
> 录制准备操作完成后，单击"多机位开/关切换"按钮 ▦（快捷键为0）以启动录制，按Space键可播放剪辑。录制时需要切换摄像机角度时可以使用1键~9键（主键盘上的数字键）进行切换。另外，如果出现界面反复横跳的情况，请关闭"参考"监视器。

04 录制结束时，"多机位开/关切换"按钮 ▦会自动停用，如图3-319所示，也可随时通过单击停止按钮并按0键来停止录制。停止录制后，Premiere会将录制的剪辑应用到多机位目标序列中。而此序列中将有多个剪辑，且每个剪辑的标签皆以[MC#]的形式显示，如图3-320所示。数字表示用于剪辑的视频轨道数量。

图3-319

图3-320

> ① **技巧提示**
>
> 按、键将"节目"面板切换回常规大小，根据实际情况移动"节目"面板，以显示时间轴。

05 若播放序列并检查剪辑后发现音频声音过大，可以使用鼠标右键单击音频轨道并选择"音频增益"命令，如图3-321所示。打开"音频增益"对话框，在"调整增益值"中输入数值，负值可以减小音频声音，正值可以增大音频声音，如图3-322所示。

图3-321   图3-322

☞ **重新录制多机位剪辑**---

　　将播放头移动到时间轴的开始处，然后在多机位视图中单击播放按钮以开始播放。当播放头到达需要更改的位置时，可切换到活动的摄像机角度（快捷键为1键~9键），或在"节目"面板的多机位视图中单击需要切换的摄像机预览画面，如图3-323所示。

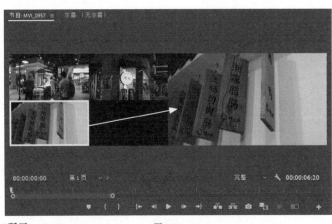

图3-323

① 技巧提示

完成编辑后按Space键停止播放，"节目"面板的多机位视图也会自动停止录制。

☞ 切换角度--

切换角度有3种方法。

第1种： 使用鼠标右键单击"节目"面板中的画面，选择"显示模式>多机位"命令并指定角度，如图3-324所示。

第2种： 在"节目"面板中单击"切换多机位视图"按钮，如图3-325所示。

图3-324

图3-325

第3种： 使用主键盘中的1键~9键来将活动剪辑切换到播放头下面。

☞ 合并多机位剪辑--

合并多机位可以降低多机位剪辑所需的处理能力并简化序列。

01 选择时间轴中需要合并的所有多机位剪辑，如图3-326所示。

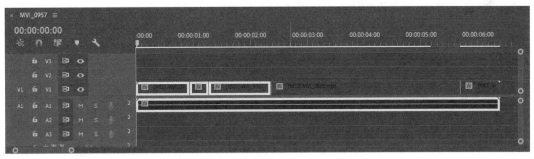

图3-326

02 使用鼠标右键单击其中的任意一个剪辑，执行"多机位>拼合"命令，如图3-327所示，即可拼合所选剪辑，如图3-328所示。

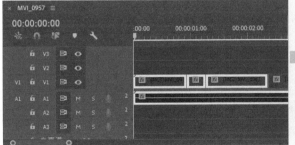

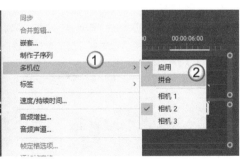

图3-327

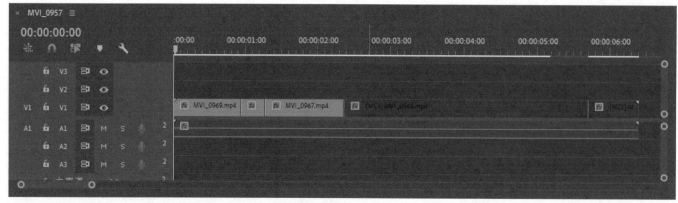

图3-328

> ① 技巧提示
>
> 拼合过程不可逆转，但可以执行"编辑>撤销以恢复多机位源序列"菜单命令（快捷键为Ctrl+Z）撤销。

3.10 常见的剪辑方式

在视频剪辑中有很多剪辑手法，也就是剪辑方式。不同的剪辑方式能呈现出不同的剧情效果。本节主要介绍交互式剪辑、蒙太奇剪辑、情感表现的慢速处理3种剪辑方式。

👑 重点

3.10.1 交互式剪辑（混剪）的思路与方法

交互式剪辑又名"混剪"，区别于按照时间顺序的剪辑（极端的例子就是"一镜到底"）。我们把不按照拍摄时间顺序剪辑的方式称为交互式剪辑。交互式剪辑能够将多个不同且不相关的镜头，如时间、地点、人物等镜头组合在一起，讲述一个完整的故事，这是交互式剪辑的主要作用，思路如下。

01 正常情况下在剪辑开始之前需要确定影片的题材。

02 根据影片的题材对影片的内容与结构进行整理。

03 根据影片的内容与结构，进行素材筛选。

04 将筛选的影片素材按照先前的计划进行剪辑拼接，最终得到完整的影片。

👑 重点

👆 案例训练：都市生活方式混剪

素材文件	工程文件>CH03>案例训练：都市生活方式混剪
案例文件	工程文件>CH03>案例训练：都市生活方式混剪>案例训练：都市生活方式混剪.prproj
难易程度	★★★☆☆
技术掌握	理解交互式剪辑思路

交互式剪辑是无关联的，即地点、时间、人物等都可以是毫不相干的，通过一定顺序将这些素材拼接起来，然后延长最后一段素材的持续时间，可以突出目的。本案例采用了交互式剪辑，表现都市人的日常生活状况，如图3-329所示。

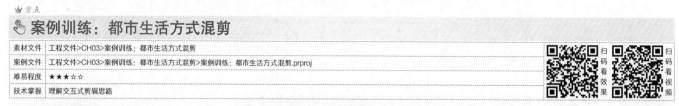

图3-329

01 将视频素材和音频素材导入"项目"面板,如图3-330所示。这里面的素材包括"动车""拿滑板的少女""看手机的职场女性"和"飞机乘客视角的天空",我们可以把这些画面串联起来,从而让整个剪辑表现出都市人的日常生活状况。

02 我们要表现现代人的日常生活,素材包含两个部分:交通工具和人物。素材也是有时间的,动车可以看成黎明,人物素材是白天,飞机素材是傍晚;另外,"交通工具→人物→交通工具"这种闭环形式也是可行的,所以这里考虑将动车素材"39.mp4"作为第1个片段。将"39.mp4"拖曳到"时间轴"面板中,创建一个序列,并将其重命名为"序列01",如图3-331所示。

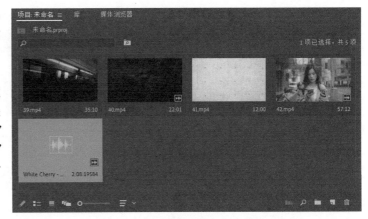

图3-330

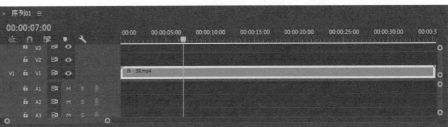

图3-331

03 将音频文件导入到轨道A1中,然后选择音频的范围,这里读者可以根据自己的需要选择音频时长。笔者选择的范围为00:00:00:00~ 00:00:15:20,如图3-332所示。

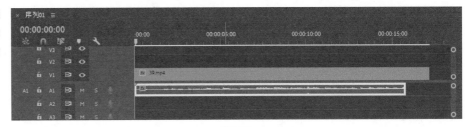

图3-332

---

① 技巧提示

接下来要设置素材的片段范围,在视频剪辑中会通过音乐鼓点去卡,初学者可能对鼓点的敏感度不够,可以在听音乐的时候发现的有明显节拍的地方卡,例如突然高音处、突然低音处等。另外,关于音频卡点,没有确切的规矩,读者可以根据自己的喜好来。

---

04 双击"时间轴"面板中的"39.mp4"剪辑条,然后在"源"面板中播放素材,选择需要的片段范围,接着将其移动到序列初始位置,如图3-333所示。

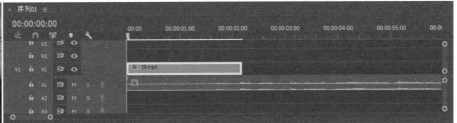

图3-333

---

① 技巧提示

这里选择的是动车高速行驶,看见城市远景,清晨太阳升起的片段,用于体现人们一天的生活开始了。另外,这里要注意音乐的节拍点,时间范围为00:00:15:12~00:00:17:16。

---

05 用相同的方法添加剩余的素材片段，分别为每个素材选择不同的范围，从而组成一部展示视频，如图3-334所示。最终效果如图3-335所示。

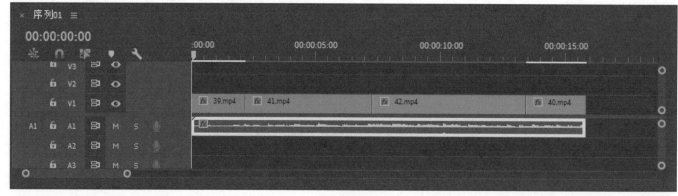

图3-334

图3-335

---

① 技巧提示

　　交互式剪辑并不难，但提前构思视频需要表现的内容，然后进行拍摄，编辑将更加快捷。

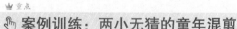

🖐 案例训练：两小无猜的童年混剪

素材文件	工程文件>CH03>案例训练：两小无猜的童年混剪
案例文件	工程文件>CH03>案例训练：两小无猜的童年混剪>案例训练：两小无猜的童年混剪.prproj
难易程度	★★★☆☆
技术掌握	掌握交互式剪辑思路

　　本例是童年混剪，选用小朋友一起游戏、上学的人物素材，再配合风筝、小猫等外景素材，来展现小朋友的课余生活。效果如图3-336所示。

图3-336

01 这里处理视频素材片段、音频的方式和前面的案例一样，就不详细介绍了，读者可以参考着来操作，也可以观看教学视频。素材顺序如图3-337所示。

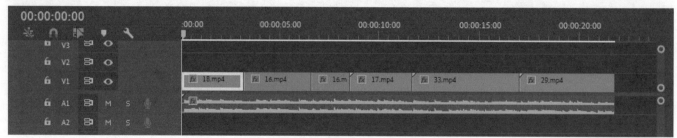

图3-337

① 技巧提示

在序列中将老人晨练的素材"16.mp4"使用了两次，即使用了2个不同的片段，如图3-338和图3-339所示。

图3-338　　　　　　　　图3-339

02 下面主要介绍混剪视频的相关效果，读者在这里可以了解并操作，如果有不明白的地方，在后续的内容中会详细介绍Premiere的转场和效果。将"恒定功率"效果拖曳至音频结束处，如图3-340所示，形成声音的淡出效果。

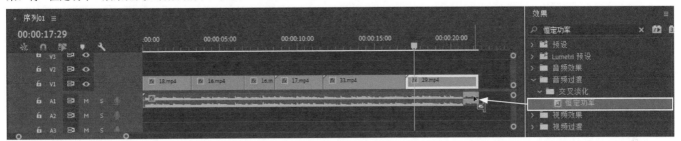

图3-340

03 将"交叉溶解"效果拖曳至剪辑结束处，如图3-341所示，即可形成画面的淡出效果，如图3-342所示。

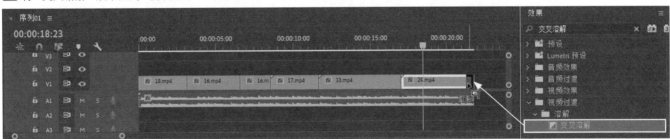

图3-341

图3-342

① 技巧提示

如果读者的画面是透明网格，可以单击"节目"面板的"设置"按钮，然后取消勾选"透明网格"，如图3-343所示。

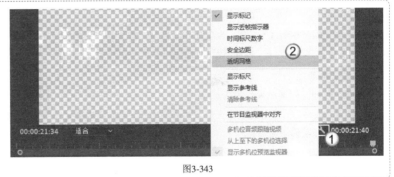

图3-343

137

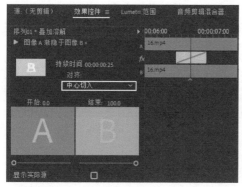

图3-344

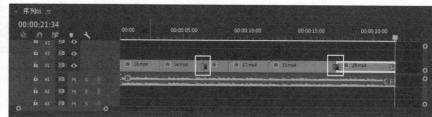

04 在"效果"面板中找到"叠加溶解"效果,分别在素材"16.mp4"的剪辑点处、素材"33.mp4"与素材"29.mp4"的剪辑点处添加此效果,并确保对齐方式为中心切入,如图3-344所示。效果如图3-345所示。

图3-345

> ① **技巧提示**
>
> 当音频的末尾应用恒定功率效果时,序列末尾可添加一个交叉溶解效果,以形成视频淡出的完整效果。有类似画面或关联画面的剪辑间可添加叠加溶解效果,使过渡自然。

3.10.2 蒙太奇剪辑

本小节主要介绍比较经典的蒙太奇剪辑技巧,这是一种影片中非常常用的剪辑手法,读者可以着重学习一下。蒙太奇剪辑用不同场景、不同景别、不同人物等镜头营造一种情感,是交互式剪辑的一种延伸。

☞ **蒙太奇的主要功能**

蒙太奇的功能分为两类,即叙事和表意两大功能。

叙事(讲述故事)

蒙太奇的叙事功能是以交代故事情节、展示事件内容为主的,通常情况下会按照故事情节发展的时间流程及因果关来分切组合镜头、场面和段落,可以形成完整的"蒙太奇"时空,还可以形成完整的情节。

表意(表达情感、阐述思想)

通过对镜头的连接组合,可以创造出不同的情绪,表达不同的情感。借助影片内容,用画面之间存在的隐喻、转喻关系和象征性内容来阐述抽象的思想观念;通过色彩、光线、景别、运动方式等的变化,可以创造出节奏不同的影视风格(有的充满诗情画意,有的热烈奔放,有的舒缓凝重)。

☞ **蒙太奇的类型**

蒙太奇可以划分为3种最基本的类型:叙事蒙太奇(叙事)、表现蒙太奇(表意)、理性蒙太奇(表意)。

叙事蒙太奇分为平行蒙太奇、交叉蒙太奇、颠倒蒙太奇、连续蒙太奇。

表现蒙太奇分为抒情蒙太奇、心理蒙太奇、隐喻蒙太奇、对比蒙太奇。

理性蒙太奇分为杂耍蒙太奇、反射蒙太奇、思想蒙太奇。

☞ **叙事蒙太奇的特征**

平行蒙太奇

将不同空间与相同或不同时间发生的相对独立的情节并列叙述的方式称为平行蒙太奇。平行蒙太奇可以删节叙事过程以便概括并节省篇幅,扩大影片的整体信息量,并加强影片的节奏;由于该手法所致的几条线索并列表现、相互烘托,所以易于使影片产生强烈的艺术感染效果。

交叉蒙太奇

将同一时间不同区域发生的两条或多条情节线交替剪接在一起的方式叫作交叉蒙太奇。每条线索相互依存,一条线索的发展往往影响其他的线索,最终汇合在一起。交叉蒙太奇容易引起悬念,造成紧张激烈的气氛,加强矛盾冲突的尖锐性。惊险片、恐怖片和战争片常用此法制造追逐和惊险的场面。

颠倒蒙太奇

这是一种打乱故事结构的蒙太奇方式,首先展现故事的当前状态,随后介绍故事的始末,是将"过去"与"现在"重新组合的一种方式。

这种蒙太奇常借助叠印、划变、画外音、旁白等转入倒叙。需要注意的是，其打乱的是事件的顺序，叙事仍应符合逻辑关系。事件的回顾和推理常用这种方式。

连续蒙太奇

连续蒙太奇是沿着一条故事情节线索，按照事件的逻辑顺序，连续且有节奏地叙事。这种叙事方式自然且流畅，但由于缺乏时空与场面的变换，无法直接展示同时发生的其他故事情节，难于突出各条情节线之间的对列关系，容易形成拖沓、冗长、直叙的感觉。因此，在一部影片中应尽量少单独使用，多与平行蒙太奇、交叉蒙太奇手法交混使用。

☞ **表现蒙太奇的特征**--

抒情蒙太奇

这是一种在确保叙事的连贯性为前提的基础上，同时表现超越剧情的思想和情感的方法。这种蒙太奇更注重声色的渲染。主要的事件被分割成一系列的近景或特写，从而以不同的角度渲染事物的特征，如在一段叙事场面之后，恰当地切入象征情绪情感的空镜头。

心理蒙太奇

这是一种描写人物内心情感的蒙太奇方式，通过画面镜头组接及音频的结合，展示出人物的内心世界，常用于表现人物的梦境、回忆、闪念、幻觉、遐想、思索等精神活动，在剪接的技巧上多用交叉、穿插等手法。画面和声音具有片段性，叙述的内容往往有不连贯的特点，其画面的节奏表现往往也具有跳跃性。

隐喻蒙太奇

隐喻蒙太奇是通过镜头或场面进行对比，含蓄地表达创作者的某种寓意。这种手法经常将不同事物之间的某种相似的特征突现出来，以引起观众的联想，使其领会导演的寓意。这种手法的概括力较强，表现手法极度简洁，往往具有较强的情绪感染力。

对比蒙太奇

对比蒙太奇是通过镜头或场面之间在内容（如贵贱、乐苦、生死等）或形式（如景别大小、色彩冷暖、声音强弱、场面动静等）上的强烈对比，产生相互冲突的效果，以表达创作者的某种寓意或强化所表现的内容和思想。

☞ **理性蒙太奇的特征**--

杂耍蒙太奇

爱森斯坦给杂耍蒙太奇的定义是：杂耍是一个特殊的时刻，其间一切元素都是为了促使把导演打算传达给观众的思想灌输到他们的意识中，使观众进入引起这一思想的精神状况或心理状态中，以造成情感的冲击。与表现蒙太奇相比，这是一种更注重理性且更为抽象的蒙太奇形式。为了表达某种抽象的理性观念，强行加入某些与剧情完全不相干的镜头。需要注意的是，在现代电影中使用杂耍蒙太奇需要慎重，容易形成主题混乱的情况。

反射蒙太奇

与杂耍蒙太奇相比，它不为表达某种抽象的概念而随意生硬地插入与剧情内容毫不相关的象征画面，而是使所要描述的事物和用来做比喻的事物处于同一个空间，使它们互为依存。

思想蒙太奇

这种蒙太奇的方法是维尔托夫创造的，即利用新闻影片中的文献资料重新加以编排，从而表达中心思想。它通常只用来表现一系列的思想和被理智所激发的情感。

☞ **蒙太奇剪辑的思路与方法**--

作为交互式剪辑的延伸，蒙太奇剪辑的使用范围更为宽泛，大体思路与交互式剪辑的思路一致，但其更加强调画面的情感表现。

01 根据影片的题材对影片的内容与结构进行整理。

02 根据影片的内容与结构确定影片在不同节点的戏份权重。

03 根据影片在不同节点的戏份权重确定不同镜头组所需用到的蒙太奇种类。

04 剪辑影片，详见后续案例训练内容。

需要注意的是虽然蒙太奇的手法丰富，但初级剪辑师使用时应尽量选用同景别（全景、特写等）的素材表现情感。虽然蒙太奇的定义宽泛，但素材的节奏之间需要保证连贯，即从慢镜头到快镜头的衔接变化要有合适的节奏，变化往往不宜过大。

👑 重点

✋ 案例训练：制作个人生活纪录片

素材文件	工程文件>CH03>案例训练：制作个人生活纪录片
案例文件	工程文件>CH03>案例训练：制作个人生活纪录片>案例训练：制作个人生活纪录片.prproj
难易程度	★★★☆☆
技术掌握	理解并掌握蒙太奇剪辑

扫码看效果　扫码看视频

本案例采用了平行蒙太奇、连续蒙太奇、心理蒙太奇等，将主角在不同地点的不同状态串联起来，这些视频的时间不是连续的，也没有先后顺序，但通过这些片段，可以叙述出主角的生活情况，如图3-346所示。

图3-346

本案例除了本身剪辑思路有区别，在卡点和素材选择上与前面的案例的思路基本相同。按照前面的方法导入素材，根据音乐节奏作卡点，如图3-228所示，本实例中素材的拼接顺序为"47.mp4""46.mp4""51.mp4""48.mp4""55.mp4""53.mp4""49.mp4""52.mp4""44.mp4""54.mp4""50.mp4""56.mp4""45.mp4""43.mp4"。同理，读者可以根据自己的需求设置整个剪辑的时长和片段内容，如图3-347所示。

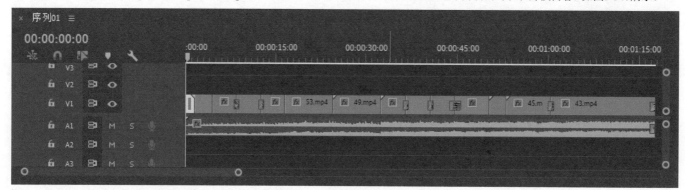

图3-347

① 技巧提示

读者可以自己尝试按整个顺序来操作，看看效果，当然也可以观看教学视频来学习详细的操作过程。

3.10.3 情感表现的慢速处理

视频一直是用于表达情感的媒介，通过对情感表现进行慢速处理，可以让情感主题更加强烈。慢速处理的主要作用是"强调"，基本上所有的慢速处理都以"强调"为目的。其强调的内容可以是人物的情感，也可以是事件本身或事件的某个状态等。

👉 慢速处理的具体应用场景---

第1种： 在用这种手法表现的具体场景中，应用得最多的是MV视频，例如强调两人相遇时经常会对相遇镜头采用慢速处理等。

第2种： 在电影的某些镜头中也会使用这种慢速处理的方法，例如爆炸的瞬间等。

第3种： 在某些展示产品的视频中也会出现慢速处理手法，如展示产品外观的特色和细节的视频等。

👉 慢速处理的方法---

第1种： 不精确调整。单击"比率拉伸工具" ▣（快捷键为R），如图3-348所示，将鼠标指针悬停在剪辑首末任一端，鼠标指针会变成类似大括号的图标，此时，单击并拖曳拉长剪辑，则剪辑比率会减小，播放速度将放慢，可在剪辑中看到表示速度变化的百分比。

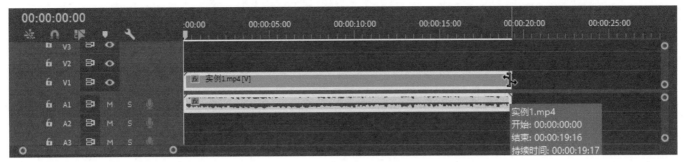

图3-348

第2种： 精准调节速度。可使用鼠标右键单击"时间轴"上的剪辑或按快捷键Ctrl+R，选择"速度/持续时间"命令，如图3-349所示，打开"剪辑速度/持续时间"对话框，如图3-350所示，在"速度"处输入小于100的数值，即可放慢视频播放速度。

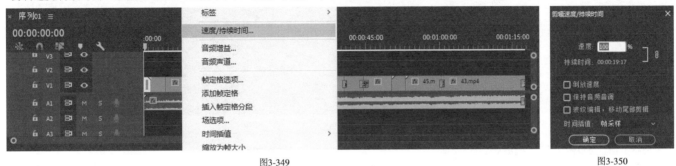

图3-349　　　　　　　　　　　　　　　　　　　　　　　　　　图3-350

① 技巧提示

若是放慢剪辑中某一部分的速度，可使用"剃刀工具" ◢ （按C键切换）或按快捷键Ctrl+K剪断此部分进行调整，也可使用前文中的"时间重映射"添加关键帧。

👑 重点

👆 **案例训练：创作有情感剧情剪辑**

素材文件	工程文件>CH03>案例训练：创作有情感剧情剪辑
案例文件	工程文件>CH03>案例训练：创作有情感剧情剪辑>案例训练：创作有情感剧情剪辑.prproj
难易程度	★★★☆☆
技术掌握	理解并掌握使用慢速处理表达情感

本案例使用了慢速播放、倒放、垂直翻转效果、高斯模糊效果，如图3-351所示。

图3-351

01 将素材导入"项目"面板，然后按图3-352所示的顺序编排素材，并选择合适的素材片段。

图3-352

① 技巧提示

顺序为MVI_1033、MVI_1027、MVI_1032、MVI_1031、MVI_1026。

图3-353

02 选择最后一段剪辑，按快捷键Ctrl+R，打开"剪辑速度/持续时间"对话框，将速度减慢并使用"倒放速度"，如图3-353所示。

03 将音频素材导入轨道A1，选择音频范围或调整视频片段范围，使两者统一，且鼓点对齐，如图3-354所示。

图3-354

04 在每个转接处添加"交叉溶解"效果，对齐方式都为"中心切入"，如图3-355所示。

图3-355

05 使用鼠标右键单击"项目"面板空白处，新建一个"颜色遮罩"，如图3-356和图3-357所示。

图3-356

图3-357

06 将"颜色遮罩"拖曳至V3轨道开头，并调整长度为4秒，给颜色遮罩添加一个裁剪效果，打开"效果控件"面板，将"顶部"改为50%，在开始处添加一个关键帧，然后在00:00:02:00和00:00:02:20处分别添加一个关键帧，修改"顶部"为80%，在00:00:04:00秒处添加一个关键帧，将"顶部"改为100%，如图3-358所示。效果如图3-359所示。

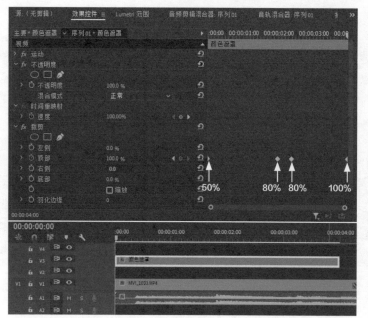

图3-358

图3-359

142

07 按住Shift键，单击选择第2个和第4个关键帧，并使用鼠标右键单击其中一个关键帧并选择"缓入"命令，如图3-360所示。

08 按住Alt键向上拖曳"颜色遮罩"，复制一个"颜色遮罩"并粘贴至轨道V4中，如图3-361所示，给复制的颜色遮罩添加一个"垂直翻转"效果，效果如图3-362所示。

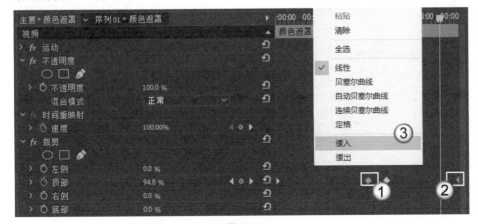

图3-360

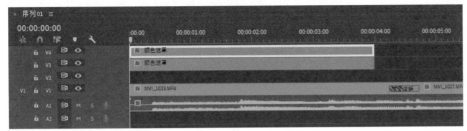

图3-361

图3-362

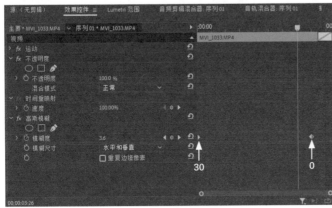

图3-363

09 因为前面相当于序幕拉开，所以在拉开过程中让内容模糊可以增添神秘感。给第1段剪辑添加一个高斯模糊效果，打开"效果控件"面板，修改"模糊度"为30，在开始处添加一个关帧，在00:00:04:00处添加一个关键帧，修改"模糊度"为0，如图3-363所示，效果如图3-364所示。最终效果如图3-365所示。

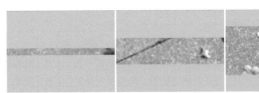

图3-364

图3-365

⚠ **技巧提示**

在音乐缓慢轻柔处对视频进行慢速处理通常更能表达情感。

🍴 重点

🖐 案例训练：使用慢速播放进行光效转场

素材文件	工程文件>CH03>案例训练：使用慢速播放进行光效转场
案例文件	工程文件>CH03>案例训练：使用慢速播放进行光效转场>案例训练：使用慢速播放进行光效转场.prproj
难易程度	★★☆☆☆
技术掌握	了解慢速处理的具体应用场景

本例使用了慢速播放、光效转场，如图3-366所示。读者可以根据自己的想法进行设计和制作。

图3-366

> ① 技巧提示
>
> 根据所处环境的不同，使用慢放会有"大片"既视感。

3.11 手机短视频剪辑

手机短视频是一个比较受欢迎的领域，社会上越来越多的人开始"玩"起来了。

3.11.1 素材拍摄要求

构思

在拍摄之前进行构思，可以制作拍摄脚本表格，分别设想好内容以及镜头的角度、景别，提前在脑海里勾勒出实现拍摄效果的办法。

器材准备

器材包括云台、打光设备、充电宝等。拍摄时候手机（设备）的续航能力往往不够，而部分云台配有充电功能，可以增加拍摄的时长。此外，配合云台的软件可以使用变焦拍摄、人脸追踪拍摄、延时拍摄、慢动作拍摄等功能，不同品牌的具体功能有所差异。

拍摄角度与景别

拍摄角度一般分为3个大类，即平拍、俯拍、仰拍。原则上一个完整的视频包括3个角度的短片。若单单使用一个角度，视频效果会较为单调。拍摄的手机（设备）比人高或者从头顶拍摄为俯拍；而仰拍则反过来，一般蹲下来或者趴在地上对着人物进行拍摄为仰拍；平拍则是平常的拍摄方式，可以理解为站着拍摄。景别有半身镜、全景、近景、特写等。在视频作品中最好将其混用。

防止视频画面抖动

通常来说拍摄的视频画面要求尽量不抖动，可借助辅助工具，如云台、三脚支架等。如果出现视频晃动的情况，将影响用的户观看体验。

视频光线问题

光线对于视频画面质量的影响是很大的，要保证视频的亮度是足够的，如果是一些比较昏暗的地方，可以提前做好打光设置，或更换场地，避免把人物拍得过黄、过暗。可在拍摄之前多用手机（设备）进行不同角度的试光，找到最适合拍摄的视角，以拍摄出效果最佳的素材。

调整分辨率

要注意调整手机（设备）分辨率，尽量拍摄高清素材。同时注意横屏竖屏的问题，通常来讲要上传到自媒体平台上的使用横屏画面为佳，而要上传到短视频App中的则用竖屏画面为佳。

格式问题

有时手机（设备）拍摄出的视频格式与平台支持的格式是不一致的，有格式不符的情况时可以用第三方软件（格式工厂等）进行转码。

焦距问题

要注意焦距的及时切换，如果使用一个焦距拍到底，视频画面看起来会比较枯燥。还要注意近景、远景、中景、特写之间的灵活切换，让画面看起来尽量丰富一些。

画面构图

好的构图对提升视频质量有巨大帮助，如果还是新手，对构图还不太了解，只要保证视频画面干净，通常来讲尽量不要出现太杂乱的画面场景，突出想要表现的主体即可。

3.11.2 拼接注意事项

第1点：选择背景音乐，背景音乐要与视频内容贴合，且其节奏要与视频融合。

第2点：选择视频转场特效，在视频的快放、慢放、倒放和节选片段，以及视频中间插播各种转场特效，不仅可以美化视频，还能提高大众的认可度。

第3点：视频的标题一定要与内容高度相关，并且具有吸引力。标题的好坏可能会直接影响视频的播放量、播放完整度、分享量、点击率等。

第4点：视频的封面尽量选取可以触及关注者内心世界与痛点的画面，以此作为亮点能吸引用户观看视频。

第5点：在视频内添加具有引导性的内容，可以提高用户的参与度，增加正面留言，活跃用户。

第6点：在各种新媒体与App产品中发布的视频都应具备个人风格与特色。

⬥ 重点

◈ **综合训练：制作朋友圈10秒短视频**

素材文件	工程文件>CH03>综合训练：制作朋友圈10秒短视频
案例文件	工程文件>CH03>综合训练：制作朋友圈10秒短视频>综合训练：制作朋友圈10秒短视频.prproj
难易程度	★★★★☆
技术掌握	掌握使用基本图形与轨道遮罩键效果制作玻璃转场的方法

本例除了使用剪辑的基本技法，还使用了玻璃转场、快速向右转场，如图3-367所示。下面的步骤是一个制作思路，读者可以根据该思路创建属于自己的朋友圈短视频，如果要观看详细的操作过程，可以观看教学视频来进行学习。

图3-367

01 导入素材，删除序列中所有素材的音频和无须用到的素材片段，根据音乐节奏作卡点，如图3-368所示。

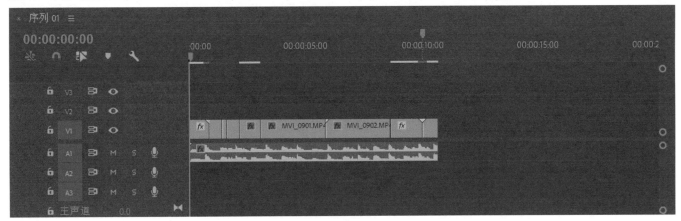

图3-368

02 以两端素材的转接处为中心，左右各裁剪10帧，如图3-369所示。

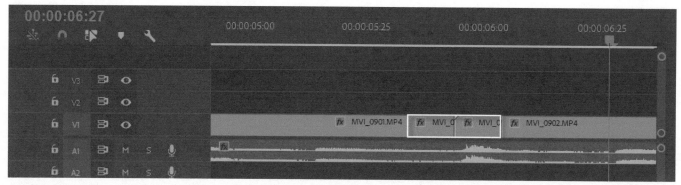

图3-369

03 对这20帧素材进行嵌套，并按住Alt键，将嵌套序列拖曳至V2轨道中，复制一个嵌套序列，如图3-370所示。

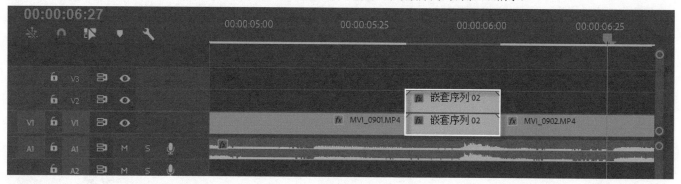

图3-370

04 打开"基本图形"面板，单击"新建图层"按钮，选择"矩形"，如图3-371所示，画面中会出现一个黑色矩形，如图3-372所示。

05 将画面缩放至25%，调整黑色矩形的长、宽和倾斜度，并选择水平居中对齐和垂直居中对齐，如图3-373所示。

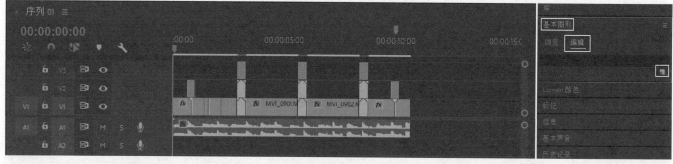

图3-371

图3-372

图3-373

06 将画面调整回"适合",再调整图形图层在轨道中的长度,使其与嵌套序列长度相同,如图3-374所示。

07 给V2轨道的嵌套序列添加一个"轨道遮罩键"效果,将"遮罩"设置为"视频3",并适当增大"运动"属性中的"缩放"数值,可看到画面中有一个放大的矩形,如图3-375所示。

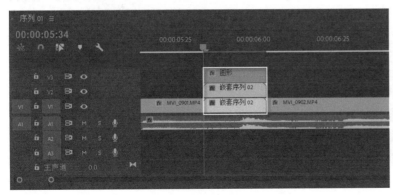

图3-374

图3-375

---

① **技巧提示**

此时可以考虑给图形图层添加一个"变换"效果,将"时间轴"的播放头拖曳至图形图层的开始帧,再调整"变换"中"位置"的x轴坐标值,使放大的矩形从画面左侧移出,并添加一个关键帧,再使用鼠标右键单击并选择"临时插值>缓入"命令。

---

08 拖曳时间轴的播放头,在距离第一个关键帧不远处停下,并调整"变换"中"位置"的x轴坐标值,使放大的矩形从画面右侧移出,并添加一个关键帧,再将此关键帧拖曳至图形图层的最后一帧,且使用鼠标右键单击并选择"临时插值>缓出",如图3-376所示。

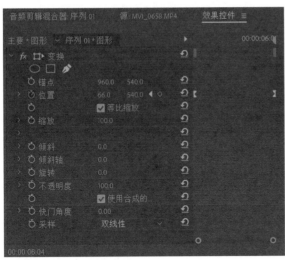

图3-376

09 选择V2轨道的嵌套序列,打开"Lumetri颜色"面板进行调色,提高对比度,增加高光,压暗阴影,以增强玻璃的质感,具体参数值以实际情况为准,如图3-377所示。最终效果如图3-378所示。

图3-377

图3-378

---

① **技巧提示**

在使用变换效果的矩形框时,若需将将矩形框移出画面,可将两个关键帧设置得近一些,这样数值调节跨度将减小,移除完成后再将关键帧移至真正所需位置。

👑 重点

综合训练：制作旋转转场效果

素材文件	工程文件>CH03>综合训练：制作旋转转场效果
案例文件	工程文件>CH03>综合训练：制作旋转转场效果>综合训练：制作旋转转场效果.prproj
难易程度	★★★☆☆
技术掌握	掌握变换效果和镜像效果

本案例主要使用了变换效果和镜像效果制作旋转转场，如图3-379所示。

图3-379

3.12 纯画面视频剪辑

很多书中很少提及"纯画面视频"，通常人们所讲的"纯画面视频"即画面中没有添加字幕和背景解说，但可含有背景音乐或特效音等，重点突出镜头表达的一种视频形式。

3.12.1 重点素材选取

第1点： 因纯画面视频没有解说，所以选取的素材应尽量具有关联性，且围绕某一确定的主题展开，以使整体内容自然流畅。
第2点： 选取的画面应尽量具有较强的主题表现力。
第3点： 多采用各种剪辑的表现形式来进行情感的传达，如蒙太奇等。
第4点： 背景音乐需符合视频环境、氛围，多使用纯音乐，使观看者将关注点放在画面内容中。

3.12.2 拍摄要求

拍摄要求基本与手机短视频一致（可能会用到单反全幅摄像机、摄像机稳定器、摄像设备轨道等拍摄设备）。

👑 重点

综合训练：制作同学纪念片

素材文件	工程文件>CH03>综合训练：制作同学纪念片
案例文件	工程文件>CH03>综合训练：制作同学纪念片>综合训练：制作同学纪念片.prproj
难易程度	★★★☆☆
技术掌握	理解并掌握使用遮罩的方法

本例是制作一个同学纪录片，效果如图3-380所示。在本例中使用的剪辑技巧和前面的相同，主要就是片段的选择、素材的拼凑。这里重点介绍一下透视字的制作方法，关于其他剪辑操作，请读者观看教学视频。

图3-380

01 将"项目"面板中的音频拖曳至A1轨道上,并截选所需长度,根据音乐节奏作卡点,如图3-381所示。

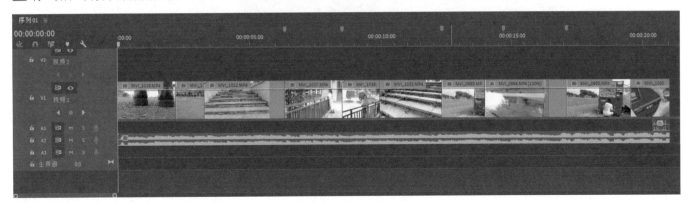

图3-381

02 按住Alt键,向上拖曳第1段素材两次,分别复制并粘贴在V2、V3轨道上,如图3-382所示。

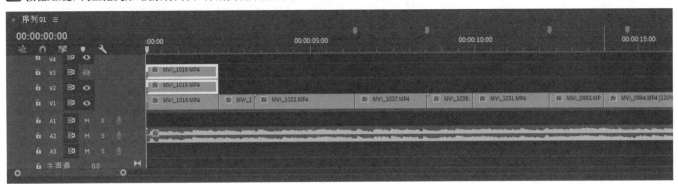

图3-382

03 执行"文件>新建>旧版标题"菜单命令,单击"确定"按钮,使用"文字工具" T 输入文字,调整文字颜色为黑色,并调整文字样式、位置和大小,如图3-383所示。

04 选择"矩形工具" ▣ ,新建一个矩形将画面覆盖,填充为白色,如图3-384所示。

图3-383   图3-384

05 使用鼠标右键单击画面,选择"排列"中的"移到最后"命令,如图3-385所示,白色背景设置完成,如图3-386所示。

06 "项目"面板中的字幕图层即为新建的矩形面板,将其拖曳至V4轨道上,调节长度至与剪辑相同。打开字幕图层的"效果控件"面板,将"不透明度"中的"混合模式"改为"滤色",可在"节目"面板中看到效果,如图3-387所示。

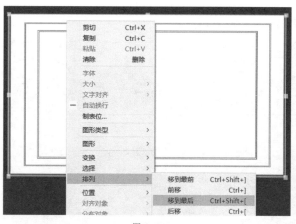

图3-385　　　　　　　　　　　图3-386　　　　　　　　　　　图3-387

① **技巧提示**

为字幕图层的"不透明度"添加关键帧，开始的时候调整为100%，中间有10帧到20帧为80%，结束时为0%，最终效果如图3-388所示。如果退出"旧版标题"后发现文字大小不合适，可以直接双击"节目"面板中的画面，再进行调整。

图3-388

👑 重点

◈ **综合训练：制作场景纪实片**

素材文件	工程文件>CH03>综合训练：制作场景纪实片
案例文件	工程文件>CH03>综合训练：制作场景纪实片>综合训练：制作场景纪实片.prproj
难易程度	★★★☆☆
技术掌握	掌握使用超级缩放转场预设的方法

本例除了使用剪辑技巧外，还使用了超级缩放转场，如图3-389所示。

图3-389

❓ **疑难问答：为什么书中的操作步骤看似简单，但操作却比较多？**

视频剪辑是一个持续且重复操作的过程，书中的案例主要是讲解剪辑思路。另外，在思路相同的情况下，读者所做出来的视频效果也未必和书中的一样，因为每个人对音频鼓点和视频截取范围的选择不一样，所以有差异是正常的。希望读者在后面的学习中不要被具体的参数设置所左右，掌握了视频剪辑的思路和方法，加以训练，不愁做不出优秀的作品。

第 **4** 章 视频转场技术

📹 基础视频集数：12集　　📹 案例视频集数：16集　　🕐 视频时长：60分钟

　　在前面，我们掌握了使用Premiere进行基本剪辑的思路和方法，读者可能会发现片段与片段之间的过渡或衔接太直接，显得很生硬，要解决这个问题，就必须掌握转场技术。本章主要介绍Premiere的转场工具、各类转场效果，例如无技巧转场、技巧转场效果的制作技法。

学习重点 🔍

学完本章能做什么

　　掌握了转场技术后，读者可以制作各类的画面过渡效果，让视频有很好的转场特效，从而提升视频效果，甚至通过转场来烘托视频的主要氛围。

4.1 认识关键帧

要制作转场效果，必须会使用关键帧。因此，在学习转场技术之前，读者需要先学好关键帧的相关知识。

4.1.1 关键帧的设置原则

从原理上讲，关键帧插值问题可归结为参数插值问题，传统的插值方法都可以应用到关键帧插值方法中。但关键帧插值又与纯数学的插值不同，它有特殊性。一个好的关键帧插值方法必须能够产生逼真的运动效果并能给用户提供方便有效的控制手段。一个特定的运动从空间轨迹来看可能是正确的，但从运动学或动画设计来看可能是错误的或者不合适的。用户必须能够控制运动的运动学特性，即通过调整插值函数来改变运动的速度和加速度。

👑 重点
4.1.2 关键帧的具体操作

关键帧的具体操作包含添加关键帧和编辑关键帧。

☞ 添加关键帧

视频效果的大部分参数都可以设置关键帧，即有多种方法使效果的动作随时间而改变。应用效果时确保将播放头停放至正在编辑的剪辑上，如图4-1所示，以便在工作时查看更改。

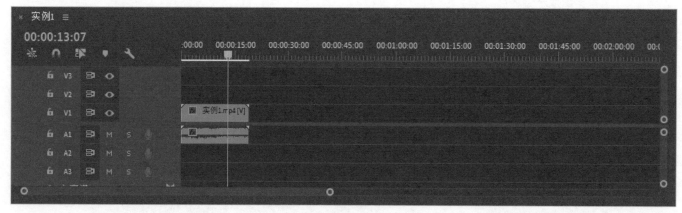

图4-1

👑 重点
🖑 案例训练：使用关键帧添加镜头光晕动画

素材文件	工程文件>CH04>案例训练：使用关键帧添加镜头光晕动画
案例文件	工程文件>CH04>案例训练：使用关键帧添加镜头光晕动画>案例训练：使用关键帧添加镜头光晕动画.prproj
难易程度	★★★☆☆
技术掌握	掌握关键帧的添加方法

镜头光晕效果如图4-2所示。

图4-2

01 在"项目"面板中双击序列"实例1",在时间轴中将其打开,如图4-3所示。

图4-3

02 在"效果"面板中找到所需效果,这里以"镜头光晕"效果为例。选择"镜头光晕",按住鼠标左键并将其拖曳到视频图层中,即可为视频应用效果,如图4-4所示。

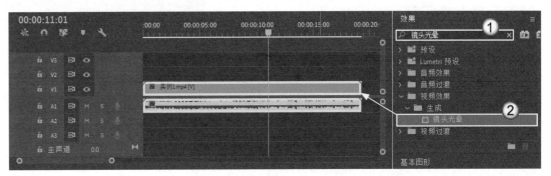

图4-4

① 技巧提示

在添加效果之前,要将"编辑"工作区切换为"效果"工作区才能调出"效果"面板,如图4-5所示。

| 学习 | 组件 | 编辑 | 颜色 | 效果 ≡ | 音频 | 图形 | 库 | » |

图4-5

03 选择V1视频图层,在"效果控件"面板中找到"镜头光晕",然后调整"镜头光晕"的位置、亮度和类型。这里设置"光晕中心"为(768,432),保持"光晕亮度"为默认的100%,设置"镜头类型"为"50-300毫米变焦",如图4-6所示。效果如图4-7所示。

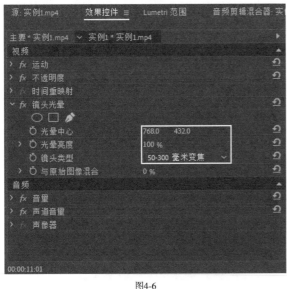

图4-6

图4-7

① 技巧提示

为了方便读者观察,这里在时间轴上拖曳了播放头,图4-7所示为00:00:13:07时刻的画面。

04 现在添加的"镜头光晕"效果只是静态的，要使光晕运动起来，则需要设置关键帧。在"效果控件"面板中单击"显示/隐藏时间轴视图" ，将"效果控件"面板的时间轴视图显示出来，如图4-8所示。

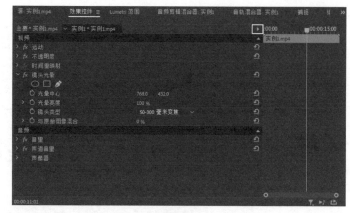

> ① **技巧提示**
>
> 　图4-8所示的是展开时间轴视图的效果，"显示/隐藏时间轴视图"的图标为 。如果"效果控件"面板未展开时间轴视图，那么"显示/隐藏时间轴视图"的图标为 。

图4-8

05 这里要制作"镜头光晕"的位置变化和亮度变化效果，所以需要在初始位置和最终位置的时刻添加关键帧。将播放头放在序列的开始处，然后单击"切换动画" ，为"光晕中心"和"光晕亮度"属性分别添加关键帧，如图4-9所示。

图4-9

06 下面调整"光晕中心"和"光晕亮度"。将播放头移动到第1帧，然后调整"光晕中心"为（768,432），"光晕亮度"为34%，作为"镜头光晕"的初始位置和初始亮度，如图4-10所示。

图4-10

07 将播放头移动到最后一帧，然后调整"光晕中心"为（1181.9,432），"光晕亮度"为142%，使光晕向右平移，且亮度逐渐变大，如图4-11所示。播放效果如图4-12所示。

图4-11

图4-12

添加关键帧插值和速度曲线

当效果随着时间移近或移离关键帧所在的时刻时，关键帧的插值会改变效果的变化方式。目前，默认的变化方式都是线性的，即两个关键帧之间的变化速度是不变的。这种变化方式会让效果看起来非常生硬，因此，Premiere提供了两种控制变化的方法——添加关键帧插值和添加速度曲线。其中，添加关键帧插值较为简单，仅需单击两次；添加速度曲线则更专业。

★ 重点

案例训练：使用关键帧插值控制效果的变化趋势

素材文件	工程文件>CH04>案例训练：使用关键帧插值控制效果的变化趋势
案例文件	工程文件>CH04>案例训练：使用关键帧插值控制效果的变化趋势>案例训练：使用关键帧插值控制效果的变化趋势.prproj
难易程度	★★★★☆
技术掌握	掌握插值的控制方法

01 将播放头放至序列的开始处，在镜头移动时光晕效果是运动的，因此可以调整效果，使运动更加自然。使用鼠标右键单击"光晕中心"的第1个关键帧，执行"临时插值>缓入"命令，使"镜头光晕"效果在关键帧处柔和移动，如图4-13所示。

02 右击光晕中心属性的第2个关键帧，选择"临时插值>缓入"命令，使光晕在关键帧处柔和移动，如图4-14所示。

图4-13

图4-14

03 下面修改"光晕亮度"的变化效果。选择"光晕亮度"的第1个关键帧，然后按住Shift键并选择第2个关键帧，使两个关键帧都被选中，如图4-15所示。

04 单击鼠标右键，在弹出的快捷菜单中选择"自动贝塞尔曲线"命令，在两个关键帧之间创建柔和的动画效果，如图4-16所示。

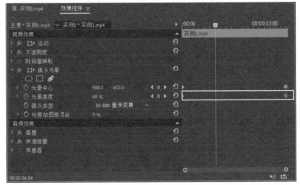
图4-15

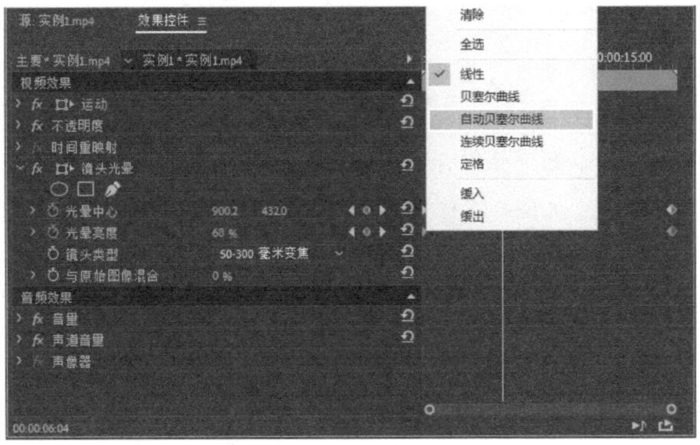

图4-16

① 技巧提示

播放序列观看调整后的动画效果，可以再使用速度曲线进行完善。将鼠标指针放在"效果控件"面板上，随后按键盘上的`键使面板全屏显示，以便操作者更好地查看关键帧控件。

05 单击"光晕亮度"旁的展开按钮 将会显示速度曲线,如图4-17所示。速度曲线显示关键帧之间的速度,突然下降或升起表示加速度突然改变。点或线距离中心的位置越远,速度变化越大。

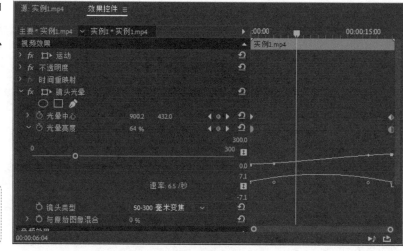

> ① 技巧提示
>
> 调整关键帧的手柄可以以更改速度曲线的陡峭或平缓程度。按`键可以恢复默认面板大小。

图4-17

4.2 画面过渡及其基本操作

本节介绍画面过渡的基本操作方法,为后面的转场制作打下基础。

4.2.1 认识画面过渡

画面过渡是指画面与画面之间的转接。过渡效果可以分散观众的注意力,从而让抖动的画面看起来更加稳定。在需要增强剪辑视觉效果的时候,使用过渡效果也是一种很好的选择。过渡效果并非一定要使用,有些场景需要观众将注意力集中于视频本身,很少使用过渡效果。使用画面过渡一般可以分为两种情况。

第1种: 在视频拍摄时,就已经构思好了过渡样式。在拍摄过程中根据构思拍摄画面之间的衔接内容,有些情况下还会拍摄同样的运动镜头来衔接不一样的画面。

第2种: 给现有的素材画面之间添加不同的转场,这些转场效果就是视频的过渡。这些效果有的类似拍摄镜头的运动效果,有的使用特效进行过渡。

👑 重点

4.2.2 "效果"面板的使用和管理

打开"效果"面板,在"预设"和"Lumetri预设"卷展栏下单击鼠标右键,在快捷键菜单中选择"导入预设"命令,即可将保存的预设文件导入"效果"面板的素材箱中,如图4-18所示。

注意,Premiere自带的预设效果是无法删除的,读者自定义保存的预设是可删除的。选择需要删除的预设文件,然后单击"效果"面板右下角的"删除自定义项目" 即可删除预设文件,如图4-19所示。

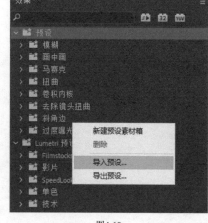

图4-18

图4-19

👑 重点

4.2.3 过渡帧与编辑

本小节主要介绍过渡帧和编辑的相关内容。

☞ 过渡帧---

在编辑过程中，初次将剪辑导入时间轴时，会设置入点和出点来定义每个镜头，而剪辑的媒体开始时间和入点之间的过渡帧称为头部素材，尾部素材则为剪辑的出点和媒体结束时间之间的过渡帧，如图4-20所示。

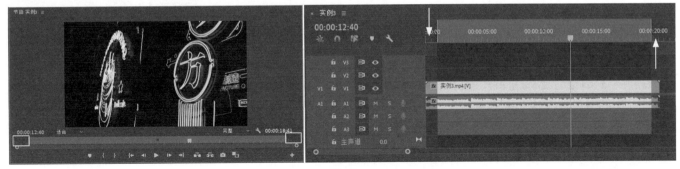

图4-20

当序列中剪辑的左上角或右上角出现一个小三角形时，如图4-21所示，表示到达了剪辑的开头或末尾。在剪辑开始之前或结束之后没有额外的帧时，需要添加过渡帧使过渡运行得流畅。而当剪辑有过渡帧时，剪辑的左上角或右上角就不会显示任何三角形。

应用过渡时，将使用通常不可见的剪辑部分。传出剪辑和传入剪辑重叠即会创建发生过渡的区域。例如，在两个视频剪辑的中间应用10帧的交叉缩放过渡效果，则需要两个剪辑都有10帧的过渡帧，在"时间轴"面板中，两段剪辑共有10帧的部分通常是不可见的，如图4-22所示。

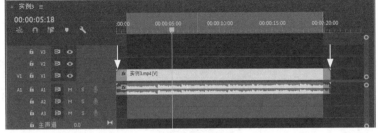

图4-21

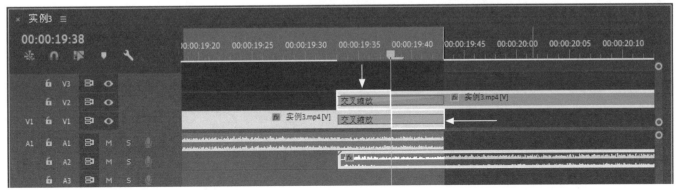

图4-22

☞ 编辑---

编辑的关键是编辑点，编辑点是时间轴中的一个位置，Premiere使用一条竖直线来表示一个剪辑的结束和下一个剪辑的开始，如图4-23所示。

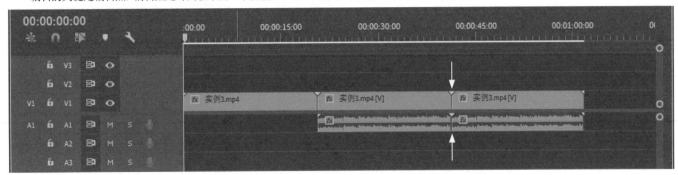

图4-23

⭐ 重点

4.2.4 添加过渡效果

Premiere提供了多种视频过渡效果和3种音频过渡效果。"视频过渡"组中的8类效果较为常用，"视频效果"组中也有一些过渡效果，相对而言这些过渡效果更适合应用于完整的一段剪辑中或者用于显示素材（通常位于开始帧和结束帧之间），同时也可以用于叠加文字或图形等，如图4-24所示。

👉 应用交叉溶解效果与单侧过渡--

仅用于一个剪辑的过渡是最简单的，通常序列中的第一个剪辑或最后一个剪辑需要应用溶解（淡出或消失在黑暗中），而在重叠图形（1/4处）上应用溶解时，可能会使用单侧过渡，如图4-25所示。

01 打开包含多个剪辑（这里有4个）的序列，以确保有足够的过渡帧来应用过渡，如图4-26所示。

图4-24

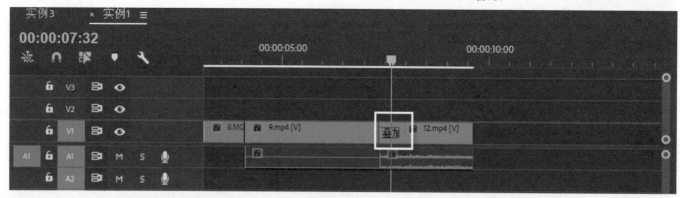

图4-25

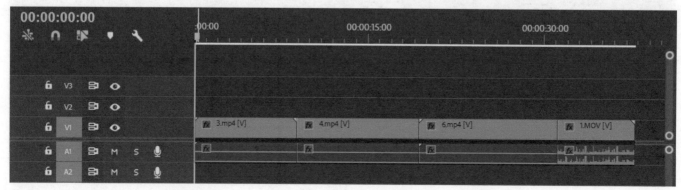

图4-26

02 打开"效果"面板，选择"视频过渡>溶解>交叉溶解"效果，如图4-27所示，也可通过搜索名称进行查找，如图4-28所示。

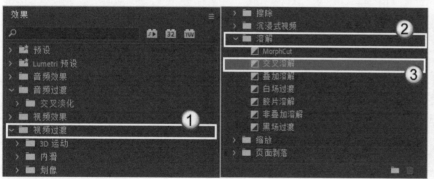

图4-27

图4-28

03 将效果拖曳至序列中第一个剪辑的开头,此时,效果的对齐方式不可调整,只能为起点切入,如图4-29所示,表明这是一个单侧过渡。

04 将交叉溶解效果拖曳至最后一个剪辑的结尾,此时,效果的对齐方式也不可调整,只能为终点切入,如图4-30所示,表明效果将从剪辑结束之前开始并持续至剪辑结束。交叉溶解效果会淡出剪辑,但不会增加最后一个剪辑的持续时间。

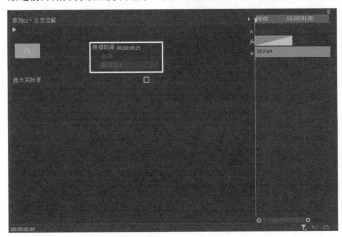

图4-29

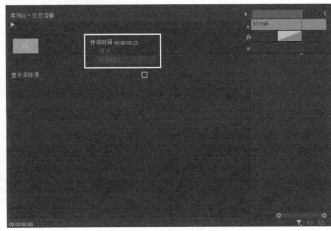

图4-30

👉 在两个剪辑之间应用过渡

尝试运用白场过渡、推过渡、翻转过渡在几个剪辑之间创建一个动画。

01 打开包含多个剪辑(这里有4个)的序列,以确保有足够的过渡帧来应用过渡,如图4-31所示。

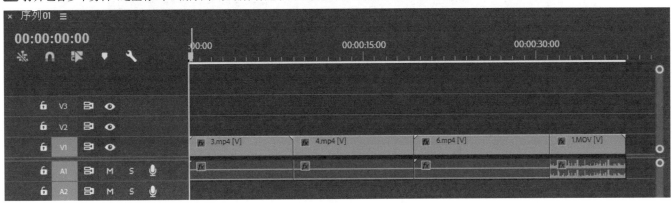

图4-31

02 将时间轴上的播放头移至剪辑3和剪辑4之间的剪辑点处。因为按=键可以放大时间轴,所以连续按3次=键以清楚地查看时间轴,如图4-32所示。

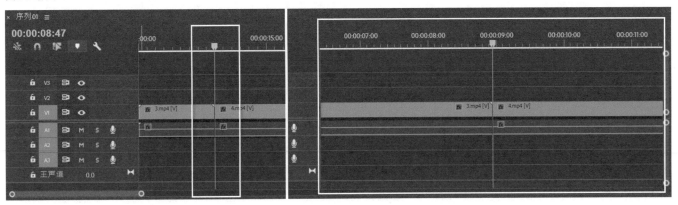

图4-32

03 打开"效果"面板，选择"白场过渡"，如图4-33所示，将"白场过渡"效果拖曳至剪辑3和剪辑4之间的剪辑点上，并在"效果控件"面板中将对齐方式设置为中心切入。

图4-33

04 将"内滑"类别中的"推"过渡拖曳至剪辑4和剪辑6之间的剪辑点上，如图4-34和图4-35所示。

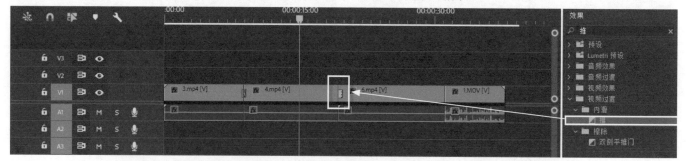

图4-34

图4-35

05 将"3D运动"中的"翻转"过渡拖曳至剪辑6和剪辑1之间的剪辑点上，设置对齐方式为"中心切入"，如图4-36所示。

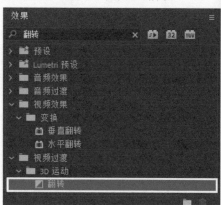

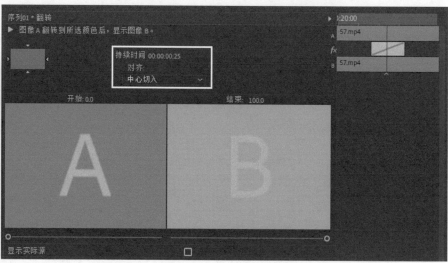

图4-36

☞ 替换效果--

继续使用前面的序列进行操作。

01 将"内滑"类别中的"拆分"过渡放到剪辑4和剪辑6之间的现有效果上，如图4-37所示，即可完成替换。

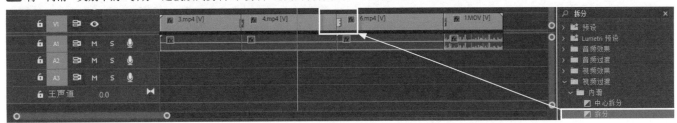

图4-37

02 在"效果"控制面板中，将"边框宽度"设置为6，消除锯齿品质调整为中，以在划像的边缘创建一条细黑边，如图4-38所示，调整消除锯齿品质可以减少线条运动时的潜在闪烁。

图4-38

☞ 同时为多个剪辑应用过渡---

编辑一个由照片拼集成的项目时，通常需要在这些照片之间添加过渡效果使其更流畅。当需要为100张图像应用相同过渡时，可通过将自定义的默认过渡添加到任意连续或不连续的剪辑组中同时为多个剪辑应用过渡，且更加便捷。

01 打开包含多个剪辑（这里为9个）的序列，如图4-39所示，以确保有足够的过渡帧来应用过渡。

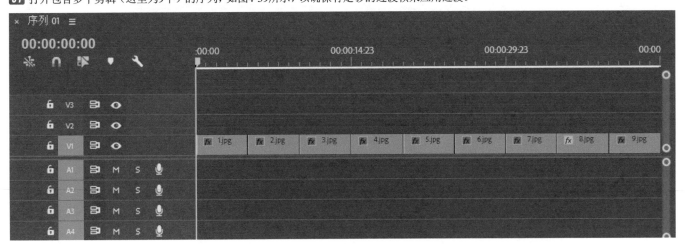

图4-39

02 按Space键以播放序列，会注意到每个剪辑之间都有一个剪接。按\键可以缩小时间轴，使整个序列可见，如图4-40所示。

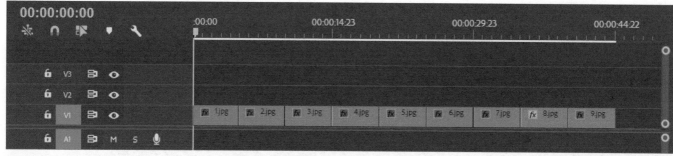

图4-40

03 单击"选择工具" ▶，在时间轴上单击并拖曳以框选所有剪辑，如图4-41所示。

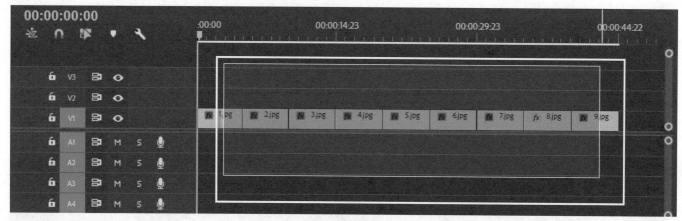

图4-41

04 执行"序列>应用默认过渡到选择项"命令，即会应用默认过渡至当前所有剪辑之间，如图4-42所示。

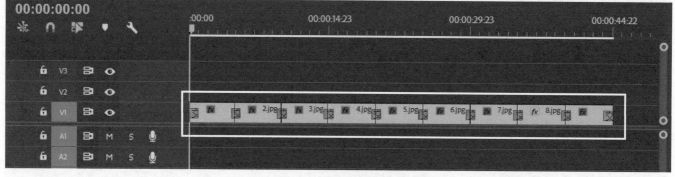

图4-42

⚠ 技巧提示

如果需要更改默认过渡，可以在"效果"面板中右击任一效果（以叠加溶解为例），然后选择"将所选过渡设置为默认过渡"，如图4-43所示。

图4-43

扫码看讲解

♥ 重点

4.2.5 自定义过渡效果

在"时间轴"面板中，单击过渡效果以将其选中，然后打开"效果控件"面板，如图4-44所示。

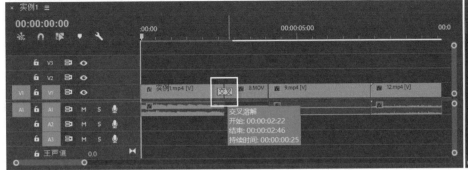
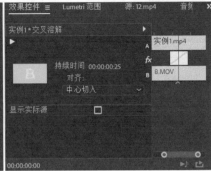

图4-44

☞ 边缘选择器--

单击过渡缩略图的边缘选择器的箭头，即可更改过渡的方向或指向。例如，"双侧平推门"过渡可处于横向（自东向西），如图4-45所示，或者纵向（自南向北），如图4-46所示。如果过渡有一个方向或者方向不适用，则过渡没有边缘选择器。

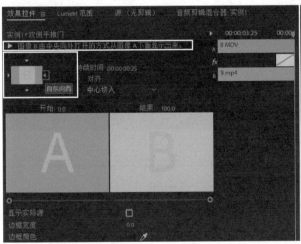

图4-45

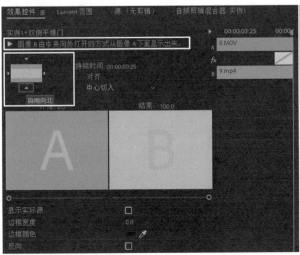

图4-46

开始和结束滑块如图4-47所示。通过按住Shift键拖曳任一移动按钮即可将开始和结束滑块移动到一起，如图4-48所示，从而设置过渡在起点和终点完成的百分比。

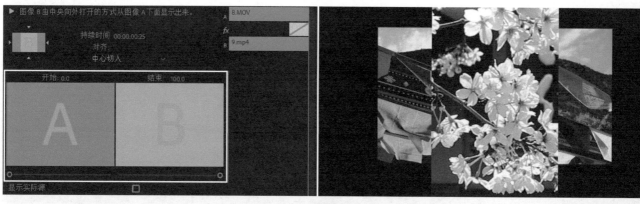

图4-47

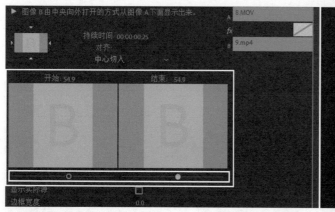

图4-48

☞ 边框宽度

调整过渡效果中边框的宽度，如图4-49所示。默认边框宽度为0，即没有边框宽度，而部分过渡是没有边框。

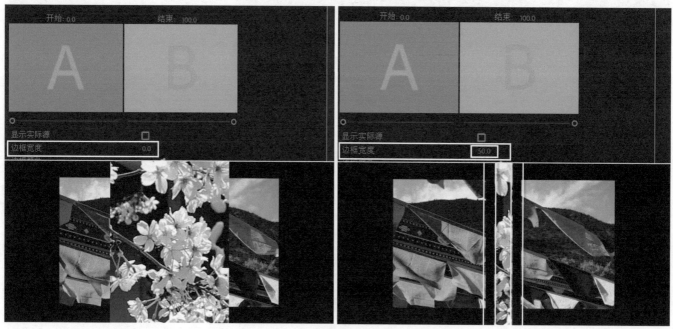

图4-49

边框颜色

设置过渡边框的颜色,如图4-50所示。可以通过双击色板打开拾色器对话框,或使用吸管来选择颜色,如图4-51所示。

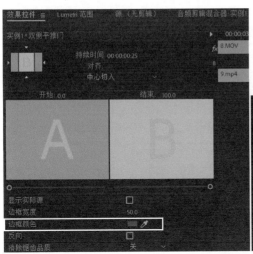

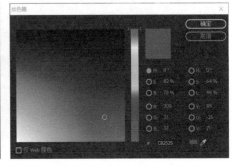

图4-50

图4-51

反向

勾选"反向",可将过渡倒放,例如"时钟式擦除"将按逆时针方向播放,如图4-52所示。

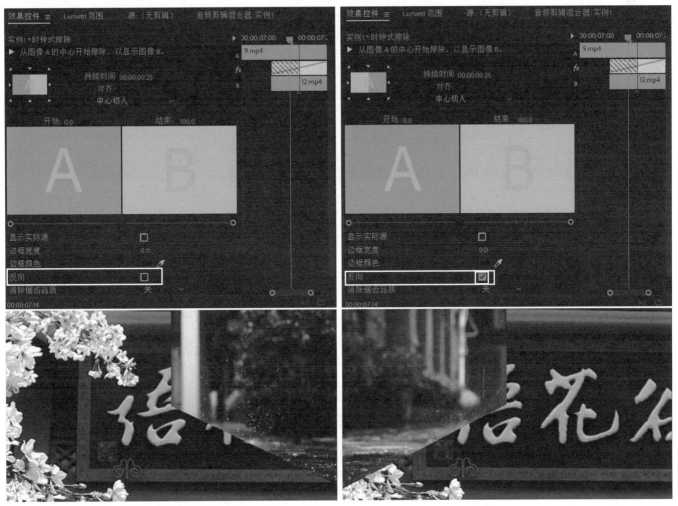

图4-52

☞ **消除锯齿品质**--

该选项主要用于调整过渡边缘的平滑度，如图4-53所示。

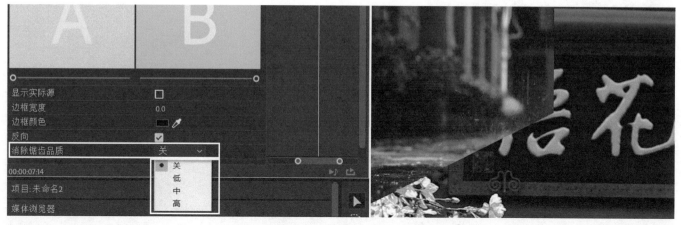

图4-53

4.3 常见的过渡效果

本节将介绍常用的过渡效果，这些过渡效果可以用于制作特定的转场效果，也可以使用多个过渡效果制作综合性的转场效果，请读者务必掌握这些过渡效果。

🔺 重点

4.3.1 划像过渡效果组

01 新建序列，如图4-54所示，将会弹出新建序列对话框，如图4-55所示，通常使用默认设置或自行调节，单击"确定"即可创建一个序列，如图4-56所示，将素材箱中的素材拖曳至"时间轴"面板的同一轨道上构成序列，如图4-57所示。若弹出剪辑不匹配警告对话框，根据情况自行选择选项，如图4-58所示。

图4-54

图4-55

图4-56

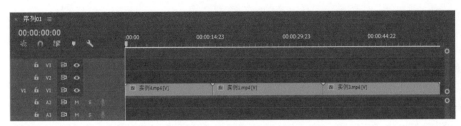

图4-57   图4-58

02 在"视频过渡"中双击"划像"并在其中选取所需具体效果，如图4-59所示，并拖曳到所需的两个剪辑的节点之间，如图4-60所示，随后释放鼠标左键完成添加，如图4-61所示。

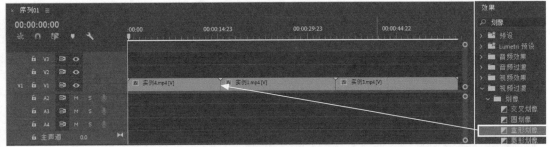

图4-59   图4-60

图4-61

03 单击序列上显示的效果名称可打开"效果控件"面板，如图4-62所示，可以设置边框宽度和边框颜色，由于边框会产生锯齿，所以可在"消除锯齿品质"中选择"低""中"或"高"对锯齿进行消除，如图4-63所示。

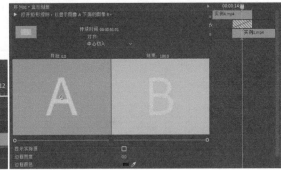

图4-62

各过渡效果介绍

交叉划像：边框为十字状。

圆划像：边框为圆形。

盒形划像：边框为盒子的形状。

菱形划像：边框为菱形。

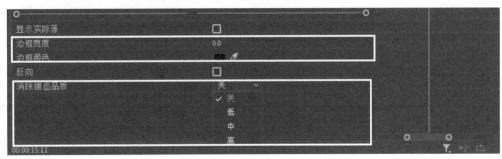

图4-63

4.3.2 内滑过渡效果组

新建序列，将素材箱中的素材拖曳至"时间轴"面板的同一轨道上构成序列。若弹出剪辑不匹配警告对话框，根据情况自行选择选项。

01 打开"效果"面板，在"视频过渡"中双击"内滑动"并选择其中所需具体效果，如图4-64所示，并拖曳到所需的两个剪辑的节点之间，如图4-65所示，随后释放鼠标左键完成添加，如图4-66所示。

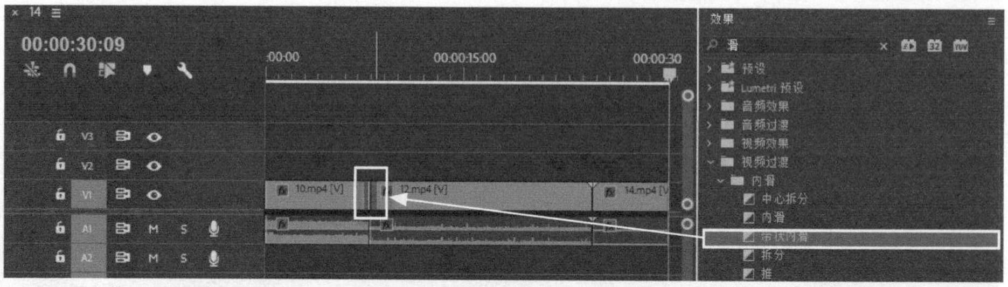

图4-64

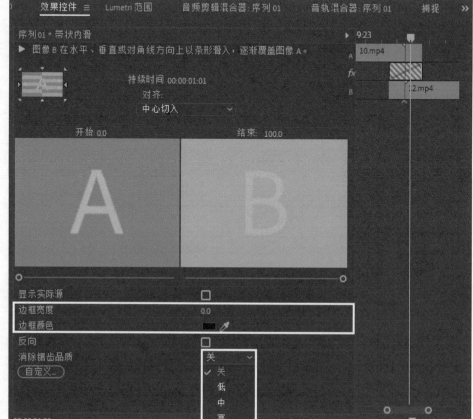

图4-65

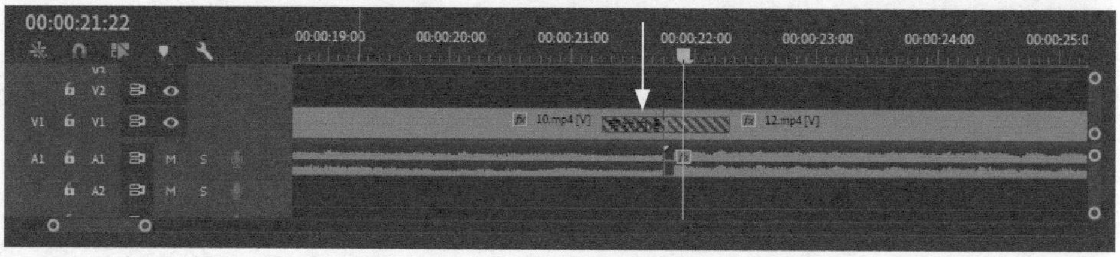

图4-66

02 单击序列上显示的效果名称可以打开"效果控件"面板，根据需要设置边框宽度和边框颜色。由于边框会产生锯齿，所以需在"消除锯齿品质"中选择"低""中"或"高"对锯齿进行消除，如图4-67所示。

各过渡效果介绍

中心拆分：与交叉划像效果相似。

带状内滑：交叉的带从画面两侧边缘滑动出现，可自定义带的数量。

拆分：类似门打开的效果。

推：剪辑画面平移后接着出现另一画面。

内滑：从剪辑画面边缘滑出另一剪辑画面覆盖当前剪辑。

图4-67

👑重点
4.3.3 缩放过渡效果组

缩放过渡效果组只含有交叉缩放效果，如图4-68所示，其中的转场可修改放大缩小的中心点。单击"项目"面板中的新建项按钮并选择"序列"，将会弹出新建序列对话框，通常使用默认设置或自行调节，单击"确定"即可创建一个序列，将素材箱中的素材拖曳至"时间轴"面板的同一轨道上构成序列。若弹出剪辑不匹配警告对话框，根据情况自行选择选项。

01 打开"效果"面板，在"视频过渡"中双击"缩放"并选择"交叉缩放"效果，并拖曳到所需的两个剪辑的节点之间，如图4-69所示，随后释放鼠标左键完成添加，如图4-70所示。

图4-68

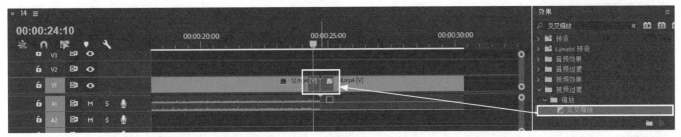

图4-69

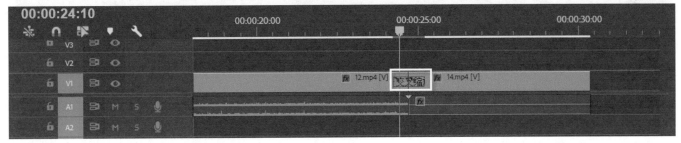

图4-70

02 单击序列上显示的效果名称可打开"效果控件"面板，此效果没有边框宽度和边框颜色等设置选项，除了可调整持续时间与对齐方式外，只可以对开始和结束块进行调节，如图4-71所示。

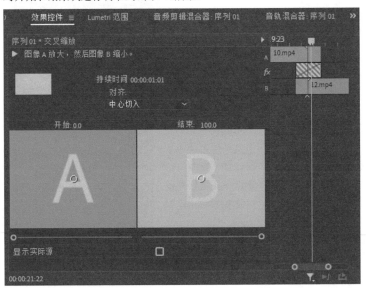

图4-71

👑重点
4.3.4 擦除过渡效果组

新建序列，将素材箱中的素材拖曳至"时间轴"面板的同一轨道上构成序列。若弹出剪辑不匹配警告对话框，根据情况自行选择选项。

01 打开"效果"面板，在"视频过渡"中双击"擦除"并选择其中所需具体效果，如图4-72所示，并拖曳到所需的两个剪辑的节点之间，如图4-73所示，随后释放鼠标左键完成添加，如图4-74所示。

图4-72

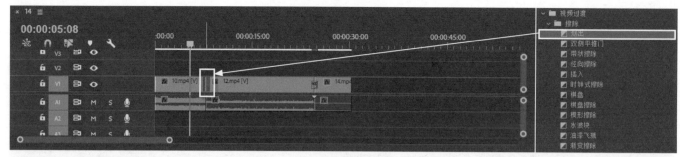

图4-73

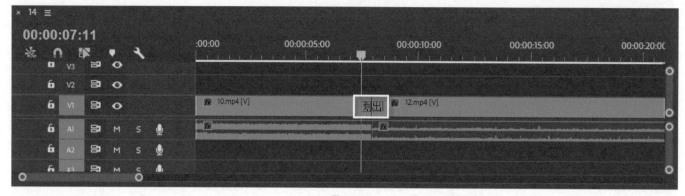

图4-74

02 单击序列上显示的效果名称可打开"效果控件"面板,可以设置边框宽度和边框颜色并调节消除锯齿品质,如图4-75所示。

重要过渡效果介绍

划出:从3个不同方向划出,此3个方向可在效果设置对话框中进行设置。

双侧平推门:类似门打开的效果。

带状擦除:交叉的带向画面两侧边缘移动并消失,方向可调整。

径向擦除:沿着一个中心点擦除,中心点位置可改变。

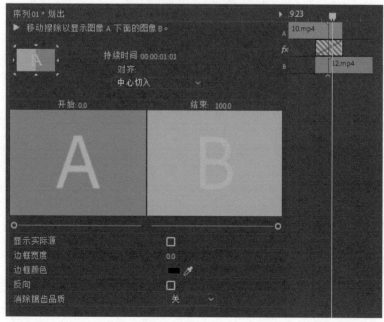

图4-75

👍 重点

4.3.5 沉浸式视频过渡效果组

该过渡效果组用于为360°/VR视频添加可自定义的过渡,并确保杆状物不会出现多余的失真,且后接缝线周围不会出现伪影。移动过渡包括VR光圈擦除、VR默比乌斯缩放、VR球形模糊和VR渐变擦除。样式过渡包括VR随机块、VR光线、VR漏光和VR色度泄漏。

打开"效果"面板,在"视频过渡"中双击"沉浸式视频"并选择其中所需具体效果,如图4-76所示,并拖曳到所需的两个剪辑的节点之间,随后释放鼠标左键完成添加,如图4-77所示。

图4-76

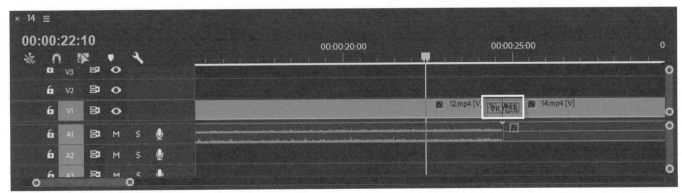

图4-77

★重点
4.3.6 溶解过渡效果组

单击"项目"面板中的新建项按钮并选择序列,将会弹出新建序列对话框,通常使用默认设置或自行调节,单击"确定"即可创建一个序列,将素材箱中的素材拖曳至"时间轴"面板的同一轨道上构成序列。若弹出剪辑不匹配警告对话框,根据情况自行选择选项。

01 打开"效果"面板,在"视频过渡"中双击"溶解"并选择其中所需具体效果,如图4-78所示,并拖曳到所需的两个剪辑的节点之间,随后释放鼠标左键完成添加,如图4-79所示。

图4-78

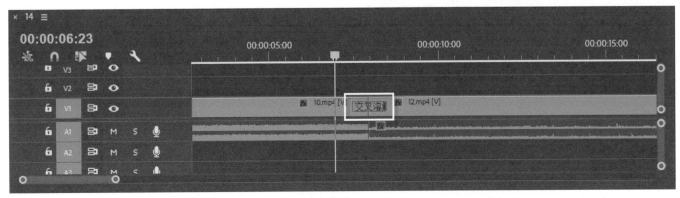

图4-79

02 单击序列上显示的效果名称可打开"效果控件"面板,此效果没有边框宽度和边框颜色等设置选项,只可调整持续时间与对齐方式,如图4-80所示。

重要过渡效果介绍

交叉溶解:在过程中做了透明度的过渡,此效果整体的过渡比较柔和,适合婚礼短片、回忆视频或剪辑的开头、结尾等,即视频的淡入/淡出。

叠加溶解:把两段连接的视频做

图4-80

一个透明度的淡化，第二段视频上叠加淡化的是第一段视频淡化的部分，且会出现类似高光效果的过渡。

白场过渡：剪辑画面先过渡为白色，再过渡到下一画面。

黑场过渡：剪辑画面先过渡为黑色，再过渡到下一画面。

胶片溶解：对前后交叉的剪辑做了图像的色彩感知和明暗度的运算处理，然后在此基础上以更加柔和的方式对前后两段剪辑在交叉点做了同步的过渡。

非叠加溶解：与叠加溶解类似，只是不会出现高光效果。

👑 重点

4.3.7 剥落过渡效果组

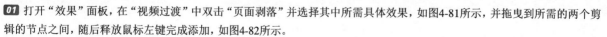
扫码看讲解

01 打开"效果"面板，在"视频过渡"中双击"页面剥落"并选择其中所需具体效果，如图4-81所示，并拖曳到所需的两个剪辑的节点之间，随后释放鼠标左键完成添加，如图4-82所示。

02 单击序列上显示的效果名称可打开"效果控件"面板，此效果没有边框宽度和边框颜色等设置选项，除了可调整持续时间与对齐方式外，只可以对开始和结束块及反向选项进行调节，如图4-83所示。

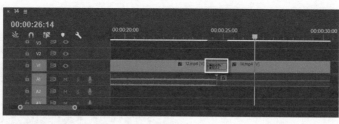
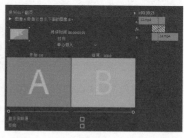

图4-81　　　　　　　　　　　图4-82　　　　　　　　　　　　图4-83

各过渡效果介绍

翻页：类似翻书的效果。

页面剥落：从画面的某一顶角拨开，下层画面为第二段视频。

4.4 无技巧转场

运用镜头拍摄的方式自然地连接上下两段不同视频素材的方式叫作无技巧转场，这种转场方式主要适用于蒙太奇镜头段落之间的转换。对比情节段落转换时主要强调的心理隔断性不同，无技巧转场更加强调视觉的连续性。在剪辑过程中，并不是任意两个镜头之间都可以应用无技巧转场的形式，运用无技巧转场的形式时需要注意寻找合理的转换因素和适当的造型因素。无技巧转场的方法主要有以下13种，这里将分别介绍一下概念，然后读者可以在后面找到对应的"案例训练"来学习。

4.4.1 两极镜头转场

两极镜头转场是利用前后镜头在景别、动静等方面的对比，从而形成较为明显的段落层次。两极镜头转场可以大幅度省略无关紧要的过程，有助于加强整片的节奏感。

4.4.2 同景别转场

以前一个场景结尾的镜头与后一个场景开头的镜头景别相同的方式进行转场称为同景别转场。这种方式可以使观众集中注意力，增加场面过渡衔接的紧凑感。

👑 重点

4.4.3 特写转场

无论前一组镜头的最后一个镜头是什么景别，下一个镜头都以特写镜头开始，从而对局部进行放大以达到突出强调的效果，形成"视觉重音"。

💧重点
4.4.4 声音转场

声音转场是利用音乐、音响、解说词、对白等与画面进行配合，从而实现转场的方式，可分为3大类。

利用声音过渡所具有的和谐性转换到下一段落，通常以声音的延续、提前进入、前后段落声音相似部分的叠化等方式实现。

利用声音的呼应关系弱化了画面转换时的视觉跳动感，从而实现时空大幅度转换。

利用前后声音的反差，加大段落间隔，增强节奏感。通常有两种方式，即某声音戛然而止，镜头转换到下一段落；或者后一段落声音突然增大、出现，利用声音吸引观众注意力，促使人们关注下一段落。

💧重点
4.4.5 空镜头转场

借助空镜头（或称景物镜头）作为两个大段落的间隔。空镜头大致分为两类：一类是以景为主物为衬的，例如山河、田野、天空等，通过这些画面展示不同的地理风貌，表示时间变化和季节变换；另一类镜头是以物为主景为衬的，例如在镜头前驶过的交通工具或建筑、雕塑、室内陈设等。通常使用这些镜头挡住画面或特写状态作为转场时机。

💧重点
4.4.6 封挡镜头转场

是指镜头被画面内运动的主体在运动过程中暂时完全挡住，使得观众无法从镜头中辨别出被摄物体的形状和质地等特性，随后转换到下一镜头的方式。

依据遮挡方式不同，大致可分为两类情形：一是主体迎面而来挡黑摄像机镜头，形成暂时黑画面；二是画面内前景暂时挡住画面内其他人或物，成为覆盖画面的唯一形象。比如，拍摄一个马路对面人物的镜头时，前景中驶过的汽车突然挡住了画面主角。

4.4.7 相似体转场

上下镜头的主体形象相同或具有相似性，两个物体的形状相近，位置重合，运动方向、速度、色彩等方面具有较高的一致性等，以此转场来达到视觉的连续、顺畅的目的。

4.4.8 地点转场

根据叙事的需要，不考虑前后两个画面是否具有连贯因素而直接进行切换（通常使用硬切），以满足场景转换。此种转场方式比较适用于新闻类节目。

💧重点
4.4.9 运动镜头转场

通过镜头的运动完成画面的转换，或利用前后镜头中人物、交通工具等动势的可衔接性及动作的相似性作为媒介，完成转场。

4.4.10 同一主体转场

前后两个场景用相同的物体进行衔接，形成上镜与下镜的承接关系。

4.4.11 出画入画转场

前后镜头分别为主体走出画面和走入画面的形式，通常适用于转换时空的场景。

4.4.12 主观镜头转场

前一个镜头为主体人物及其视觉方向,后一个镜头为(想要)主体人物看到的内容。通过前后镜头间的主观逻辑关系来处理场面转换问题,也可用于大时空转换。

4.4.13 逻辑因素转场

运用前后镜头的因果、呼应、并列、递进、转折等逻辑关系进行转场,使转场更具合理性。在广告视频中经常会使用此类转场。

👍 重点

✋ 案例训练:制作多角度镜头的视频

素材文件	工程文件>CH04>案例训练:制作多角度镜头的视频
案例文件	工程文件>CH04>案例训练:制作多角度镜头的视频>案例训练:制作多角度镜头的视频.prproj
难易程度	★★★☆☆
技术掌握	理解近景、远景及特写镜头之间的搭配

本案例对一件事进行了多角度镜头的记录,如图4-84所示。

图4-84

01 导入素材,将"项目"面板中的音频拖曳至A1轨道上,并截选所需长度。根据音乐节奏作卡点,如图4-85所示。

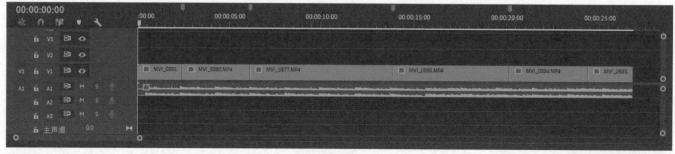

图4-85

02 在"效果"面板中搜索"叠加溶解",将"叠加溶解"效果拖曳至序列上最后两段素材的剪辑点处,设置对齐方式为中心切入,持续时间为00:00:00:35,如图4-86所示。

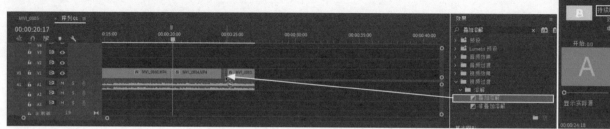

图4-86

03 在"效果"面板中搜索"恒定功率",将"恒定功率"效果拖曳至音频末端,设置持续时间为00:00:01:00,如图4-87所示。

ⓘ 技巧提示

当音频开始或结束得太过突然时,可使用"音频过渡>交叉淡化>恒定功率"效果进行缓和。

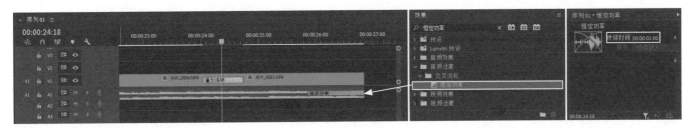

图4-87

案例训练：制作封挡镜头的转场效果

素材文件	工程文件>CH04>案例训练：制作遮挡镜头的转场效果
案例文件	工程文件>CH04>案例训练：制作遮挡镜头的转场效果>案例训练：制作遮挡镜头的转场效果.prproj
难易程度	★★★★☆
技术掌握	理解封挡镜头的拍摄手法并掌握使用方法

扫码看效果　　扫码看视频

本案例对封挡镜头转场的拍摄手法进行了概括，如图4-88所示。

图4-88

01 导入素材。将"项目"面板中的音频拖曳至A1轨道上，并截选所需长度，根据音乐节奏作卡点，如图4-89所示。

02 剪辑抖动较明显，使用视频稳定防抖插件ProDAD Mercalli 2.0，如图4-90所示，弹出插件设置窗口，如图4-91所示，使用默认设置。

图4-89

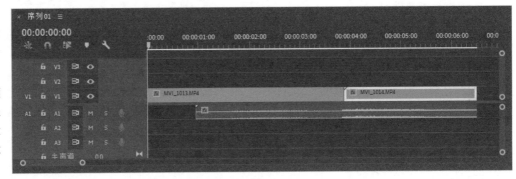

图4-90

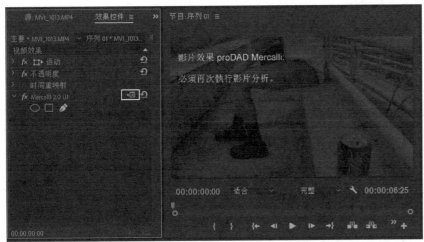

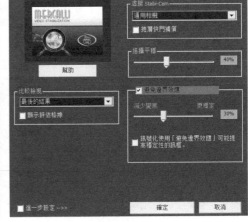

图4-91

03 在"效果"面板中搜素"叠加溶解",在序列首尾分别添加一个交叉溶解效果,持续时间都设置为00:00:00:25,如图4-92所示。

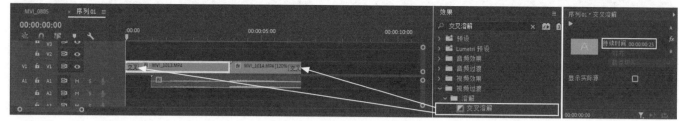

图4-92

> ① 技巧提示
>
> 　　两个黑色画面镜头需在转接处,且持续时间短暂。拍摄此类视频时,需要分两段,一段是将镜头平稳向前推进,直至镜头贴近人/物,画面为黑色,另一段是将镜头贴近人/物,在画面为黑色时开始录制,镜头平稳后拉。

👑 重点

🖐 案例训练:制作相似体转场的效果

素材文件	工程文件>CH04>案例训练:制作相似体转场的效果
案例文件	工程文件>CH04>案例训练:制作相似体转场的效果>案例训练:制作相似体转场的效果.prproj
难易程度	★★★★☆
技术掌握	掌握制作漫画效果开场的方法,理解相似体转场的使用方法

本实例使用了相似体转场、提取效果,如图4-93所示。

图4-93

01 导入素材,将"项目"面板中的音频拖曳至A1轨道上,并截选所需长度,根据音乐节奏作卡点,如图4-94所示。

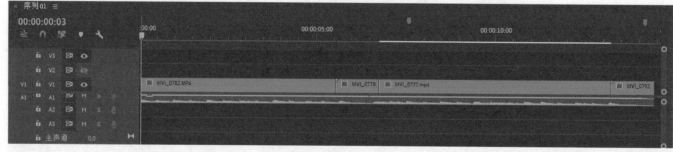

图4-94

02 在一段素材中选取合适的位置裁断,并给前段素材添加提取效果,如图4-95所示。

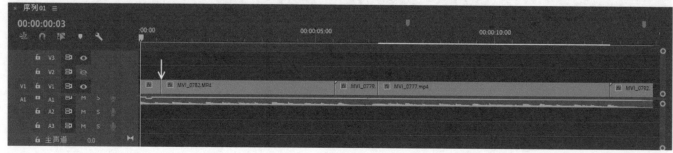

图4-95

03 选中前段素材，打开"效果控件"面板，在开始帧分别为输入黑色阶和输入白色阶添加一个数值为0的关键帧，再将"输入黑色阶"改为64，"输入白色阶"改为192，分别在结束帧添加一个关键帧，如图4-96所示。

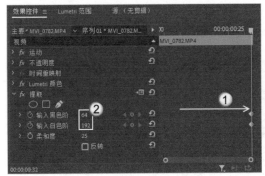

图4-96

04 最后给素材的截断处添加一个交叉溶解效果，设置对齐方式为中心切入。使用了相似体转场的镜头效果，如图4-97和图4-98所示。

图4-97

图4-98

> ① 技巧提示
>
> 使用相似体转场时可视情况使用叠加溶解效果。

案例训练：制作运动镜头转场效果

素材文件	工程文件>CH04>案例训练：制作运动镜头转场效果
案例文件	工程文件>CH04>案例训练：制作运动镜头转场效果>案例训练：制作运动镜头转场效果.prproj
难易程度	★★★★☆
技术掌握	理解并掌握运动镜头转场的使用

本案利用VR数字故障效果和色阶效果制作了电子感转场作为修饰，但主要内容为运动镜头间的转场，如图4-99所示。

图4-99

01 导入素材，将"项目"面板中的音频拖曳至A1轨道上，并截选所需长度，根据音乐节奏作卡点，如图4-100所示。

02 在"项目"面板中创建一个调整图层，将其拖曳到V2轨道上，并以两段剪辑的剪切点为中

图4-100

心，调节调整图层长度为左右各10帧，如图4-101所示。

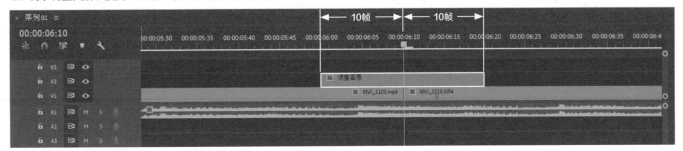

图4-101

03 给调整图层添加一个VR数字故障效果，打开"效果控件"面板，在调整图层中间位置分别添加一个颜色扭曲和扭曲率的关键帧，然后在调整图层的开始帧分别添加一个关键帧，将"颜色扭曲"和"扭曲率"的调整至100，最后在结束帧分别添加一个关键帧，将颜色扭曲和扭曲率的数值调整至0，如图4-102所示。

04 给调整图层添加一个色阶效果，打开"效果控件"面板，在调整图层的开始和结束帧分别添加一个"（RGB）输入白色阶"的关键帧，然后在调整图层的中间添加一个关键帧，将其数值调整为100，如图4-103所示。

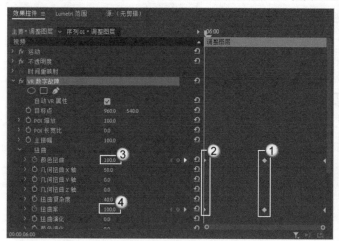

图4-102

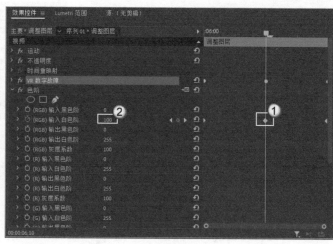

图4-103

> ⚠ **技巧提示**
>
> 运动镜头转场适合应用在运动比赛等场合。两段奔跑的素材形成了运动镜头转场，利用的是跑步时动作及势能的相似性。

👑 重点

👆 案例训练：制作扭曲转场效果

素材文件	工程文件>CH04>案例训练：制作扭曲转场效果
案例文件	工程文件>CH04>案例训练：制作扭曲转场效果>案例训练：制作扭曲转场效果.prproj
难易程度	★★★★☆
技术掌握	掌握主观镜头和超级缩放转场预设的使用方法，以及制作扭曲转场的方法

本案例使用了超级缩放转场预设、快速向右转场、扭曲转场以及主观镜头转场，如图4-104所示。

图4-104

01 导入素材，将"项目"面板中的音频拖曳至A1轨道上，并截选所需长度，根据音乐节奏作卡点，如图4-105所示。

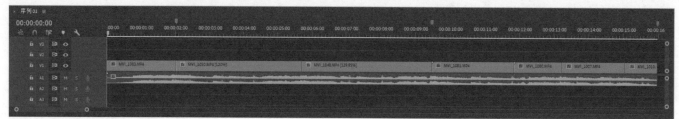

图4-105

02 在"项目"面板中创建一个调整图层，将其拖曳到V2轨道上，并以两段剪辑的剪辑点为中心，调节调整图层长度为左右各10帧，如图4-106所示。

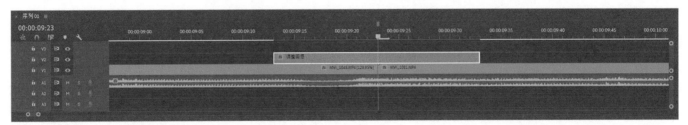

图4-106

03 给调整图层添加一个旋转效果，打开"效果控件"面板，给图层的开始帧添加一个角度关键帧，然后在剪切点往左一帧的位置添加一个关键帧，将"角度"调整为60°，再往右一帧，再将"角度"调整为-60°，最后在调整图层结束前一帧添加一个关键帧，将"角度"调整为0°，如图4-107所示。

04 选中首尾两个关键帧，右击其中任意一个关键帧，选择贝塞尔曲线，再右击两次，依次选择缓入、缓出。在调整图层开始帧添加一个旋转扭曲半径的关键帧，然后在调整图层的中间位置添加一个关键帧，调整数值为70，最后在结束前一帧添加一个关键帧，调整数值为30，如图4-108所示。

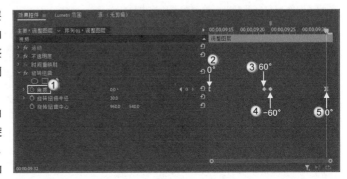

图4-107

05 选中首尾两个关键帧，右击其中任意一个关键帧，选择"临时插值>贝塞尔曲线"命令，再依次选择"缓入""缓出"命令。为调整图层添加一个变换效果，打开"效果控件"面板，给图层的开始帧添加一个缩放关键帧，然后在调整图层的中间位置添加一个关键帧，调整数值为160，最后在结束前一帧添加一个关键帧，将数值调整回100，如图4-109所示。

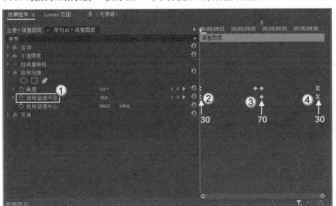

图4-108

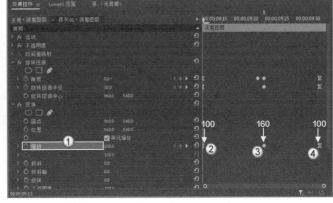

图4-109

06 选中首尾两个关键帧，右击其中任意一个关键帧，选择"临时插值>贝塞尔曲线"命令，再依次选择"缓入""缓出"命令。取消勾选"使用合成的快门角度"，并将"快门角度"调整为360，在调整图层上方再添加一个相同长度的调整图层，如图4-110所示。

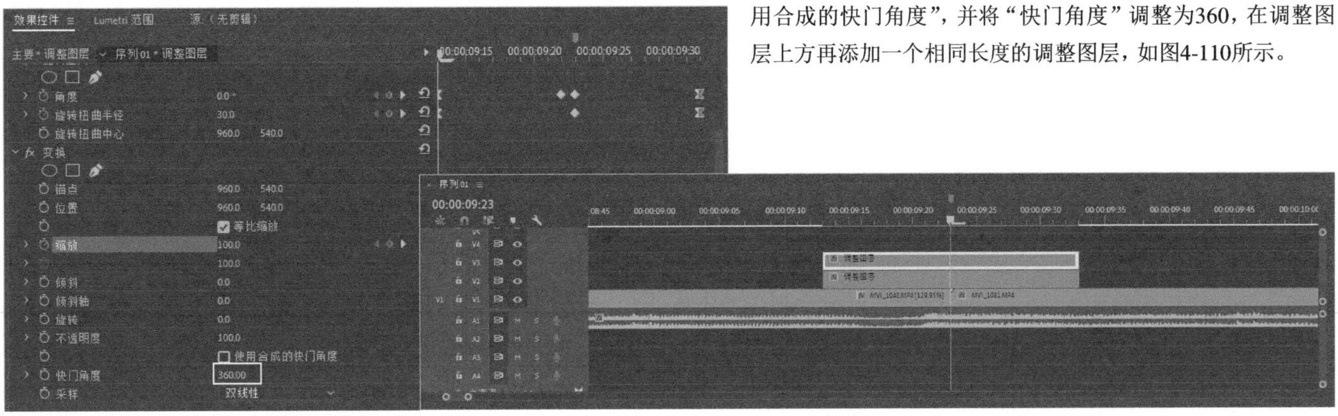

图4-110

07 给V3轨道的调整图层添加一个镜头扭曲效果，打开"效果控件"面板，给图层的开始帧添加一个曲率关键帧，然后在调整图层的中间位置添加一个关键帧，将数值调整为-60，最后在结束前一帧添加一个关键帧，将数值调整回0，如图4-111所示。

08 选中首尾两个关键帧，右击其中任意一个关键帧，选择"临时插值>贝塞尔曲线"命令，再右击两次，依次选择"缓入""缓出"命令；框选两个调整图层，再按住Alt键，拖曳两个调整图层到另一个剪辑点，可将此转场的调整图层复制并粘贴；将调整图层拖曳到V2轨道上，并以两段剪辑的剪辑点为中心切开，调节调整图层长度为左右各10帧，如图4-112所示。

图4-111

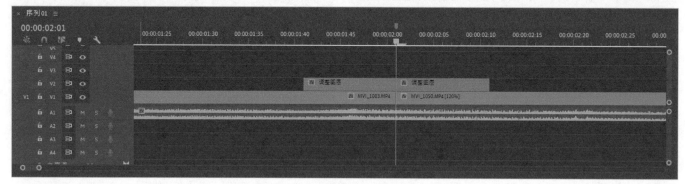

图4-112

09 在"效果"面板中导入转场预设，并找到"PLP TRANSITIONS PRESETS>Zoom>Zoom IN-End、Zoom IN-Start"，将"Zoom IN-End"拖曳至左侧调整图层中，将"Zoom IN-Start"拖曳至右侧调整图层中，如图4-113所示，即形成超级缩放转场。

图4-113

---

① **技巧提示**

剪辑时人物镜头与其视角画面镜头需要衔接好。结尾两段素材使用了主观镜头转场，拍摄此类镜头时至少需要分为两段，一段是拍摄人物在观看时的头部动作，另一段是将镜头当作头部，在人物位置拍人物观看时的视角画面。

4.5 技巧转场

本节将介绍8类技巧转场的制作方法，主要包含淡入/淡出、缓淡、闪白、划像、翻转、定格、叠化和多画屏。

☕ 重点

4.5.1 淡入/淡出转场

淡入是指下一段落第一个镜头的画面逐渐显现直至达到正常亮度为止，淡出是指上一段落最后一个镜头的画面逐渐隐去直至达到黑场为止，从而使剪辑更加自然流畅地过渡至开始或结束。而淡入或淡出位置需要在实际编辑时根据视频的情节、情绪、节奏的要求来决定。在两段剪辑的淡出与淡入之间添加一段黑场可以增添间歇感。

扫码看讲解

01 打开"效果"面板，找到"视频过渡"中的"交叉溶解"，并单击拖曳此效果至视频素材最前端与末尾处，如图4-114所示。

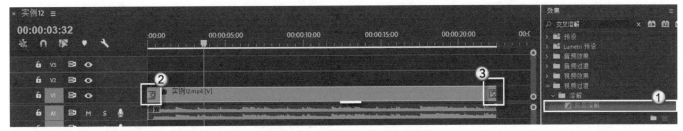

图4-114

02 可将效果添加至两个视频素材的衔接处，如图4-115所示。

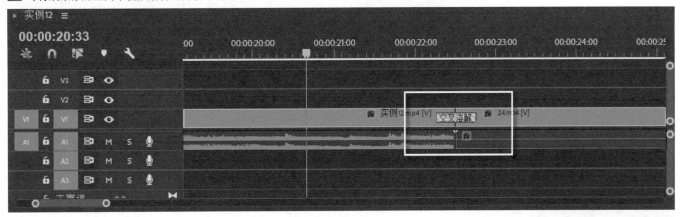

图4-115

03 双击轨道中的"交叉溶解"文字，打开"设置过渡持续时间"对话框，如图4-116所示，输入所需效果持续时间。

04 音频也可设置淡入/淡出效果，找到"音频过渡"中的"恒定功率"，如图4-117所示，单击并拖曳此效果至音频素材前端与末尾处，如图4-118所示。另外，还可以拖曳至第1段剪辑的结束处，如图4-119所示，或第2段剪辑的开始处。

图4-116

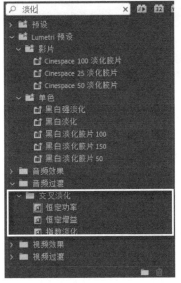

图4-117

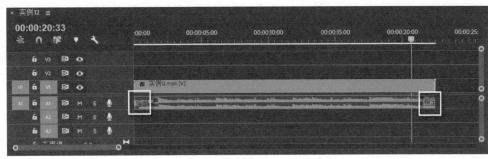

图4-118

图4-119

4.5.2 缓淡——减慢转场

缓淡转场通常用于强调抒情、思索、回忆等情绪，让观众产生悬念。可通过放慢渐隐速度或添加黑场来实现这种转场效果。

👍 重点

4.5.3 闪白——加快转场

闪白通常可以用来掩盖镜头的剪辑点，从视觉上增加跳动感，具体效果是将画面转为亮白色。

01 将素材河流、森林导入至"项目"面板，并将其拖曳至"时间轴"面板，如图4-120所示。

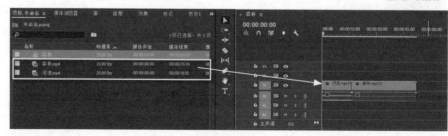

图4-120

02 删除素材中的音频，并新建一个调整图层，如图4-121所示。

03 修改调整图层的持续时间为20帧，如图4-122所示。

图4-121

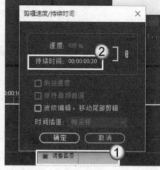

图4-122

04 将调整图层拖曳至两段素材之间的位置，并为其添加"灰度系数矫正"效果，如图4-123所示。

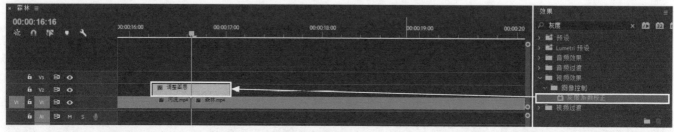

图4-123

05 分别在调整图层的开始、中间、结束位置设置"灰度系数"数值，依次为10、1、10，如图4-124所示。效果制作完成。

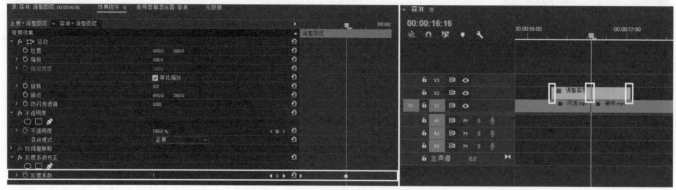

图4-124

4.5.4 划像（二维）转场

划像可分为划出与划入，前一画面从某一方向退出屏幕称为划出，下一个画面从某一方向进入屏幕称为划入，根据画面进出荧屏的方向的不同，又可分为横划、竖划、对角线划等，多用于两个内容意义差别较大的画面之间的转换。

4.5.5 翻转（三维）转场

翻转是指画面以屏幕中线为轴转动，前一段落为正面画面消失，而背面画面转到正面开始另一画面（类似书本翻页），多用于对比或对照性较强的画面转换。

4.5.6 定格转场

定格是指将画面中的运动主体突然变为静止状态，使人产生瞬间的视觉停顿，接着出现下一个画面，常用于不同主题段落之间的转换。

💋重点
4.5.7 叠化转场

叠化是指前一个镜头的画面与后一个镜头的画面相互叠加，前一个镜头的画面逐渐隐去，而后一个镜头的画面逐渐显现的过程。叠化的主要作用有如下3种：用于时间的转换，表示时间的消逝；用于空间的转换，表示空间已发生变化；用于梦境、想象、回忆等插叙、回叙场合的表现。

💋重点
4.5.8 多画屏分割转场

多画屏也称为多画面、多画格或多银幕，是把屏幕一分为多，可以使多重剧情并列发展，从而压缩了时间，深化了视频内涵。

💋重点
🖐 案例训练：制作黑场转场效果

素材文件	工程文件>CH04>案例训练：制作黑场转场效果
案例文件	工程文件>CH04>案例训练：制作黑场转场效果>案例训练：制作黑场转场效果.prproj
难易程度	★★★★☆
技术掌握	掌握制作波纹过渡和黑场过渡的方法

本案例使用了时间重映射、超级缩放转场预设、黑场过渡、波纹过渡，如图4-125所示。

图4-125

01 导入素材，将"项目"面板中的音频拖曳至A1轨道上，并截选所需长度，将视频加速至120%，根据音乐节奏使用"时间重映射"的"速度"为素材添加关键帧，并改变速度形成卡点，如图4-126所示。

图4-126

02 再将其余素材全部拖曳至序列中,删除序列中所有素材的音频和无须用到的素材片段,根据音乐节奏作卡点,如图4-127所示。

图4-127

03 在"效果"面板中搜索"黑场过渡",并将其拖曳至视频转接处,设置持续时间为15帧,对齐方式为"中心切入",如图4-128所示。

图4-128

04 在需要波纹转场的转接点处添加一个"交叉溶解"效果。拖曳调整图层到V2轨道上,并以两段剪辑的剪辑点为中心,调节调整图层长度为左右各10帧。给调整图层添加一个"湍流置换"效果,在调整图层开始处添加一个演化关键帧,然后在结尾处添加一个关键帧,并将"演化"调整为720°,如图4-129所示。

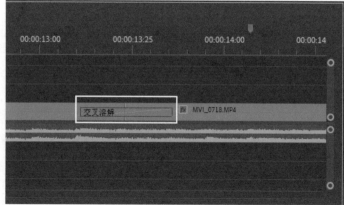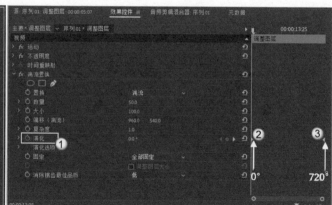

图4-129

---

① **技巧提示**

可将波纹过渡保存为预设,方便之后使用。

👑 重点

🖐 案例训练:制作闪白转场效果

素材文件	工程文件>CH04>案例训练:制作闪白转场效果
案例文件	工程文件>CH04>案例训练:制作闪白转场效果>案例训练:制作闪白转场效果.prproj
难易程度	★★★★☆
技术掌握	掌握设置闪白转场的方法

本案例使用了波纹过渡、快速向左转场以及闪白转场,如图4-130所示。

图4-130

01 导入素材，将"项目"面板中的音频拖曳至A1轨道上，并截选所需长度。放在开头的两段素材MVI_0826、MVI_0828需要分别加速至962%、250%，最后一段素材需要设置"时间重映射"，如图4-131所示。

02 根据音乐节奏作卡点，如图4-132所示。

03 在"效果"面板中搜索"白场过渡"，并将其拖曳至视频转接处，设置持续时间为10帧，对齐方式为中心切入，如图4-133所示。

图4-131

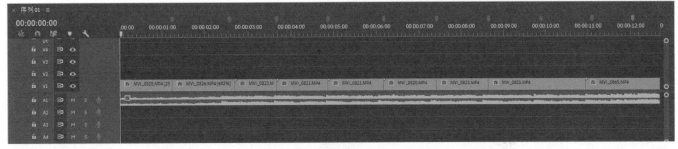

图4-132

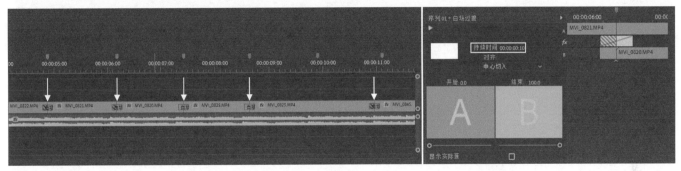

图4-133

---

① 技巧提示

白场过渡可以用于需要加快转场的剪辑中。

👑 重点

✋ 案例训练：制作切割画面转场效果

素材文件	工程文件>CH04>案例训练：制作切割画面转场效果
案例文件	工程文件>CH04>案例训练：制作切割画面转场效果>案例训练：制作切割画面转场效果.prproj
难易程度	★★★★☆
技术掌握	掌握制作切割画面转场的方法

本案例使用了超级缩放转场预设、快速下移转场预设以及切割画面转场，切割画面转场属于划像（二维）转场，如图4-134所示。

图4-134

01 导入素材，将"项目"面板中的音频拖曳至A1轨道上，并截选所需长度。素材MVI_0921需要设置"时间重映射"，如图4-135所示。

02 根据音乐节奏作卡点，如图4-136所示，部分重叠的两段素材是为切割画面转场做准备。

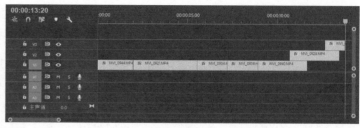

图4-135

图4-136

03 执行"文件>新建>旧版标题"命令,如图4-137所示,单击"确定"按钮。

04 选择"矩形工具" ▣ ,画一个画面一半大的矩形,如图4-138所示,并填充为白色。

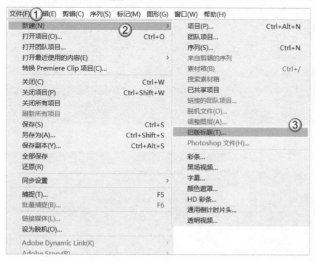

图4-137

图4-138

05 "项目"面板中的字幕图层即为新建的矩形面板,将其拖曳至V3轨道上,调整长度与素材MVI_0940和素材MVI_0928的重叠部分相同,再对字幕图层进行嵌套,形成嵌套序列01,对V2轨道的素材MVI_0928在重叠结束的位置进行分割,如图4-139所示。

图4-139

06 进入嵌套序列,给字幕图层添加一个线性擦除效果,打开"效果控件"面板,在图层开始处添加一个过渡完成为100%的关键帧,在图层中间左右添加一个过渡完成为0%的关键帧,调节"擦除角度"为60°,白色矩形会以60°的斜角从右往左擦除,如图4-140所示。

07 按住Alt键,将字幕图层向V2轨道上拖曳,复制一个相同图层。在"效果控件"面板中调整复制的图层的y轴坐标值,使两个矩形占满整个画面,如图4-141所示。

08 将复制的图层的"擦除角度"改为负值,即-60°,则矩形会两边反向擦除,如图4-142所示。

图4-140

图4-141

图4-142

👑 重点

🖐 案例训练：制作翻页转场效果

素材文件	工程文件>CH04>案例训练：制作翻页转场效果
案例文件	工程文件>CH04>案例训练：制作翻页转场效果>案例训练：制作翻页转场效果.prproj
难易程度	★★★★☆
技术掌握	理解并熟练使用翻页转场预设的方法

本案例使用了翻页转场，即翻转（三维）转场，如图4-143所示。

图4-143

01 导入素材，将"项目"面板中的音频拖曳至A1轨道上，并截选所需长度，根据音乐节奏作卡点，如图4-144所示。

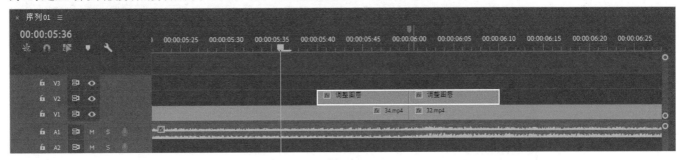

图4-144

02 其中素材33、34使用了慢速处理，两段素材的内容都是小孩在玩耍的十分和睦的场景。在"项目"面板中创建一个调整图层，将其拖曳到V2轨道上，并以两段剪辑的剪辑点为中心切开，调节调整图层长度为左右各10帧，如图4-145所示。

图4-145

03 在"效果"面板中导入转场预设，并找到Page Left OUT、Page Left IN，将Page Left OUT拖曳至左侧调整图层中，将Page Left IN拖曳至右侧调整图层中，如图4-146所示，即形成从左往右的翻页转场。设置转场后按住Alt键，拖曳序列中的调整图层到另一个剪辑点，可将此转场的调整图层复制并粘贴。

图4-146

ℹ️ **技巧提示**

翻页转场可应用于"纪念册"视频中。

👑 重点

✋ 案例训练：制作RGB色彩分离扭曲转场效果

素材文件	工程文件>CH04>案例训练：制作RGB色彩分离扭曲转场效果
案例文件	工程文件>CH04>案例训练：制作RGB色彩分离扭曲转场效果>案例训练：制作RGB色彩分离扭曲转场效果.prproj
难易程度	★★★★☆
技术掌握	理解并掌握制作RGB色彩分离扭曲转场的方法

本案例主要利用颜色平衡（RGB）效果制作RGB色彩扭曲转场，如图4-147所示。

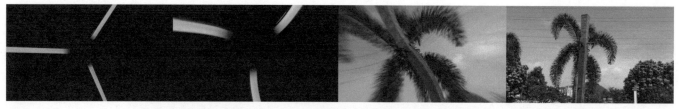

图4-147

01 导入素材，将"项目"面板中的音频拖曳至A1轨道上，并截选所需长度，根据音乐节奏作卡点，如图4-148所示。

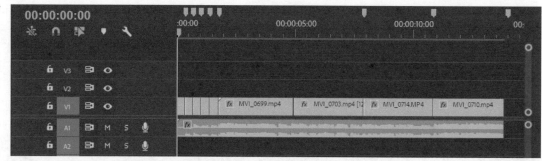

图4-148

02 剪辑前5段素材都来自素材MVI_1061，根据节奏将素材MVI_1061在卡点处裁断。其中，第2段至第5段素材的灯光颜色使用了"白平衡"中的"色温"和"色彩"，如图4-149所示。

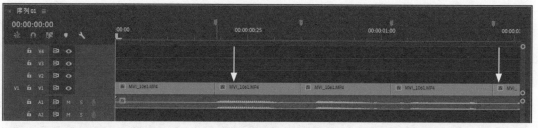

图4-149

03 选择第2段素材，将"色彩"属性的滑块拉至最右端，则形成粉色，如图4-150所示。

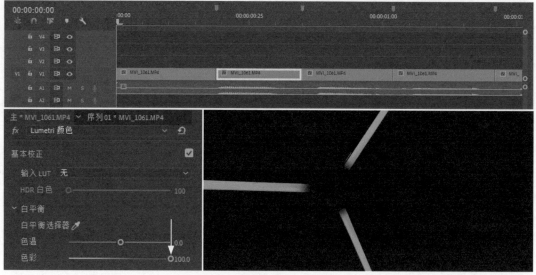

图4-150

04 以此类推,设置其余3段素材的灯光颜色。将两段素材从调整图层首末位置裁断,如图4-151所示。

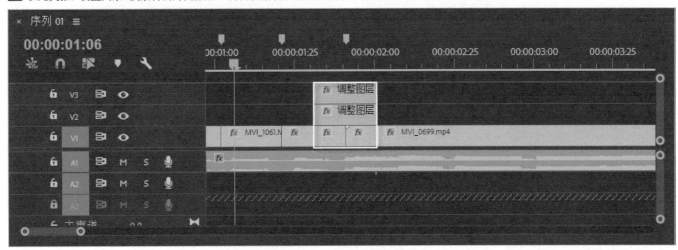

图4-151

05 对裁断的视频与两个调整图层一起进行嵌套,并按住Alt键向上拖曳嵌套序列,以复制两个相同的嵌套序列到V2和V3轨道上,如图4-152所示。

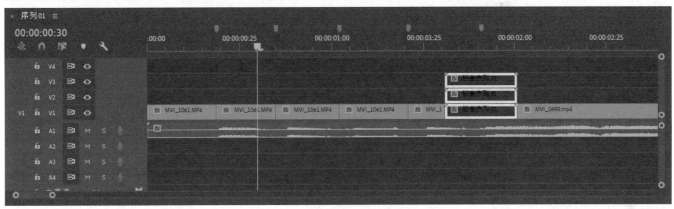

图4-152

06 给3个嵌套序列分别添加一个颜色平衡(RGB)效果,打开效果控件面板,选择V3轨道的嵌套序列,将其颜色平衡(RGB)中的绿色和蓝色数值调整为0,即保留红色,由此,V2轨道的嵌套序列保留绿色,V3轨道的嵌套序列则保留蓝色。

07 将V2和V3轨道的嵌套序列的混合模式都改为滤色。选择V3轨道的嵌套序列,打开"效果控件"面板,在嵌套序列开始帧添加一个缩放关键帧,然后在序列的中间位置添加一个关键帧,调整数值为115,最后在结束帧添加一个关键帧,将数值调整回100,如图4-153所示。

> ① 技巧提示
>
> 在设置嵌套序列中的颜色平衡(RGB)时,"红""绿""蓝"的参数就是嵌套序列中从上往后保留的对应颜色值。

图4-153

👑 重点

🖐 案例训练：制作叠化转场效果

素材文件	工程文件>CH04>案例训练：制作叠化转场效果
案例文件	工程文件>CH04>案例训练：制作叠化转场效果>案例训练：制作叠化转场效果.prproj
难易程度	★★★★☆
技术掌握	理解并掌握使用亮度键转场的方法

本案例利用亮度键效果制作了亮度键转场，属于叠化转场，如图4-154所示。

图4-154

01 导入素材，根据音乐节奏作卡点，如图4-155所示，其中素材重叠的部分是为设置亮度键转场做准备。

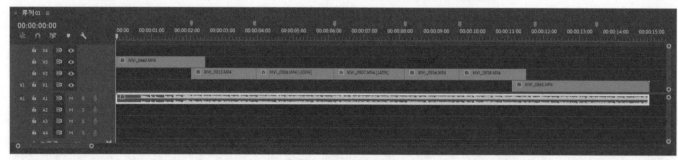

图4-155

02 将V3轨道素材MVI_0660从与V2轨道素材MVI_0815重叠的开始处裁断，如图4-156所示。

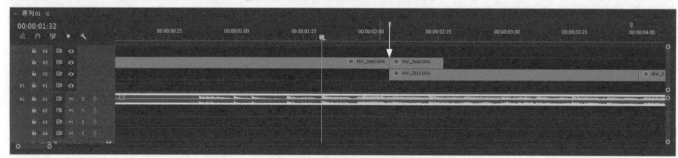

图4-156

03 给V3轨道素材的后部分添加一个亮度键效果，打开"效果控件"面板，在开始帧添加一个阈值关键帧和屏蔽度关键帧，数值都调整为100%，然后在结束帧也添加一个阈值关键帧和屏蔽度关键帧，数值都调整为0，如图4-157所示。

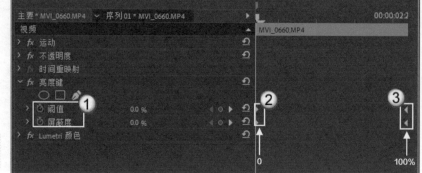

ⓘ 技巧提示

重叠部分的长度通常为20帧。

图4-157

190

👑 重点

✋ 案例训练：制作多画屏分割转场效果

素材文件	工程文件>CH04>案例训练：制作多画屏分割转场效果
案例文件	工程文件>CH04>案例训练：制作多画屏分割转场效果>案例训练：制作多画屏分割转场效果.prproj
难易程度	★★★☆☆
技术掌握	理解并熟练使用画面分屏效果的方法

本案例使用了音频的淡出、画面分屏效果，属于多画屏分割转场，如图4-158所示。

图4-158

01 导入素材，将"项目"面板中的音频拖曳至A1轨道上，并截选所需长度，在音频末端添加一个恒定功率的效果，以形成声音的淡出。根据音乐节奏作卡点，如图4-159所示，其中堆叠的素材为画面分屏效果做准备。

02 打开V3轨道素材MVI_0658的"效果控件"面板，调整其位置及大小，如图4-160所示。

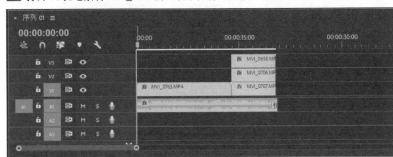

图4-159

图4-160

03 添加一个线性擦除效果，打开"效果控件"面板，根据画面调整过渡完成和擦除角度，并实时调整位置和缩放，使素材在合适的位置，如图4-161所示。

04 使用同样的方法完成V2轨道的素材MVI_0706的设置，如图4-162所示。

05 执行"文件>新建>旧版标题"命令，如图4-163所示，单击"确定"按钮。

图4-161

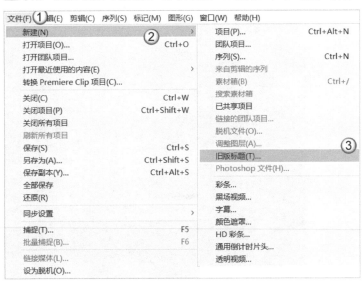

图4-162

图4-163

06 使用"矩形工具" 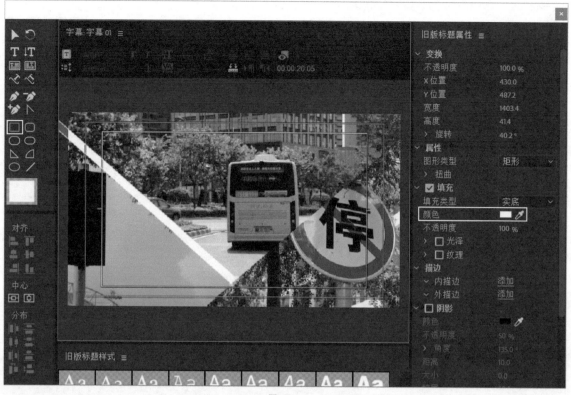画一个与接缝长度接近的矩形，填充为白色，调整角度并拖曳至接缝处，如图4-164所示，另一个同理。

图4-164

07 画面四周也使用"矩形工具" 制作一个画框，如图4-165所示。

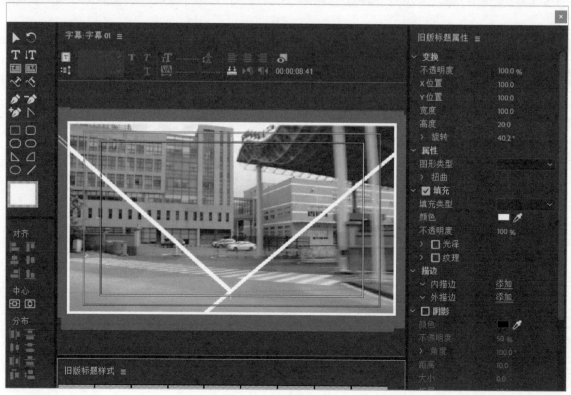

图4-165

08 该图层在"项目"面板中显示为字幕图层，将该图层拖曳至V4轨道上，调整长度至与堆叠的素材长度相同，如图4-166所示。

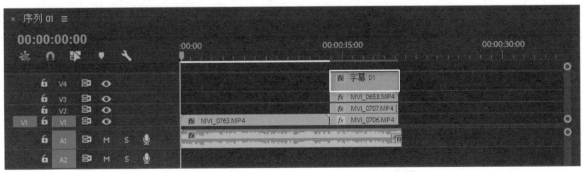

图4-166

> ① 技巧提示
>
> 接缝处与外框的矩形条适当细一些，分割条、外框太粗会影响视觉重点。

4.6 手机短视频转场应用

手机短视频是指常在各种新媒体平台上播放，时长一般在5分钟以内（通常为十几秒）且适合在移动状态和休闲状态下观看的视频内容。相对于文字和图片来说，视频能够带给用户更好的视觉体验，在表达时也更加生动形象，所以短视频极易被人们所接受。

由于视频时长有限，短视频所展示出来的内容往往都是经过提炼的内容。通常短视频分为两大类，即以信息传达为核心类和以视频效果为核心类。两类短视频的转场各有其特点。

以信息传达为核心类：短视频更注重视频中的信息本身，所以这类视频的转场多以"效率"和"无感"为主，即转场要快，且尽量不被观众察觉，从而不打断阅读信息的流畅性。多以硬切、无技巧转场为主。

以视频效果为核心类：短视频更注重视频的视觉效果，所以这类视频的转场多以"酷炫"和"节奏"为主，即转场尽量有特点，效果出众，节奏感强，从而抓住受众群体的眼球。多以技巧转场为主，无技巧转场为辅。

▼ 重点

◈ 综合训练：制作变色卡点视频

素材文件	工程文件>CH04>综合训练：制作变色卡点视频
案例文件	工程文件>CH04>综合训练：制作变色卡点视频>综合训练：制作变色卡点视频.prproj
难易程度	★★★☆☆
技术掌握	熟练掌握利用Lumetri颜色效果制作变色卡点视频的方法

本案例使用了超级缩放转场预设和Lumetri颜色效果制作变色卡点视频，如图4-167所示。

图4-167

01 导入素材，根据音乐节奏作卡点，如图4-168所示，其中第一段素材MVI_0828应用了"时间重映射"工具，如图4-169所示。

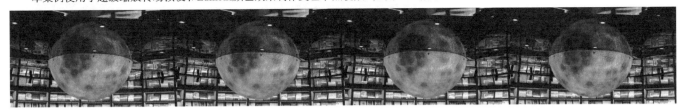

图4-168

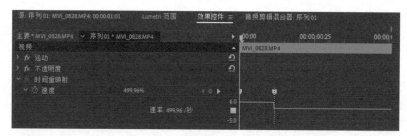

图4-169

02 切换为颜色工作区,选中素材MVI_0828,勾选"基本校正",给剪辑添加一个"Lumetri颜色"效果,如图4-170所示。

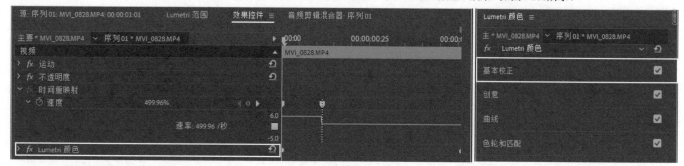

图4-170

03 在"基本校正"中为视频开始处添加一个饱和度的关键帧,然后在第1个标记点位置添加一个关键帧,将"饱和度"调整为0,如图4-171所示。

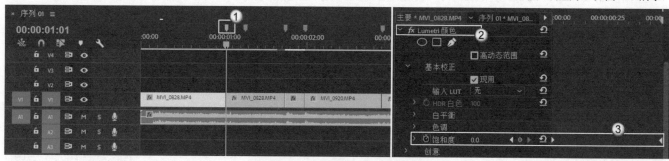

图4-171

04 右击序列中的素材MVI_0828,选择"添加帧定格"选项,如图4-172所示。

05 修改"饱和度"为100,在第2个标记点位置添加一个关键帧,如图4-173所示。

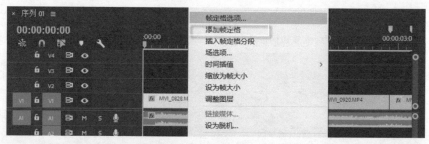

图4-172

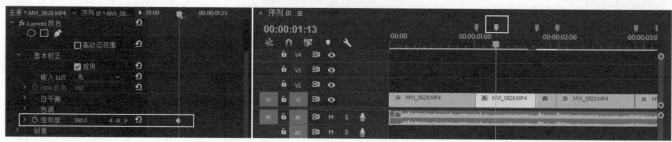

图4-173

06 给素材MVI_0828添加一个方向模糊效果，将时间轴移到素材的倒数第3帧，添加缩放属性、方向属性、模糊长度属性的关键帧，如图4-174所示。

07 将时间轴移至素材MVI_0828的结束帧，将"缩放"改为300，"方向"改为90°，"模糊长度"改为26，并分别打上关键帧，如图4-175所示。

> ① **技巧提示**
>
> 选择"添加帧定格"后，时间轴在素材的哪个位置就从哪个位置断开，后面的部分即定格部分，长度可以随意调整。

图4-174

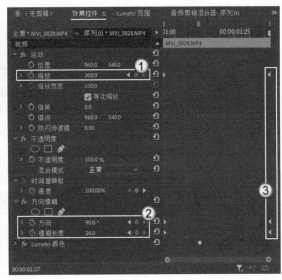

图4-175

♥ 重点

◈ 综合训练：制作眼睛反射画面

素材文件	工程文件>CH04>综合训练：制作眼睛反射画面
案例文件	工程文件>CH04>综合训练：制作眼睛反射画面>综合训练：制作眼睛反射画面.prproj
难易程度	★★★★☆
技术掌握	制作眼睛反射画面转场

本案例利用蒙版制作眼睛反射及遮挡画面转场，如图4-176所示。

图4-176

01 导入素材，将素材36、素材"眼睛"拖曳至"时间轴"面板中，创建新序列，并将其重命名为"序列01"。如图4-177所示。

02 删除序列中所有素材的音频，同时将素材的长度设置为两秒即可（素材36从00:00:10:00至00:00:12:00；素材"眼睛"从00:00:30:00至00:00:32:00），如图4-178所示。

图4-177

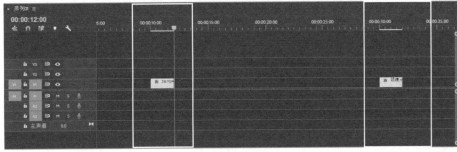

图4-178

03 将素材"眼睛"放在V1轨道上，素材36放在V2轨道上，按住Alt键，将素材36向上拖曳，复制并粘贴一个素材36至V3轨道上，然后先将其隐藏。3段素材皆与时间轴最前端对齐，如图4-179所示。

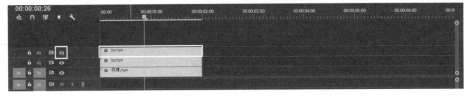

图4-179

04 将素材"眼睛"的"缩放"调整为460，将其放大至铺满整个画布，如图4-180所示。

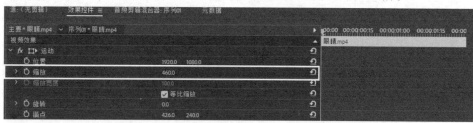

图4-180

05 选中V2轨道素材，并打开"效果控件"面板，对其位置和缩放属性数值进行调整，使素材36的画面与"眼睛"的位置对齐，如图4-181所示。

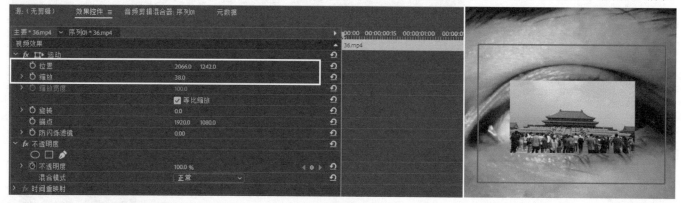

图4-181

06 单击"不透明度"中的"创建椭圆形蒙版"来创建一个蒙版，如图4-182所示。

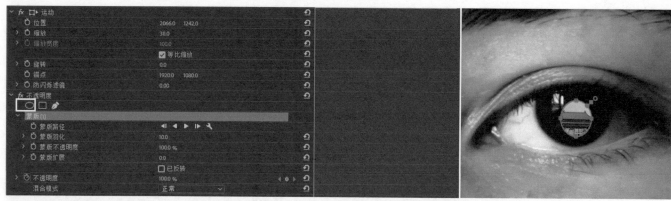

图4-182

07 拖曳遮罩的锚点，改变遮罩大小，使其与眼球大小相近，并增大"蒙版羽化"至465，降低不透明度至50%，如图4-183所示。

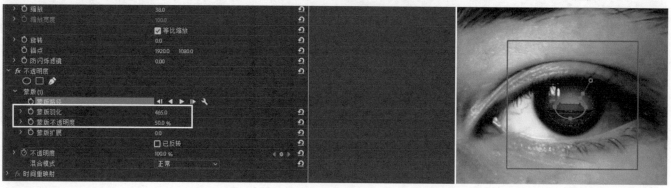

图4-183

08 在素材的开始处添加一个蒙版路径的关键帧，随后根据眨眼的动作依次拖曳蒙版锚点以添加关键帧，直至眼睛完全闭上，如图4-184和图4-185所示。

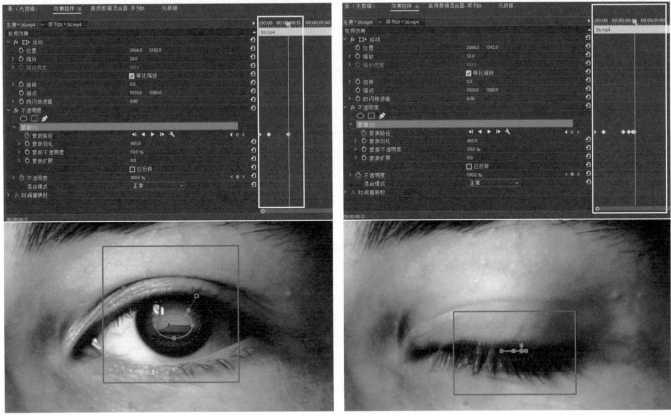

图4-184   图4-185

09 找到蒙版不透明度选项，在当前帧位置单击进行关键帧设置，如图4-186所示。在下一帧位置将"不透明度"设置为0%，如图4-187所示。

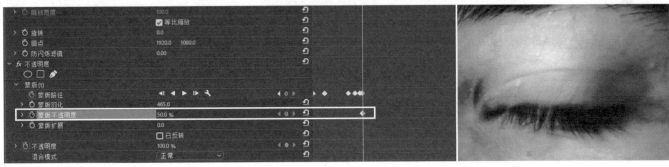

图4-186

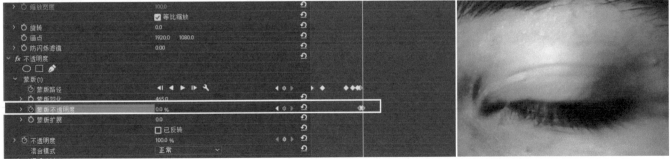

图4-187

10 将隐藏的V3轨道显示出来，并框选V1、V2轨道的素材，单击鼠标右键并选择"制作子序列"命令，如图4-188所示。

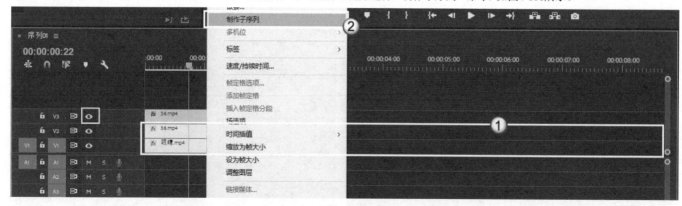

图4-188

11 确保"时间轴"面板中的"将序列作为嵌套或个别剪辑插入并覆盖"被激活，并将子序列"序列01_Sub_01"拖曳至V1轨道上，且删除V2轨道的素材36，随后将V3轨道的素材36拖曳至V2轨道上，将子序列移动到转场处，与V2轨道有10帧的重叠，如图4-189所示。

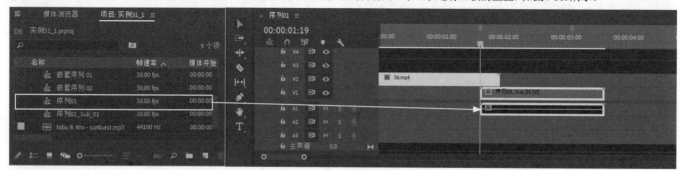

图4-189

12 在素材36的尾端及子序列的首端各添加一个交叉缩放效果，将"持续时间"都调整为10帧，如图4-190所示。

图4-190

13 选中V1、V2轨道的序列，单击鼠标右键，选择"嵌套"，如图4-191所示。

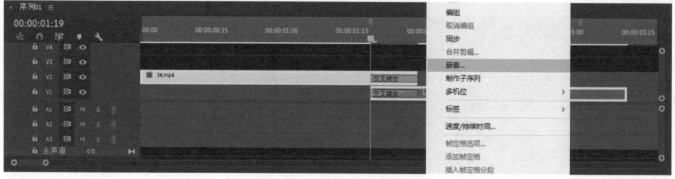

图4-191

14 清除V1、V2轨道的内容并拖曳素材36、素材57至V1轨道上，如图4-192所示。

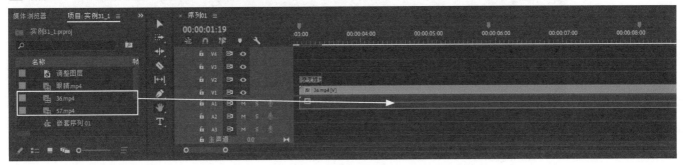

图4-192

15 删除其无用音轨，截取00:00:16:18至00:00:19:19的内容及00:00:56:00至00:01:00:00的内容，如图4-193所示。

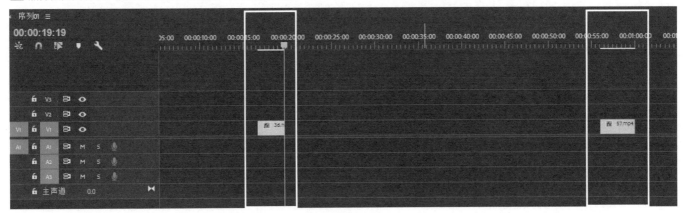

图4-193

16 将两段素材与时间轴最前端对齐，随后将截取后的素材36调整至00:00:00:12位置，如图4-194所示。

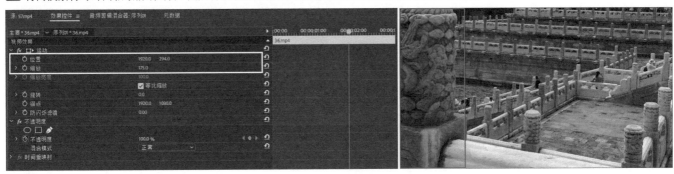

图4-194

17 将鼠标指针悬停在素材57上，随后单击鼠标右键并选择"缩放为帧大小"命令，如图4-195所示。

图4-195

18 选中截取后的素材36，在00:00:01:28位置用"自由绘制贝塞尔曲线" 绘制遮罩（勾选"已反转"），并记录蒙版路径关键帧，如图4-196所示。

图4-196

19 将播放头放置在00:00:02:05位置，拖曳并继续绘制遮罩，使之与画面匹配（必要时可以增加或者删减遮罩节点），如图4-197所示。

20 将播放头放置在00:00:02:27位置，拖曳并绘制遮罩，使之与画面匹配（必要时可以增加或者删减遮罩节点），如图4-198所示。

图4-197

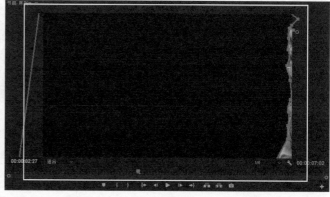

图4-198

21 来回拖曳播放头，并根据画面需要增加关键帧，使遮罩完全匹配素材，如图4-199所示。

22 将播放头放置在00:00:01:26处，并将蒙版移出画面以外，如图4-200所示。

图4-199

图4-200

23 将修剪后的素材36放置在V2轨道上，并将修剪后的素材57放置到00:00:01:27处，对其进行嵌套处理即可，如图4-201所示。

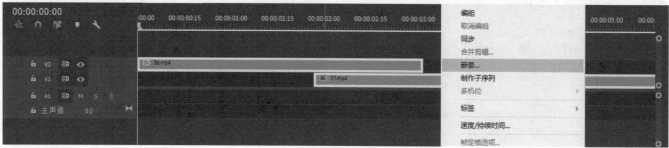

图4-201

24 将"项目"面板中的序列序列01_Sub_01、素材36与素材57拖曳至时间轴上。其中,素材57出现画面大小不适配的情况,此时,右击序列中的素材57,选择"缩放为帧大小"命令,如图4-202所示。

25 删除无用音频,将音乐导入"项目"面板,并将其拖曳至A1轨道上,并截选所需长度,根据音乐节奏卡点,如图4-203所示。

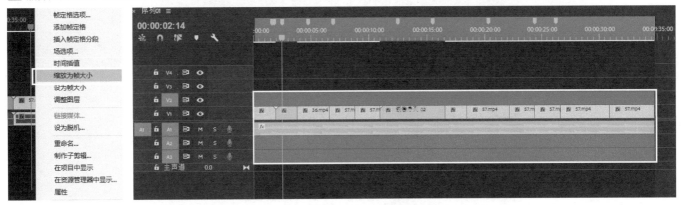

图4-202   图4-203

26 将第1段截取后的素材36拖曳至V4轨道上,将序列01_Sub_01拖曳至V3轨道上并使它们的首尾重叠部分为10帧,并为其添加"交叉缩放"效果,其效果持续时间设置为10帧,随后将从第3段截取后的素材36至第7段素材57的部分拖曳至V2轨道上,按照与序列01_Sub_01同样的方式进行设置,如图4-204所示。

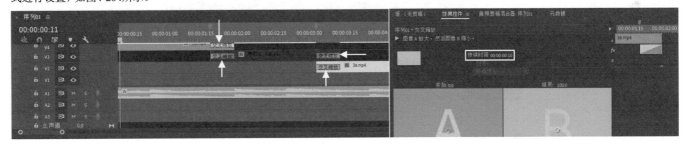

图4-204

27 分别给第7段素材57的结尾处与第8段素材57的开始处添加"交叉溶解"效果,持续时间及重叠部分都设置为10帧,如图4-205所示。

图4-205

28 在最后一段视频最后添加"黑场过渡"效果,将持续时间设置为25帧,如图4-206所示。

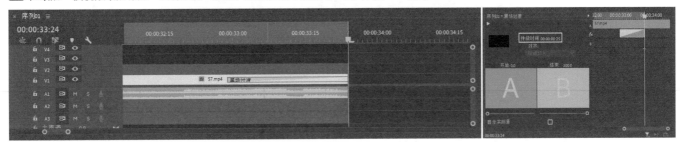

图4-206

29 在A1轨道音频结尾倒数20帧处设置音量级别关键帧，如图4-207所示。

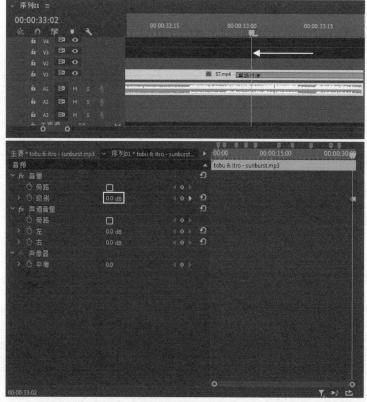

图4-207

30 在A1轨道音频结尾处将音量级别调整至-287.5dB（设置关键帧），如图4-208所示。

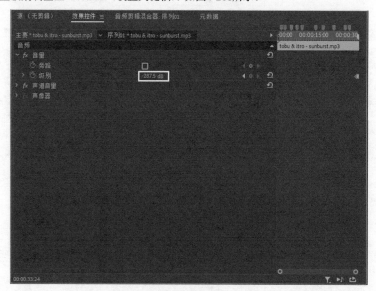

图4-208

---

① 技巧提示

　　在第1个蒙版路径关键帧到第2个关键帧之间，蒙版与眼球并没有产生偏移，所以不需要过度添加关键帧。

Pr

PREMIERE PRO 2021

① 技巧提示

② 疑难问答

◎ 知识课堂

第5章 抠像技术

▣ 基础视频集数：7集　　▣ 案例视频集数：5集　　⏱ 视频时长：24分钟

　　读者应该听说过Photoshop抠图技术，在Premiere视频剪辑中也有类似的技术——抠像，本章主要介绍Alpha通道抠像、颜色键抠像、超级键抠像、运动区域等内容。相比于其他技术，抠像的学习更多的在于练习和经验，对素材原片也有一定的要求。

学习重点　🔍

学完本章能做什么

　　读者熟练掌握抠像技术后，可以进行类似于Photoshop抠图的操作，不过Premiere获取的是视频片段。另外，读者还可以使用这项技术制作各种有特色的转场效果。

5.1 Alpha通道抠像

摄像机有选择地将光谱的红色、绿色和蓝色部分录制为单独的颜色通道，且因为每个通道都是单色的，所以通常也将它们称为灰度通道。除此之外，第4个灰度通道是Alpha通道，此通道没有定义任何颜色，而是定义不透明度，即像素的可见程度。在进行后期制作时，可以不透明度、透明度、可见性或混合器这些术语来描述第4个通道。

Alpha通道可以独立于颜色使用不透明度控件来调整Alpha透明度的数量，从而调整每个像素的不透明度。在默认情况下，典型摄像机拍摄的视频剪辑的Alpha通道或不透明度是100%或完全可见的。动画或文字及图标剪辑通常都具有Alpha通道，以便控制图像的哪些部分是不透明的和透明的。

👑 重点

5.1.1 不透明度的使用

扫码看讲解

剪辑的总体不透明度可以通过时间轴或效果控件面板中的关键帧进行调节。

☞ 使用不透明度------

01 打开素材箱中的"序列01"，此序列的前景图像为两把椅子，背景图像是一个吧台，如图5-1所示。

图5-1

02 打开"效果控件"面板，将"椅子"图像的"不透明度"调整为50%，如图5-2所示。

图5-2

☞ 对不透明度应用关键帧------

在时间轴上对不透明度应用关键帧与对音量应用关键帧完全一样，可以使用相同的工具和键盘快捷键。

打开素材箱中的序列，将素材"椅子"放置在V2轨道上；素材"吧台"放置在V1轨道上，可使用一种过渡效果来使V1、V2在不同的时间以不同的持续时间自上而下或自下而上地淡入。在素材"椅子"的"不透明度"中添加关键帧并设置相应的数值以实现效果，如图5-3所示。

图5-3

👑重点
5.1.2 蒙版的应用

极致抠像效果会根据照片中的颜色动态生成蒙版，还可创建自己的自定义蒙版或将另一剪辑用作蒙版的基础。而创建自定义蒙版时，定义的形状将充当视频的插图。

👉 创建自定义蒙版--

01 新建序列后，单击该序列中的素材，确保显示"效果控件"面板。在"效果控件"面板中选择"不透明度"选项中的"自由绘制贝塞尔曲线" ✒，即可自动创建蒙版1，如图5-4所示。

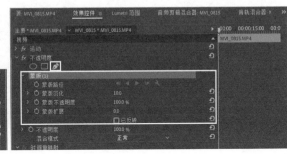

图5-4

02 在"节目"面板中创建所需的图像，如图5-5所示。

03 创建完成后，在"蒙版路径"中单击"向前跟踪所选蒙版"按钮▶，如图5-6所示，出现正在跟踪进度对话框，如图5-7所示，进度完成后，蒙版与跟踪创建就完成了。

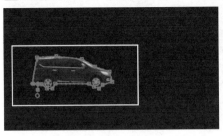

图5-5   图5-6   图5-7

👉 使用轨道遮罩键效果为序列添加分层字幕--

01 仅将剪辑拖曳至时间轴的V3轨道上序列的开头。如果剪辑有音频，则将音频删去。将素材箱中的另一剪辑拖曳至位于V3轨道上的剪辑上方的V4轨道上，将轨道遮罩键效果应用于V3轨道的剪辑中，如图5-8所示。

02 在效果控件面板中将轨道遮罩键菜单中的"遮罩"设置为"视频4"。如图5-9所示。

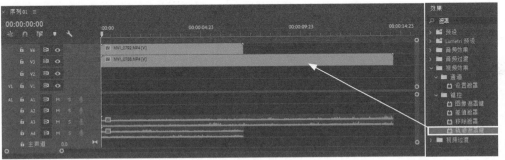

图5-8   图5-9

03 将"合成方式"设置为"亮度遮罩"，如图5-10和图5-11所示。

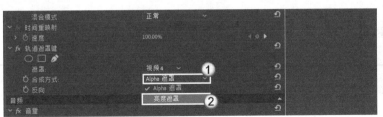

图5-10   图5-11

使用字幕设计器创建自定义蒙版--

字幕设计器工具可以创建一些简单的形状,这些形状可以与轨道蒙版抠像效果一起使用,例如创建一个柔边圆圈。

01 打开素材箱中的序列,如图5-12所示。可以在创建新字幕前打开需要字幕的序列,Premiere会使用当前序列作为默认大小。执行"文件>新建>旧版标题"命令,打开"新建字幕"对话框,如图5-13所示,根据需要更改设置(通常使用默认设置)。

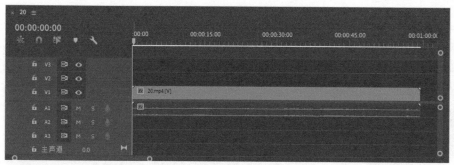

图5-12

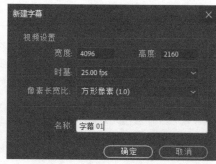

图5-13

02 输入名称,确认后随即打开"字幕设计器",如图5-14所示。

03 在"字幕设计器"左上方的面板中有一系列用于创建文字和形状的工具,选择"椭圆工具" ，如图5-15所示。

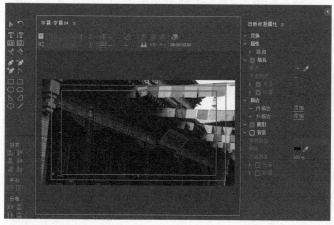

图5-14

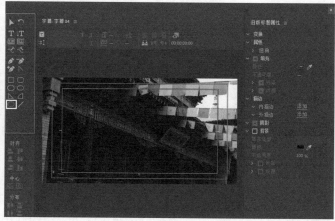

图5-15

04 按住Shift键,在此区域中拖曳以创建一个圆(不是椭圆),如图5-16所示,字幕设计器的中间部分则将当前帧显示的画面作为正在创建的字幕的背景。

05 切换到"字幕设计器选择",如图5-17所示,然后单击画面中新建的圆,则旧版标题属性面板中会显示与新建的圆相关的设置选项。

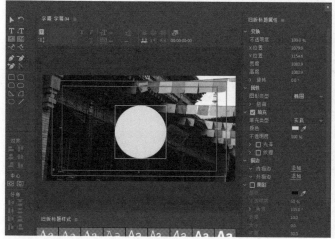

图5-16

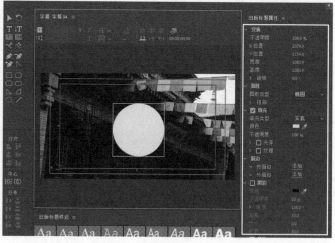

图5-17

06 将"填充类型"更改为"径向渐变",如图5-18所示,将会显示一个具有两个色标的颜色选择器,将其融合在一起会创建渐变的拾色器,如图5-19所示。

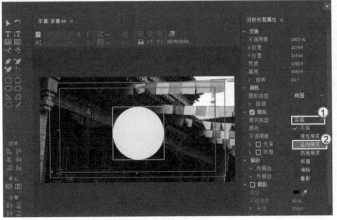

图5-18

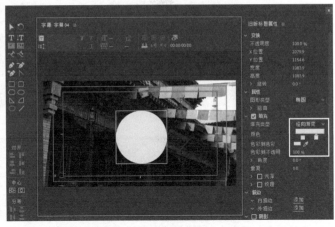

图5-19

07 单击选择第2个色标,然后将色标的"色彩到不透明"调整为0%,如图5-20所示。

08 观察画面中的圆,如果渐变不够强烈,可将第2个色标向左拖曳以增强渐变,直至圆圈具有柔和的边缘,如图5-21所示。

09 直接关闭"字幕设计器",新字幕将会被添加到"项目"面板中,如图5-22所示。

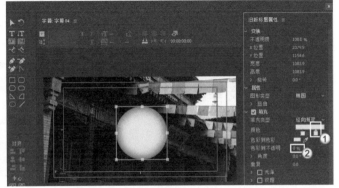

图5-20

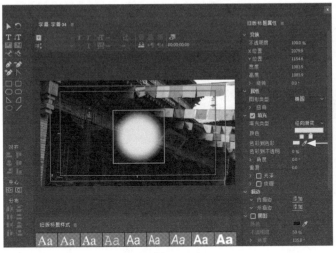

图5-21

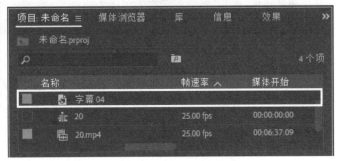

图5-22

创建活动蒙版

01 使用效果控件面板中的运动控件,如图5-23所示,可以重新定位需要与轨道蒙版抠像效果一起使用的图形。

02 将"项目"面板中的"字幕04"拖曳至时间轴的V3轨道上,如图5-24所示。

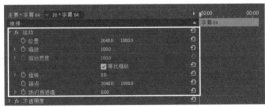

图5-23

图5-24

03 调整"字幕
04"的持续时间,
使其与时间轴上
的其他剪辑完全
适配,如图5-25
所示。

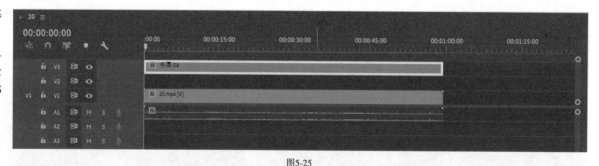

图5-25

04 图形的位置
及大小可以使用
运动控件中的
"位置"与"缩
放"进行调整,
如图5-26所示。

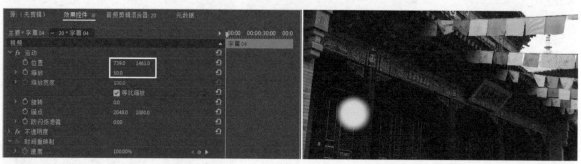

图5-26

05 在"效果"面
板中搜索"轨道
遮罩键",将"轨
道遮罩键"效果
拖曳至V1轨道的
素材上,如图5-27
所示。

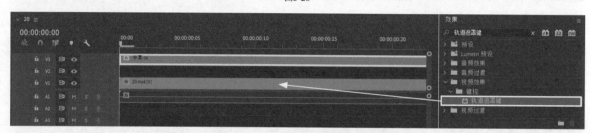

图5-27

06 在效果控件
面板中将"轨道
遮罩键"中的
"遮罩"调整为
"视频3",如图
5-28所示。

图5-28

5.2 使用颜色键、超级键抠像

下面介绍"颜色键"和"超级键"的使用方法。

👍 重点

5.2.1 颜色键抠像工具

颜色键抠像的功能相对较为灵活,使用颜色键可以为素材进行边缘预留位置及宽度的设置,制作出类似描边的效果,通过对颜色宽容度的设置可以选择被抠除的颜色范围。通过薄化或羽化边缘可以对被抠相的素材边缘进行模糊化的处理。

对较为复杂的视频素材进行抠像处理时，经常会多次叠加使用颜色键抠像功能。

01 新建项目，导入图片素材，将素材拖曳至"时间轴"面板中，如图5-29所示。

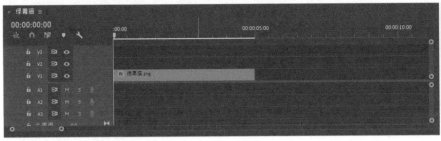

图5-29

02 打开"效果"面板，搜索"颜色键"，将"颜色键"效果拖曳至素材上，如图5-30所示。

03 单击序列上的素材并打开"效果控件"面板，显示颜色键选项，如图5-31所示。

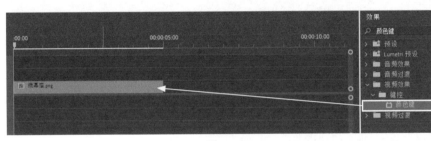

图5-30   图5-31

04 将播放头放置在素材上，"节目"面板中将显示素材画面，使用颜色键中的"吸管工具" 选择画面中需要去除的颜色，如图5-32所示。

05 当然，也可以单击"吸管工具" 旁边的颜色块，打开"拾色器"对话框，选择需要消除的颜色，如图5-33所示。

06 按照图片显示的即时效果调整"颜色容差""边缘细化"，如图5-34所示。

图5-32

图5-33

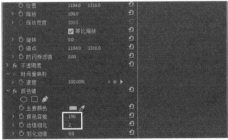

图5-34

5.2.2 超级键抠像工具

实际情况下，处理的绿屏剪辑的绿色背景可能会存在瑕疵，或是前景元素的边缘不太整齐，且拍摄视频时也总会存在因光线不足形成的潜在问题。除此之外，因为眼睛识别颜色的能力不像亮度信息一样准确，所以许多摄像机保存图像信息的方式还会减少保存的颜色信息数量，且摄像系统会通过减少颜色捕捉的方式减小文件体积，具体方式因系统不同而有所差异，但都会减少素材的颜色细节，从而增大了抠像的难度。

☞ **完善素材的抠像**

在抠像之前，可以应用一个较小的模糊效果，对像素细节进行混合，柔化边缘，且结果通常会更加平滑。如果模糊数量非常小，则图像质量不会受到较大影响。可以为剪辑应用模糊效果，设置字体，然后再应用色度抠像效果，而色度抠像效果看起来位于模糊效果后面。

如果素材的前景和背景的对比度较低，则可在抠像前使用"视频效果"中的"三向颜色校正器"或"快速颜色校正器"，如图5-35所示。这样可以用效果调整素材，即进行颜色校正，从而帮助完善抠像效果。

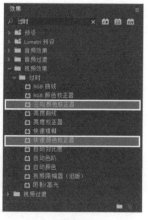

图5-35

☞ **使用超级键效果**

超级键是一个强大、快速且直观的色度抠像效果，且使用流程非常简单：选择需要变为透明的颜色，然后调整设置以进行匹配。与绿屏抠像一样，超级键效果会根据颜色选择动态生成蒙版。可以通过使用超级键效果的详细设置，对蒙版进行调整。

01 将超级键效果应用于序列中的剪辑"绿幕01"上，如图5-36所示。

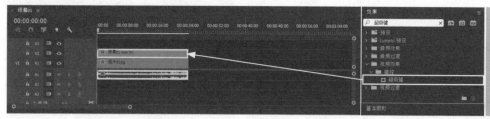

图5-36

02 选择"吸管工具" 🖉，如图5-37所示，单击"节目"面板中的绿色区域，如图5-38所示。当剪辑背景中的颜色一致时，可随意单击背景进行取色。但对于除此情况之外的素材，则可能需要多次尝试直至找到合适的取色点。

03 超级键效果会找出具有所选绿色的所有像素并将其Alpha设置为0%。将超级键效果的"输出"更改为"Alpha通道"。Alpha通道将显示为灰度图像，其中暗像素将变为透明的，而亮像素将变为不透明的，如图5-39所示。

图5-37　　　　　　　　　　　图5-38　　　　　　　　　　　图5-39

04 将"设置"更改为"强效"，如图5-40所示。

05 浏览图片以查看它是否具有干净的黑色区域和白色区域，如果在此视图中看到灰色像素出现在不恰当的位置，则此部分在图像中最后会变为部分透明的，如图5-41所示。

06 将"输出"调整为"合成"，可以查看结果，如图5-42所示。

图5-40　　　　　　　　　　　图5-41　　　　　　　　　　　图5-42

☞ **遮罩清除**

定义遮罩后，可使用图5-43所示的这些控件进行调整。如果抠像选择丢失了一些边缘，可以使用"抑制"缩小遮罩。如果过度抑制遮罩，则会逐渐在前景图像中丢失边缘细节，在视觉效果行业中通常称之为提供"数码修剪"。"柔化"可以为遮罩增添模糊感，对前景和背景图像的混合起加强作用，增强混合可以使合成图更加逼真。"对比度"可以提高Alpha通道的对比度，使黑白图像的对比更加强烈，从而更清晰地定义抠像，以获得更加干净的抠像。

☞ 溢出抑制

当绿色背景和所拍摄对象的颜色并不相同时，溢出抑制会补偿从绿色背景反射到拍摄对象上的颜色，因此在抠像过程中有效避免了部分对象的"误抠像"。但是，当拍摄对象的边缘是绿色时，抠像效果并不好。此时，溢出抑制会自动为前景元素边缘添加颜色（在色轮上位置相对的颜色）以补偿抠像颜色。例如，当对绿屏进行抠像时会添加洋红色，当对蓝屏进行抠像时会添加黄色，以此抑制颜色"溢出"。

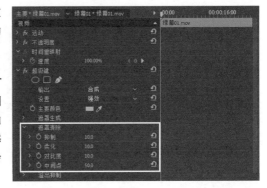

图5-43

5.3 复杂背景中的运动区域抠像

运动区域抠像最大的困扰来自于运动模糊所产生的相对不明确的边缘轮廓，这些轮廓的选择与运动的轨迹分析是本节的难点。

为了实现抠像的最终效果，关键点在于如何绘制恰当的遮罩。绘制遮罩时可以划分区域，从而分清主次。将运动幅度较大的区域作为重点分析对象，而那些相对静止一些的内容则可以相对轻松处理。

抠像的过程中需要尽可能保证遮罩的边缘阶数与原素材边缘阶数一致，位置坐标也需要尽可能保证一致。视频噪点对于区域抠像的影响是很大的，因为这些噪点会严重影响遮罩边缘的选择。需要的情况下会在抠像之前为视频添加降噪处理。这里提及的降噪并非去掉全部的噪点，因为只要对视频进行降噪处理就会造成画面边缘的细节损失，所以降噪需要适度。需要的情况下可以交叉、多次使用各种抠像控件。

01 找到"通道"中的"设置遮罩"，如图5-44所示，双击它以在"效果控件"面板中打开，单击"自由绘制贝塞尔曲线" 📷，如图5-45所示。在"节目"面板中使用"自由绘制贝塞尔曲线"描点框选（注意闭合）需要跟踪的位置，以创建蒙版，如图5-46所示。注意，一定要根据需要调整"蒙版羽化""不透明度"等。

图5-44

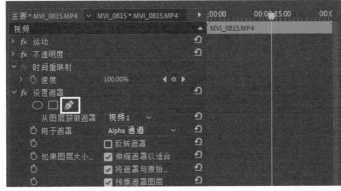

图5-45

图5-46

02 单击"蒙版路径"中的"向前跟踪所选蒙版"按钮，如图5-47所示，即会弹出正在跟踪进度条，如图5-48所示，跟踪完成后，勾选"已反转"与"反转遮罩"选项，如图5-49所示，即可在"节目"面板中浏览抠像效果，如图5-50所示。

图5-47

图5-49

图5-50

图5-48

👆 **重点**

✋ **案例训练：制作前景遮挡转场**

素材文件	工程文件>CH05>案例训练：制作前景遮挡转场
案例文件	工程文件>CH05>案例训练：制作前景遮挡转场>案例训练：制作前景遮挡转场.prproj
难易程度	★★★☆☆
技术掌握	理解并掌握制作前景遮挡转场的方法

本案例使用蒙版制作前景遮挡转场，如图5-51所示。

图5-51

01 导入素材。根据音乐节奏作卡点，如图5-52所示，其中，前两段部分重叠的素材是为前景遮挡转场做准备，倒数第2段素材MVI_1043应用了时间重映射功能，如图5-53所示。

图5-52

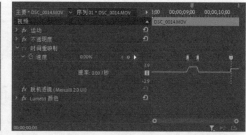

图5-53

02 找到人物出现在画面中且人物之后的背景显示出来的第一帧，并展开"效果控件"面板中的"不透明度"，将"节目"面板画面的比例调整为25%，使用"自由绘制贝塞尔曲线"在人物周围以及画面以外的地方建立遮罩，如图5-54所示，创建一个闭合蒙版，并添加一个蒙版路径关键帧，适当增大蒙版羽化值，勾选"已反转"。

图5-54

03 单击前进一帧按钮，则剪辑画面前进一帧，遮挡物向前移动，移动锚点以调整蒙版，将人物走过的地方全部打上蒙版；再次单击前进一帧按钮，移动锚点以调整蒙版，重复此操作，直至人物消失在画面中，使蒙版覆盖住整个画面，如图5-55所示。

04 移动回第1个关键帧的前一帧，将蒙版移出画面，使蒙版不遮挡任何画面，如图5-56所示。

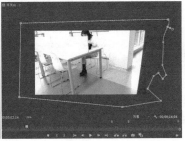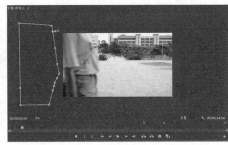

图5-55   图5-56

> ① **技巧提示**
>
> 前进一帧后，若画面中的人物形态变化不大，可直接向前拖曳整个蒙版，再根据需要做细微调整。按住Ctrl键可以删除蒙版的锚点。

📖 **重点**

👆 **案例训练：制作文字遮罩效果**

素材文件	工程文件>CH05>案例训练：制作文字遮罩效果
案例文件	工程文件>CH05>案例训练：制作文字遮罩效果>案例训练：制作文字遮罩效果.prproj
难易程度	★★☆☆☆
技术掌握	理解并掌握制作文字遮罩效果、卷帘转场的方法

本案例使用了文字遮罩效果、卷帘转场，如图5-57所示。

图5-57

01 将"项目"面板中的音频拖曳至A1轨道上，并截选所需长度。根据音乐节奏作卡点，如图5-58所示。

图5-58

02 用"文字工具" T 在画面上编辑文字，文字大小不得超过遮挡物体，然后将文字图层放置到V2轨道上，并调整时长，如图5-59所示。

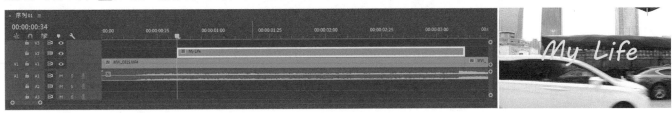

图5-59

03 将"节目"面板画面的比例调整为25%，选中文字图层，使用"自由绘制贝塞尔曲线" 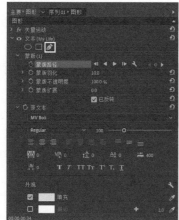建立蒙版，如图5-60所示，并勾选"已反转"，文字图层将在画面中消失。

04 在文字图层的开始帧添加一个蒙版路径的关键帧，再打开建立的蒙版，单击前进一帧按钮，则剪辑画面前进一帧，遮挡物向前移动，拖曳蒙版向右移动一点，之后，再次单击前进一帧按钮，再拖曳蒙版向右移动，重复此操作，直至文字完全显示出来，如图5-61所示。

图5-60

图5-61

05 在"项目"面板中创建一个调整图层，将其拖曳到V2轨道上，并以需要进行卷帘转场的两段素材的剪辑点为中心，调节调整图层长度为左右各10帧，如图5-62所示。

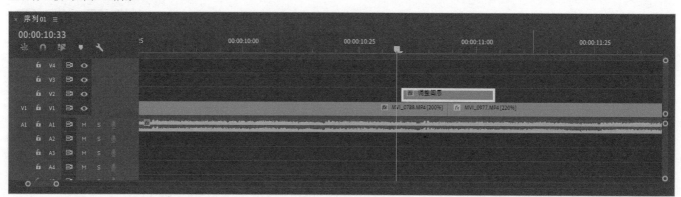

图5-62

06 给调整图层添加一个偏移效果，打开"效果控件"面板，在调整图层的开始后一帧添加一个将中心移位至的关键帧，而后改变将中心移位至的y轴坐标值，将数值增大4倍，在结束前一帧添加一个关键帧，如图5-63所示。

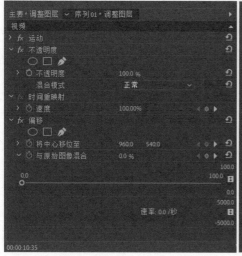

图5-63

07 再在调整图层结束前一帧添加一个与原始图像混合的关键帧，然后在结束帧添加一个关键帧，将数值调整为100%，如图5-64所示。

图5-64

---

① 技巧提示

可以给调整图层添加一个方向模糊效果，打开"效果控件"面板，将模糊长度调整为50左右。两端素材有相似体时，可使用卷帘转场过渡。

👑 重点

✋ 案例训练：灵活应用颜色键效果

素材文件	工程文件>CH05>案例训练：灵活应用颜色键效果
案例文件	工程文件>CH05>案例训练：灵活应用颜色键效果>案例训练：灵活应用颜色键效果.prproj
难易程度	★★★☆☆
技术掌握	理解并掌握颜色键

本案例通过多次叠加使用"颜色键"效果完成了抠像，如图5-65所示。

图5-65

01 导入素材，单击"项目"面板空白处并拖曳框选所有素材，再将所有素材拖曳至"时间轴"面板中，创建新序列，如图5-66所示，并将其重命名为"序列01"。

图5-66

02 将素材84向上拖曳至V2轨道上，将素材81拖曳至其下方，两个素材与序列开头对齐，并将素材84裁到素材81的长度，如图5-67所示。

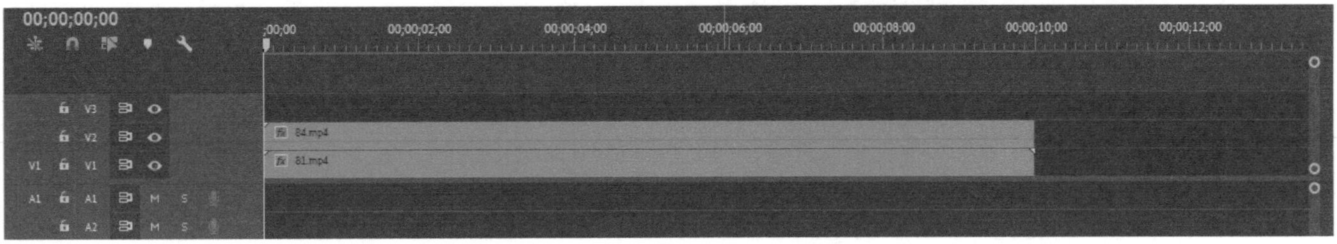

图5-67

03 在"效果"面板中搜索"颜色键",将"颜色键"效果拖曳至序列中的素材84上,如图5-68所示。

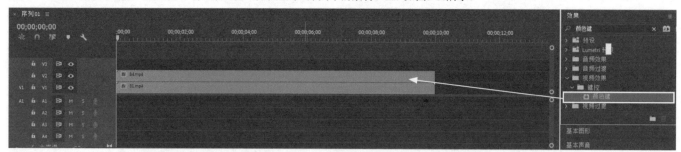

图5-68

04 打开"效果控件"面板,选择"颜色键"中的吸管工具,单击"节目"面板画面中天空中较浅的蓝色,并将"颜色容差"调整为27,将"羽化边缘"调整为2,如图5-69所示。

05 再添加一次"颜色键"效果,单击颜色的位置,将"颜色容差"调整为27,将"羽化边缘"调整为2,如图5-70所示。

图5-69

图5-70

06 再次添加"颜色键"效果,单击颜色的位置,将"颜色容差"调整为33,如图5-71所示。

07 再次添加"颜色键"效果,单击颜色的位置,将"颜色容差"调整为63,将"羽化边缘"调整为2,如图5-72所示。

① 技巧提示

以上"颜色键"效果使用的数值会因选择吸取颜色的不同而产生变化,所以具体数值可根据实际情况进行调节。

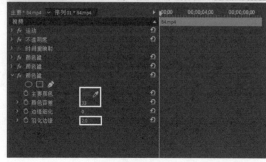

图5-71

图5-72

08 在"效果"面板中搜索"水平翻转",将"水平翻转"效果拖曳至序列中的素材81上,则素材画面将会被镜像,如图5-73所示。

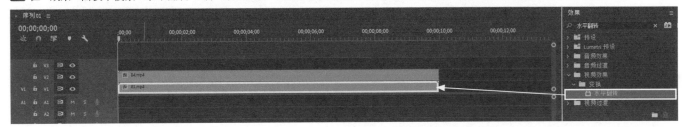

图5-73

09 展开运动控件,将"位置"调整为960和430,如图5-74所示。

① 技巧提示

　　调整颜色容差后,可以播放查看整体效果,若播放时发现边缘部分未抠除,可以适当增大容差查看效果。

图5-74

👍 重点

🖐 **案例训练:灵活应用超级键效果**

素材文件	工程文件>CH05>案例训练:灵活应用超级键效果
案例文件	工程文件>CH05>案例训练:灵活应用超级键效果>案例训练:灵活应用超级键效果.prproj
难易程度	★★★☆☆
技术掌握	理解并掌握超级键

扫码看效果　扫码看视频

本案例使用"超级键"效果进行抠像,为方便进行对比,素材与颜色键抠像素材保持一致,如图5-75所示。

图5-75

01 导入素材,创建新序列,并将其重命名为"序列01",如图5-76所示。

图5-76

02 将素材84向上拖曳至V2轨道上,将素材81拖曳至其下方,两个素材与序列开头对齐,并将素材84裁到素材81的长度,如图5-77所示。

图5-77

03 暂时取消显示V1轨道，如图5-78所示。

图5-78

04 在"效果"面板中搜索"超级键"，将"超级键"效果拖曳至序列中的素材84上，如图5-79所示。

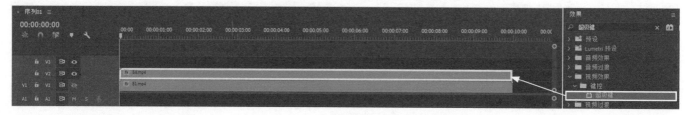

图5-79

05 打开"效果控件"面板，选择"超级键"中的"吸管工具" ，单击"节目"面板画面中的天空，素材84的天空即被抠除，如图5-80所示。

06 此时，可观察到画面中存在部分灰色，如图5-81所示，这是因为"超级键"是通过颜色选择区域，所以没有完全抠除的部分需要进行调整。

图5-80　　　　　　　　　　　　　　　　　　　图5-81

07 将"节目"面板画面大小调整为50%，使用"不透明度"控件中的"自由绘制贝塞尔曲线" 为画面中建筑的部分创建蒙版，如图5-82所示。

08 按键将面板缩小，将"节目"面板画面大小调整为"适合"，将"蒙版羽化"调整为79，将"蒙版扩展"调整为15，如图5-83所示。

图5-82　　　　　　　　　　　　　图5-83

09 此时，建筑边缘部分存在未完全抠除部分，但不影响后续操作。显示V1轨道，如图5-84所示。

图5-84

10 在"效果"面板中搜索"水平翻转",将"水平翻转"效果拖曳至序列中的素材84上,则素材画面将会被镜像,如图5-85所示。

图5-85

11 打开运动控件,将"位置"调整为960和410,如图5-86所示。

12 为配合整体色调,选择序列中的素材81,打开"Lumetri颜色"面板,将"色彩"调整为-10,如图5-87所示。

图5-86   图5-87

> ① 技巧提示
>
> 与遮罩蒙版抠像相比,此实例中蒙版的创建可以不用太过细致。

5.4 短视频抠像应用

在拍摄过程中尽量选择背景与主体较为分明的画面,以提升后续抠像的效率。

在有条件的情况下,尽可能选择纯色背景以提升抠像效率。使用绿色幕布时注意控制"渗色"现象(被拍摄的主体尽可能与背景幕布保持一定距离,从而减少"渗色"的出现)。在夜间拍摄的情况下,应尽可能选择蓝色幕布背景,方便进行抠像处理。请注意以下4点要求。

第1点: 上镜的人物尽可能头发整齐,且无凌乱毛发着装(有特殊需求的情况除外)。

第2点: 背景光线尽可能均匀,尽量避免阴影与色差。

第3点: 拍摄过程中应尽量减少运动模糊的出现,动作变化速度尽可能不要太快,如需快速变化可以在后期再做速度调整(快速调整往往不会使画面出现卡顿),以便提升抠像效率。

第4点: 素材与素材的分辨率大小应尽可能保证一致,以便进行抠像的处理。

👑 重点

综合训练:使用抠像制作笔刷转场

素材文件	工程文件>CH05>综合训练:使用抠像制作笔刷转场
案例文件	工程文件>CH05>综合训练:使用抠像制作笔刷转场>综合训练:使用抠像制作笔刷转场.prproj
难易程度	★★★★☆
技术掌握	掌握在短视频中的应用抠像的方法

本案例主要利用超级键效果和Alpha通道制作笔刷转场,如图5-88所示。

图5-88

01 导入素材，在时间轴上取消显示V4轨道，使用鼠标右键单击素材60，选择"设为帧大小"命令，如图5-89所示，素材60的画面将会扩大，如图5-90所示。

图5-89 图5-90

02 此时，画面边缘未铺满，在"效果控件"面板中的"运动"选项中将"缩放"调整为600，画面将再次扩大，如图5-91所示。

03 在"效果"面板中搜索"超级键"，将"超级键"效果拖曳至素材60上，如图5-92所示。

 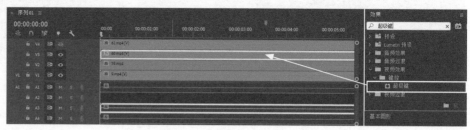

图5-91 图5-92

04 打开"效果控件"面板，选择"超级键"中的吸管工具，单击"节目"面板画面中的绿色，如图5-93所示。

05 单击鼠标左键，绿色将被消除，如图5-94所示。

图5-93 图5-94

06 选择序列中的素材59，打开"Lumetri颜色"面板，将"色温"调整为-60，将"色彩"调整为25，将"高光"和"阴影"都调整为-50，将"白色"调整为-2，如图5-95所示。

07 显示素材61，并使用鼠标右键单击素材61，选择"速度/持续时间"命令，如图5-96所示。

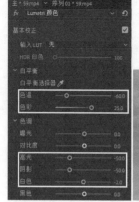  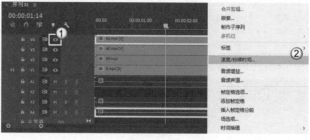

图5-95 图5-96

08 打开"剪辑速度/持续时间"对话框，将"速度"调整为80%，如图5-97所示。

09 删除序列中所有素材无须用到的片段，将"项目"面板中的音频拖曳至A1轨道上，并截选所需长度。根据音乐节奏作卡点，如图5-98所示。

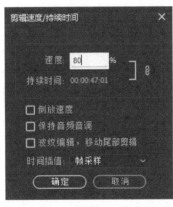

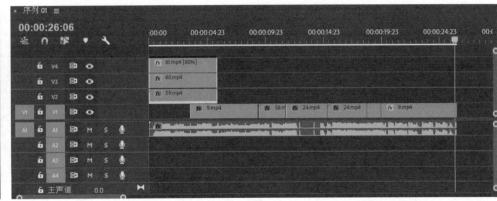

图5-97   图5-98

10 将播放头放置在素材61的位置，选择素材61，打开"效果控件"面板，使用"不透明度"中的"自由绘制贝塞尔曲线" 创建蒙版，如图5-99所示。将"节目"面板画面大小调整为25%，并按`键扩大画面，以便于建立蒙版。

11 蒙版创建完成后，将"节目"面板画面大小调整为"适合"，如图5-100所示。

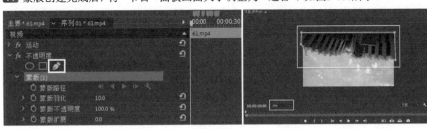

图5-99   图5-100

12 框选时间轴上的素材59、素材60和素材61，如图5-101所示，使用鼠标右键单击其中任意一个素材，选择"嵌套"命令，如图5-102所示。

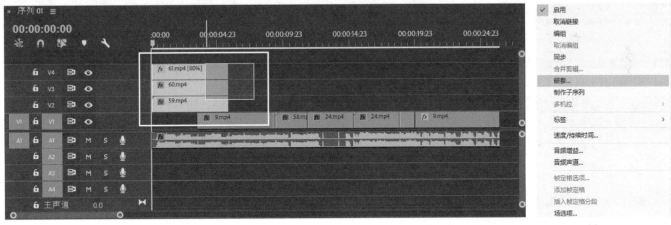

图5-101   图5-102

13 打开"嵌套序列名称"对话框，默认名称为"嵌套序列01"，如图5-103所示，单击"确定"按钮，建立"嵌套序列01"，如图5-104所示。

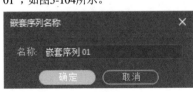
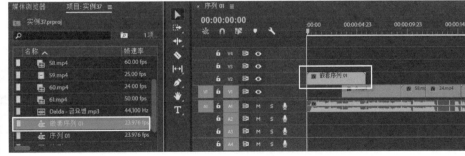

图5-103   图5-104

14 将笔刷素材拖曳至V3轨道上，截取素材中的第1个笔刷效果，即00:00:00:16至00:00:03:01的部分，并将其结束处与嵌套序列01的结束处对齐，如图5-105所示。

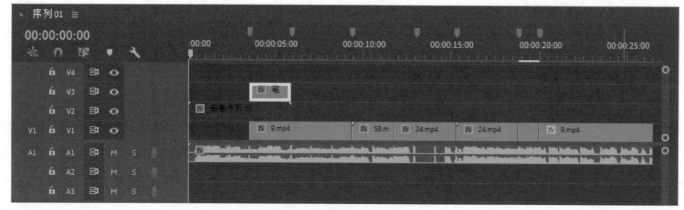

图5-105

15 打开"效果"面板，搜索"超级键"，将"超级键"效果拖曳至笔刷素材上，如图5-106所示。

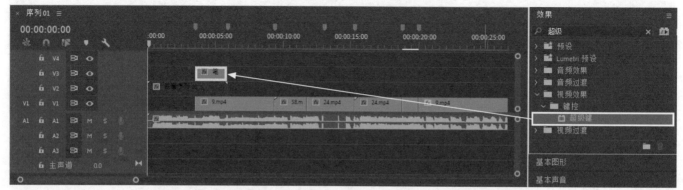

图5-106

16 打开"效果控件"面板，选择"超级键"的"吸管工具" ，单击"节目"面板画面中的绿色，将"输出"调整为Alpha通道，如图5-107所示。

17 将"嵌套序列01"从笔刷素材开始处切断，如图5-108所示。

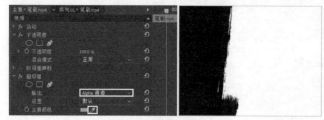

图5-107

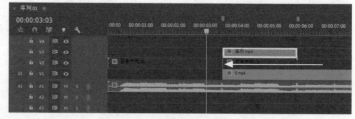

图5-108

18 打开"效果"面板，搜索"轨道遮罩键"，将"轨道遮罩键"效果拖曳至"嵌套序列01"的后半部分上，如图5-109所示。

19 打开"效果控件"面板，将"遮罩"设置为"视频3"，"合成方式"设置为"亮度遮罩"，如图5-110所示。

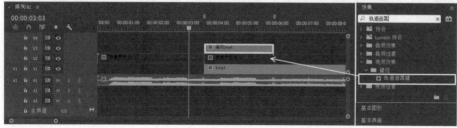

图5-109

图5-110

第6章 调色技术

📹 基础视频集数：22集　　📹 案例视频集数：12集　　🕐 视频时长：58分钟

　　在前面的剪辑过程中，读者可能已经发现，不同的素材视频放入同一个序列后，剪辑出来的片子可能会存在色调上的差异。要解决这个问题，就需要掌握一项专门的技术——视频调色技术。Premiere包含专门的调色工具，通过这些工具，读者可以对视频素材进行各种调色处理。

学习重点　🔍

学完本章能做什么

　　读者可以对序列中的素材视频进行色调上的统一，也可以对序列进行整体调色，甚至在技术熟练后，读者还可以针对视频氛围、主题、情绪进行优化和烘托。

6.1 视频调色基础

在学习Premiere的调色工具之前，读者还需要掌握一些调色的基础，否则即使拿到工具，也不知道如何下手，甚至不知道怎么调才是对的。本节主要介绍查看视频颜色的工具和如何通过这些颜色演示情况去判别素材视频的色彩问题，从而知道如何下手。

👑 重点

6.1.1 视频限幅器

当视频用于广播时，其所允许的最大或最小亮度值和颜色饱和度都有具体的限制（限幅）。在Premiere中可以轻松地对序列中需要调整的部分进行混合处理。"视频限幅器"能够自动限制色阶以满足限幅标准。在使用该效果设置信号最大值和信号最小值之前需要检查广播公司应用的限幅。"缩小方式"选项能让读者选择想要调整的信号的某部分（通常选择"压缩全部"）。

01 在工作区切换面板中激活"编辑"工作区面板，如图6-1所示。

02 在左下方的小窗口内激活"效果"面板，展开"视频效果"，如图6-2所示。

图6-1

图6-2

03 展开"过时"，将"视频限幅器（旧版）"控件拖曳至视频素材上，如图6-3所示。

04 在选中视频素材的前提下，在左上方的窗口内激活"效果控件"面板，随后即可编辑视频限幅器，根据需要进行视频限幅，如图6-4所示。

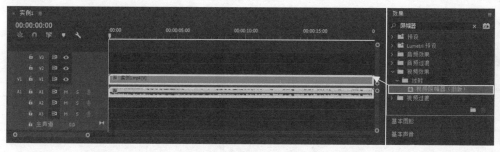

图6-3

图6-4

① 技巧提示

视频限幅器效果很常见，也可以将该效果运用到整个序列中。方法是将其作为一个导出设置启用该效果，或将其应用到调整图层上。

👑 重点

6.1.2 矢量示波器

Luma波形根据显示像素的竖直位置来显示亮度。较暗的像素显示在底部，较亮的则显示在顶部。而矢量示波器只显示颜色。下面以图6-5所示内容为例说明。

单击"Lumetri范围"选项卡，在"Lumetri范围"面板中单击鼠标右键，打开快捷菜单，确认Vectorscope YUV（矢量示波器YUV）命令被勾选，然后进入快捷菜单，取消选择Waveform（RGB）[波形（RGB）]命令，如图6-6所示。

图6-5

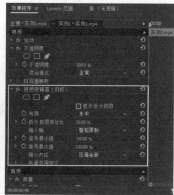

图6-6

图像中的像素将显示在"矢量示波器"中，如图6-7所示。若像素出现在圆圈的中心位置，则它的颜色饱和度为0。距圆圈边缘越近，它的饱和度越高。观察矢量示波器，读者将看到一系列表示原色的目标（R=红色，G=绿色，B=蓝色）和一系列表示合成色的标记（Yl=黄色，Mg=品红色，Cy=青色），如图6-7所示。每个目标都有两个方框，较大的外边框为RGB颜色限制，其饱和度为100%；较小的内边框为YUV颜色限制，其饱和度为75%，且内边框之间的细线表示了YUV的色域。相较于YUV，RGB颜色能将饱和度扩展到更高的级别。此外，像素越是接近其中一个颜色，就越像这个颜色。尽管波形说明了像素在图像中的位置，但由于是水平位置，矢量示波器中将没有任何位置信息。

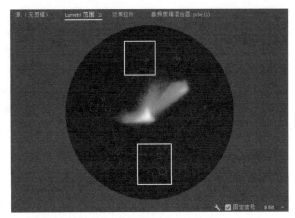

"矢量波形器"提供了序列中颜色的客观信息，通常在"矢量示波器"中色偏更为明显。如果有色偏，则可能是因为没有校准摄像机。读者可以在"Lumetri颜色"面板中减少或添加想要的颜色。

图6-7

01 在"Lumetri颜色"面板中展开"基本校正"，如图6-8所示。

02 观察"矢量示波器"，在"Lumetri颜色"面板中将"色温"滑块拖曳至其中一个端点处，如图6-9所示。"矢量示波器"显示的像素将在蓝色区域与橙色区域之间移动。

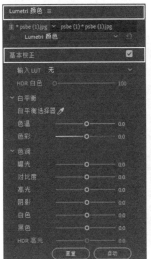

图6-8

图6-9

03 观察"矢量示波器"，在"Lumetri颜色"面板中将"色彩"滑块拖曳至其中一个端点处，如图6-10所示。"矢量示波器"显示的像素将在品红色区域与绿色区域之间移动。如果对调整效果不满意，那么可以双击"色彩"滑块控件将其重置。

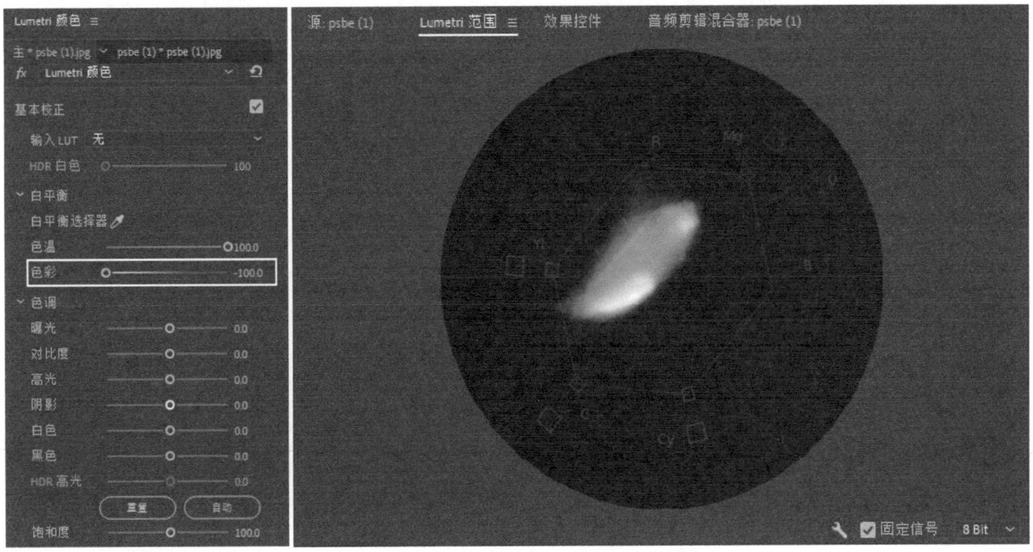

图6-10

6.1.3 YC波形

"Waveform（YC）"（YC波形）表示视频剪辑的信号强度。字母C表示色度，字母Y表示亮度（它是一种使用x、y、z轴来衡量颜色信息的方式）。在调色中通常使用"YC波形"来判断图像的黑白场和明暗分布情况。在"YC波形"中，绿色表示图形的亮度；蓝色表示图形的色度，如图6-11所示。亮度靠近100处为视频剪辑的高光部分，靠近0处则为视频剪辑的阴影部分。

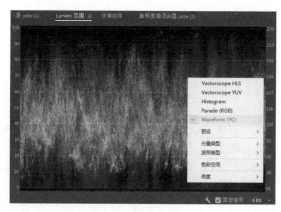

图6-11

👑 重点

6.1.4 YCBCR和YUV颜色空间

下面介绍YCBCR和YUV颜色空间的区别和作用。

☞ YCBCR--

明暗度的计算基于人眼看到的颜色，当摄像机捕捉到RGB之后，会将信号转换为YCBCR（有时又称YUV）。Y为所有亮度信息的总和，包括所有颜色的强度，人类眼睛看到的颜色范围是：红色为0~30，绿色为0~60，蓝色为0~11。在"Lumetri范围"面板中打开快捷菜单，展开"分量类型"，选择YUV命令，如图6-12所示。

再次打开快捷菜单，分别选择Parade（YUV）[分量（YUV）]和Vectorscope YUV（矢量示波器YUV）命令，如图6-13所示。

在"效果"面板的"颜色校正"文件夹中，单击YUV图标🔲，会自动筛选出支持YCBCR的调色工具，如图6-14所示。注意，YCBCR并非一个绝对的色彩空间，它是YUV压缩和偏移的版本。

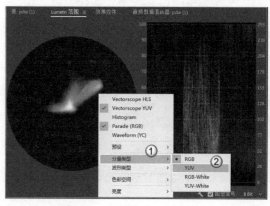

图6-12

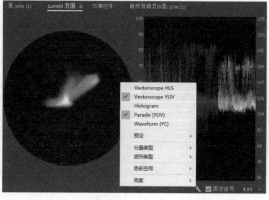

图6-13

图6-14

☞ YUV颜色空间--

在现代彩色电视系统中，用三管彩色摄影机或者彩色CCD摄影机进行取像后，将取得的彩色图像信号分色，放大校正后可以得到RGB，经过矩阵变换电路后得到亮度信号Y和两个色差信号——R-Y（即V）、B-Y（即U），由发送端对亮度和色差的3个信号进行编码，然后使用同一信道发送出去，这种色彩的表示方法就是YUV色彩空间。具体的逻辑关系如下。

Y 亮度信号→ 明亮度（Luma）

U 蓝色-亮度（B-Y）
↘
　色度（Chroma）
↗
V 红色-亮度（R-Y）

👑 重点

6.1.5 RGB颜色信息

RGB是一种颜色标准，RGB色彩即代表红、绿、蓝3个颜色，三者相互叠加，形成其他颜色。RGB色彩的强度值为0~255，若将0看作0%，将255看作100%，则一个像素的蓝色值为127等同于其蓝色值为50%。R、G、B均为255时合成白色，R、G、B均为0时合成黑色。因为RGB分量清楚地显示了各颜色通道之间的关系，因此它是一种常用的颜色校正工具。

在"Lumetri范围"面板中单击鼠标右键，然后执行"预设>分量RGB"命令，如图6-15所示。RGB的红、绿、蓝的色阶是分别显示的，因此每个色阶显示区域会被水平挤压为显示宽度的1/3。

再次在"Lumetri范围"面板中单击右键，选择"分量类型"命令即可查看分量的类型，如图6-16所示。

> ① 技巧提示
> 如果要查看颜色调整对RGB分量的影响，可进入"Lumetri颜色"面板中的"基本校正"区域调整"白平衡"和"色调"，然后双击界面以重置每个控件。

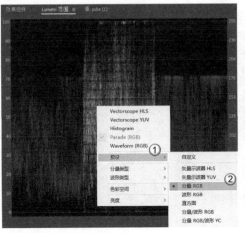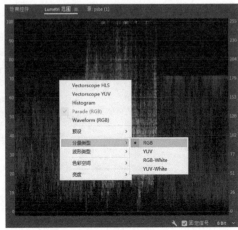

图6-15　　　　　　　　　　图6-16

6.1.6 视频色彩矫正的思路（颜色操作的工作流程）

人的眼睛会自动调整以适应周围光线颜色的变化。摄像机可自动调整白平衡来弥补不同的光线，但有时自动设置并不是特别可靠，因此摄影师通常喜欢手动调整白平衡。若剪辑中出现颜色不平衡的现象，常见原因就是没有校准摄像机，那么需要通过后期来修复颜色平衡，矫正视频色彩。

☞ 使用色轮进行平衡处理

01 将序列播放头移动至想要进行色彩矫正的画面上，切换至颜色工作区，这个时候可以重置布局，如图6-17所示。

02 在"Lumetri颜色"面板中展开"基本校正"，单击"自动"按钮来自动调整色阶，如图6-18所示。这时，计算机将识别最亮与最暗的像素并进行平衡处理。

图6-17

03 将"Lumetri范围"面板设置为显示"矢量示波器YUV"。在"矢量示波器YUV"中可以发现蓝色有强烈色偏，如图6-19所示。

04 在"Lumetri颜色"面板中的"基本校正"中将"色温"滑块向橙色移动，如图6-20所示。

05 展开"Lumetri颜色"面板中的"色轮"，在"阴影"色轮中将颜色滑块朝红色方向偏移，在"高光"色轮中将颜色滑块朝蓝色方向偏移，如图6-21所示。

> ① 技巧提示
> 读者还可以调整"中间调"色轮使调色更加自然，也可以使用"Lumetri颜色"面板中的其他控件进行调整。

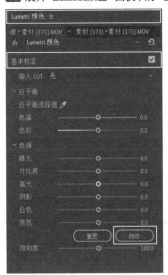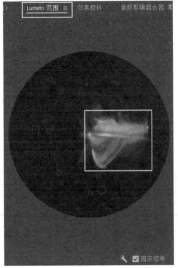

图6-18　　　　图6-19　　　　图6-20　　　　图6-21

☞ **调整混合色**---

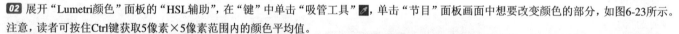

"Lumetri颜色"面板还可以对局限于特定范围的颜色色相、饱和度和亮度进行调整。

01 导入视频素材,将其拖曳至时间轴上,如图6-22所示。

02 展开"Lumetri颜色"面板的"HSL辅助",在"键"中单击"吸管工具"，单击"节目"面板画面中想要改变颜色的部分,如图6-23所示。注意,读者可按住Ctrl键获取5像素×5像素范围内的颜色平均值。

图6-22

图6-23

03 在"更正"中将"色温"滑块和"色彩"滑块移到左端,如图6-24所示。

04 回到"键"中,调整控件,如图6-25所示。控件中上方的三角形代表所选颜色的硬停止范围,下方的三角形则使用软化的方法减少硬边缘,扩展所选的颜色。注意,H表示"色相",S表示"饱和度",L表示"亮度"。

图6-24

图6-25

6.2 Premiere视频调色工具

图6-26所示是Premiere的"颜色"工作区,其面板中包含各类调整颜色的工具。

图6-26

6.2.1 "Lumetri 颜色"面板

打开视频素材,切换至"颜色"工作区,将该视频素材拖曳到"时间轴"面板中,激活"Lumetri范围"面板和"Lumetri颜色"面板,如图6-27所示。

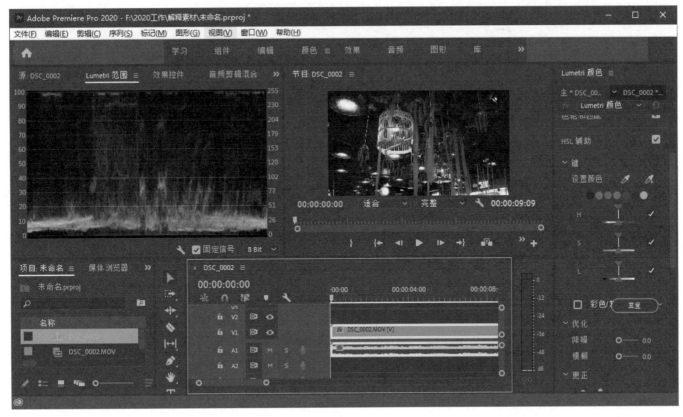

图6-27

6.2.2 Lumetri范围

这个面板主要用于显示素材的颜色范围，如图6-28所示。这是"Waveform（RGB）"模式下的颜色情况。

重要选项介绍

Vectorscope HLS（矢量示波器HLS）：在"Lumetri范围"面板中单击鼠标右键可调出，如图6-29所示，显示"色相""饱和度""亮度"和"信号"信息。

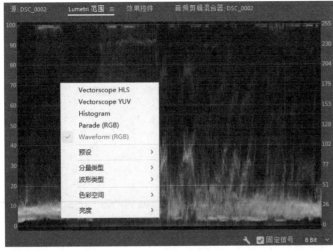

图6-28

图6-29

Vectorscope YUV（矢量示波器YUV）：以圆形的方式显示视频的色度信息，如图6-30所示。

Histogram （直方图）： 显示每个颜色的强度级别上像素的密集程度，有利于评估阴影、中间调和高光，从而整体调整图像色调，如图6-31所示。

Parade（分量）：显示数字视频信号中的明亮度和色差通道级别的波形。可在"分量类型"中选择RGB/YUV/RGB-White/YUV-White，如图6-32所示。

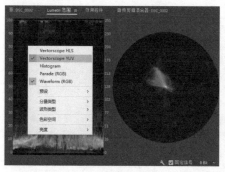

图6-30

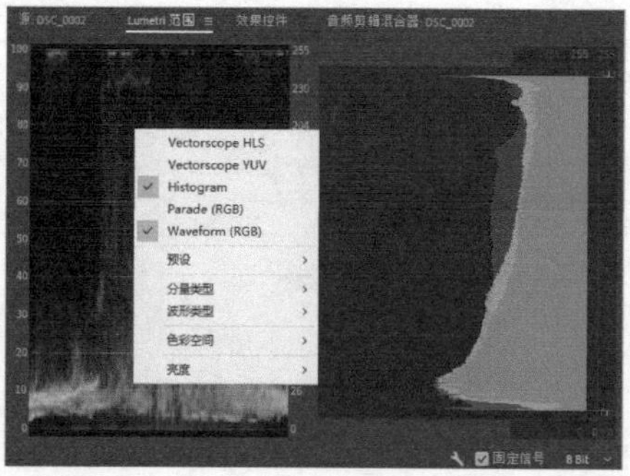

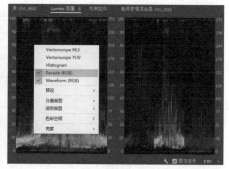

图6-31

图6-32

♚ 重点

6.2.3 基本校正

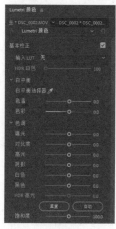

图6-33

图6-34

这些参数可以调整视频素材的色相（颜色和色度）及明亮度（曝光度和对比度），从而修正过暗或过亮的素材，如图6-33所示。

☞ 输入LUT--

可以使用LUT预设作为起点对素材进行分级，后续仍可使用其他颜色控件进一步分级，如图6-34~图6-36所示。

图6-35

图6-36

☞ 白平衡--

通过"色温"滑块和"色彩"滑块或"白平衡选择器"可以调整白平衡，从而改进素材的环境色，如图6-37所示。

重要参数介绍

白平衡选择器：选择"吸管工具"，单击画面中本身应该属于白色的区域，从而自动白平衡，使画面呈现正确的白平衡关系，如图6-38所示。

图6-37

图6-38

色温：滑块向左（负值）移动可使素材画面偏冷，向右（正值）移动则可使素材画面偏暖，如图6-39所示。

色彩：滑块向左移动（负值）可为素材画面添加绿色，向右（正值）则可为素材画面添加洋红色，如图6-40所示。

| 图6-39 | 图6-40 |

☞ 色调--

这些参数只用于调整素材画面的大体色彩倾向，如图6-41所示。

重要参数介绍

曝光：滑块向左移动（负值）可减小色调值并扩展阴影，向右移动（正值）则可增大色调值并扩展高光，如图6-42所示。

对比度：滑块向左移动（负值）可使中间调到暗区变得更暗，向右（正值）则可使中间调到亮区变得更亮，如图6-43所示。

高光：调整亮域，向左（负值）可使高光变暗，向右（正值）则可在最小化修剪的同时使高光变亮，如图6-44所示。

图6-41

| 图6-42 | 图6-43 | 图6-44 |

阴影：向左（负值）滑动可在最小化修剪的同时使阴影变暗，向右（正值）则可使阴影变亮并恢复阴影细节，如图6-45所示。

白色：调整高光。向左滑动（负值）可以减少高光，向右滑动（正值）可以增加高光，如图6-46所示。

黑色：向左（负值）滑动可增大黑色范围，使阴影更偏向纯黑；向右（正值）滑动可减小阴影的范围，如图6-47所示。

重置：可使所有数值还原为初始值，如图6-48所示。

图6-45

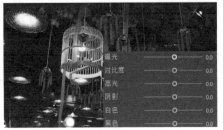

| 图6-46 | 图6-47 | 图6-48 |

自动：可自动设置素材图像为最大化色调等级及最小化高光和阴影，如图6-49所示。

饱和度

可均匀调整素材图像中所有颜色的饱和度。向左（0~100）可降低整体饱和度，向右（100~200）则可提高整体饱和度，如图6-50所示。

图6-49

图6-50

🔖 重点

6.2.4 创意

该部分控件可以进一步拓展调色功能，如图6-51所示。另外，也可以使用Look预设对素材图像进行快速调色。

Look

读者可以快速调用Look预设，如图6-52所示，其效果类似添加"滤镜"。单击Look预览窗口的左右箭头可以快速依次切换Look预设进行预览，如图6-53所示，单击预览窗口中的Look预设名称可加载Look预设，如图6-54所示；"强度"控件只在加载Look预设后才有效果，是针对Look预设的整体影响程度的调整滑块，如图6-55所示。

图6-51

图6-52

图6-53

图6-54

图6-55

调整

展开"调整"卷展栏，参数如图6-56所示。

重要参数介绍

淡化胶片：使素材图像呈现淡化的效果，可调整出怀旧的风格，如图6-57所示。

锐化：调整素材图像边缘清晰度。向左（负值）可降低素材图像边缘清晰度，向右（正值）可提高素材图像边缘清晰度，如图6-58所示。

图6-56

图6-57

图6-58

❓ **疑难问答：为什么我的素材图像锐化后有像素颗粒感？**

锐化的应用应适度，如果锐化值过大就会出现像素的颗粒感（噪点）。

案例训练：通过输入LUT为视频调色

素材文件	工程文件>CH06>案例训练：通过输入LUT为视频调色
案例文件	工程文件>CH06>案例训练：通过输入LUT为视频调色>案例训练：通过输入LUT为视频调色.prproj
难易程度	★★☆☆☆
技术掌握	掌握用LUT为视频调色的方法

调色前后的效果对比如图6-59所示。

图6-59

01 导入视频素材，并将其拖曳到时间轴上，如图6-60所示。

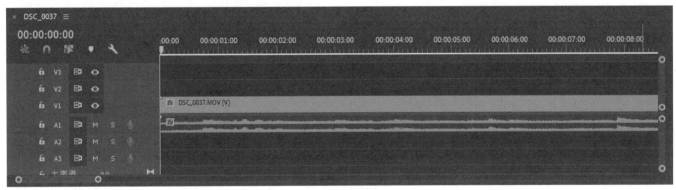

图6-60

02 切换至"颜色"工作区，在激活视频素材的前提下，展开"基本校正"，如图6-61所示。

03 打开"输入LUT"下拉菜单，可以自由选择Premiere自带的LUT预设，也可以从计算机上导入预设。这里选择ARRI_Universal_DCI，如图6-62所示。

图6-61

图6-62

233

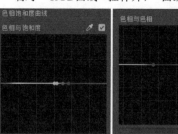

图6-63

👑 重点

6.2.5 曲线

"曲线"用于对视频素材进行颜色调整，它有许多更加高级的控件，可对亮度，以及红、绿、蓝色像素进行调整，如图6-63所示。

除了"RGB曲线"控件外，"曲线"还包括了"色相饱和度曲线"，它可以精确控制颜色的饱和度，同时不会产生太大的色偏，如图6-64所示。

图6-64

> ① 技巧提示
>
> 　　双击控件的空白区可重置"Lumetri颜色"面板中的大部分控件。

👑 重点

🖐 案例训练：用曲线工具调色

素材文件	工程文件>CH06>案例训练：用曲线工具调色
案例文件	工程文件>CH06>案例训练：用曲线工具调色>案例训练：用曲线工具调色.prproj
难易程度	★★☆☆☆
技术掌握	掌握曲线工具的操作方法

调色前后的效果对比如图6-65所示。

图6-65

01 导入视频素材，将其拖曳至时间轴上，如图6-66所示。

02 切换至"颜色"工作区面板，展开"曲线"，观察视频素材，会发现画面整体亮度欠佳。在"RGB曲线"中单击白色曲线中间的点并向上拖曳，同时观察"节目"面板中的画面，直到调整至最佳亮度，如图6-67所示。

图6-66

图6-67

03 为了增添晴天的氛围，切换至蓝色曲线，单击蓝色曲线中间的点并向上拖曳，同时观察"节目"面板中的画面，适当增加画面的蓝色，如图6-68所示。

04 提高粉色风车的鲜艳程度，使画面更加生动。在"色相与饱和度"中分别单击红色区域中的曲线和蓝色区域中的曲线添加两个锚点，如图6-69所示。

05 单击这两个锚点中间的曲线，再次添加一个锚点，并适当向外拖曳，提高粉色风车的颜色饱和度，如图6-70所示。

图6-68

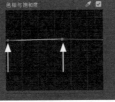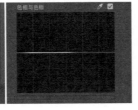

图6-69

图6-70

🔖 重点

6.2.6 快速颜色校正器/RGB颜色校正器

下面介绍颜色校正的两种方法，分别是快速颜色校正和RGB颜色校正（包含RGB曲线）。

☞ 快速颜色校正器

01 打开素材，切换到"颜色"工作区，如图6-71所示。

02 单击右侧的展开按钮，选择"所有面板"命令，如图6-72所示。

图6-71

图6-72

03 在"效果"面板中找到"过时"效果，双击"快速颜色矫正器"或将其拖曳到素材上，如图6-73所示。

04 在左上方的"效果控件"面板中找到"快速颜色校正器"，如图6-74所示。

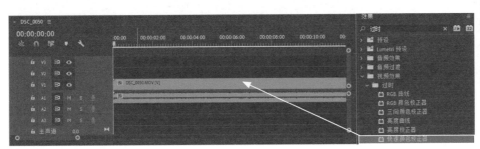

图6-73

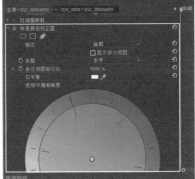

图6-74

重要参数介绍

白平衡：使用"吸管工具"🖊调节白平衡，按住Ctrl键可以选取5像素×5像素范围内的平均颜色。

色相角度：可以拖曳色环外圈改变图像色相，也可单击蓝色的数字修改数值，还可将鼠标指针悬停至蓝色数字附近，待出现箭头时，长按鼠标左键左右拖曳调整数值。

平衡数量级：将色环中心处的圆圈拖曳至色环上的某一颜色区域，即可改变图像的色相和色调。

平衡增益：平衡增益是对平衡数量级的控制。将黄色方块向色环外圈拖曳可提高平衡数量级的强度。越靠近色环外圈，效果越强。

平衡角度：将色环划分为若干份，如图6-75所示。

饱和度：色彩的鲜艳程度。饱和度的值为0，则图像为灰色。

主要：若勾选"主要"，则阴影、中间调与高光的数据将同步调整；若取消勾选"主要"，可对单独的某个控件进行调整。在3个色环下面可进行颜色的选取。可用吸管工具吸取图像中的阴影、中间调与高光进行调整。

输入色阶/输出色阶：控制输入/输出的范围。输入色阶是图像原本的亮度范围。将左边的黑场滑块▣向右移动，则阴影部分压暗；将右边的白场滑块▣向左移动则高光部分提亮；中间的滑块▣则可对中间调进行调整。输入色阶与输出色阶的极值是相对应的。在输出色阶中，由于计算机屏幕上显示的是RGB图像，所以数值为0~255。若输出的为YUV图像，则数值为16~235。

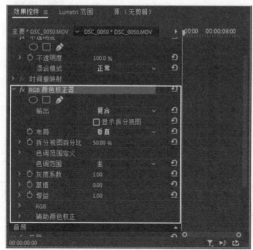

图6-75

☞ RGB颜色校正器

使用"RGB颜色校正器"时，要注意以下3几个参数，如图6-76所示。

重要参数介绍

灰度系数：即图像灰度。灰度系数越大，则图像黑白差别越低，对比度越低，图像呈现灰色；灰度系数越小，则图像黑白差别越大，对比度越高，图像明暗对比强烈。

基值：视频剪辑中RGB的基本值。

增益：基值的增量。例如，在蓝色调的剪辑中蓝色的基值是100，增益是10，最后结果为110。

为了在调整RGB颜色校正器的同时也能看到RGB分量，可在"Lumetri范围"面板中单击鼠标右键，选择"分量类型>RGB"命令，然后将"Lumetri范围"面板拖曳至下方窗口中进行合并，如图6-77所示。

☞ RGB曲线

以"主要"曲线为例，曲线左下方代表暗场，将端点向上移动可使图像暗部提亮；曲线右上方代表亮场，将端点向下移动可使图像亮部压暗。读者可在曲线上的任意一处（除两端外）单击以添加锚点，进行分段调整，如图6-78所示。红色、绿色、蓝色曲线同理。

图6-76

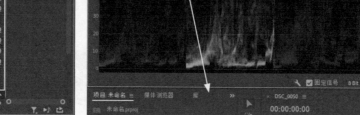

图6-77

图6-78

> ① 技巧提示
>
> 若想重置参数，可单击右方的"重置"按钮▣进行重置。另外，单击前方的开关控件▣可以对比效果，也可勾选"显示拆分视图"，根据需要调整拆分布局和比例，查看原图和修改后的图的效果。

☝ 重点

🖐 案例训练：用快速颜色校正器和RGB曲线纠正偏色

素材文件	工程文件>CH06>案例训练：用快速颜色校正器和RGB曲线纠正偏色
案例文件	工程文件>CH06>案例训练：用快速颜色校正器和RGB曲线纠正偏色>案例训练：用快速颜色校正器和RGB曲线纠正偏色.prproj
难易程度	★★☆☆☆
技术掌握	利用快速颜色校正器和RGB曲线纠正偏色素材

调色前后的效果如图6-79所示。

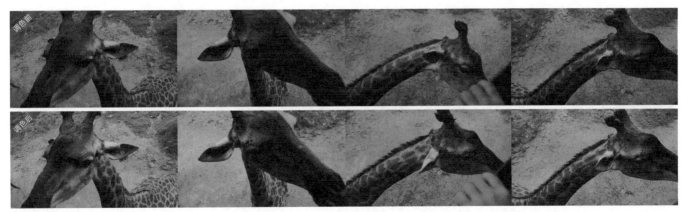

图6-79

01 导入视频素材并将其拖曳到时间轴上，如图6-80所示。

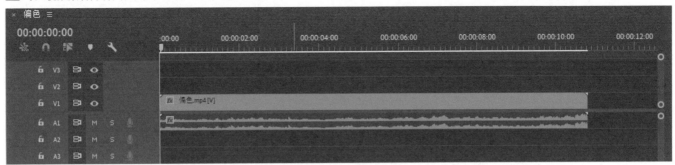

图6-80

02 切换至"效果"工作区，在"Lumetri范围"面板中，确保选中Parade（RGB）[分量（RGB）]，如图6-81所示。

03 观察RGB分量，不难发现，蓝色色域整体偏低，如图6-82所示。

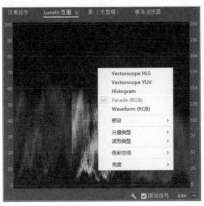

图6-81

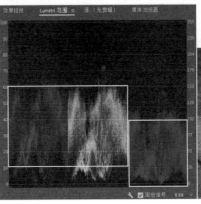

图6-82

04 找到"快速颜色校正器"效果，并将其拖曳到视频素材上，如图6-83所示。

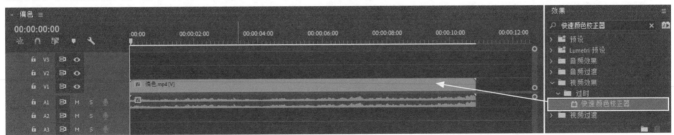

图6-83

05 在"效果控件"面板中找到"快速颜色校正器",在"色相平衡和角度"中将小圆圈向蓝色偏移,使"分量RGB"中的蓝色整体向上偏移,如图6-84所示。

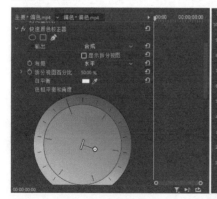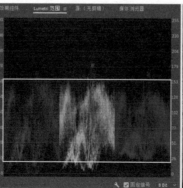

图6-84

06 找到"RGB曲线"效果,并将其拖曳到视频素材上,如图6-85所示。

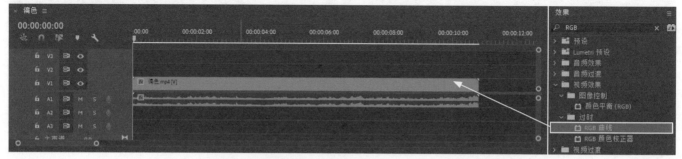

图6-85

07 在"效果控件"面板中找到"RGB曲线",单击"主要"曲线中部添加一个锚点并向上拖曳,使整体提亮,如图6-86所示。

08 接下来对RGB分量中的蓝色色域进行进一步调整。单击蓝色曲线左下角添加一个锚点向右拖曳,单击蓝色曲线右上角添加一个锚点并向左拖曳,分别拓展蓝色的高光和阴影部分,使之整体与RGB分量中的红色与绿色相匹配,即可完成偏色纠正,如图6-87和图6-88所示。

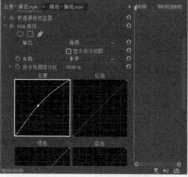

图6-86

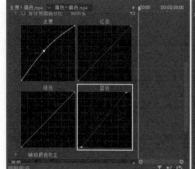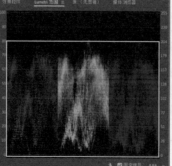

图6-87

图6-88

6.3 视频的调色插件

读者可以从互联网上下载一些Premiere插件，以更加方便快捷地满足自己的需求。

▲ 重点

6.3.1 人像磨皮：Beauty Box

Beauty Box插件是一个使用面部检测技术自动识别皮肤颜色并创建遮罩的插件，它也可同时安装到PR和AE中。读者在安装下载Beauty Box插件后，即可在"效果"面板中的"视频效果>Digital Anarchy"中找到它。

将需要磨皮美化的视频素材导入到Premiere中，在"效果"面板中找到"视频效果>Digital Anarchy>Beauty Box"并将其拖曳到视频素材上，Beauty Box插件将自动识别视频素材中的皮肤并进行磨皮处理，如图6-89所示。

图6-89

若读者想对皮肤细节进行更精细的调节，则可在"效果控件"面板中找到"Beauty Box"栏目详细调节参数。Smoothing Amount（平滑数量）可以控制磨皮的程度，Skin Detail Smoothing（皮肤细节）可以调节皮肤细节的平滑量，如图6-90所示。

Comtrast Enhance（对比度增强）可微调皮肤的质感。读者也可使用"吸管工具" 吸取皮肤的暗部和亮部来精准调节。通常默认的参数都是够用的，只有在特殊的光线环境下，人物肤色发生较大偏色时才会用到"吸管工具" 和"色相饱和度"等参数来选取人物肤色的范围，如图6-91所示。

中英文对照

Smoothing Amount：平滑数值。

Skin Detail Amount：皮肤细节数值。

Smoothing Radius：平滑半径。

Info Only：单独（唯一）信息。

Mask：遮罩。

Mode：模式。

Off：关闭。

Set：开启。

Foreground：前景。

Show Mask：显示遮罩。

Off：关闭。

On：开启。

Quick：快速。

Dark Color：深色。

Light Color：浅色。

Hue Fall Off：色调羽化。

Saturation Falloff：饱和度羽化。

Value Falloff：数值羽化。

Mask Input：遮罩输入。

Mask Channel：遮罩通道。

Alpha/Luminance：阿尔法/亮度。

Mask Invert：反转遮罩。

Qath：路径。

Feather：羽化。

Preserve Edges：保持边缘。

Qreserve Grain：保持噪波。

Sharpen：锐化。

Face Detection：人脸检测。

Face/Eye：脸/眼。

Analyze Frame：逐帧分析。

Analyze All：全部分析。

Keyframes：关键帧。

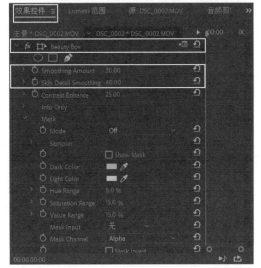

图6-90

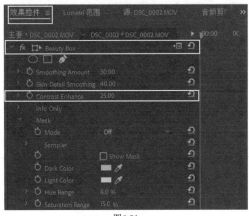

图6-91

👆 重点

6.3.2 降噪：Neat Video

Neat Video插件拥有优异的降噪技术和高效率的渲染，支持多个GPU和CPU协同工作，降噪效果和处理速度十分可观，可以快速减少视频中的噪点。随着手机拍摄技术的提升，人们用手机视频来记录生活的可能性越来越大。但在晚上或者光线微弱的时候，拍摄的视频就会有噪点。这个时候就可以用Neat Video插件来消除噪点。

01 打开序列，在"效果"面板中找到"视频效果>Neat Video"并将"Neat Video"中的"Reduce Noise v5"拖曳到视频素材上，如图6-92所示。

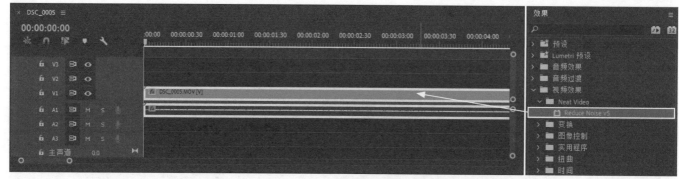

图6-92

02 在"效果控件"面板中找到Reduce Noisev5，单击右边的设置图标🔲，打开设置窗口，如图6-93所示。

03 单击左上角的"Auto Profile"，如图6-94所示。

04 插件将自动框选出噪点，单击Apply按钮 Apply ，如图6-95所示。

图6-93

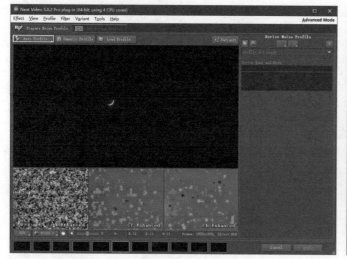

图6-94

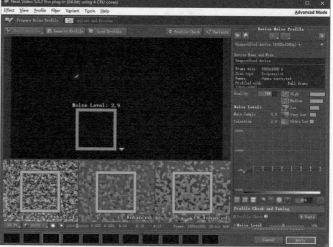

图6-95

6.3.3 调色：Mojo Ⅱ

Mojo Ⅱ是一个非常实用的视频调色插件，可以在视频后期处理中让画面色调呈现出好莱坞影片的效果。Mojo Ⅱ插件最大特点就是可以实现快速预览，也就是说，读者可以快速调出好莱坞风格色调。打开序列，在"效果"面板中找到Mojo Ⅱ插件并将其拖曳到素材上。

Mojo II插件会自动调整颜色，让视频剪辑呈现出青绿色的色调。读者也可以在"效果控件"面板中展开Mojo II插件选项，进行更加精细的调整。

01 导入视频素材，并将其拖曳到时间轴上，如图6-96所示。

图6-96

02 切换至"效果"面板，找到"视频效果>RG Magic Bullet>Mojo II"并将其拖曳到视频素材上，如图6-97所示。

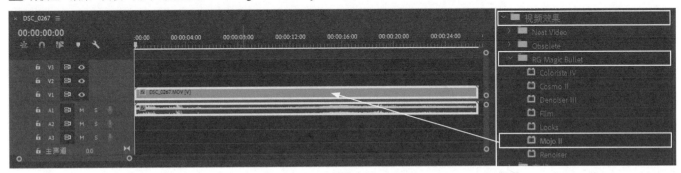

图6-97

03 不难发现，"节目"面板中的画面色调立即发生了变化。下面就来讲解几个重要的参数。在"效果控件"面板中找到Mojo II，My Footage Is指当前素材类型，不同的素材类型色调各不相同。默认状态下为Flat，如图6-98所示。在"My Footage Is"中选择Video，将当前素材类型修改为视频，如图6-99所示。

图6-98

图6-99

04 Preset指预设，读者可以自由选择预设，下方的参数也将有相应的变化。默认状态下为Mojo，如图6-100所示。

图6-100

05 Mojo指色调对比。将Mojo调整到最大时，画面的色调对比更加强烈。当然，在对参数值进行变更后，Preset将自动变为None，如图6-101所示。

图6-101

06 Mojo Tint指阴影蓝/绿。将Mojo Tint调整到最大时，画面染色效果更加明显，如图6-102所示。

图6-102

07 Punch It指对比度。Punch It数值越大，则画面颜色越深，数值越小，则画面颜色越浅，如图6-103所示。

图6-103

08 Bleach It指饱和度。Bleach It数值越大，则画面饱和度越小，数值越小，则画面饱和度越大，如图6-104所示。

图6-104

09 展开Corrections。在Corrections中，Exposure指曝光度。Exposure数值越大，则画面曝光度越强，数值越小，则画面曝光度越弱，如图6-105所示。

图6-105

10 Cool/Warm指色温。Cool/Warm数值增大，则画面偏暖，数值减小，则画面偏冷，如图6-106所示。

图6-106

11 Strength指强度。读者可以自由调整插件强度。默认状态下为100%，如图6-107所示。

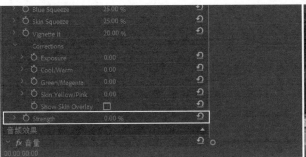

图6-107

① 技巧提示

可单击"效果控件"面板中"Mojo Ⅱ"栏目前的效果显示图标 fx 对比效果。

以下是插件的中英文对照。

My Footage Is：我的素材类型。

Preset：预设。

Mojo：色调对比。

Mojo Tint：阴影蓝/绿。

Punch It：对比度。

Bleach It：饱和度。

Fade It：淡化。

Blue Squeeze：蓝色偏移。

Skin Squeeze：皮肤偏移。

Vignette It：晕影（类似暗角）。

Corrections：更正。

Exposure：曝光度。

Cool/Warm：色温。

Green/Magenta：色彩。

Skin Yellow/Pink：皮肤黄/粉红。

Show Skin Overlay：显示皮肤选区。

Strength：强度。

6.4 Premiere视频调色技巧

本节主要介绍Premiere的视频调色技巧，包含曝光处理、匹配色调、强化校色、环境光调色、关键帧调色等。

♛重点

6.4.1 解决曝光问题

曝光问题通常有两个：曝光不足和曝光过度。下面依次介绍解决方法。

☞ 曝光不足---

01 打开序列并切换至"颜色"工作区，如图6-108所示。

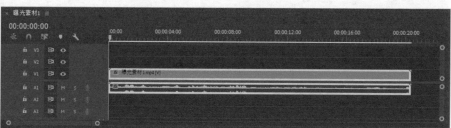

图6-108

02 在"Lumetri范围"面板中单击右键，执行"波形类型>YC"命令，如图6-109所示。

03 观察图像，不难发现，在这曝光不足的图像中，YC波形底部有许多暗像素，有些已经触及到0了，如图6-110所示。

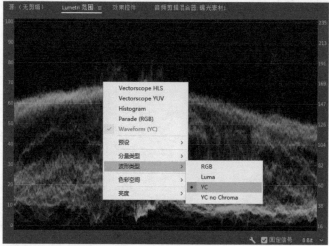

图6-109

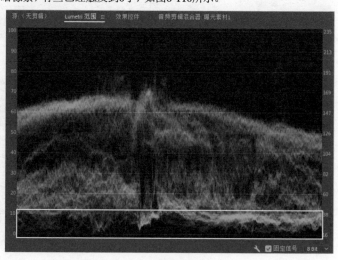

图6-110

04 在"Lumetri颜色"面板中展开"基本校正",调整"曝光"和"对比度",同时检查YC波形,确保图像没有变得太亮或太暗,如图6-111所示。

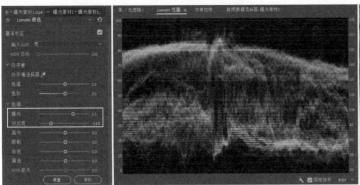

图6-111

05 来回切换"基本校正"的被勾选与未被勾选状态,观察原图和修改之后的图像的效果,如图6-112所示。

图6-112

👉 曝光过度--------

　　除了使用"Lumetri颜色"面板的"基本校正"区域进行亮度调节,还可以利用"曲线"中的"RGB曲线"控件来调整高光、中间调和阴影,如图6-113所示。

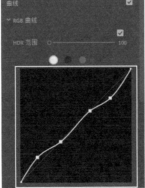

图6-113

❓ **疑难问答:什么时候进行颜色校正是合适的?**

　　调整图像是一件主观的事情,Premiere提供的参考工具是有用的指南,但只有读者才可以确定图像在何时看起来是最合适的。

　　如果是为数字影院投影、高动态范围电视制作视频,那么拥有一个与Premiere的编辑系统相连接的电视屏幕十分重要,因为电视屏幕与计算机显示屏的颜色显示方式不同,且计算机的屏幕有时会用特殊的颜色模式来改变视频外观。对于专业级的广播电视来讲,编辑人员应认真校准监视器来显示YUV颜色。使图像外观精确的唯一方式便是使用目标媒介查看。

　　如果最终目标媒介是计算机屏幕,那么你就已经在测试监视器上看到了最终效果。

👑 重点

✋ 案例训练：调整过曝素材

素材文件	工程文件>CH06>案例训练：调整过曝素材
案例文件	工程文件>CH06>案例训练：调整过曝素材>案例训练：调整过曝素材.prproj
难易程度	★★☆☆☆
技术掌握	利用曲线调整曝光过度的素材

调整前后的效果如图6-114所示。

图6-114

01 导入视频素材并切换至"颜色"工作区面板，如图6-115所示。

图6-115

02 在"Lumetri范围"面板中单击右键，执行"波形类型>YC"命令，如图6-116所示。

03 观察图像，不难发现，在这曝光过度的图像中，YC波形顶部有许多亮像素，有些快要达到100了，如图6-117所示。

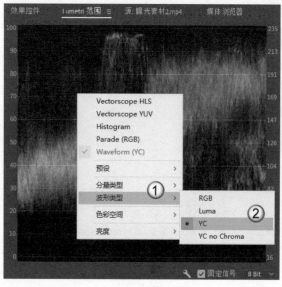

图6-116

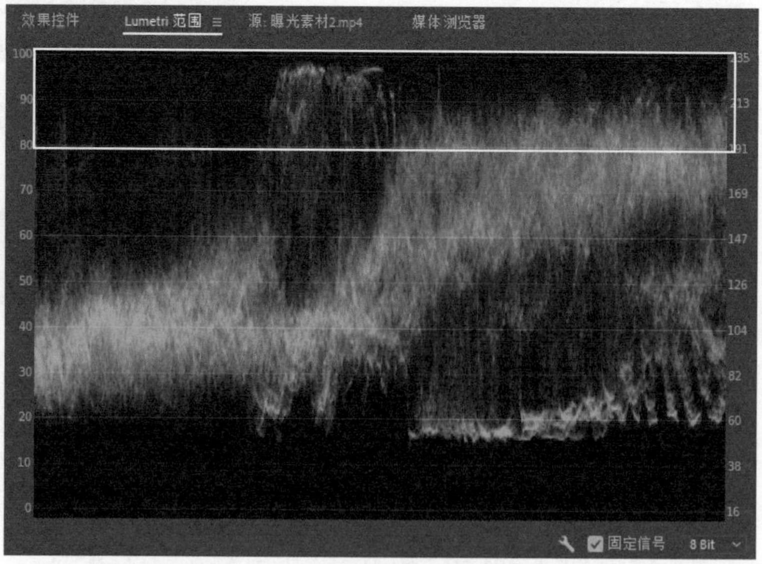

图6-117

04 在"Lumetri颜色"面板中展开"曲线",单击曲线右上角添加一个锚点并向下拖曳,同时观察YC波形,将图像的高光部分降至80~90之间,如图6-118所示。

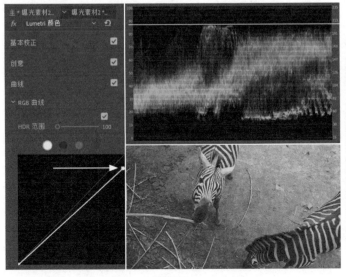

图6-118

05 观察图像,不难发现,在这曝光过度的图像中,YC波形底部缺乏暗像素,如图6-119所示。

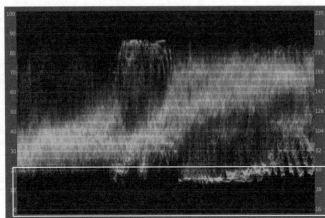

图6-119

06 单击曲线左下角添加一个锚点并向右拖曳,同时观察YC波形,将图像的暗像素降至10左右,如图6-120所示。

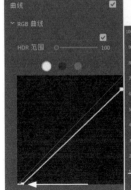
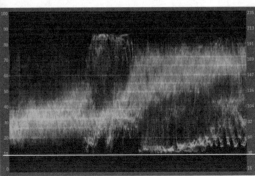

图6-120

👑 重点
6.4.2 匹配色调

在视频剪辑中一些视频的颜色与色调也许会不一样。为了保持视频整体画面的和谐统一,读者需要对视频进行色调匹配。

01 导入视频素材,将"匹配色调1"拖曳至轨道V1上,将"匹配色调2"拖曳至轨道V2上,如图6-121所示。

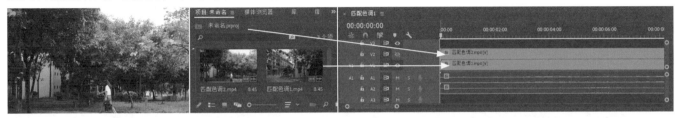

图6-121

02 切换至"效果"工作区面板,单击激活"匹配色调2",在"效果控件"面板的"运动"中,将"位置"的x轴坐标调整为480,将"缩放"调整为50,如图6-122所示。

03 单击激活"匹配色调1",在"效果控件"面板的"运动"中,将"位置"的x轴坐标调整为1440,将"缩放"调整为50,如图6-123所示。

图6-122

图6-123

04 在"Lumetri范围"面板中单击右键，执行"预设>分量RGB"命令，如图6-124所示。

05 在"效果"面板中找到"视频效果>过时>RGB曲线"并将其拖曳到"匹配色调1"上，如图6-125所示。

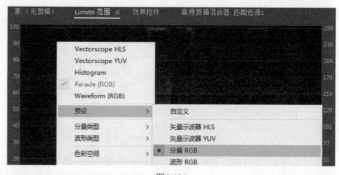

图6-124

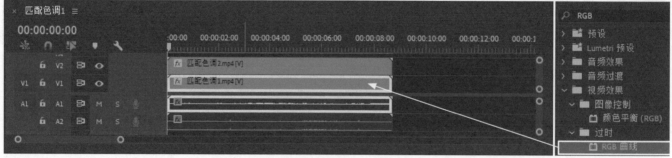

图6-125

06 观察"Lumetri范围"面板中分量RGB的红色区域。左半部分属于"匹配色调2",右半部分属于"匹配色调1"。不难发现,两者并不一致,如图6-126所示。

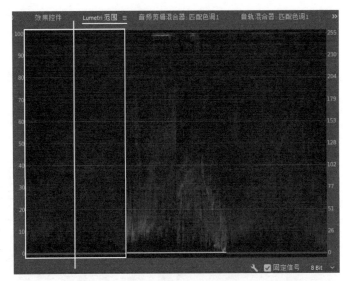

图6-126

07 展开"效果控件"面板中的"RGB曲线",单击红色曲线右上角添加一个锚点并向左拖曳,提亮"匹配色调1"的红色高光部分,同时查看"Lumetri范围"面板中的分量RGB的红色区域,尽可能使右半部分与左半部分相匹配,如图6-127所示。

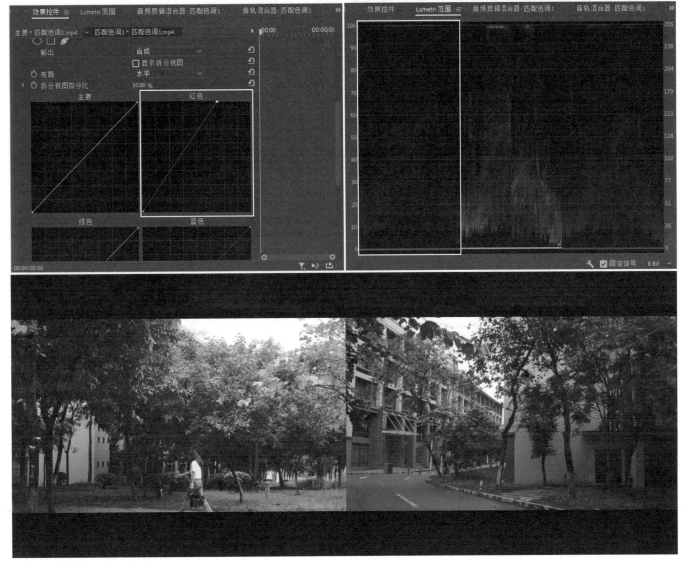

图6-127

08 观察"Lumetri范围"面板中分量RGB的绿色区域。左半部分属于"匹配色调2",右半部分属于"匹配色调1"。不难发现,两者并不一致,如图6-128所示。

09 展开"效果控件"面板中的"RGB曲线",单击绿色曲线的中间部分添加一个锚点并向上拖曳,提亮"匹配色调1"的绿色中间调部分,同时查看"Lumetri范围"面板中的分量RGB的绿色区域,尽可能使右半部分与左半部分相匹配,如图6-129所示。

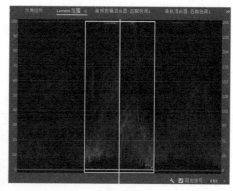

图6-128

10 观察"Lumetri范围"面板中分量RGB的蓝色区域。左半部分属于"匹配色调2",右半部分属于"匹配色调1",两者大致相同,因此不做调整,如图6-130所示。

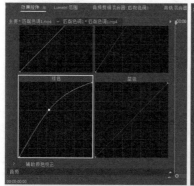

图6-129

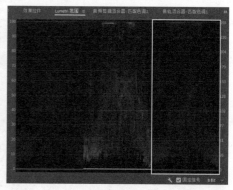

图6-130

6.4.3 天空的强化校色

对于天空的校色,通常会使用Lumetri颜色控件中的HSL辅助功能来实现。

01 打开序列,在"效果"面板中找到"视频效果>颜色校正>Lumetri颜色"并将其拖曳到视频素材上,如图6-131所示。

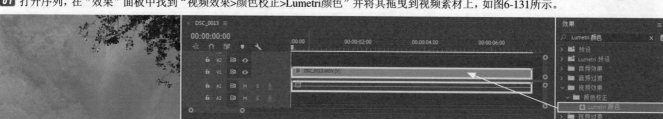

图6-131

02 在"效果控件"面板中找到并展开"Lumetri颜色"选项,在"HSL辅助>键"中单击蓝色色相图标■,Premiere将自动选中画面的蓝色部分,如图6-132所示。

03 在"优化"中,将"降噪"调整到100,将"模糊"调整到5,如图6-133所示。

图6-132

图6-133

04 在"更正"中单击色环中的蓝色部分,将天空变蓝,如图6-134所示。

图6-134

6.4.4 清晨/中午/傍晚/夜晚环境光的调色

本小节主要介绍不同时间段的调色方法。

👉 清晨环境光的调色---

01 打开序列,切换至"效果"工作区。找到"视频效果>过时>三向颜色校正器"并将其拖曳到素材上,如图6-135所示。

图6-135

02 在"效果控件"面板中找到"三向颜色校正器",在"输入色阶"中将"中间调"滑块向左移动至0.7处,如图6-136所示。不难发现,画面逐渐失去了光源,这样更接近于清晨的环境。

03 在"输入色阶"中将"阴影"滑块向右移动至13处,将画面的阴影也压暗一些,如图6-137所示。

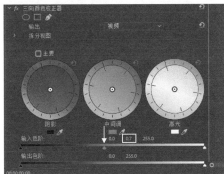

图6-136

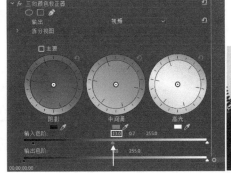

图6-137

04 展开"饱和度"选项,将"中间调饱和度"调整为75,将光源的饱和度降低一些,如图6-138所示。

图6-138

05 清晨的光源是有点偏蓝色的，因此将"高光"向蓝色偏移一些，如图6-139所示。

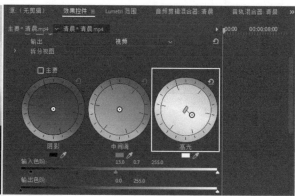

图6-139

06 为了增加氛围，也可将"中间调"适当向蓝色偏移，如图6-140所示。效果对比如图6-141所示。

图6-140　　　　图6-141

☞ 中午环境光的调色

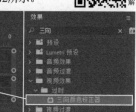扫码看讲解

01 打开序列，切换至"效果"工作区。找到"视频效果>过时>三向颜色校正器"并将其拖曳到素材上，如图6-142所示。

图6-142

02 中午阳光光线较为温暖，宜为暖色调。在"效果控件"面板中找到"三向颜色校正器"，将"高光"向橙色偏移，如图6-143所示。

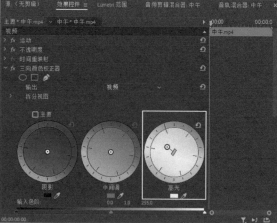

图6-143

03 在"输入色阶"中将"阴影"滑块向右调整至10处,将阴影压暗一点以提高对比度,如图6-144所示。

图6-144

04 将"中间调"向橙色偏移以增强中午的环境效果,如图6-145所示。效果对比如图6-146所示。

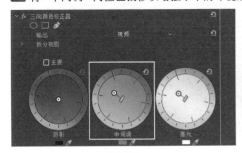

图6-145

图6-146

👉 傍晚环境光的调色--

01 打开序列,切换至"效果"工作区。找到"视频效果>过时>三向颜色校正器"并将其拖曳到素材上,如图6-147所示。

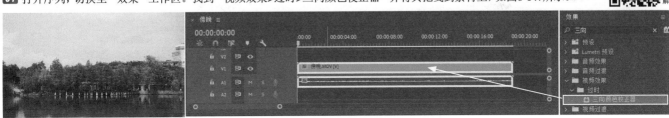

图6-147

02 傍晚因缺乏环境光而显得昏暗,因此我们可以用中间调来控制环境光的变化。在"输入色阶"中将"中间调"滑块向左调整至0.6处以压暗环境光,如图6-148所示。

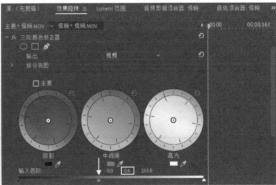

图6-148

253

03 傍晚的阳光带着黄色，因此将"高光"向橙色偏移，如图6-149所示。

图6-149

04 傍晚的阳光除了黄色之外，还会有一些红色与蓝色。红色与蓝色结合为紫色，因此可以将"阴影"适当向紫色偏移，如图6-150所示。效果如图6-151所示。

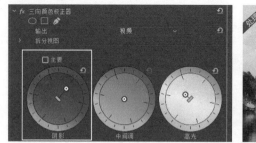

图6-150

图6-151

☞ **夜晚环境光的调色**

01 打开序列，切换至"效果"工作区。找到"视频效果>过时>三向颜色校正器"并将其拖曳到素材上，如图6-152所示。

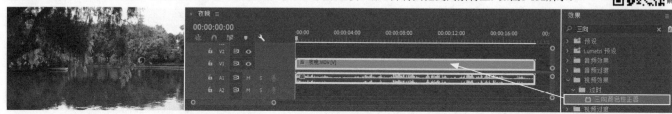

图6-152

02 夜晚可见度低，因此在"输入色阶"中将"中间调"滑块向左调整至0.6处以压暗环境光，如图6-153所示。

图6-153

03 在"输出色阶"中将"高光"滑块向左调整至200处，如图6-154所示。

图6-154

04 展开"饱和度"选项，将主饱和度调整至50，如图6-155所示。效果对比如图6-156所示。

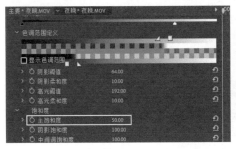

图6-155

图6-156

6.4.5 关键帧调色

扫码看讲解

01 切换至"效果"工作区面板，找到"视频效果>过时>快速颜色校正器"并将其拖曳到视频素材上，如图6-157所示。

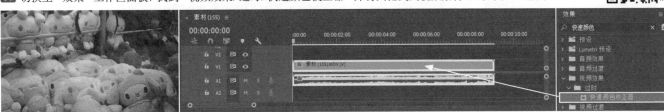

图6-157

02 在"效果控件"面板中找到并展开"快速颜色矫正器"，如图6-158所示。

03 单击想要进行调整的选项前的"切换动画"，开启调色需要的一个或多个关键帧，如图6-159所示。

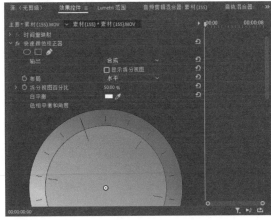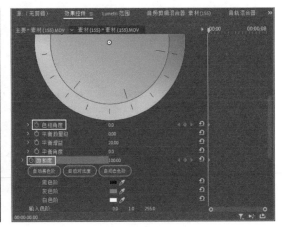

图6-158　　图6-159

04 拖曳"效果控件"面板内的播放头或序列中的播放头，移动至要调色的位置，直接在"效果控件"面板中的"快速颜色校正器"中调色即可，如图6-160所示。

图6-160

👑重点

6.4.6 纯色图层调色

纯色图层调色的原理并不难，即在画面图层上方添加一个纯色图层，随后调整该图层的不透明度与混合模式，即可与下方画面融合形成需要的色调。Premiere中的色彩混合方式和Photoshop中的基本相同，位置如图6-161所示。

混合模式的具体选项及效果可分为如下几类，如图6-162所示。

☞ **基色与混合色**-----------------

在讲解混合模式之前，请读者了解基色和混合色的概念。

基色： 代表下方图层的颜色值，也叫背景色。

混合色： 代表上方图层的颜色值，也叫前景色。

结果色： 代表混合图层的颜色值。

☞ **"颗粒"模式**-----------------

使用"溶解"可以通过对不透明度的调整使素材具有一定密度的颗粒感（不透明度越高，颗粒密度越高），如图6-163所示。

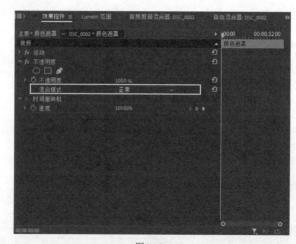

图6-161

图6-162

图6-163

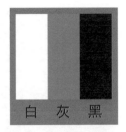

图6-164

☞ "变暗"模式

"变暗"不会将两个图层完全混合,准确地说该模式会对两个图层的像素内容进行比对,然后显示两者中更暗的像素内容。为了方便说明此问题,这里提供了一张"白灰黑色卡",如图6-164所示。

将此色卡放置在混合图层中,并将混合模式调整为"变暗"模式。会发现色卡白色部分比基色图层的像素内容亮度高,所以该区域经过"变暗"处理将显示色卡下方基色图层的像素内容,色卡黑色部分比其下方基色图层的像素内容亮度低,所以色卡黑色区域经过"变暗"处理将显示为色卡的黑色内容,灰色部分的内容则介于两者之间,如图6-165所示。

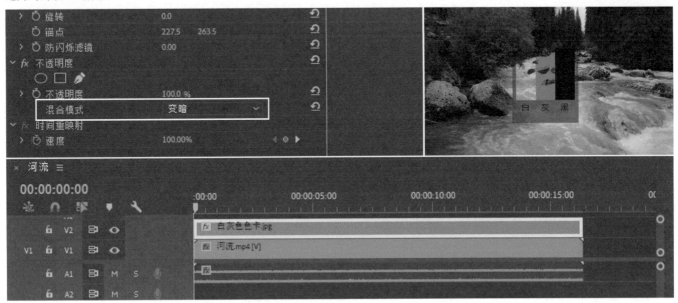

图6-165

"相乘"属于变暗模式,其公式是"基色"×"混合色"="结果色",所以即使上下图层内容调换后采用相乘模式,其混合结果也一致。该效果的结果色就是一个比基色和混合色更深的"叠加色"。当基色为黑色时,无论混合色为什么颜色,其结果都是黑色;当混合色为黑色时,无论基色为什么颜色,其结果也都是黑色。因为相乘的结果就是得到一个比基色与混合色都深的颜色,而没有比黑色更深的颜色了,所以其结果永远是黑色,如图6-166和图6-167所示(注意基色与混合色的图层关系。)。

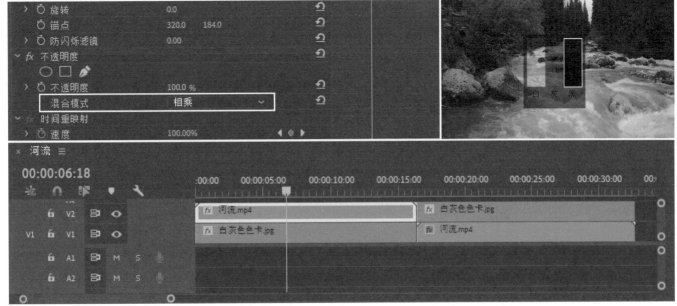

图6-166

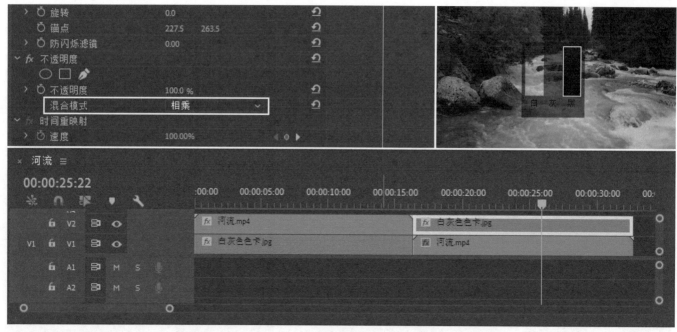

图6-167

"颜色加深"通常用于解决曝光过度的问题,即在保留白色的情况下,通过计算每个通道中的颜色信息,以提高对比度的方式(除白、黑以外,其他每一种暗度都提高对比度),使基色图层变暗,再与混合色图层混合。效果如图6-168所示。

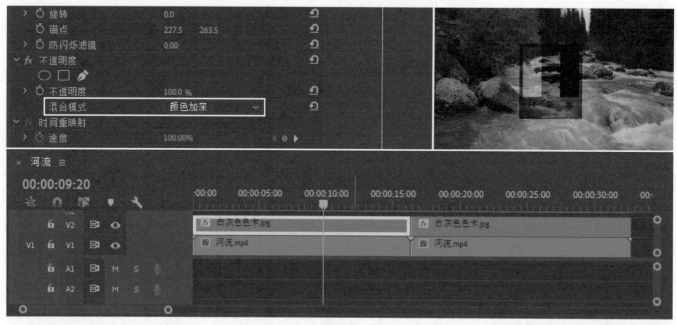

图6-168

☞ "变亮"模式--

"变亮"属于变亮模式,其效果与"变暗"相反;"滤色"属于变亮模式,其效果与"相乘"相反;"颜色减淡"属于变亮模式,其效果与"颜色加深"相反;"线性减淡(添加)"属于变亮模式,其效果与"颜色减淡"相近,但是较亮的素材会变得更亮,而对比度和饱和度则会有所下降;"浅色"属于变亮模式,其效果与"深色"相反。

☞ "对比度"模式---

"叠加"属于"对比度"模式,即除50%灰以外其他所有图层叠加区域都提高对比度,且色相也会根据叠加的颜色而发生改变,如图6-169所示。

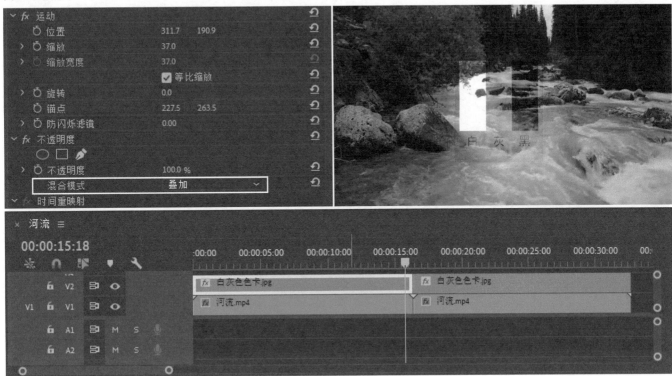

图6-169

"柔光"是"叠加"模式的"弱化"效果版本,即叠加效果相对较弱,如图6-170所示。

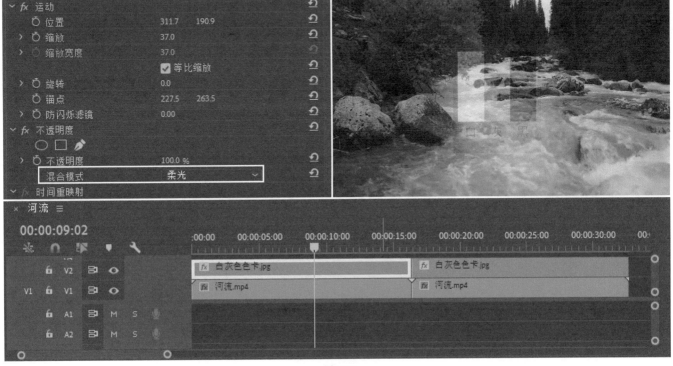

图6-170

使用"强光",50%灰色将不被影响,亮度高于50%灰色的图像将被执行接近"滤色"的效果(变亮),反之将被执行接近"相乘"的效果(变暗),如图6-171所示(本色卡为纯白、50%灰、纯黑,所以白色、黑色都被保留了,而灰色将被去掉)。

图6-171

"亮光"可以理解为"叠加"的增强版本,如图6-172所示。

图6-172

"线性光"是"线性加深"和"线性减淡（添加）"的组合，即50%的灰色将被抠除，亮度低于50%灰色的区域将被执行"线性加深"（变暗），反之将被执行"线性减淡（添加）"（变亮），如图6-173所示。

图6-173

"点光"是"变暗"和"变亮"的组合，如图6-174所示。

图6-174

"强混合"是将混合色的RGB通道数值添加到基色的RGB数值中（增大数值）。其结果往往是颜色较纯，如图6-175所示。

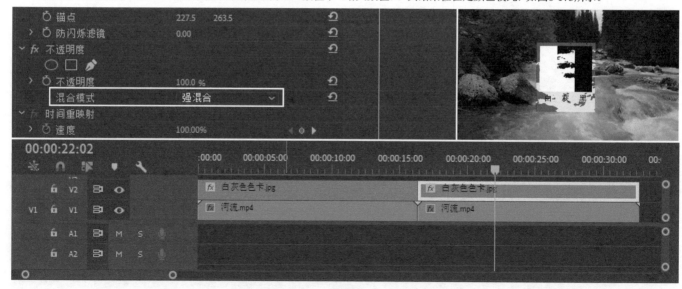

图6-175

☞ "差值"模式---

"差值"的原理是对两个图层中的RGB通道数值进行分别比较，将"基色"的RGB值与"混合色"的RGB值（每个通道一一对应）相减，作为结果色（结果取正值）。为方便理解，我们在软件中创建了两个色块，参数值如图6-176和图6-177所示。

图6-176

图6-177

对混合色的图层（色块）进行"差值"混合，结果如图6-178所示。

图6-178

262

为方便对颜色进行对比，在结果色旁放置一个色块（根据原理、公式）。其R值为206-70=135，G值为141-150= -9（取9），B值为5-20=-15（取15），结果如图6-179所示。

图6-179

"排除"效果与"差值"接近，但算法并不一样。总的来说"排除"具有高对比度和低饱和度的特点，其结果是颜色更加柔和、明亮。

"相减"的原理是对两个图层中的RGB通道数值进行分别比较，用"基色"的RGB值减去"混合色"的RGB值（每个通道一一对应），作为结果色（相减的最小结果为0，即减法结果为负数则取0）。参考"差值"模式理解。

"相除"的原理是将两个图层中的RGB通道数值进行分别比较，用"基色"的RGB值除以"混合色"的RGB值（每个通道一一对应），其结果取整再乘以255作为结果色（最终单个颜色通道最大数值为255，即结果超过255的取数值255）。为方便理解我们在软件中创建了两个色块，如图6-180和图6-181所示。

对轨道V2的混合色的图层（色块）进行"相除"混合，结果如图6-182所示。

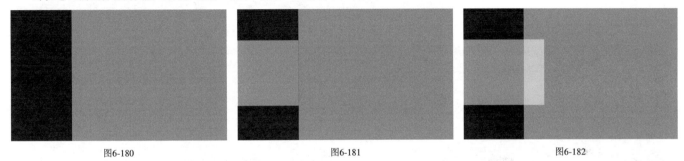

图6-180　　　　　　　　　　图6-181　　　　　　　　　　图6-182

为方便对颜色进行对比，在结果色块旁放置一个色块（根据原理、公式）。其R值为（70÷205）×255=87，G值为（150÷141）×255=271（取255），B值为（20÷5）×255=1020（取255），结果如图6-183所示。

图6-183

☞ **"颜色"模式**--

扫码看讲解

"色相"属于颜色模式，其效果是将混合色的色相应用到基色上（并不会修改基色的饱和度与亮度）；"饱和度"属于颜色模式，其效果是将混合色的饱和度应用到基色上（并不会修改基色的色相与亮度）；"颜色"属于颜色模式，其效果是将混合色的色相与饱和度应用到基色上（并不会修改基色的亮度）；"发光度"属于颜色模式，其效果是将混合色的亮度应用到基色上（并不会修改基色的色相与饱和度）。

◎ 知识课堂：纯色图层调色的思路与操作

在进行纯色图层调色之前，我们应该根据实际需求在头脑中计划出想要的色彩风格，然后根据图层混合的原理进行风格匹配，寻找最合适的图层混合方法。通常图层混合需要配合图层不透明度的调整以实现最好的效果，有时则需要对多个图层进行混合以达到预期效果。

01 将素材河流导入"项目"面板并将其拖曳至"时间轴"面板中，如图6-184所示。

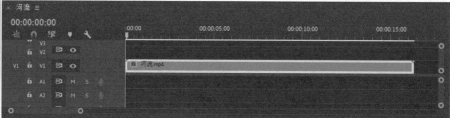

图6-184

02 新建一个"颜色遮罩"图层，视频设置保持默认，具体颜色如图6-185所示。

03 将颜色遮罩拖曳至时间轴V2轨道上，并将其持续时间拉长至与河流素材一致，如图6-186所示。

04 在"效果控件"面板中选择需要的混合模式，如图6-187所示。

图6-185

图6-186

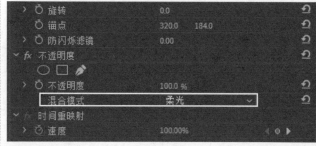

图6-187

👍重点

🖐**案例训练：夜晚效果调色**

素材文件	工程文件>CH06>案例训练：夜晚效果调色	
案例文件	工程文件>CH06>案例训练：夜晚效果调色>案例训练：夜晚效果调色.prproj	
难易程度	★★☆☆☆	
技术掌握	运用纯色图层法调出夜晚效果	

图6-188

调整前后的效果对比如图6-188所示。

01 将素材"河流"导入"项目"面板,并将其拖曳至"时间轴"面板,如图6-189所示。

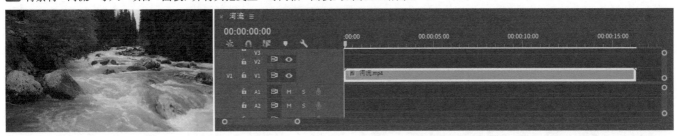

图6-189

02 新建一个"颜色遮罩"图层,具体颜色如图6-190所示。

03 将颜色遮罩拖曳至V2轨道并将混合模式设置为"线性加深",如图6-191所示。

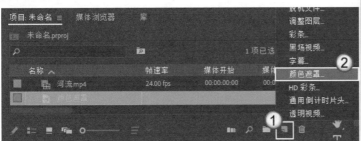
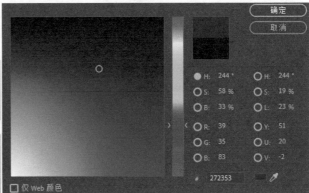

图6-190

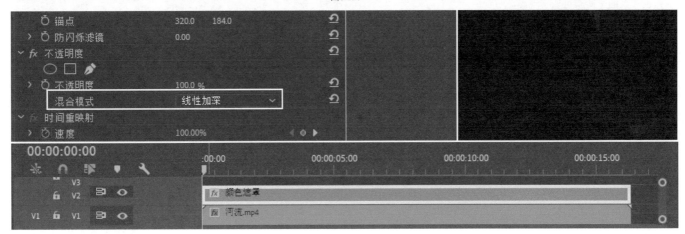

图6-191

04 将播放头放在素材最前端,然后将"不透明度"设置为80%,记录关键帧,如图6-192所示。

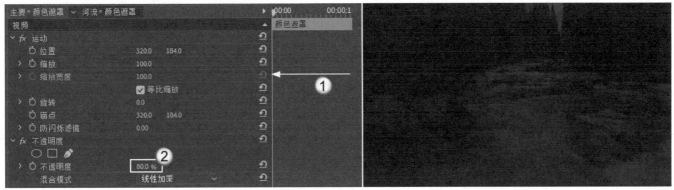

图6-192

05 将播放头放在素材末端，然后将"不透明度"设置为85%，记录关键帧，如图6-193所示。

图6-193

6.4.7 色彩平衡调色

利用色彩平衡法调整素材图像其实上就是利用各种色彩平衡控件将素材图像所包含的颜色信息控制在正常范围内，即不出现颜色断层及"失真"；或将部分颜色区域有计划地调整至需求范围。

视频颜色是由R、G、B3种颜色混合而成的，在其补色关系中，红色+青色=白色，蓝色+黄色=白色，绿色+洋红色=白色。利用补色关系的平衡就可以实现画面的颜色调整。阴影是画面中最暗的部分，所以颜色信息尽量最少，如图6-194所示；中间调是色彩相对中和的部分，所以颜色信息相对丰富且具有倾向，如图6-195所示；高光部分是画面中最亮的部分，所以3种颜色信息是相对充足且平衡的，如图6-196所示。

图6-194　　　　　图6-195　　　　　图6-196

👍 重点

✋ 案例训练：修复曝光不足的视频

素材文件	工程文件>CH06>案例训练：修复曝光不足的视频
案例文件	工程文件>CH06>案例训练：修复曝光不足的视频>案例训练：修复曝光不足的视频.prproj
难易程度	★★★☆☆
技术掌握	掌握提高曝光度的方法

修复前后的效果如图6-197所示。

图6-197

01 导入视频素材并将视频素材拖曳至时间轴上，切换至"颜色"工作区面板，如图6-198所示。

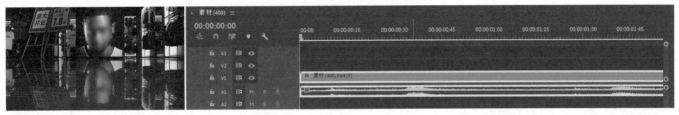

图6-198

02 不难发现，视频画面曝光欠缺。因此，在激活视频素材的前提下，展开"Lumetri颜色"中的"基本校正"区域，在"色调"中将"曝光"调整为2，并将"高光"调整为30，将"阴影"调整为30，让画面整体提亮，如图6-199所示。

03 将"对比度"调整为20，缓解画面整体提亮后可能出现的泛白问题，如图6-200所示。

图6-199

图6-200

04 在"白平衡"中将"色温"调整为-20，使画面整体的暖色适当减弱，并加强海报人像的冷色，使画面整体冷暖对比效果更加强烈，如图6-201所示。

05 将"饱和度"调整为110，让画面整体颜色更加鲜明，如图6-202所示。

图6-201

图6-202

👑 重点

👆 **案例训练：平衡夜景色调**

素材文件	工程文件>CH06>案例训练：平衡夜景色调
案例文件	工程文件>CH06>案例训练：平衡夜景色调>案例训练：平衡夜景色调.prproj
难易程度	★★★☆☆
技术掌握	利用色彩平衡法平衡夜景色调

平衡色调前后的效果如图6-203所示。

图6-203

01 导入视频素材并将视频素材拖曳至时间轴上，切换至"颜色"工作区面板，如图6-204所示。

图6-204

02 不难发现，视频画面饱和度欠缺，略显灰暗。因此，在激活视频素材的前提下，展开"基本校正"区域，将"饱和度"调整为150，让画面整体颜色更加鲜明，如图6-205所示。

03 为了加强冷暖色对比，展开"曲线"区域，在"色相饱和度曲线"中分别单击蓝色区域和金色区域的橡皮带为它们分别添加两个锚点，如图6-206所示。

图6-205   图6-206

04 在这4个锚点附近分别添加一个锚点并向外环拖曳，提高画面中蓝色和金色的饱和度，如图6-207所示。

05 展开"基本校正"区域，在"色调"中将"对比度"调整为30，让画面对比更加强烈，如图6-208所示。

图6-207   图6-208

👍 重点

6.4.8 颜色校正

在Premiere中可用"RGB颜色校正器"中的"色调范围"对画面进行局部调整。

01 找到"RGB颜色校正器"，将其拖曳到素材上，如图6-209所示。

02 在"效果控件"面板中找到"RGB颜色校正器"，将"输出"改为"色调范围"，如图6-210所示。图像变为黑白灰图像，白色表示高光部分，黑色表示阴影部分，灰色表示中间调部分。

03 展开"色调范围定义"。白色正方形滑块定义高光范围，黑色正方形滑块定义阴影范围，中间灰色部分定义中间调范围。三角形滑块则用于调整中间调到阴影和高光的衰减过程。读者可以拖曳滑块进行调整，也可以对下方

图6-209

的阈值与柔和度进行调整，如图6-211所示。

04 在调整色调范围定义滑块后，可以在"色调范围"中选择"高光""阴影"或"中间调"，随后在下方调整"增益"以进行更精确的调整，如图6-212所示。

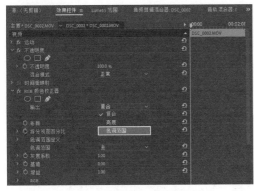
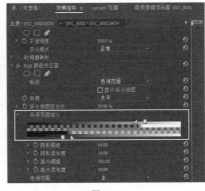
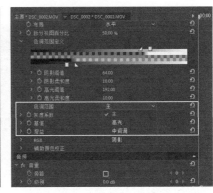

图6-210　　　　　　　　　　　图6-211　　　　　　　　　　　图6-212

☀重点

6.4.9 局部调整

局部调整分为二次校色和遮罩校色，下面依次说明。

☞ **二次校色**---

01 找到"三向颜色校正器"并将其拖曳到素材上，如图6-213所示。

图6-213

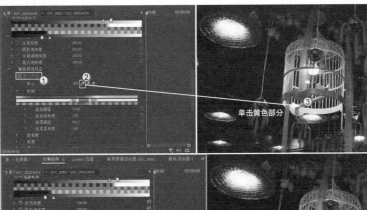

图6-214

02 找到"效果控件"面板，找到"三向颜色校正器"，展开"辅助颜色校正"，使用"吸管工具"吸取想要调整的颜色，这时可单击第2个"吸管工具"增加类似色，具体操作方法如图6-214所示，结果如图6-215所示。

图6-215

03 在"辅助颜色校正"中取消勾选"显示蒙版",随后展开"色相"选项,调整"起始阈值"和"结尾阈值"以更加精确地选取范围,并根据需要调整柔和度,如图6-216所示。

04 展开"饱和度"选项,调整阈值和柔和度,如图6-217所示。

05 展开"亮度"选项,调整阈值和柔和度,如图6-218所示。

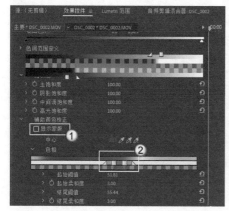
图6-216

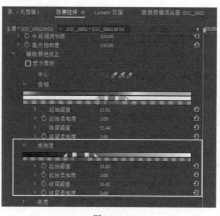
图6-217

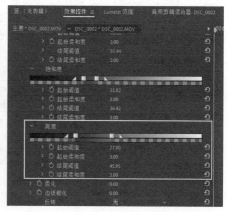
图6-218

06 展开"柔化"选项进行柔化。随后展开"边缘细化",强化柔化结果,如图6-219所示。

07 在"三向颜色校正器>拆分视图"中调整中间调、高光和阴影的色轮,如图6-220所示。

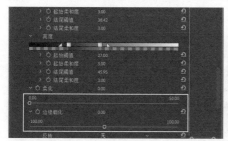
图6-219

图6-220

遮罩调色

读者可以使用遮罩进行局部颜色调整。下面来尝试一下。

01 在"效果"面板中找到"Lumetri颜色"并将其拖曳到素材上,如图6-221所示。

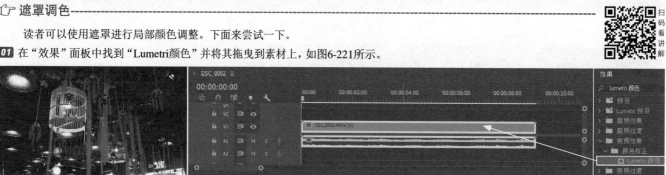
图6-221

02 找到"效果控件"面板,找到"Lumetri颜色",将想要调整颜色的局部选取出来,如图6-222所示。

图6-222

03 展开"色轮和匹配",调整"中间调",如图6-223所示。

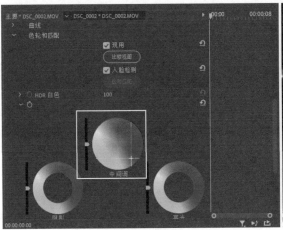

图6-223

⭐ 重点

6.4.10 静态人物景深

在视频剪辑中,若主体人物运动幅度小,则读者可以给视频剪辑中的静态人物添加景深效果,让观众更好地聚焦在静态人物身上。

👉 **遮罩调色**

01 打开序列,在"效果"面板中找到"Lumetri颜色"并将其拖曳到素材上,如图6-224所示。

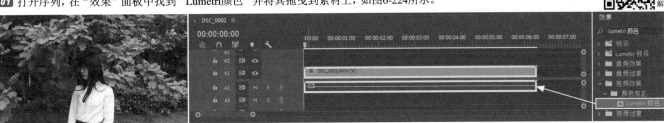

图6-224

02 在"效果控件"面板中展开"Lumetri颜色",单击"创建椭圆形蒙版" ⬭,调整椭圆直至选中人物,适当调整蒙版羽化值,也可拖曳椭圆右上角的空心小圆点进行羽化,如图6-225所示。

图6-225

03 在"效果控件"面板的"蒙版"栏目下勾选"已反转"。展开"曲线",单击"主要"曲线的中间部分添加一个锚点并向下拖曳,使视频产生暗角,让观众的目光更好地集中在人物身上,如图6-226所示。

271

图6-226

添加高斯模糊

01 打开序列，在"效果"面板中找到"高斯模糊"并将其拖曳到素材上，如图6-227所示。

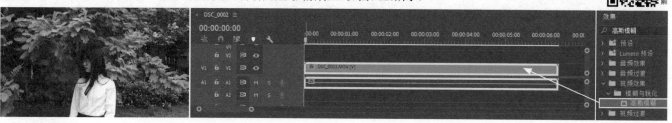

图6-227

02 在"效果控件"面板中展开"高斯模糊"，单击"创建椭圆形蒙版" ，调整椭圆直至选中人物，适当调整蒙版羽化值，也可拖曳椭圆右上角的空心小圆点进行羽化，如图6-228所示。

图6-228

03 在"效果控件"面板的"蒙版"栏目下勾选"已反转"。根据需要调整"模糊度"的数值，如图6-229所示。

图6-229

重点
6.4.11 动态人物景深

扫码看讲解

在视频剪辑中，若主体人物是运动着的，就很有可能会受到运动着的背景的影响。读者可以给视频剪辑中的动态人物添加景深效果，让观众更好地聚焦在动态人物身上。

01 打开序列，在"效果"面板中找到"高斯模糊"并将其拖曳到素材上，如图6-230所示。

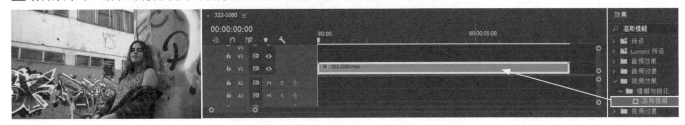

图6-230

02 在"效果控件"面板中展开"高斯模糊"，单击"创建椭圆形蒙版" ⬭ ，调整椭圆直至选中人物，适当调整蒙版羽化值，也可拖曳椭圆右上角的空心小圆点进行羽化，如图6-231所示。

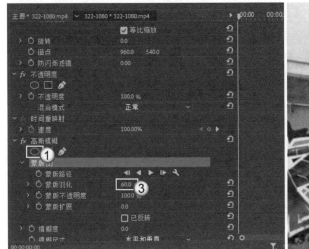

图6-231

03 在"效果控件"面板的"蒙版"栏目下勾选"已反转"，然后根据需要调整"模糊度"，如图6-232所示。

图6-232

273

04 单击"向前跟踪所选蒙版"按钮▶进行蒙版跟踪，随后将弹出进度条，Premiere将自动为蒙版路径添加一系列关键帧，如图6-233所示。

05 在"效果"面板中找到"Lumetri颜色"并将其拖曳到素材上，如图6-234所示。

06 将播放头移动至开头处。在"效果控件"面板中展开"Lumetri颜色"，单击"创建椭圆形蒙版"按钮，调整椭圆直至选中人物，适当调整蒙版羽化值，也可拖曳椭圆右上角的空心小圆点进行羽化，如图6-235所示。

图6-233

图6-234

图6-235

07 在"效果控件"面板的"蒙版"栏目下勾选"已反转"。在"效果控件"面板的"Lumetri颜色"选项中，展开"RGB曲线"，单击"主要"曲线的中间部分添加一个锚点并向下拖曳，使视频产生暗角，让观众的目光更好地集中在人物身上，如图6-236所示。

08 单击"向前跟踪所选蒙版"按钮▶进行蒙版跟踪，随后将弹出进度条，Premiere将自动为蒙版路径添加一系列关键帧，如图6-237所示。

图6-236

图6-237

案例训练：调色风格之戏剧风格

素材文件	工程文件>CH06>案例训练：调色风格之戏剧风格
案例文件	工程文件>CH06>案例训练：调色风格之戏剧风格>案例训练：调色风格之戏剧风格.prproj
难易程度	★★★☆☆
技术掌握	活用调色技巧为视频调出戏剧风格

调整前后的效果如图6-238所示。

图6-238

图6-238（续）

01 打开序列，在"效果"面板中找到"RGB曲线"并将其拖曳到素材上，如图6-239所示。

图6-239

02 在"效果控件"面板中展开"RGB曲线"，在"主要"曲线上分别单击添加若干个锚点，随后将左下方的阴影部分适当向下拖曳，让视频剪辑呈现更多的黑色调，如图6-240所示。

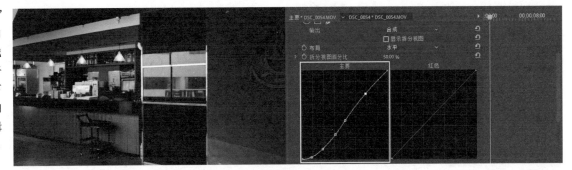

图6-240

03 在"红色"曲线上分别单击添加若干个锚点，随后将左下方的阴影部分适当向下拖曳以将阴影压暗，将中间的中间调部分向上拖曳，如图6-241所示。

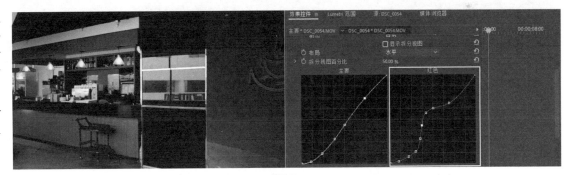

图6-241

04 在"效果"面板中找到"视频效果>过时>三向颜色校正器"并将其拖曳到素材上，如图6-242所示。

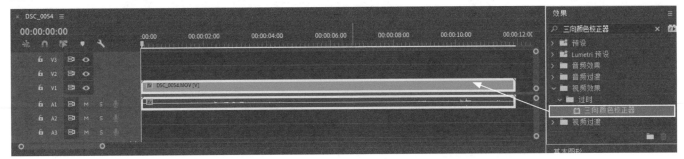

图6-242

05 在"效果控件"面板中展开"三向颜色校正器"，将"高光"和"阴影"向金黄色偏移，如图6-243所示。此时，效果如图6-244所示。

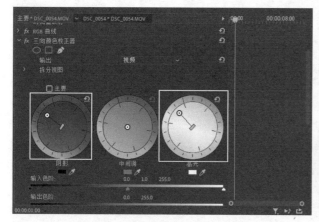

图6-243

图6-244

♛ 重点

🖑 案例训练：调色风格之黑色电影风格

素材文件	工程文件>CH06>案例训练：调色风格之黑色电影风格
案例文件	工程文件>CH06>案例训练：调色风格之黑色电影风格>案例训练：调色风格之黑色电影风格.prproj
难易程度	★★★☆☆
技术掌握	活用调色技巧为视频调出黑色电影风格

调整前后的效果如图6-245所示。

图6-245

01 打开序列，在"效果"面板中找到"视频效果>颜色校正>Lumetri颜色"并将其拖曳到素材上，如图6-246所示。

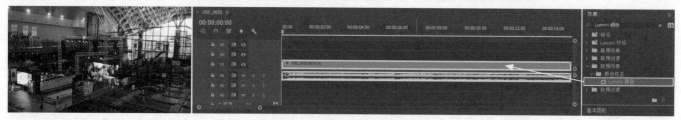

图6-246

02 在"效果控件"面板中展开"Lumetri颜色"，在"基本校正"区域中将"饱和度"调整为0，如图6-247所示。

03 在"效果"面板中找到"视频效果>颜色校正>RGB曲线"并将其拖曳到素材上。在"效果控件"面板中展开"RGB曲线"，单击"创建椭圆形蒙版" ◯，将椭圆拖曳并调整至画面中心处，适当调整蒙版羽化值，也可拖曳椭圆右上角的空心小圆点进行羽化，并在"蒙版"选项下勾选"已反转"，如图6-248所示。

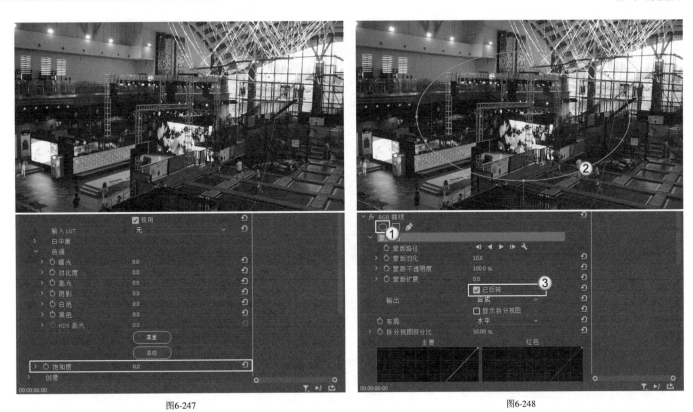

图6-247

图6-248

04 单击"主要"曲线的中间部分添加一个锚点并向下拖曳,使视频产生暗角,如图6-249所示。

05 在"效果"面板中找到"视频效果>颜色校正>RGB曲线"并将其拖曳到素材上。在"效果控件"面板中展开新添加的"RGB曲线",单击"创建椭圆形蒙版" ，将椭圆拖曳并调整至中心,适当调整蒙版羽化值,也可拖曳椭圆右上角的空心小圆点进行羽化,如图6-250所示。注意,这次不在"蒙版"选项下勾选"已反转"。

图6-249

图6-250

06 单击"主要"曲线的中间部分添加一个锚点并向上拖曳，使视频中心处提亮，如图6-251所示。

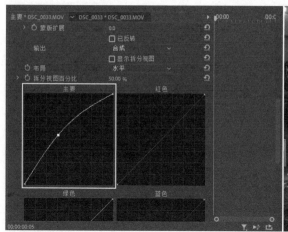

图6-251

07 在"效果"面板中找到"视频效果>颜色校正>三向颜色校正器"并将其拖曳到素材上。在"效果控件"面板中展开"三向颜色校正器"，在"输入色阶"中将"阴影"滑块向右调整至11.5处，压暗阴影，将"高光"滑块向左调整至224处，提亮高光，提高对比度，如图6-252所示。效果如图6-253所示。

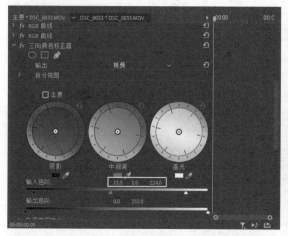

图6-252   图6-253

6.5 手机短视频调色应用

手机短视频的调色是应用比较广的，尤其是在抖音等视频平台上。这些视频调色的特点都是颜色剥离变化，下面通过两个实例来学习一下。

👄 重点

◈ 综合训练：制作保留单色效果

素材文件	工程文件>CH06>综合训练：制作保留单色效果
案例文件	工程文件>CH06>综合训练：制作保留单色效果>综合训练：制作保留单色效果.prproj
难易程度	★★★★☆
技术掌握	活用调色技巧制作保留单色效果

本案例所用的素材为拍摄的视频，案例效果如图6-254所示。

图6-254

☞ 导入素材--

01 在"组件"工作区面板中，双击"项目"面板，导入视频素材和音频素材，如图6-255所示。

图6-255

02 创建一个"序列"，如图6-256所示。

图6-256

03 切换至"设置"栏目，将"编辑模式"设置为"自定义"，如图6-257所示。

04 考虑到产品交互的顺畅度，建议视频以竖屏形式出现，因此修改视频"帧大小"为"1080"水平和"1920"垂直，如图6-258所示。

图6-257

图6-258

☞ 编排素材---

01 将音乐素材拖至A1轨道上，在"源"面板中试听并根据需求标记出点和入点，然后根据出点和入点按快捷键**Ctrl+K**截断，将音频无用部分删除，以裁剪出所需部分，移动音频，使其开头位于第一帧，如图6-259所示。

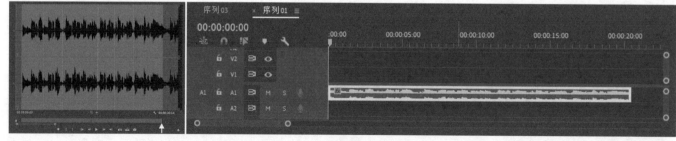

图6-259

02 调整时间轴滑块以达到最佳视觉效果，从头开始聆听，在切换至英文输入法的前提下，在每一句歌词结束时按M键添加标记，如图6-260所示。

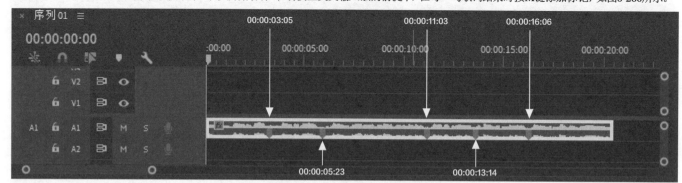

图6-260

03 将第一段视频素材拖曳至轨道V2上，以避免其附带的音频素材覆盖音乐素材。不难发现，视频素材的画布大小与"节目"面板中的画面大小并不匹配。切换至"效果"工作区面板，在激活视频素材的前提下，在"效果控件"面板的"运动"中将"缩放"调整为60，使视频素材的宽度与"节目"面板中画面的宽度相匹配，如图6-261所示。

图6-261

04 在激活视频素材的前提下，为素材标记出点和入点，保留所需部分，如图6-262所示。

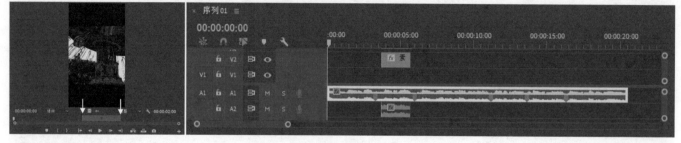

图6-262

05 使用鼠标右键单击视频素材，选择"速度/持续时间"命令，如图6-263所示。

06 将"速度"调整为50%，如图6-264所示。

图6-263   图6-264

07 以此类推，将剩余的视频素材依次拖入轨道V2中进行画面大小调整并减速，如图6-265所示。

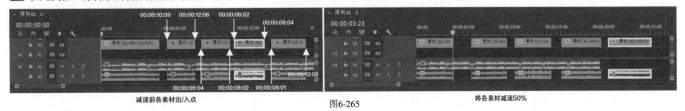

减速前各素材出/入点   图6-265   将各素材减速50%

> ⊙ **技巧提示**
>
> 　　在对各素材进行减速时，为了防止素材间距不足，可以先将轨道上各素材之间的距离增大。另外，在导入素材后，因为拍摄仪器一样，所以对素材的缩放都是相同的，即书中用的均为64%。

08 框选所有视频素材，单击鼠标右键，选择"取消链接"命令，如图6-266所示。

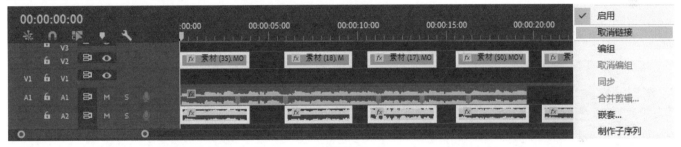

图6-266

09 框选除音乐素材以外的所有音频素材，单击鼠标右键，选择"清除"命令，如图6-267所示。

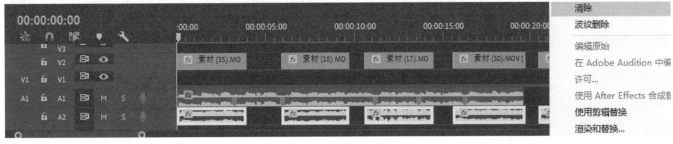

图6-267

10 读者可以根据自己的需要分别调整好各个视频的出入点，使每个视频素材约为音乐素材的1/5。将这些素材移动到轨道V1上，使用鼠标右键分别单击各个视频素材前的空白区域，选择"波纹删除"命令，将轨道V1内的所有波纹删除，如图6-268所示。

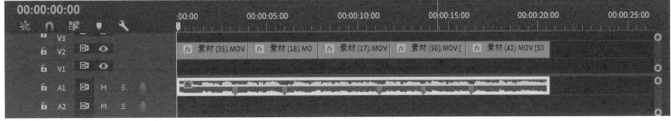

图6-268

☞ **素材调色**

01 切换至"颜色"工作区面板,将播放头移动至开头处并激活第1段视频素材。在"基本校正>色调"中,将"曝光"调整为1.2,将"高光"调整为23.9,将"阴影"调整为45.1,使画面提亮,并将"饱和度"调整为130,使画面色彩更加鲜艳,如图6-269所示。

02 以此类推,分别激活剩余的视频素材,在"基本校正>色调"中进行调整。注意,可根据不同视频素材灵活地进行调整。其次,需将剩余的视频素材的饱和度统一调整为130,参考参数值如图6-270所示。

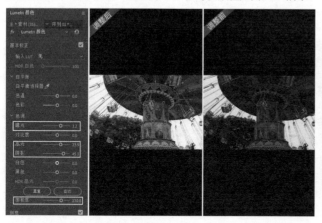

图6-269

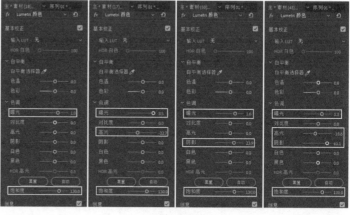

图6-270

☞ **保留颜色处理**

01 切换至"效果"工作区,将播放头移动至开头处。找到"视频效果>颜色校正>保留颜色"并将其拖曳到第1个视频素材上,如图6-271所示。

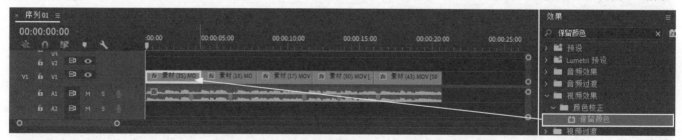

图6-271

02 在"效果控件"面板的"保留颜色"中,单击"吸管工具" ,随后单击"节目"面板中的绿色部分,将"脱色量"调整为100%,并将"匹配颜色"设置为"使用色相",如图6-272所示。

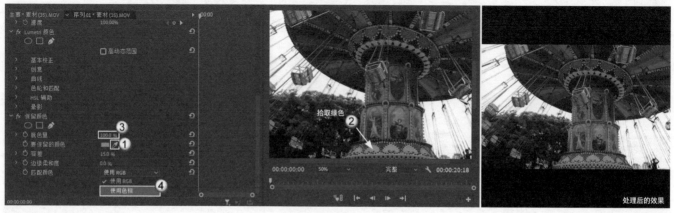

图6-272

03 可以将画面比例调为100%,便于更加细致地观察,拖曳"节目"面板中的滑块进行全方位观察。将"容差"调整为19%,将"边缘柔和度"调整为0.5%,使绿色边缘更加柔和,如图6-273所示。

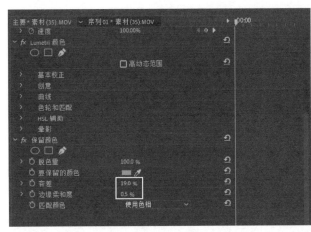

图6-273

04 以此类推，将剩余的视频添加保留颜色效果并进行脱色调整，如图6-274所示。

图6-274

👉 **创建字幕**--

01 将播放头移动至开头处，并将"节目"面板画面比例调整为25%。单击"文字工具"，在"节目"面板中视频画面下方单击并输入第1句歌词"红了樱桃"，如图6-275所示。

02 在"基本图形>编辑"中修改字幕属性。将字幕竖直居中对齐，将"缩放值"修改为60，将纵坐标修改为1395.4，并且居中对齐文本，如图6-276所示。

图6-275   图6-276

03 将鼠标指针悬停至字幕结尾处，待鼠标指针变成 ┫ 图标时，单击并向左拖曳，使字幕结尾与A1轨道内的第1个标记对齐。按住Alt键将字幕素材向上拖曳，复制一份至V3轨道上，如图6-277所示。

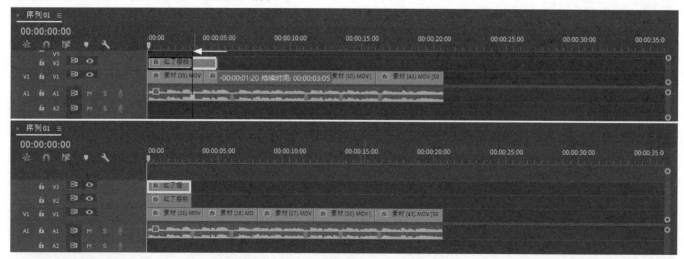

图6-277

04 激活V3轨道内的字幕素材，并将字幕修改为其英文"The cherries tuened red"。在"基本图形>编辑"中将其纵坐标调整为1 463.4，使之位于中文字幕之下，如图6-278所示。

05 在V2轨道中按住Alt键拖曳字幕素材，向后复制4份，分别修改歌词后调整它们的出入点，使它们与标记对齐，如图6-279所示。

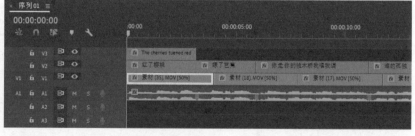

图6-278   图6-279

06 以此类推，在V3轨道中按住Alt键拖曳字幕素材，向后复制4份，分别修改英文后调整它们的出入点，使它们与标记对齐，如图6-280所示。

图6-280

07 将播放头移动至开头处，聆听音乐素材，框选V2和V3轨道的第一个字幕素材，按快捷键Ctrl+K在歌手开始发声处截断，并删除歌手未发声处的中英字幕素材，如图6-281所示。

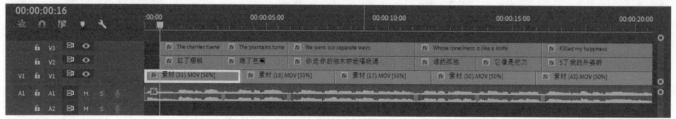

图6-281

08 以此类推，将V2和V3轨道内歌手未发声处的中英字幕素材截除，如图6-282所示。

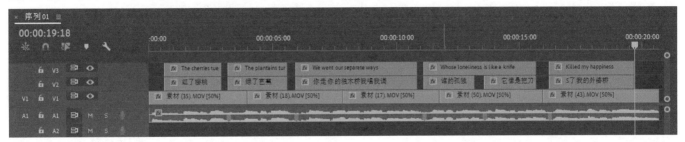

图6-282

☞ **优化片头**

01 在"节目"面板中，将画面比例调整回适合。找到"效果>视频过渡>擦除>双侧平推门"并将其拖曳到第一个视频素材开头处，如图6-283所示。

02 在"效果控件"面板中单击上方"倒三角"图标 ，使双侧平推门从上下方向移出，并修改"持续时间"为00：00：01：15，如图6-284所示。

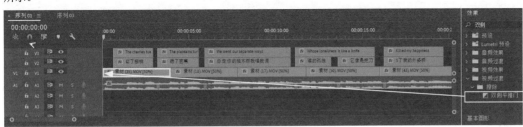

图6-283

图6-284

👆 重点

◈ **综合训练：制作变色效果**

素材文件	工程文件>CH06>综合训练：制作变色效果
案例文件	工程文件>CH06>综合训练：制作变色效果>综合训练：制作变色效果.prproj
难易程度	★★★★☆
技术掌握	活用调色技巧制作出变色效果

本案例所用的素材为网络视频，案例效果如图6-285所示。

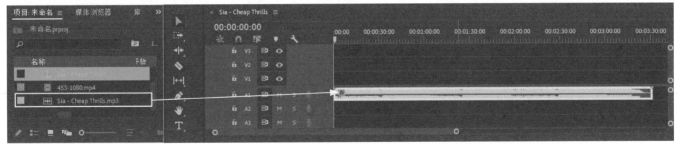

图6-285

01 双击"项目"面板，导入视频和音乐素材，并将背景音乐素材拖曳到轨道A1上，如图6-286所示。

图6-286

02 在"源"面板中播放音乐，然后根据需求找到需要的部分，按快捷键Ctrl+K裁剪掉无用部分，如图6-287所示。

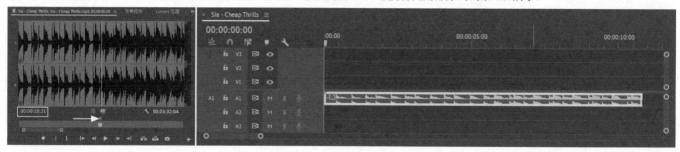

图6-287

03 从头播放音频，在切换至英文输入法的前提下，按M键标记鼓点，具体位置如图6-288所示。

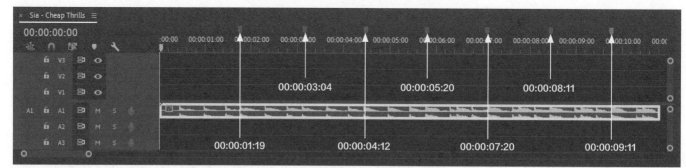

图6-288

04 将第1段视频素材拖至轨道V1上，按快捷键Ctrl+K裁剪掉第5个音频标记之后的视频片段，将第2段视频素材拖至第1段视频素材后方，按快捷键Ctrl+K裁剪掉剩余部分，使其结尾处与音乐素材结尾处对齐，如图6-289所示。

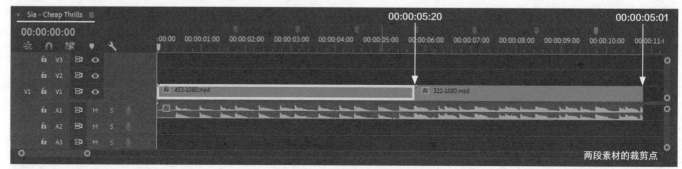

图6-289

05 锁定A1轨道，根据音频标记，按快捷键Ctrl+K将两个视频素材分别拆分为4小段，如图6-290所示。

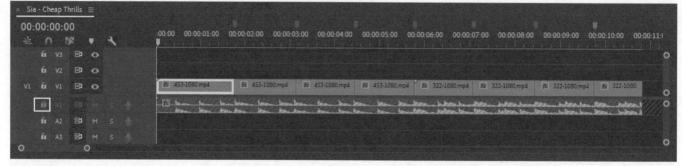

图6-290

06 切换至"效果"工作区面板，找到"视频效果>颜色校正>更改颜色"，将其拖曳到第1个视频素材的第2段上，如图6-291所示。

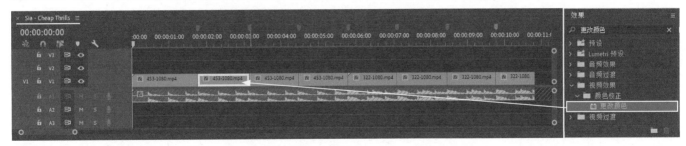

图6-291

07 在"效果控件"面板中找到"更改颜色>要更改的颜色"，单击"吸管工具" ✐，单击画面中的墙面部分，吸取蓝色，如图6-292所示。

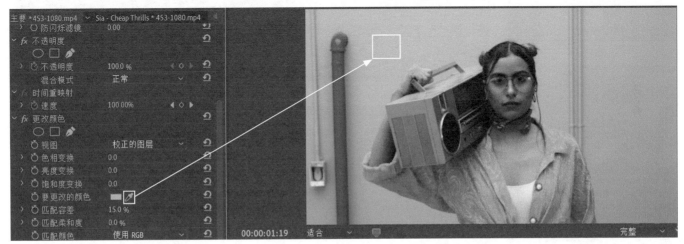

图6-292

08 将"色相变换"调整为30，将"匹配颜色"调整为"使用色相"，如图6-293所示。

图6-293

09 使用鼠标右键单击"更改颜色"栏目标题,选择"复制"命令,如图6-294所示。

10 激活下一小段视频素材,在"效果控件"面板中使用鼠标右键单击空白处,选择"粘贴"命令,如图6-295所示。

11 将"色相变换"调整为90,如图6-296所示。

12 以此类推,将"更改颜色"栏目复制粘贴至下一小段视频素材的"效果控件"面板中,并将"色相变换"调整为120,如图6-297所示。

图6-294

图6-296

图6-295

图6-297

13 找到"视频效果>颜色校正>更改颜色"并将其拖曳到第2个视频素材的第2小段上,如图6-298所示。

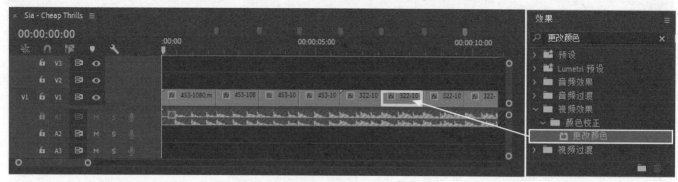

图6-298

14 在"效果控件"面板中找到"更改颜色>要更改的颜色",单击吸管图标，单击画面中的石壁部分吸取蓝色,如图6-299所示。

15 将"色相变换"调整为30,将"匹配颜色"调整为"使用色相",如图6-300所示。

图6-299

图6-300

16 使用鼠标右键单击"更改颜色"栏目标题，选择"复制"命令，如图6-301所示。

17 激活下一小段视频素材，在"效果控件"面板中使用鼠标右键单击空白处，选择"粘贴"命令，如图6-302所示。

图6-301

图6-302

18 将"色相变换"调整为90，如图6-303所示。

图6-303

19 以此类推，将"更改颜色"栏目复制粘贴至下一小段视频素材的"效果控件"面板中，并将"色相变换"调整为120，如图6-304所示。

图6-304

20 找到"视频过渡>溶解>交叉溶解"并将其拖曳到第2个视频素材的第4小段上，如图6-305所示。

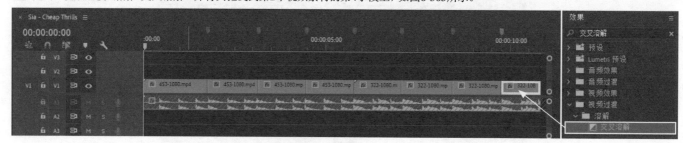

图6-305

21 在"效果控件"面板中将"持续时间"修改为00:00:00:10，图6-306所示。

图6-306

22 找到"音频过渡>交叉淡化>指数淡化"并将其拖曳到音乐素材结尾处，如图6-307所示。

23 在"效果控件"面板中将"持续时间"修改为00:00:00:10，如图6-308所示。

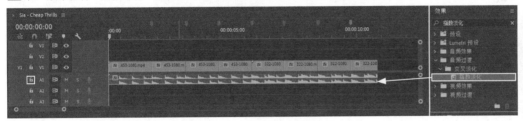
图6-307

图6-308

6.6 影片级调色应用

影片级调色的特点是颜色厚重，场面宏大，所以在前期视频拍摄上就要注意这一点。其次，影片级调色通常展现出震撼的视觉冲击力，主要体现在颜色饱和度、对比度上。

🖐 重点

◈ 综合训练：调整大片的色彩质感

素材文件	工程文件>CH06>综合训练：调整大片的色彩质感
案例文件	工程文件>CH06>综合训练：调整大片的色彩质感>综合训练：调整大片的色彩质感.prproj
难易程度	★★★★☆
技术掌握	活用调色技巧制作出夜景黑金效果

案例效果如图6-309所示。

图6-309

01 双击"项目"面板，找到并打开视频和音乐素材，如图6-310所示。

图6-310

02 将背景音乐素材拖曳至轨道A1上。播放背景音乐素材,在切换至英文输入法的前提下,在音乐鼓点处(不包含开头)按M键标记,且一共添加6个标记,如图6-311所示。

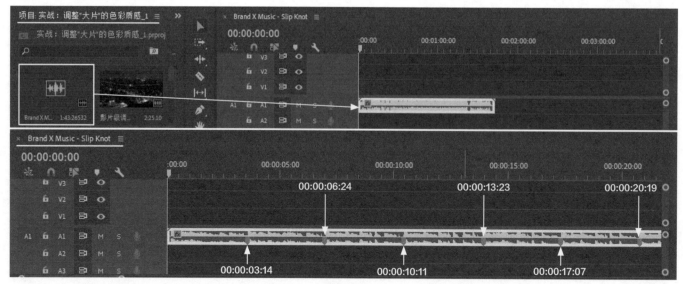

图6-311

03 将第1个视频素材拖曳至轨道V1上,不难发现,在"节目"面板中第1个视频素材画面自动放大了,这是原始视频素材尺寸比设定的序列画面大的缘故,如图6-312所示。

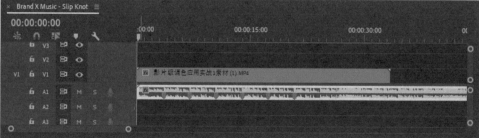

图6-312

04 为了适配当前画面大小,需要使用鼠标右键单击第1个视频素材,选择"缩放为帧大小"命令,如图6-313所示。

05 将鼠标指针悬停在第1个视频素材结尾处,待鼠标指针变成红色的图标▐时,单击并向左拖曳,使之与第一个标记对齐,如图6-314所示。

图6-313

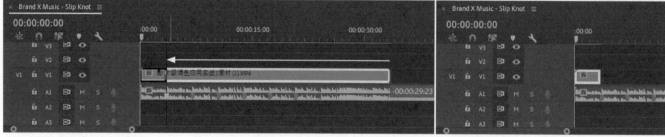

图6-314

06 为了避免附带的音频素材覆盖背景音乐素材，将第2视频素材拖曳至轨道V2上。不难发现，在"节目"面板中第2个视频素材画面也自动放大了，如图6-315所示。

图6-315

07 为了适配当前画面大小，需要使用鼠标右键单击第2个视频素材，选择"缩放为帧大小"命令，如图6-316所示。

08 将鼠标指针悬停在第2个视频素材结尾处，待鼠标指针变成红色的图标 时，单击并向左拖曳，使之与第2个标记对齐，如图6-317所示。

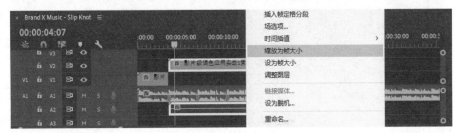

图6-316

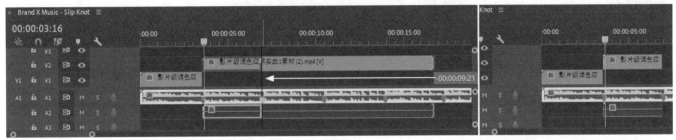

图6-317

09 以此类推，将剩下的视频素材依次拖曳至轨道上（素材按名称中的数字顺序摆放），适配画面大小后与标记对齐，如图6-318所示。

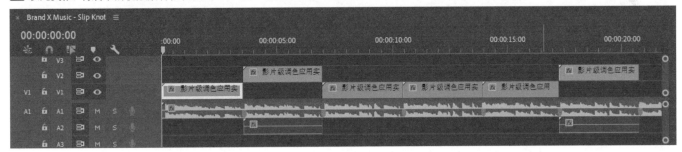

图6-318

10 将播放头移动至最后一个视频素材结尾处，在激活背景音乐素材的前提下，按快捷键Ctrl+K将背景音乐素材截断，并删除播放头以后的背景音乐素材，如图6-319所示。

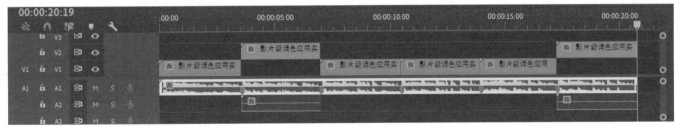

图6-319

11 将播放头移动至开头处，并切换至"颜色"工作区。单击激活第1个视频素材，在"Lumetri颜色>曲线>色相饱和度曲线"的色带上分别单击黄色区域和红色区域添加锚点。读者可以将A1轨道锁定以避免对A1轨道进行编辑，如图6-320所示。

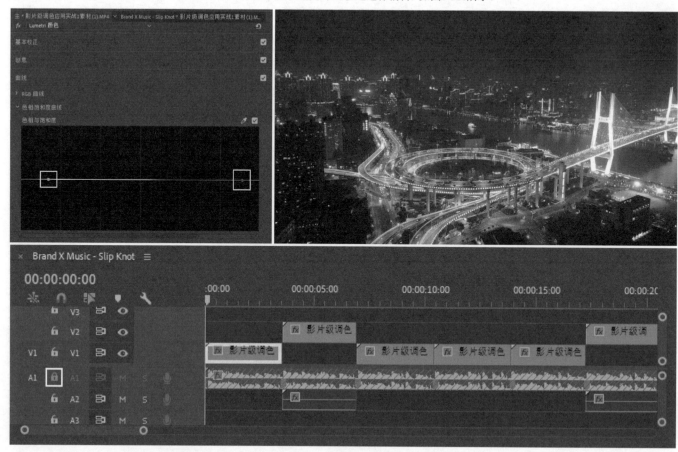

图6-320

12 在这两个锚点附近分别再次添加锚点，并向下拖曳至极限位置，将除金色以外的颜色的饱和度降到最低，如图6-321所示。

图6-321

13 将色带上的两个锚点适当向外环拖曳，提高金色的饱和度，如图6-322所示。

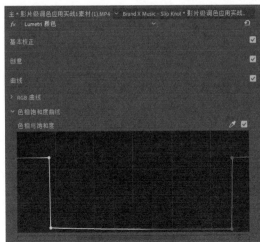

图6-322

14 在"Lumetri颜色>色轮和匹配"中，将阴影向蓝色方向偏移一点，使画面更加干净，如图6-323所示。

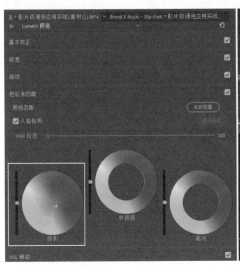

图6-323

15 在"Lumetri颜色>基本校正>色调"中将"对比度"调到最大，将"黑色"调到最小，使黑金效果更加明显，如图6-324所示。

16 以此类推，将剩下所有的视频素材分别激活后，分别重复以上步骤，添加黑金效果。其中，第2个视频素材经过调整后，发散的灯光与夜空的界线变得过于明显，如图6-325所示。

图6-324   图6-325

17 因此在"Lumetri颜色>基本校正>色调"中,将"对比度"调整为64.6,将"黑色"调整为-2.7,如图6-326所示。

18 观察画面,发现第3个视频素材经过调整后出现了局部过暗而使整体画面不协调的情况,如图6-327所示。

图6-326

图6-327

19 在"Lumetri颜色>基本校正>色调"中将"对比度"调整为27.4,将"黑色"调整为-16.8,如图6-328所示。

20 观察画面,发现第4个视频素材经过调整后,"节目"面板画面左上方出现了黑色的噪点,如图6-329所示。

图6-328

图6-329

21 我们在"Lumetri颜色>基本校正>色调"中将"黑色"调整为-62.8,如图6-330所示。

22 观察画面,发现第6个视频素材经过调整后出现了发散灯光颜色过于饱和且边界明确的情况,如图6-331所示。

图6-330

图6-331

23 切换到"效果"工作区面板,找到"视频效果>颜色校正>Lumetri颜色"并将其拖曳到第6个视频素材上,如图6-332所示。

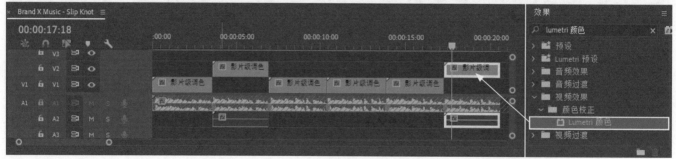

图6-332

24 在"效果控件"面板中，单击新添加的"Lumetri颜色"中的"创建椭圆形蒙版" ，在"节目"面板中调整锚点，使其选中发散灯光，如图6-333所示。

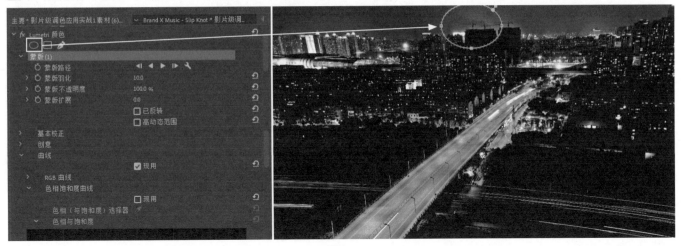

图6-333

25 再次单击"创建椭圆形蒙版" ，在"节目"面板中调整锚点，使其选中另一处发散灯光，如图6-334所示。

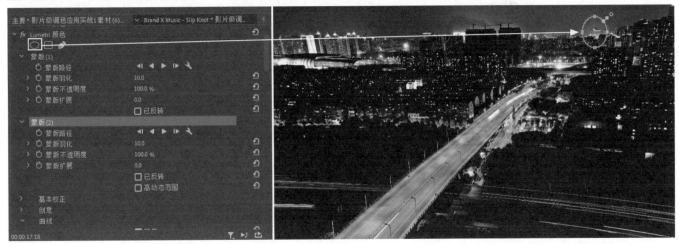

图6-334

26 在"效果控件"面板中，在新添加的"Lumetri颜色"中的"曲线>色相饱和度曲线"中的色环橡皮带上分别单击黄色区域和红色区域添加锚点，在这两个锚点附近分别再次添加锚点，并向下拖曳至底部，将发散灯光的金色的饱和度调到最低，如图6-335所示。

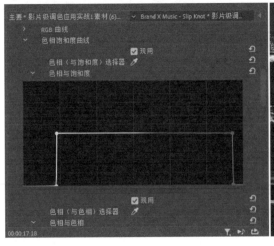

图6-335

27 单击A1轨道前的"切换轨道锁定"图标🔒，将A1轨道解锁，选择"钢笔工具"✏️，如图6-336所示。

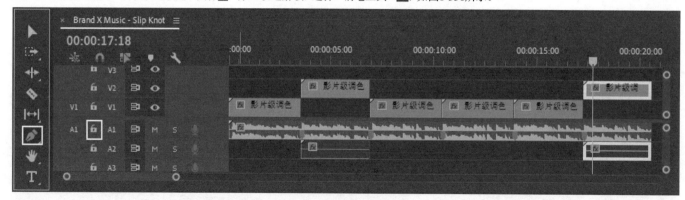

图6-336

28 将播放头移动至最后一个视频素材的即将结尾处。调整音频轨道滑块，找到主声道橡皮带，单击橡皮带与播放头相交的位置添加一个关键帧，如图6-337所示。

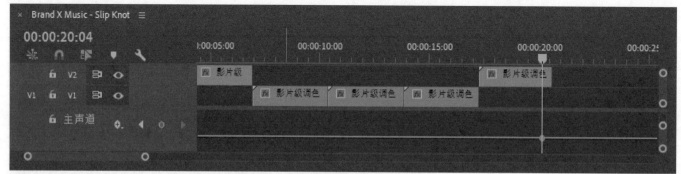

图6-337

29 单击橡皮带上对应最后一个视频素材结尾的位置，再次添加一个关键帧，并且向下拖曳至主声道轨道底部，为背景音乐添加淡出效果，如图6-338所示。

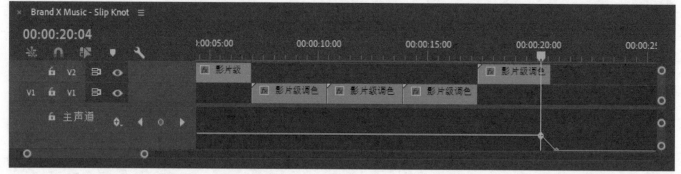

图6-338

第 **7** 章 音频处理技术

🎬 基础视频集数：16集　　🎬 案例视频集数：16集　　🕐 视频时长：138分钟

　　音频是一个视频的灵魂所在，好的背景音乐、音效可以让视频在主题和内容上得到质的飞越。本章主要介绍音频的基本操作、音频的优化、鼓点、音乐的添加与调整、音频的转场技术。这些技术都能对音频素材进行一系列处理，合理地运用它们，可以让音频与视频的契合度更高。

学习重点

学完本章能做什么

　　读者能进行鼓点对齐操作，根据音频节奏选择合理的素材片段，增强视频的节奏感和提升主题氛围，另外，能使用特定的音效让视频产生不一样的观感。

7.1 音频的基本编辑

在音频工作区内有Premiere提供的一系列编辑音频素材、混合音频和美化声音的工具。图7-1所示是Premiere的"音频"工作区选项卡，其面板中包含了各种调整音频的工具。

图7-1

💙 重点

7.1.1 声音界面的设置

本节主要介绍声音界面的设置，使读者可以更加便捷地对音频进行编辑。

☞ 在音频工作区工作--

读者可以修改时间轴中音频轨道标题的外观，为每个音频轨道添加或删除控件。这里以添加音量指示器为例，将音量指示器添加到音频轨道中。

扫码看讲解

01 单击时间轴的"时间轴显示设置"按钮🔧，选择"自定义音频头"命令，打开"按钮编辑器"对话框，如图7-2所示。

图7-2

02 将"轨道计"按钮拖曳至时间轴的音频标题上，如图7-3所示。

图7-3

03 读者可能需要在水平方向和竖直方向拓展音频标题，才能看到新的音量指示器。现在，每一个音频轨道都将有一个音量指示器，如图7-4所示。

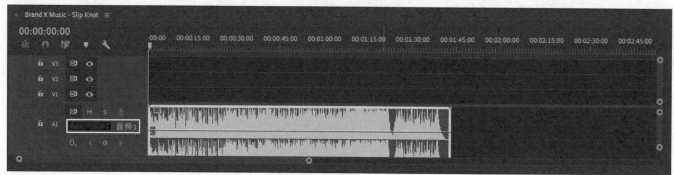

图7-4

① 技巧提示

　　注意，音频轨道中有音频素材才会显示音量指示器。

定义主轨道输出

在创建新序列时，选择音频主设置可定义它输出的声道数量。读者可将序列当成一个拥有帧速率、帧大小、音频采样速率和声道配置的媒体文件。音频主设置则是将序列当成一个文件时定义它具有的声道数量。默认的音频主设置为立体声，如图7-5所示。除了多声道序列外，读者不能更改序列输出的声道数。

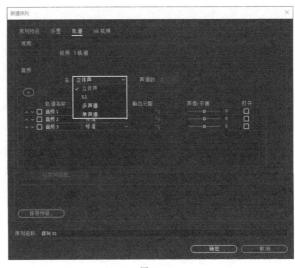

重要选项介绍

立体声：有2个声道，即左和右。

5.1：有6个声道，即中间、前左、前右、后左、后右和低频效果。

多声道：有1~32个声道，读者可根据需要进行选择。

单声道：只有1个声道。

图7-5

---

② **疑难问答**：声道是什么？

左声道和右声道都是单声道。录制声音时标准配置是令Audio Channel 1为左，令Audio Channel 2为右。以Audio Channel 1为例，它之所以是左，原因是：①它在Premiere中被解释为左，②它是用指向左边的麦克风录制的，③它输出到左边的扬声器中。因此，若对右侧的麦克风执行同样的录制，将会有立体效果。

使用音量指示器

音量指示器的主要功能是提供序列的总体混合输出的音量。在播放序列时，读者会看到音量指示器将实时反映音量的变化，如图7-6所示。下面介绍查看音量指示器的方法。

扫码看讲解

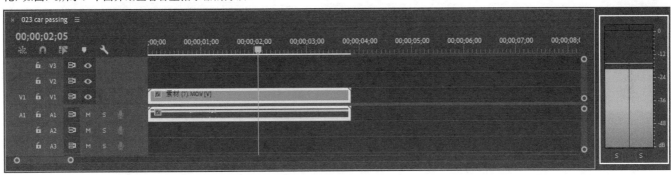

图7-6

01 若没有显示音量指示器，可以执行"窗口>音频仪表"命令。读者可以在使用音量指示器时拖曳音量指示器窗口边缘，拓宽音量指示器面板以达到最佳的视觉效果，如图7-7所示。

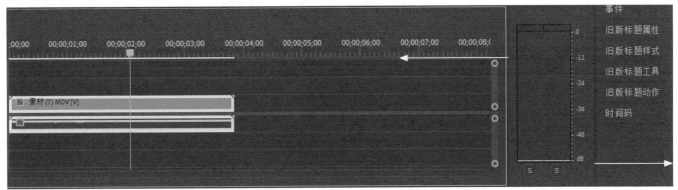

图7-7

02 在音量指示器的底部有"独奏"按钮，如图7-8所示，可用于单独聆听所选的声道。若"独奏"按钮显示为小圆圈，则可向左拖曳音量指示器窗口边缘，拓展音量指示器面板就会显示较大的"独奏"按钮。注意，在使用更高级的多声道音频主设置选项时将不会显示"独奏"按钮。

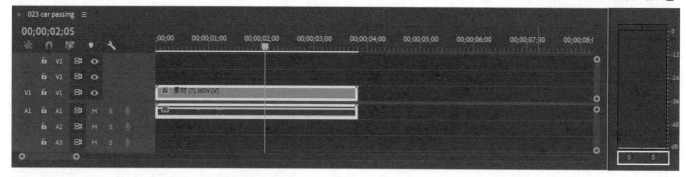

图7-8

> ① 技巧提示
>
> 使用鼠标右键单击音量指示器，可选择不同的显示范围。默认的显示范围是0 dB~-60 dB。

03 读者可以用鼠标右键单击音量指示器，选择"动态峰值"或"静态峰值"，如图7-9所示。当音量计中出现一个响亮峰值时，读者会查看音量指示器，但查看音量指示器时响亮峰值早已播放完毕，如图7-10所示。读者选择"静态峰值"后，Premiere会在音量指示器中标记并保持最高峰值，可实时获取最大音量的信息，如图7-11所示。完毕后即可单击音量指示器重置峰值，选择"动态峰值"后，Premiere则会不断更新峰值。

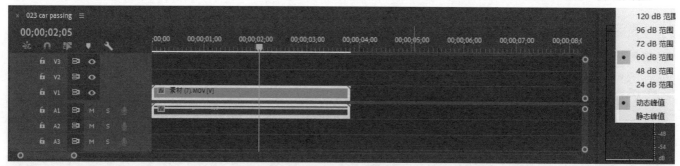

图7-9

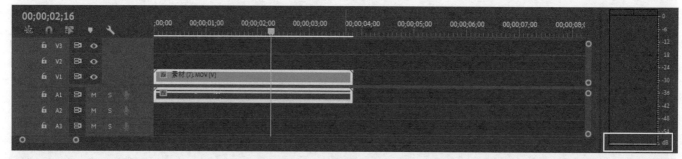

图7-10

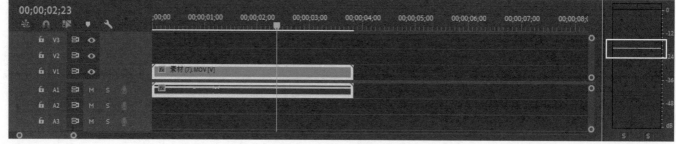

图7-11

查看采样

01 切换至"组件"工作区面板，在素材箱中打开音频素材，双击此音频素材即可在"源"面板中查看。由于该剪辑没有视频，"源"面板仅显示音频波形，如图7-12所示。

02 单击"源"面板的"设置"按钮，选择"时间标尺数字"命令，如图7-13所示，效果如图7-14所示。时间码指示器会显示在时间标尺上方，可以调整滑块放大时间标尺，放大到极限后将显示一个个单独的帧。

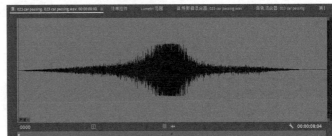

图7-12

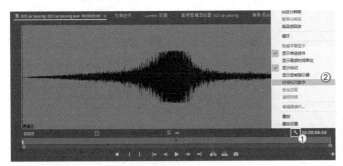

图7-13

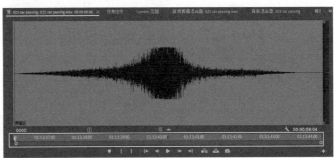

图7-14

03 单击"源"面板的"设置"按钮，选择"显示音频时间单位"命令，如图7-15所示，效果如图7-16所示。读者可在时间标尺上查看各个音频采样，可以调整滑块放大，放大到极限后将显示一个个单独的音频采样。

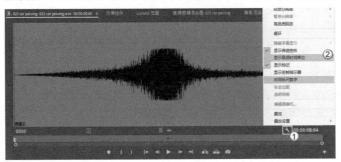

图7-15

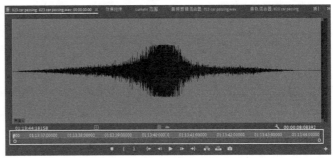

图7-16

> ① **技巧提示**
>
> 音频采样速率是每秒内对录制声源进行采样的次数，专业摄像机音频每秒采样次数一般为48000次。

显示音频波形

在素材箱中打开只有音频没有视频的素材时，Premiere将自动显示音频波形。双击音频素材后，在"源"面板中将看到每个声道都有一个导航缩放控件，如图7-17所示。这些控件与面板底部的导航缩放控件的工作方式类似，都可调整导航条的大小来查看波形，如图7-18所示。

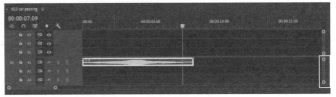

图7-17

图7-18

读者可在"源"面板的设置菜单中选择"音频波形"来显示带有音频的剪辑的音频波形。若剪辑同时拥有视频和音频，则在默认情况下，视频将显示在"源"面板中。若想查看音频波形，则可单击"只拖放音频"按钮 进行切换，如图7-19所示。下面就来查看一些波形。

图7-19

01 导入视频素材并将其拖曳到时间轴上。单击时间轴的"时间轴显示设置"按钮，确保选中"显示音频波形"命令，如图7-20所示。

02 调整音频轨道中的竖直导航缩放控件，确保波形完全可见，如图7-21所示。注意，在此序列中，一个音频轨道上有两个声道，这说明该剪辑有立体声音频。剪辑上的音频波形看起来和"源"面板中的波形不一样，这是因为它是经过调整后的音频波形，若用此波形查看音量较低的音频，则会更加方便。

03 读者可在调整的音频波形与常规音频波形之间自由切换。打开"时间轴"面板的菜单按钮，取消选中"调整的音频波形"命令，如图7-22所示。对于音量较高的音频，显示常规音频波形是比较合适的，但是，对于安静的部分，跟踪音量变化的难度就相对大一些。

图7-20

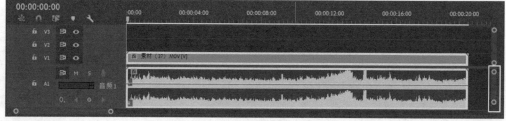

图7-21

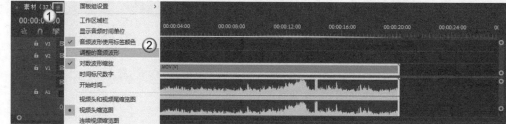

图7-22

处理标准的音频轨道上的剪辑

标准的音频轨道类型包括单声道音频轨道和立体声音频轨道，如图7-23所示。处理这两种类型的轨道上的剪辑可使用"效果控件"面板的控件、"音频剪辑混合器"和"音频轨道混合器"。若要处理单声道剪辑和立体声剪辑的混合体，那么使用标准的轨道操作比使用传统的单声道或立体声声道更加方便。

图7-23

监控音频--

在监控音频时，读者可以任意选择想要聆听的声道，只需在播放剪辑时，单击音量指示器底部想要聆听的声道中的独奏按钮即可，如图7-24所示。

图7-24

每个独奏按钮允许读者聆听指定的声道。读者也可以独奏多个声道来聆听音频混合。在处理多声道序列时，读者将会经常使用独奏按钮来输出声道。读者还可以为单独的音频轨道使用轨道标题中的"静音"按钮 M 或"独奏"按钮 S 以精确地聆听指定的声道。

✋ 案例训练：制作简单混音

素材文件	工程文件>CH07>案例训练：制作简单混音
案例文件	工程文件>CH07>案例训练：制作简单混音>案例训练：制作简单混音.prproj
难易程度	★★☆☆☆
技术掌握	通过对音频控件的运用制作出简单混音

01 导入音乐素材，将音乐"Taylor Swift,Shawn Mendes - Lover (Remix)"拖曳到轨道A1上，将音乐"Ariana Grande,Justin Bieber - Stuck with U"拖曳到轨道A2上，如图7-25所示。

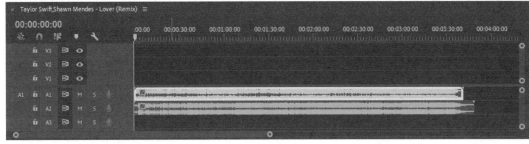

图7-25

02 分别单击轨道A1和A2前的"独奏"按钮 S，让音频独奏，并分别裁剪出所需片段（鼓点片段，即前奏部分），如图7-26所示。

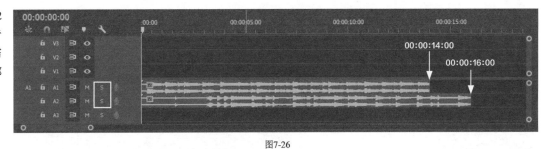

图7-26

03 使用鼠标右键单击轨道A1的音乐素材，选择"速度/持续时间"命令，如图7-27所示。

图7-27

04 将"速度"修改为87.5%,勾选"保持音频音调",如图7-28所示。此时按Space键即可播放混音效果,音频轨道如图7-29所示。

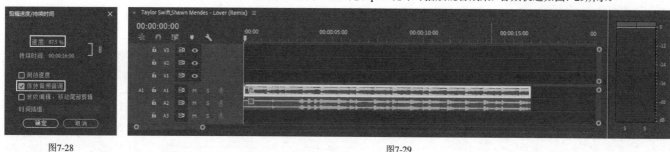

<table>
<tr><td style="text-align:center;">图7-28</td><td style="text-align:center;">图7-29</td></tr>
</table>

① 技巧提示

　　一般的音频经过慢速处理后,就会显得非常沉重,经过快速处理后就会像"小老鼠"一样"叽里呱啦",勾选"保持音频音调"选项,可以尽量保持原声音调。

♕ 重点

7.1.2 检查音频的特征

　　双击一个剪辑,在"源"面板中查看波形时,读者可以看到每一个声道。波形越高,声道的音量就越大;波形越低,声道的音量就越小。有3个因素可以改变聆听音频的方式。

　　频率: 指扬声器表面的移动速度,即扬声器表面每秒拍打空气的次数,用赫兹(Hz)表示。人类的听觉范围约为20~20 000赫兹,听到的频率范围受诸多因素的影响。频率越高,感知到的音调就越高;频率越低,感知到的音调就越低。

　　振幅: 指扬声器表面移动的距离。扬声器表面移动的距离越大,声音越大,则会生成高压波,将更多的能量传递到人的耳朵中,进而被人类所感知。

　　相位: 指扬声器表面向内或向外移动的时序。若两个扬声器同时向内或向外移动,则可将它们视为"同相位";若两个扬声器向内或向外移动并不同步,则可将它们视为"异相"。

⑦ 疑难问答:什么是音频特征?

　　假设扬声器表面在拍打空气时是移动的,那么扬声器表面在移动时将建立高压波与低压波,就像涟漪在水面移动一样,直到被人类的耳朵接收。当气压波到达耳朵中时,将转换为能量传递给大脑,大脑就会解读为声音。这拥有非常高的精度,而且由于人类有两只耳朵,因此大脑会平衡处理这两组声音信息。

♕ 重点

✋ 案例训练:查看音频波形

素材文件	工程文件>CH07>案例训练:查看音频波形
案例文件	工程文件>CH07>案例训练:查看音频波形>案例训练:查看音频波形.prproj
难易程度	★★☆☆☆
技术掌握	学习查看音频波形的方法

01 导入音频并将其拖曳到时间轴上,如图7-30所示。

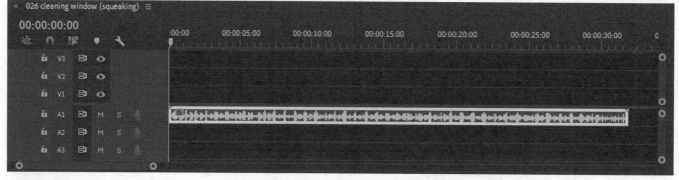

图7-30

02 双击轨道A1中的音频即可在"源"面板中查看该音频波形,如图7-31所示。观察音频波形,波形高的位置音量较大,如图7-32所示;波形低的位置音量较小,如图7-33所示。

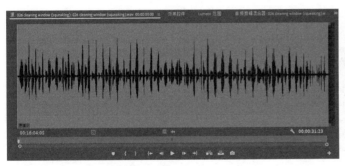

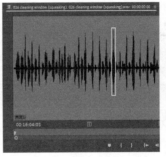

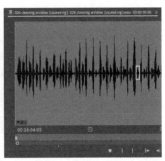

图7-31   图7-32   图7-33

◆ 重点

7.1.3 音量的调整

在Premiere中有很多种调整音量的方式,并且它们的破坏性均为零,这说明读者做出的更改并不会影响到原始的媒体文件。

☞ 在"效果控件"面板中调整音频-----------

扫码看讲解

01 在激活音频的前提下,在"效果控件"面板中展开"音量"控件、"通道音量"控件和"声像器"控件,如图7-34所示。默认状态下,所有控件的"切换动画"都是自动开启的,这说明读者所做的每次更改都将自动添加一个关键帧。

> ① 技巧提示
>
> 这里说明一下相关参数的作用。
>
> **音量**:调整所选剪辑中所有声道的组合音量。
>
> **声道音量**:调整所选剪辑中各个声道的音频电平。
>
> **声像器**:调整所选剪辑的整体立体声左右均衡。

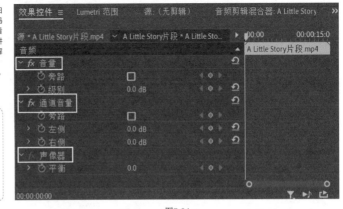

图7-34

02 单击"时间轴"面板的"时间轴显示设置"按钮🔧,确保选中"显示音频关键帧"命令,如图7-35所示。

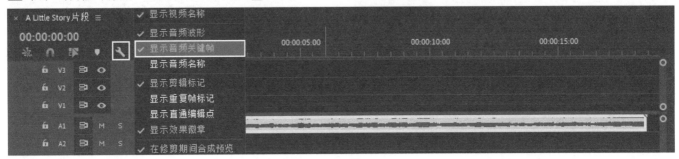

图7-35

03 调整竖直导航缩放控件,拓展轨道A1的高度,直到可以清晰地观察到轨道A1的音频波形,以及用于添加关键帧的线,这条线通常被称为橡皮带,如图7-36所示。

图7-36

04 在"效果控件"面板的"级别"中将蓝色数字向左拖曳,减小音量,如图7-37所示。

05 不难发现,橡皮带整体向下移动,表示整体音量的降低,如图7-38所示。

图7-37

图7-38

调整音频增益

大部分音乐在制作的时候都拥有最大信号,以便于更加明显地区分信号和背景噪声。但在许多剪辑中,声音也许会偏大一些。要想解决此问题,则需要调整剪辑的音频增益。

01 打开素材箱中的素材,注意波形的大小,如图7-39所示。

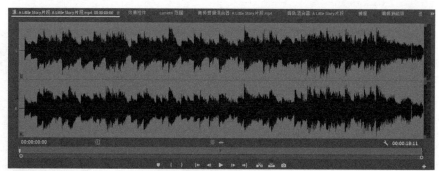
图7-39

02 在素材箱中使用鼠标右键单击剪辑,选择"音频增益"命令,如图7-40所示。

03 打开"音频增益"对话框,选择"将增益设置为",并将数值调整为-12dB,如图7-41所示,单击"确定"按钮。此时,重新打开"源"面板,音频波形的变化如图7-42所示。

图7-40

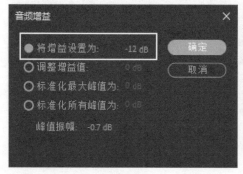
图7-41

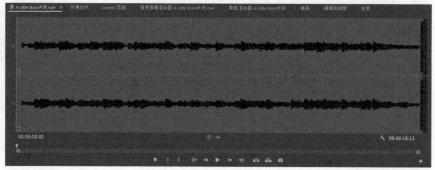
图7-42

重要参数介绍

将增益设置为: 对指定剪辑进行具体调整。

调整增益值: 对指定剪辑进行增量调整。

标准化最大峰值为: 为指定剪辑中的最大峰值指定标准。

标准化所有峰值为: 对指定剪辑中的所有音频进行调整,并为调整后的最大峰值指定标准。

这里举个例子,若想将剪辑设置为-3dB,则应将"将增益设置为"调整为-3dB。若读者再次访问该窗口并再次将"将增益设置为"调整为-3dB,实际上"将增益设置为"将调整为-6dB,以此类推。

> ① 技巧提示
>
> 在素材箱中调整音频增益时做出的更改并不会更新至已经编辑到序列的剪辑中。读者可以使用鼠标右键单击序列中的一个或多个剪辑,选择"音频增益"命令,以做出相同的调整。

☞ 标准化音频

标准化音频类似于调整音频增益。标准化音频的效果是调整剪辑的音频增益,差别就在于标准化音频基于Premiere自动分析的过程,而非读者的主观判断。在对剪辑进行标准化音频处理时,Premiere会自动分析音频确定最高峰值,随后自动调整剪辑的音频增益,让最高峰值与指定的级别相匹配。若要处理多个画外音剪辑,由于录制设置不同或使用的麦克风不同,因此这几个剪辑很有可能会音量不一。读者可以选择所有剪辑,然后让Premiere自动设置音量使其匹配,这大大节省了手动浏览并调整每个剪辑的时间。下面对一些剪辑进行标准化音频处理。

01 使用鼠标右键单击音量指示器,选择"静态峰值",如图7-43所示。

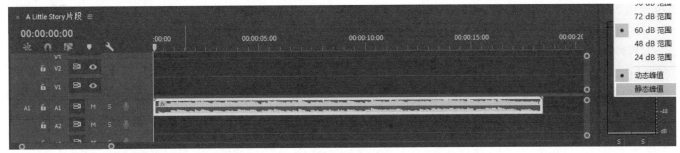

图7-43

02 从头开始播放音频,直至结束。可以看到该音频的最大峰值约为-12.5 dB,如图7-44所示。

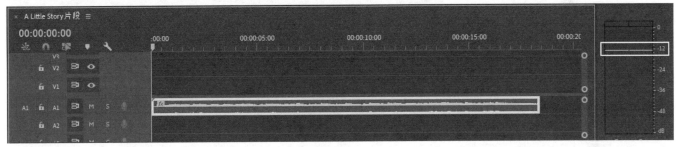

图7-44

03 使用鼠标右键单击音频素材,选择"音频增益"命令(快捷键为G),如图7-45所示。

04 选择"标准化所有峰值为",输入"-1",如图7-46所示。Premiere将自动调整音频素材,并令最响亮的峰值是-1dB。

图7-45   图7-46

05 单击音量指示器进行重置,从头开始播放音频,直至结束。可以看到标准化所有峰值后,该音频的最大峰值为-1dB,如图7-47所示。

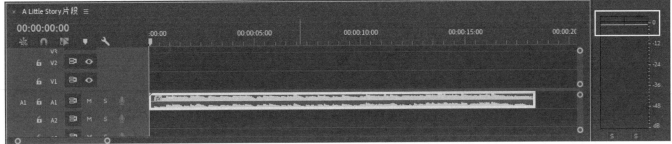

图7-47

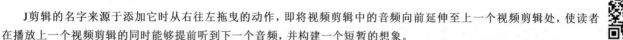

7.1.4 拆分音频

拆分音频是一种既简单又经典的音频编辑技巧，可以重塑音频的出入点。在播放时，突然插入另外一个剪辑的音频会激发观众对另外一个场景的想象，将不同场景的情感相互带入。

☞ 添加J剪辑---

扫码看讲解

J剪辑的名字来源于添加它时从右往左拖曳的动作，即将视频剪辑中的音频向前延伸至上一个视频剪辑处，使读者在播放上一个视频剪辑的同时能够提前听到下一个音频，并构建一个短暂的想象。

值得注意的是，添加J剪辑的前提是相邻的两个剪辑的衔接处都必须被裁剪过，读者可以查看剪辑的出入点处是否有小三角形。有小三角形表示该剪辑未被裁剪，如图7-48所示；没有小三角形表示该剪辑已被裁剪过，如图7-49所示。若相邻的两个剪辑的衔接处是未被裁剪过的，则无法延伸剪辑的音频。

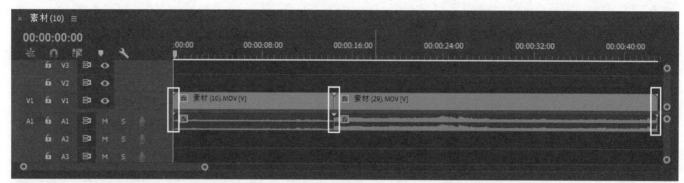

图7-48

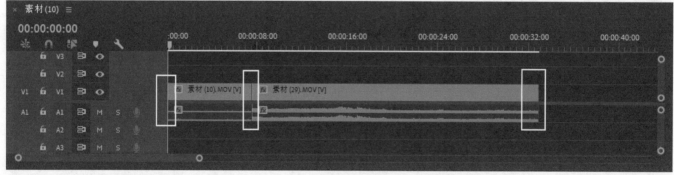

图7-49

01 打开序列，两个剪辑的衔接处有小三角形符号，这说明两个剪辑的衔接处尚未被裁剪，如图7-50所示。

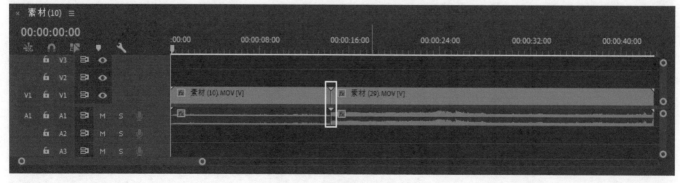

图7-50

02 将播放头移动至第1个剪辑的约2/3处，按快捷键Ctrl+K截断，如图7-51所示。

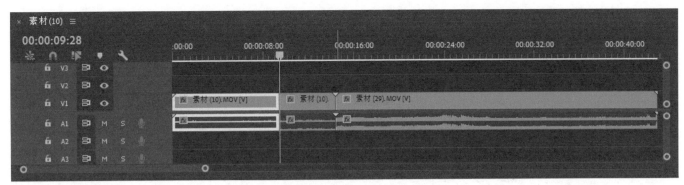

图7-51

03 将播放头移动至第2个剪辑的约1/3处，按快捷键Ctrl+K截断，如图7-52所示。

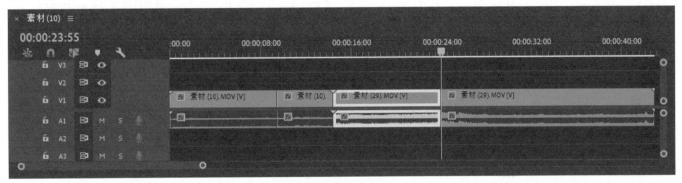

图7-52

04 框选中间两个片段，按Delete键清除，如图7-53所示。

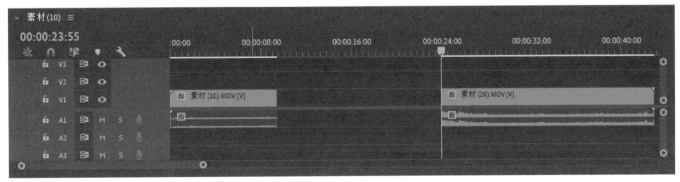

图7-53

05 使用鼠标右键单击剩余片段之间的空白部分，单击"波纹删除"命令，如图7-54所示。

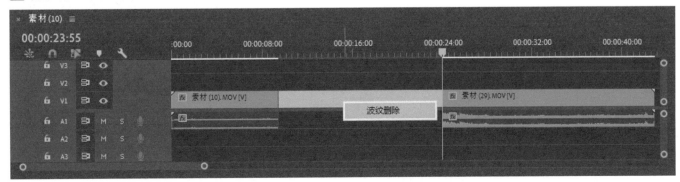

图7-54

06 长按"波纹编辑工具" ，选择"滚动编辑工具" ，如图7-55所示。

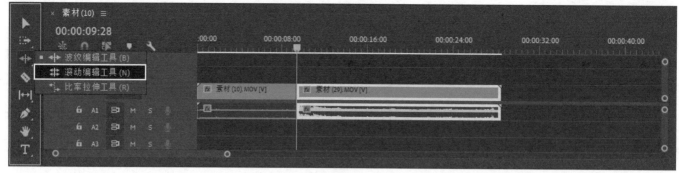

图7-55

07 按住Alt键，将第2个剪辑的音频部分开头向左拖曳，如图7-56所示。将播放头移动至开头处，按下Space键播放即可查看J剪辑效果。读者还可以在添加J剪辑后对音频进行平滑化处理，改善过渡效果。

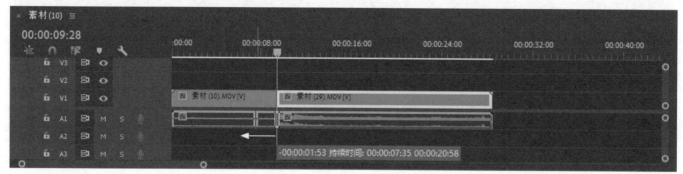

图7-56

添加L剪辑

L剪辑的名字来源于添加它时从左往右拖曳的动作，即将视频剪辑中的音频向后延伸至下一个视频剪辑处，使读者在播放下一个视频剪辑的同时仍然能够听到上一个音频。总之，L剪辑与J剪辑的工作方式相同，但方向截然相反。

> ① **技巧提示**
>
> 按住Alt键会将剪辑临时取消链接，因此可以只调整剪辑衔接处的视频或音频。

🖐 重点

案例训练：添加L剪辑

素材文件	工程文件>CH07>案例训练：添加L剪辑
案例文件	工程文件>CH07>案例训练：添加L剪辑>案例训练：添加L剪辑.prproj
难易程度	★★☆☆☆
技术掌握	掌握添加L剪辑的技能

01 打开序列，两个剪辑的衔接处有小三角形符号，这说明两个剪辑的衔接处尚未被裁剪，如图7-57所示。

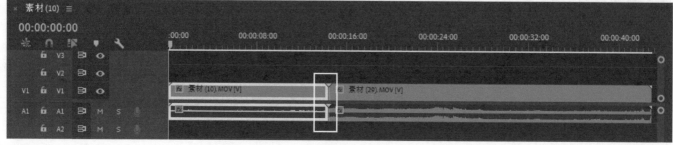

图7-57

02 将播放头移动至第1个剪辑的约2/3处，按快捷键Ctrl+K截断，如图7-58所示。

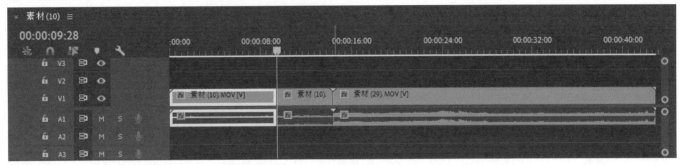

图7-58

ⓘ 技巧提示

这里的操作方法与前面一样。为了方便读者熟悉，笔者在这里再操作一次。

---

03 将播放头移动至第2个剪辑的约1/3处，按快捷键Ctrl+K截断，如图7-59所示。

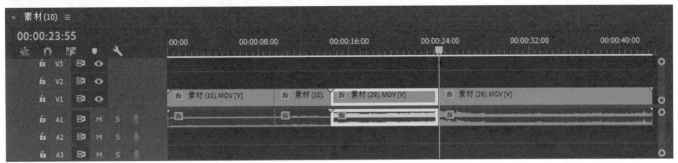

图7-59

04 框选中间两个片段，按Delete键清除，如图7-60所示。

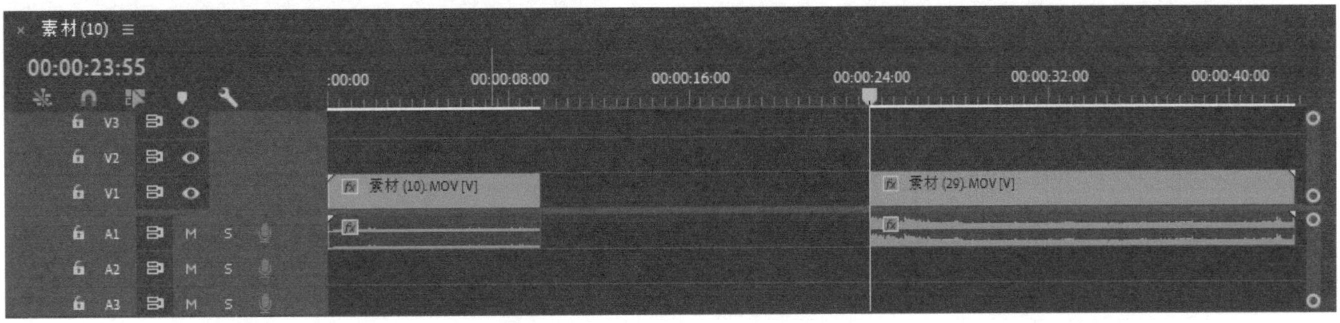

图7-60

05 使用鼠标右键单击剩余片段之间的空白部分，单击"波纹删除"命令，如图7-61所示。

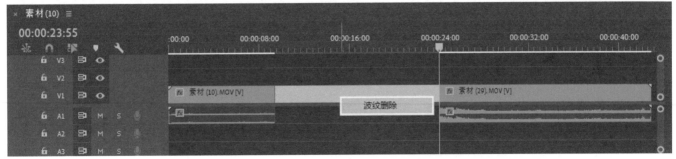

图7-61

06 长按"波纹编辑工具" ，选择"滚动编辑工具" ，如图7-62所示。

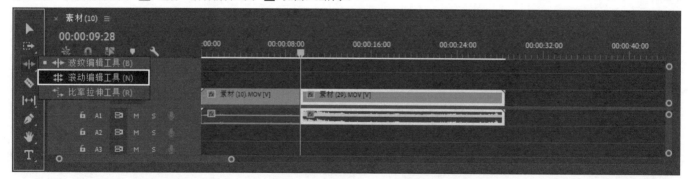

图7-62

07 按住Alt键，将第1个剪辑的音频部分结尾向右拖曳，如图7-63所示。

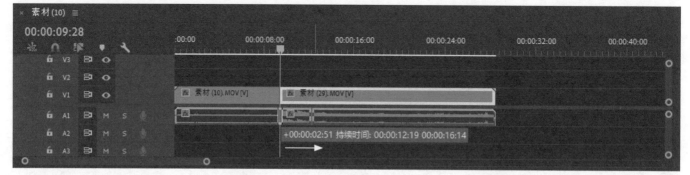

图7-63

7.1.5 修整音频的电平

与调整剪辑的音频增益一样，读者可以使用橡皮带来调整剪辑的音量。使用橡皮带调整音量比调整音频增益更加简单，因为读者可以在进行增量调整的同时实时获得视觉反馈。调整橡皮带和使用"效果控件"面板中调整音量的效果是一样的，并且对每一个控件的更改都会同步更新另一个控件。

👉 调整总体剪辑平衡---

01 将音频素材拖曳到时间轴上，如图7-64所示。

图7-64

02 将轨道A1标题底部向下拖曳，让轨道A1变得更高，以便于对音频素材进行更加细微的调整，如图7-65所示。

03 若音频声音太大，则将轨道A1中的橡皮带向下拖曳一点，若音频声音太小，则将轨道A1中的橡皮带向上拖曳一点，如图7-66所示。拖曳时将显示读者正在进行的调整量。若剪辑没有关键帧，那么拖曳橡皮带将调整整个剪辑的总体电平；若剪辑有关键帧，那么拖曳橡皮带将调整两个现有关键帧之间的片段的总体电平。

图7-65

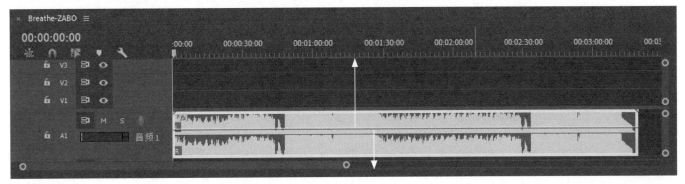

图7-66

⚠ 技巧提示

在切换至英文输入法的前提下，当时间轴的播放头在剪辑上时，读者可以使用键盘快捷键来调整剪辑的音量。

使用[键可将剪辑音量减小1dB。

使用]键可将剪辑音量增大1dB。

使用快捷键Shift+[可将剪辑音量减小6dB。

使用快捷键Shift+]可将剪辑音量增大6dB。

☞ 对音量更改应用关键帧---

在激活"选择工具" ▶ 的前提下，拖曳一个现有关键帧将会对它做出调整，并且单击橡皮带的同时按住Ctrl键可以添加一个新的关键帧。"钢笔工具" ✐ 可以为橡皮带添加关键帧，读者也可以用它调整现有关键帧。在音频剪辑上添加关键帧并向上或向下调整关键帧位置将重塑橡皮带。橡皮带位置越高，剪辑音量越大，如图7-67所示。

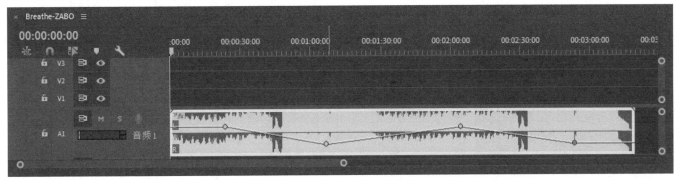

图7-67

☞ 平滑化关键帧之间的音量---

使用鼠标右键单击任意一个关键帧将看到一系列选项，包括"缓入""缓出"和"删除"命令等，如图7-68所示。在激活"钢笔工具" ✐

的前提下，可框选多个关
键帧，随后使用鼠标右键
单击任意其中一个关键帧
并更改选项，可为选中的
关键帧都应用相同的更改。

图7-68

☞ 使用剪辑关键帧和轨道关键帧

基于轨道的关键帧与基于剪辑的关键帧工作方式是相同的，读者可以使用轨道控件来设置剪辑音频电平的关键帧。

☞ 处理音频剪辑混合器

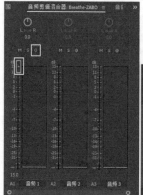

音频剪辑混合器提供了调整剪辑的音量和写关键帧的控件，并且每个音频轨道都有一组控件。读者可以对每个音频轨道执行静音或独奏操作，在播放时也可通过拖曳音量控制器滑块来将关键帧写入剪辑中，如图7-69所示。

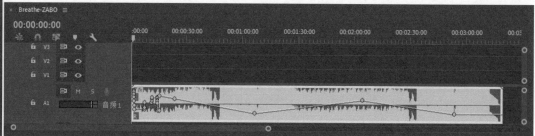

图7-69

> ⑦ **疑难问答：什么是音量控制器？**
>
> 音量控制器是以现实生活中的调音台为基础的行业标准的控件。读者可以向上移动音量控制器滑块，增大音量；也可向下移动滑块，减小音量。在播放序列时也可使用音量控制器为剪辑音频橡皮带添加关键帧。

01 单击时间轴的"时间轴显示设置"按
钮 ，确保选中"显示音频关键帧"命令，
如图7-70所示。

图7-70

02 在将播放头移动至开头处的前提下，找到"音频剪辑混合器"面板，单击启用音频的"写关键帧"按钮 ，如图7-71所示。

03 按Space键播放序列，在播放期间调整音量控制器滑块，音量控制器将自动为音频写入关键帧。注意，只有在停止播放时才可以看见写入的关键帧，如图7-72所示。

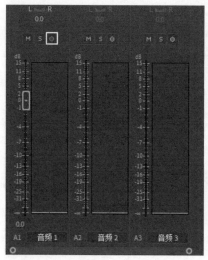

图7-71

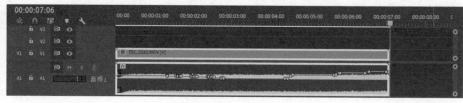

图7-72

👑 重点

🖐 案例训练：为音频制作淡入/淡出效果

素材文件	工程文件>CH07>案例训练：为音频制作淡入/淡出效果
案例文件	工程文件>CH07>案例训练：为音频制作淡入/淡出效果>案例训练：为音频制作淡入/淡出效果.prproj
难易程度	★★☆☆☆
技术掌握	运用关键帧为音频制作出淡入/淡出效果

01 导入音频素材，将其拖曳到时间轴上，如图7-73所示。

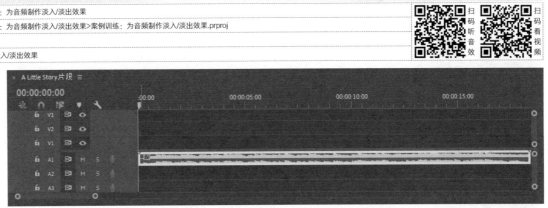

图7-73

02 分别调整水平导航缩放控件和竖直导航缩放控件以达到最佳视觉效果，如图7-74所示。

图7-74

03 激活"钢笔工具"🖊，分别单击音频的橡皮带的开头处和接近开头处添加两个锚点，如图7-75所示。

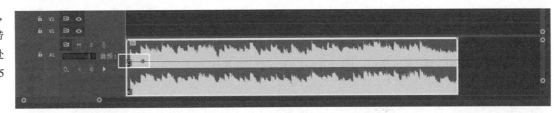

图7-75

04 将开头处的锚点向下拖曳至极限位置，为音频制作出淡入效果，如图7-76所示。

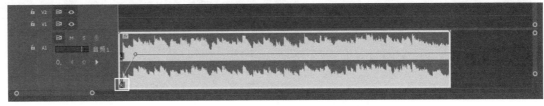

图7-76

05 分别单击音频的橡皮带的结尾处和接近结尾处添加两个锚点，如图7-77所示。

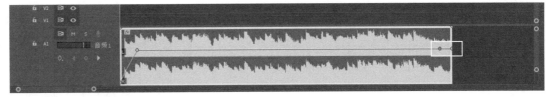

图7-77

06 将结尾处的锚点向下拖曳至极限位置，为音频制作出淡出效果，如图7-78所示。

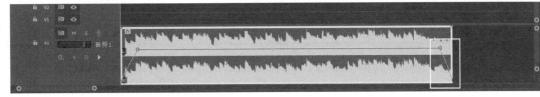

图7-78

7.2 音频的优化

Premiere提供了许多可以用来改变音调、制造回声、添加混响和删除磁带杂音（嘶嘶声）的音频效果。

👍 重点

7.2.1 使用音频效果

并非所有的音频硬件都能一模一样地播放所有音频。例如在笔记本上聆听音频与在大型扬声器上聆听音频是不一样的，因此要使用高品质的耳机或播音室监听扬声器来聆听音频，以此来避免在调整声音时因播放硬件的缺陷而进行补偿。Premiere提供了许多音频效果，并且都可以在"效果"面板中找到，如图7-79所示。

👉 **"参数均衡器"效果**--

扫码看讲解

"参数均衡器"效果提供了细腻的界面以更好地对音量进行更加细致的调整。它包含了一个图形界面，可以用来拖放连接到一起的音量调整。下面来尝试一下。

01 导入音频素材并将其拖曳到时间轴上，如图7-80所示。

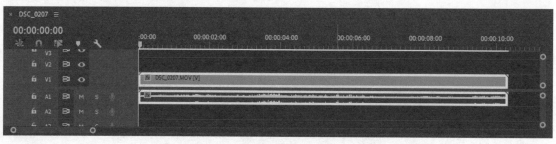

图7-79   图7-80

02 在"效果"面板中找到"参数均衡器"效果，并将其拖曳到音频素材上，如图7-81所示。

03 在"效果控件"面板中找到"参数均衡器"效果，单击"自定义设置"中的"编辑"按钮 ▇▇▇▇ 编辑，如图7-82所示。

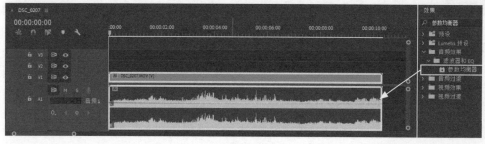

图7-81   图7-82

04 打开"剪辑效果编辑器"对话框，设置"预设"为"默认"，"范围"为96 dB，效果如图7-83所示。图形控件区的底部边缘显示的是频率；右侧的竖直边缘显示的是振幅；贯穿图形中部的蓝线表示所做的调整，读者可以直接调整该线的形状，并且Premiere将自动对相应的频段参数进行调整。左侧为"主控增益"控件，若读者所做的调整导致音频的总体音量过大或过小，则可以用它进行修复。

05 按Space键播放剪辑，熟悉其声音。将图形中的控制点1向下拖曳较大一段距离，如图7-84所示。拖放的控制点有一个影响范围，这个影响范围是该控制点的Q值定义的。再次聆听剪辑，不难发现，音量变小了。

06 将控制点1的Q值从2调整为7，如图7-85所示。可直接单击数字"2"，再输入新的数值。再次聆听剪辑，不难发现，音量变大了一些。

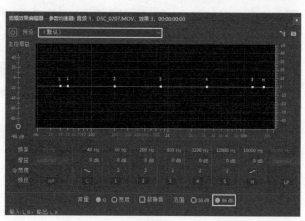

图7-83

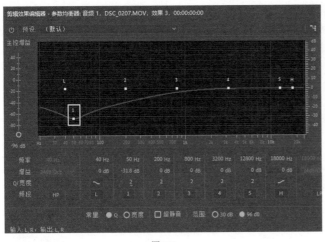

图7-84

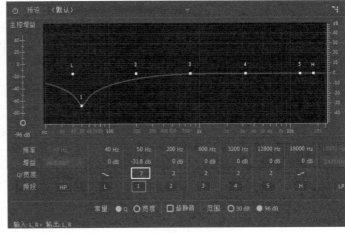

图7-85

07 将控制点3向下拖曳至-20dB处，将Q值调整为1，效果如图7-86所示。

08 再次聆听剪辑，不难发现，音量变得更小了。将控制点4拖曳到1500Hz处，将增益调整为6dB，将Q值调整为3，效果如图7-87所示。

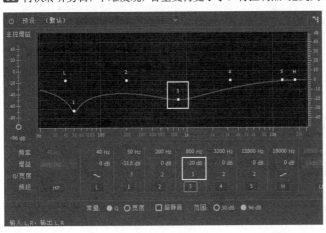

图7-86

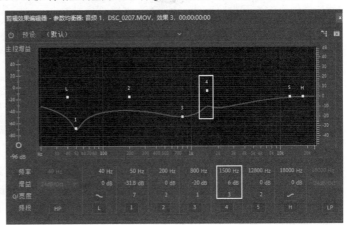

图7-87

09 再次聆听剪辑，音量变大了一点。拖曳高频滤波器（H控制点），将其增益设置为-8dB，让最高频率变小一点，效果如图7-88所示。

10 使用"主控增益"控件调整总体音量，如图7-89所示。读者需要在调整的同时观察音量指示器才能知道调整得是否合适。

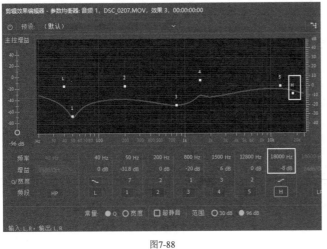

图7-88

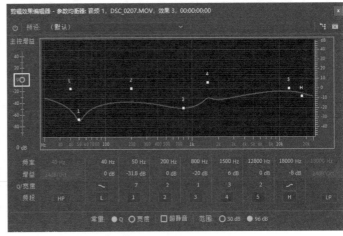

图7-89

11 关闭"剪辑效果编辑器"对话框,按Space键播放序列,聆听效果。在播放期间,读者可以修改音频效果。但有时读者可能想循环播放,则可单击"节目"面板中的"按钮编辑器"按钮 ➕,将"循环播放"按钮 🔁 拖曳至"节目"面板的按钮面板中,激活后即可循环播放剪辑,如图7-90所示。

① 技巧提示

使用"参数均衡器"效果的另一种方法是针对一个特定的频率进行调整。读者可以使用该效果来调整一个特定的频率,例如高频噪声或低频嗡嗡声。但注意,不要将音量设置得太高,以免导致声音失真。

图7-90

☞ **"陷波滤波器"效果**---

"陷波滤波器"效果用于删除指定值附近的频率,即定位一个频率范围,然后消除这些声音,适用于移除电线嗡嗡声和其他电子干扰。

01 打开并播放序列,熟悉其声音。在"效果"面板中找到"陷波滤波器"效果,并将它拖曳到音频剪辑上,如图7-91所示。

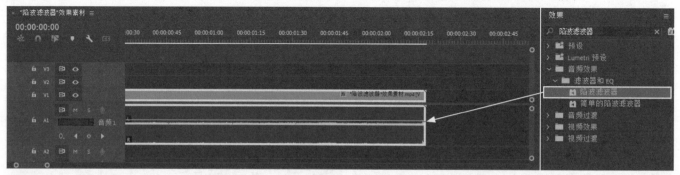

图7-91

02 在"效果控件"面板中单击"陷波滤波器"效果的"编辑"按钮,如图7-92所示。

03 从"预设"中选择"细化低频时间码分割"命令,如图7-93所示。再次聆听序列,不难发现,声音清晰多了。

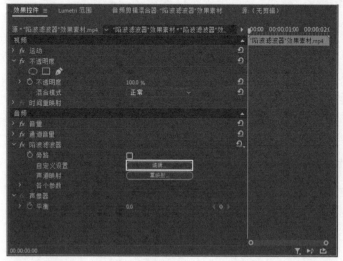

图7-92   图7-93

☞ **"Loudness Radar(雷达响度计)"效果**--------------------------

若制作作用于广播的内容,可能要根据严格的要求来提供媒体文件,其中一个要求与音频的最大音量有关。满足此要求的方法有许多种,其中较为常见的方法为"雷达响度测量法"。该方法使用了"雷达响度计"来衡量读者的序列音频,用雷达的形式来展示和满足音频的条件,使音频符合广播规范定义的响度标准。

Loudness Radar（雷达响度计）默认的外围的计量值为-60~-6，中间部分则是该音频整体声音特性的内置雷达，且共分为4圈，分别代表4种不同的声音特性。4个区域由内向外分别为蓝色、深绿色、浅绿色和黄色。黄色部分为音频中音量偏高的部分；蓝色部分为音频中音量偏低的部分，且这种音量与噪声类似，一般情况下读者较难听清。颜色越靠近圆心部分，音量越低。读者需要调整剪辑音量使之位于黄色区域和蓝色区域的安全范围内。雷达图的左下角为Loudness Radar（雷达响度计）的响度范围，雷达图的右下角为程序响度，如图7-94所示。

在窗口的顶部有Premiere自带的预设，每个预设都有各自不同的广播标准，所展示的雷达图也有所不同。在"设置"区域中，读者对参数值的修改和对"效果控件"面板中"各个参数"区域进行的调整是同步的，如图7-95所示。

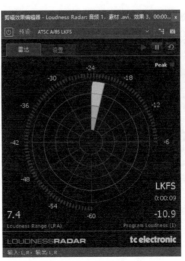 

图7-94　　　　　　　　　　图7-95

重要参数介绍

目标响度：调节音频的强度。

瞬时范围：EBU +9适用于普通广播；EBU +18适用于音乐、MV、电影等。

低电平下限：控制雷达蓝色区域和绿色区域切换的范围。

峰值指示器：调整雷达右上角的Peak处出现红色图标时显示的峰值，即设定峰值指示灯的亮灯数值。

在播放序列时，Loudness Radar（雷达响度计）会自动监视响度。

01 打开序列，在"效果"面板中找到"音频效果>特殊效果>Loudness Radar（雷达响度计）"并将其拖曳到素材的音频部分上，如图7-96所示。

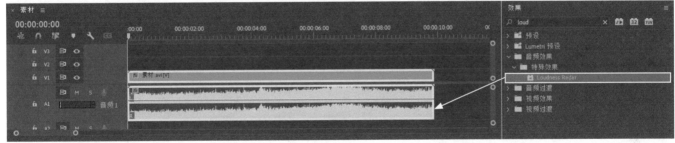

图7-96

02 在"效果控件"面板中找到Loudness Radar（雷达响度计），单击"编辑"按钮，如图7-97所示。

03 拖曳窗口边缘，拓宽窗口以达到最佳视觉效果，如图7-98所示。

04 播放剪辑，查看Loudness Radar（雷达响度计）数值变化。不难发现，Loudness Radar（雷达响度计）的响度范围随着播放不断发生变化，且外围的数值也不断发生变化。如果雷达图的右上角的Peak处出现了红色图标，这意味着音频音量过高，不符合广播标准，如图7-99所示。

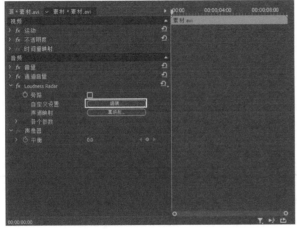 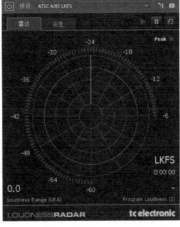 

图7-97　　　　　　　　图7-98　　　　　　　　图7-99

05 按Space键暂停播放。调整竖直导航缩放控件，以达到最佳的视觉效果。将剪辑中音频部分的橡皮带向下拖曳降低整体音量，如图7-100所示。

06 按Space键播放序列。雷达图的右上角的Peak处未显示红色图标，如图7-101所示。

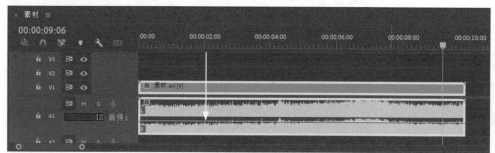

图7-100

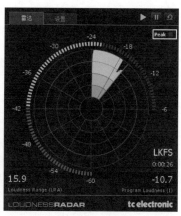

图7-101

👑 重点

👆 案例训练：在"音轨混合器"面板中启用Loudness Radar（雷达响度计）

素材文件	工程文件>CH07>案例训练：在"音轨混合器"面板中启用Loudness Radar（雷达响度计）
案例文件	工程文件>CH07>案例训练：在"音轨混合器"面板中启用Loudness Radar（雷达响度计）>案例训练：在音轨混合器面板中启用Loudness Radar（雷达响度计）.prproj
难易程度	★★☆☆☆
技术掌握	学习在"音轨混合器"面板中启用Loudness Radar（雷达响度计）的方法

01 打开序列并切换至"音频"工作区。找到"音轨混合器"面板，如图7-102所示。

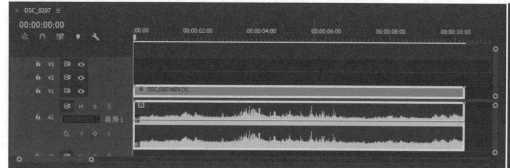

图7-102

02 在"音轨混合器"面板左侧单击小箭头，展开"效果"菜单，然后执行"特殊效果>Loudness Radar（雷达响度计）"命令，如图7-103所示。

03 使用鼠标右键单击Loudness Radar（雷达响度计），选择"后置衰减器"命令，如图7-104所示。"音轨混合器"中的"衰减器"控件是用来调整音频电平的。Loudness Radar（雷达响度计）会在"衰减器"调整后分析音频电平。

04 单击"节目"面板中的"播放"按钮▶或按Space键播放。播放时，Loudness Radar（雷达响度计）会自动监视响度，读者可双击Loudness Radar（雷达响度计）字样进行查看，如图7-105所示。

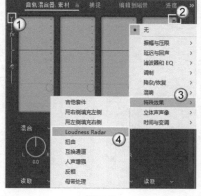

图7-103

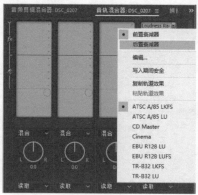

图7-104

图7-105

7.2.2 "音频混合器"的使用

"音频混合器"包含"音轨混合器"和"音频剪辑混合器"。

☞ 音轨混合器--

"音轨混合器"如图7-106所示。每条轨道均对应序列时间轴中的音频轨道,且双击"音轨混合器"中的轨道名称可重命名。读者还可以在"音轨混合器"中直接将音频录制到序列轨道中。默认情况下,"音轨混合器"会显示所有音频轨道、主音量衰减器和音量计监视器输出信号电平,且只显示活动序列中的轨道而非所有项目范围内的轨道。如果要从多个序列创建主项目混合,则可以设置一个主序列并在其中嵌套其他序列。

"音量指示器"面板如图7-107所示,可以让读者监视频、音频,即使整个"音轨混合器"或"衰减器"部分不可见,"音量指示器"也能监视。读者可在"音轨混合器"面板中双击"衰减器",将其设置为0 dB。

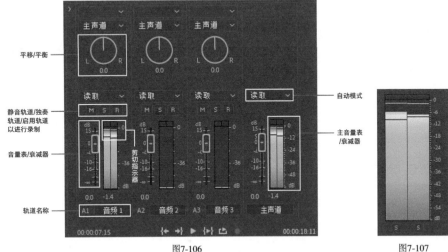

图7-106　　　　　　　　　　　　　图7-107

若读者想要设置"音量指示器"面板的监视选项,可使用鼠标右键单击"音量指示器",随后进行选择,如图7-108所示。

重要参数介绍

独奏位置:在不改变声道扬声器分配的情况下独奏一条声道或多条声道。若在"5.1"中独奏右环绕声,则只能在右环绕声扬声器中听到该声道。它适用于在"源"面板中播放的所有剪辑以及在"时间轴"面板中播放的所有序列。

监听单声道:从两个立体声监视扬声器中收听特定的声道,且无须考虑分配问题。

若读者想要修改"音轨混合器",需单击"音轨混合器"菜单按钮,随后进行选择,如图7-109所示。

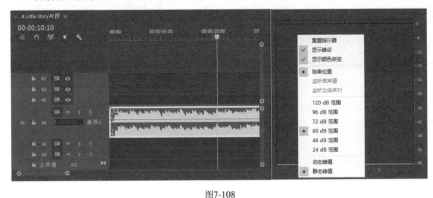

图7-108

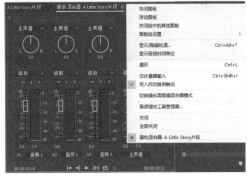

图7-109

若要显示或隐藏特定轨道,则选择"显示/隐藏轨道"命令。

若要在音量计中显示硬件输入电平,则选择"仅计量器输入"命令。

若要为音频单位显示时间,则选择"显示音频时间单位"命令。"显示音频时间单位"命令将会更改调音台、"源"面板、"节目"面板和"时间轴"面板中的时间显示格式。读者也可通过单击"文件>新建>项目",在弹窗中的"常规"中更改"音频"的"显示格式"选项来指定是按帧查看还是按时间查看。

若要显示"效果和发送"面板,则单击调音台左边的"显示/隐藏效果/发送"的小三角形。若要添加效果或发送,则在"效果和发送"面板中单击"效果选择"的三角形即可。

用鼠标右键单击"峰值指示器"可设置显示峰谷、显示颜色渐变、显示峰值以及分贝范围。

音频剪辑混合器

"音频剪辑混合器"如图7-110所示。音频剪辑混合器提供了调整剪辑的音量和写关键帧的控件,并且每个音频轨道都有一组控件。读者可以对每个音频轨道执行静音或独奏操作,在播放时也可通过拖曳音量控制器滑块来将关键帧写入剪辑中。

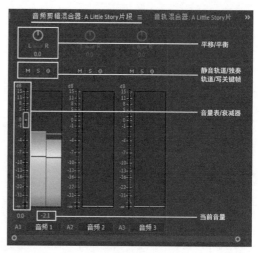

图7-110

> ? **疑难问答:** "音轨混合器"与"音频剪辑混合器"有什么不同?
>
> 是有不同,具体如下。
>
> 音轨混合器:在轨道上而非剪辑上调整音频电平并进行平移。轨道调整和剪辑调整组合生成最终输出的电平。若将轨道音频电平减小1dB,剪辑的音频电平也减小1dB,那么将总共减小2dB。更加高级的音轨混合器还会提供基于轨道的音频效果和子混合,能组合多个轨道的输出电平。
>
> 音频剪辑混合器:提供了调整音频电平和平移序列的控件,在播放序列的同时也可以进行调整。当时间轴的播放头在序列上移动时,Premiere会自动为音频添加关键帧。

☞ 重点

7.2.3 消除杂音

有时我们无法控制音源,也无法重新录制,因此我们就需要修复音频剪辑。在Premiere中有许多修复音频的工具。

☞ "高通"效果和"低通"效果

"高通"效果和"低通"效果常用于改善音频剪辑,既可单独使用也可组合使用。"高通"效果适用于消除低于指定频率的频率,"低通"效果则适用于消除高于指定频率的频率。这两种效果都可用于"5.1""立体声"或"单声道"剪辑。

01 在"效果"面板中找到"高通"效果并将其拖曳到音频剪辑上,如图7-111所示。

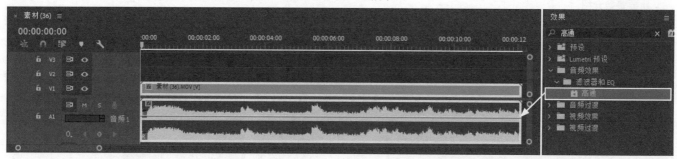

图7-111

02 播放序列。由于阈值设置得过高,因此序列听起来处理过度了。在"效果控件"面板中调整"高通"效果的"切断"以降低阈值,如图7-112所示。读者可在播放剪辑时的同时进行调整,并实时聆听调整结果。

03 在"效果"面板中找到"低通"效果并将其拖曳到音频剪辑上,如图7-113所示。

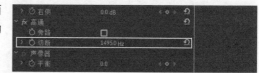

图7-112

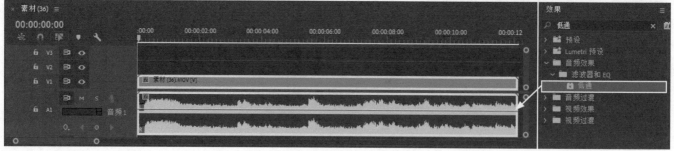

图7-113

04 在"效果控件"面板中调整"低通"效果的"切断",如图7-114所示。

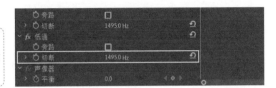

① 技巧提示

读者可以尝试使用不同的阈值以熟悉这两种效果如何相互影响。若将这两种效果设置为重叠值,则可删除所有的噪声。

图7-114

☞ "多频段压缩器"效果

使用"多频段压缩器"效果可对4种频段进行控制。

01 打开序列,在"效果"面板中找到"多频段压缩器"效果并将其拖曳到音频剪辑上,如图7-115所示。

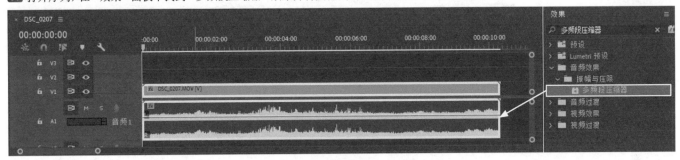

图7-115

02 在"效果控件"面板中单击"多频段压缩器"效果中的"编辑"按钮 ▭ 编辑 ▭ ,如图7-116所示。

03 在"预设"中选择"消除齿音",如图7-117所示。Premiere将自动调低一部分高频。

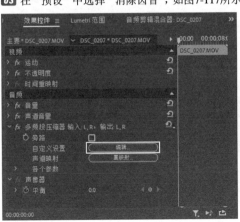

图7-116

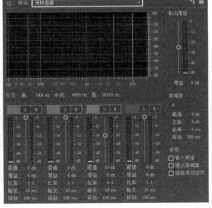

图7-117

04 播放序列,聆听音频效果。虽然效果更好了一些,但还有待完善。单击板块4的独奏按钮开启独奏,如图7-118所示。随后播放序列,聆听音频效果。

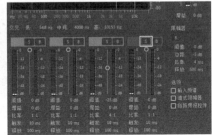

图7-118

05 将鼠标指针放置在频率线上会出现交叉标记。调整交叉标记来调整高频段,如图7-119所示。

06 将板块4的增益调整为-7.5 dB以降低噪声,随后播放序列,聆听音频效果,如图7-120所示。

07 单击板块4,关闭独奏,如图7-121所示。

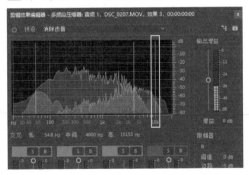

图7-119

图7-120

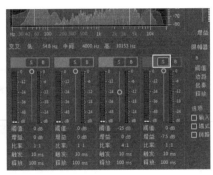

图7-121

👑 重点

✋ 案例训练：为音频降噪

素材文件	工程文件>CH07>案例训练：为音频降噪
案例文件	工程文件>CH07>案例训练：为音频降噪>案例训练：为音频降噪.prproj
难易程度	★★☆☆☆
技术掌握	用降噪效果为音频降噪

01 导入素材并将其拖曳到时间轴上。按Space键播放。聆听素材，不难发现，素材中夹杂着噪声，如图7-122所示。

02 切换至"效果"面板，找到"音频效果>降杂/恢复>降噪"并将其拖曳到素材的音频部分上，如图7-123所示。

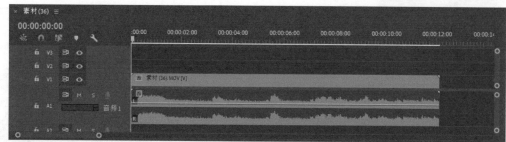

图7-122

图7-123

03 在"效果控件"面板中找到"降噪"，单击"编辑"按钮，如图7-124所示。

04 在"预设"中选择"强降噪"，如图7-125所示。关闭窗口，按Space键播放。聆听素材，不难发现，素材的噪声得到了较大的削弱。

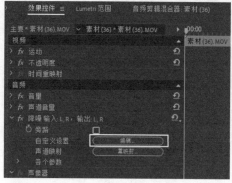

图7-124

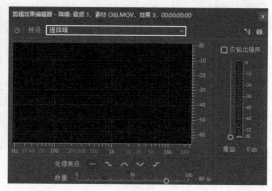

图7-125

7.3 音频的"鼓点"对齐

现如今拥有节奏感的视频获得越来越多人的喜爱。在这类视频剪辑中，除了添加拥有节奏感的音频，每一段视频剪辑都应与音频的"鼓点"对齐，或让画面随着音频的节奏加速或者减速。

7.3.1 音频"鼓点"对齐的作用

将音频"鼓点"与每段视频剪辑对齐，能够使视频剪辑的画面与音频形成和谐统一的效果，让观众的听觉与视觉达到平衡，从而达到令人满意的效果。

💡 重点

7.3.2 音频"鼓点"对齐的操作思路

01 导入视频素材和背景音乐素材，并将视频素材全部拖曳到轨道V1上，如图7-126所示。

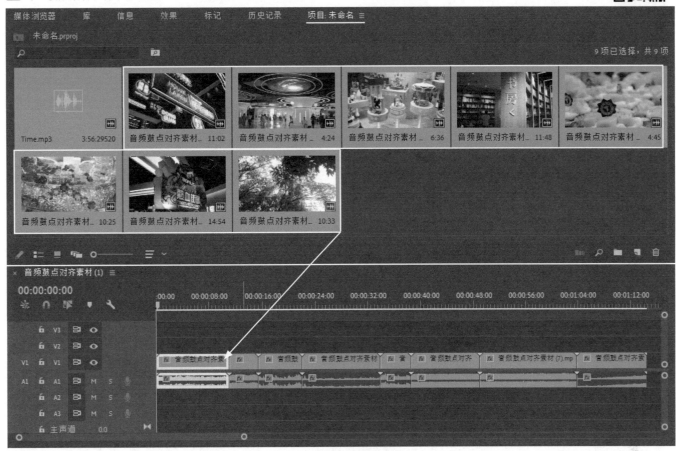

图7-126

02 在"项目"面板下方单击"新建素材箱"按钮■，新建一个素材箱，如图7-127所示。

图7-127

03 单击第1个视频素材，在切换至英文输入法的前提下，按快捷键Ctrl+U，勾选"将修剪限制为子剪辑边界"，如图7-128所示，单击"确定"按钮，建立子剪辑。

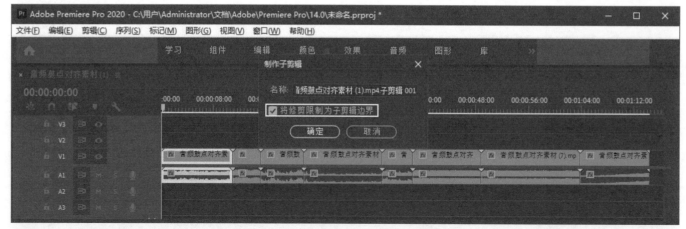

图7-128

04 在"项目"面板中将第1个视频素材的子剪辑拖曳至素材箱中，如图7-129所示。

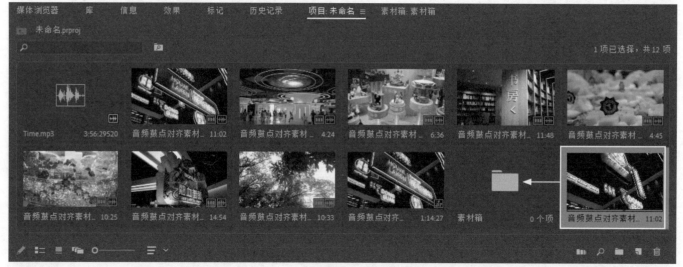

图7-129

05 以此类推，使用快捷键Ctrl+U为剩余的视频素材建立子剪辑后，将所有子剪辑拖曳至素材箱中，如图7-130所示。

图7-130

06 框选所有视频素材，单击鼠标右键，选择"清除"命令，如图7-131所示。

图7-131

07 将背景音乐素材拖至音频轨道A1上，如图7-132所示。

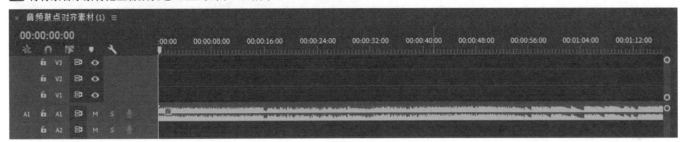

图7-132

08 将播放头拖曳至开头处，按Space键开始播放音频，在切换至英文输入法的前提下，在音乐鼓点处按M键进行标记。注意，可单击时间轴的空白区域以避免对背景音乐素材进行标记。开头第1个鼓点也需要按M键进行标记，可调整时间轴滑块查看第1处音频波峰以定位第1个鼓点。在本例中，由于一共有8个视频素材，因此，我们只做8处标记，如图7-133所示。

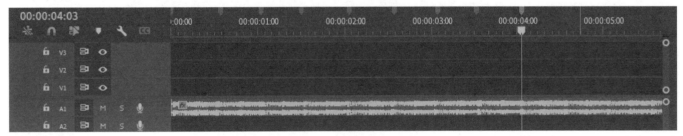

图7-133

① 技巧提示

序列中的标记是在"源"面板中按M键生成的，时间轴上的标记是在"节目"面板中生成的。

09 在"项目"面板中打开素材箱，选中并双击第1个视频素材后即可在"源"面板中查看，如图7-134所示。

10 有时并不是视频素材中所有的画面都是我们想要的。因此，拖曳"源"面板中的播放头，在切换至英文输入法的前提下，按I键在开始处建立入点，按O键在结尾处建立出点，以此来选取出我们想要的部分，如图7-135所示。

图7-134　　　　　　　　图7-135

11 以此类推，分别双击剩余视频素材后，拖曳"源"面板中的播放头，在切换至英文输入法的前提下，按I键在开始处建立入点，按O键在结尾处建立出点。

12 将时间轴的播放头移动至第1个标记处。按Ctrl键将子剪辑视频按顺序逐个选中，若已排列好，则按快捷键Ctrl+A全选。单击"项目"面板下方的"自动匹配序列"图标，在弹窗中修改"顺序"为"选择顺序"（即选中视频的顺序），修改"放置"为"在未编号标记"（即以时间标尺第1个标记点处开始），勾选"忽略音频"，如图7-136所示。

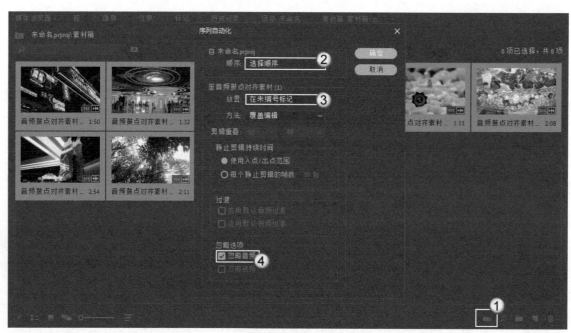

图7-136

> ① 技巧提示
>
> 若发现"放置"不可设置，那是因为标记是在"源"面板中生成的，读者在"节目"面板中根据"源"面板的标记位置重新标记即可。

13 这时所选视频素材就会按照所标记的位置被全部导入，且视频长度恰好卡在标记点处，即音频的"鼓点"处，如图7-137所示。

14 在激活背景音乐素材的前提下，按快捷键Ctrl+K截断，用鼠标右键单击前部分背景音乐素材，选择"清除"命令，将背景音乐素材的开头无用部分清除，如图7-138所示。

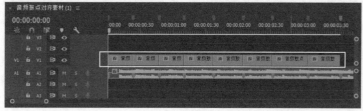

图7-137

图7-138

15 使用鼠标右键单击第1段视频素材前的空白区域，选择"波纹删除"命令，Premiere会自动将轨道V1的所有视频素材和轨道A1的背景音乐素材移至第1帧处，如图7-139所示。

图7-139

16 聆听背景音乐素材，将时间轴播放头移动至背景音乐素材的第9个鼓点处。按<键前进一帧，随后按快捷键Ctrl+K截断，框选播放头后的视频素材和背景音乐素材，选择"清除"命令，如图7-140所示。

图7-140

☰重点

✋案例训练：制作音频的鼓点对齐效果1

素材文件	工程文件>CH07>案例训练：制作音频的鼓点对齐效果1
案例文件	工程文件>CH07>案例训练：制作音频的鼓点对齐效果1>案例训练：制作音频的鼓点对齐效果1.prproj
难易程度	★★★☆☆
技术掌握	活用技巧将视频同音频鼓点对齐

案例效果如图7-141所示。

图7-141

01 导入视频素材和背景音乐素材，如图7-142所示。

02 将背景音乐素材拖曳到轨道A1上，将播放头分别移动至背景音乐素材所需部分开头和结尾处，按快捷键Ctrl+K截断，可调整时间轴滑块以方便观察。按住Shift键单击选中两处背景音乐素材无用部分，单击鼠标右键，选择"清除"命令，即可将背景音乐素材无用部分删除，如图7-143所示。

图7-142

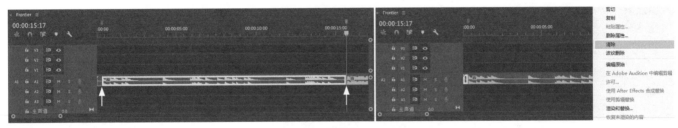

图7-143

03 将背景音乐素材向左拖曳使其和时间轴开头对齐。在激活背景音乐素材的前提下，将播放头移动至开头处，按Space键播放。在切换至英文输入法的前提下，在音乐"鼓点"处按M键标记。注意，在本例中，我们在开头第1个鼓点处也进行了标记，如图7-144所示。

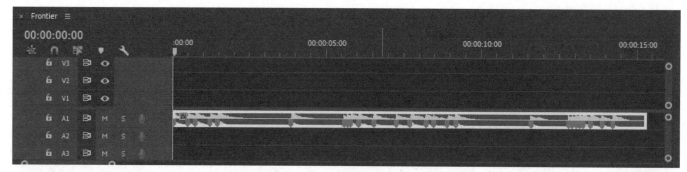

图7-144

⊙ 技巧提示

因为图片显示原因，这里将标记点的时刻从左往右依次罗列，读者根据顺序依次标记即可，依次为00:00:00:00、00:00:00:12、00:00:00:18、00:00:01:05、00:00:01:11、00:00:03:21、00:00:05:14、00:00:05:17、00:00:05:19、00:00:06:01、00:00:06:13、00:00:07:06、00:00:07:17、00:00:08:05、00:00:08:11、00:00:08:22、00:00:09:04、00:00:11:14、00:00:12:19、00:00:12:22、00:00:13:00、00:00:13:03、00:00:13:06、00:00:13:12、00:00:13:21、00:00:14:05。

---

04 将A1轨道锁定，方便对视频素材进行编辑，如图7-145所示。

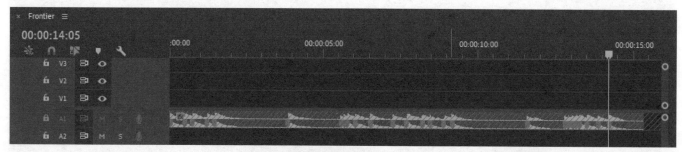

图7-145

05 将第1个视频素材拖曳至V1轨道上。由于V1轨道被锁定，第1个视频素材附带的音频素材将被放置在A2轨道上，因此不会覆盖背景音乐素材。将播放头移动至第1个视频素材所需部分的开头，按快捷键Ctrl+K截断，并单击播放头前的无用部分，单击鼠标右键，选择"清除"命令，如图7-146所示。

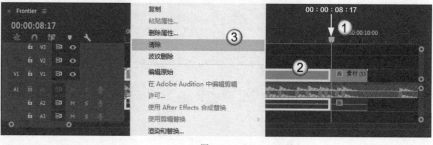

图7-146

06 为了增添视频趣味和缓解视频抖动，制作视频减速效果。使用鼠标右键单击第1个视频素材，选择"速度/持续时间"命令，如图7-147所示。

07 将"速度"修改为50%，单击"确定"按钮 确定 ，如图7-148所示。

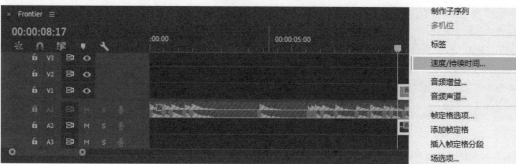

图7-147

图7-148

08 将第1个视频素材，即素材53向左拖曳，使其开头与第1帧对齐。将鼠标指针悬停在第1个视频素材的结尾处，待鼠标指针变成红色的图标 时，单击并向左拖曳至第2个标记处，Premiere将自动对齐，如图7-149所示。

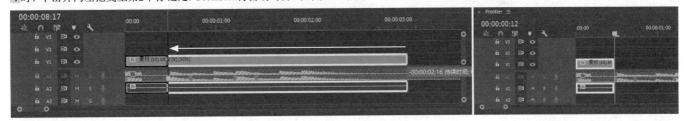

图7-149

09 以此类推，将剩余的视频素材按顺序拖曳至轨道V1上后，截除开头无用部分，减速后与标记对齐，如图7-150所示。

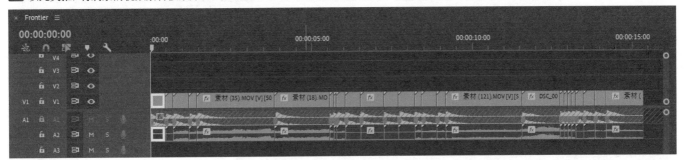

图7-150

⚠ 技巧提示

为了扬长避短，我们将视频画面动态幅度较大的视频素材放置在"鼓点"间距较大的位置，将拍摄的画面抖动较剧烈的视频素材放置在"鼓点"间距较小的位置。因此，我们的素材顺序为：素材53、素材2、素材29、素材33、素材35、素材18、素材43、素材19、DSC_0008、素材11、素材82、素材34、DSC_0002、DSC_0021、素材32、素材37、素材121、DSC_0004、素材179、素材177、素材167、素材206、素材59、素材155、素材81、素材51。

10 切换至"颜色"工作区。将播放头移动至开头处并激活第1个视频素材。在"创意"中为第1个视频素材添加一个Look预设。在本例中，添加Kodak 5218 Kodak 2383(by Adobe)，如图7-151所示。以此类推，为剩下的视频素材添加Kodak 5218 Kodak 2383(by Adobe)预设。

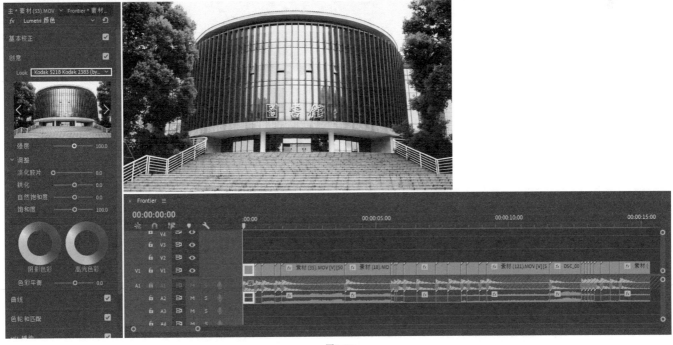

图7-151

11 框选所有视频素材，单击鼠标右键，选择"取消链接"命令，如图7-152所示。

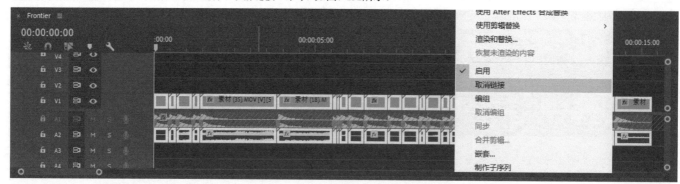

图7-152

12 框选除背景音乐素材以外的所有音频素材。单击鼠标右键，选择"清除"命令，如图7-153所示。

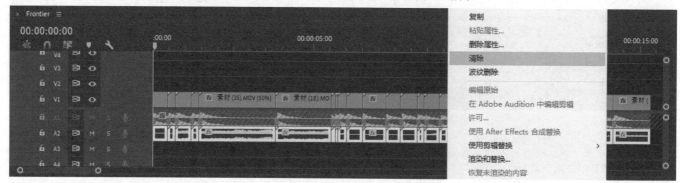

图7-153

13 切换至"效果"工作区面板。调整时间轴滑块以达到最佳视觉效果。在此，我们将为各个视频添加过渡转场。读者可根据自己的喜好，添加不同的转场效果。在本例中，找到"视频过渡>FilmImpact过渡1>Impact闪光"，并拖曳至第2段视频素材的开头处，如图7-154所示。

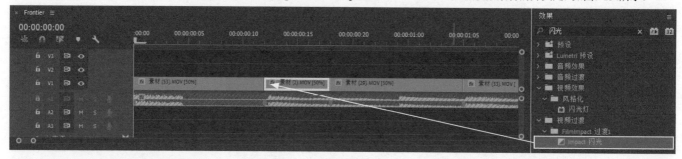

图7-154

14 单击激活"Impact闪光"效果，在"效果控件"面板中将"持续时间"更改为00:00:00:02，如图7-155所示。

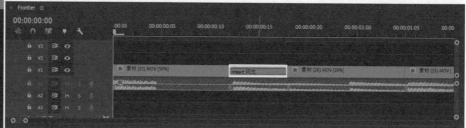

图7-155

15 以此类推，在剩下所有的视频素材（除第1个视频素材外）衔接处添加"Impact闪光"效果，并在"效果控件"面板中将"持续时间"更改为00:00:00:02，如图7-156所示。

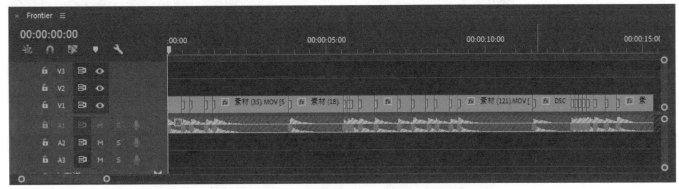

图7-156

16 添加电影感开场效果。切换至"组件"工作区，使用鼠标右键单击"项目"面板的空白处，找到"新建项目"，并选择"调整图层"命令，如图7-157所示。

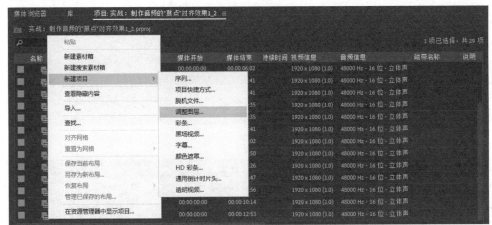

图7-157

17 Premiere将默认建立一个"宽度"为1920，"高度"为1080，"时基"为25fps，"像素长宽比"为"方形像素（1.0）"的调整图层，如图7-158所示。

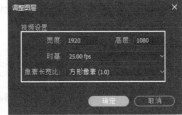

图7-158

18 将调整图层拖曳到轨道V2上的开头处，如图7-159所示。

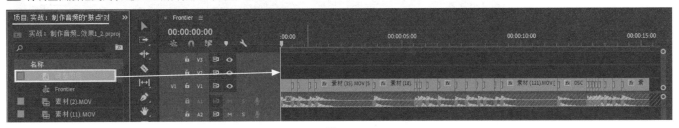

图7-159

19 切换至"效果"工作区，找到"视频过渡>擦除>双侧平推门"并将其拖曳到调整图层的开头处，如图7-160所示。

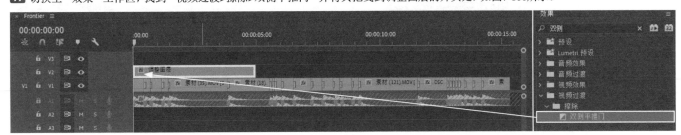

图7-160

20 单击激活"双侧平推门"效果，在"效果控件"面板中单击▼图标或▲图标将方向修改为向上下延伸，并将"持续时间"修改为00:00:00:08，如图7-161所示。

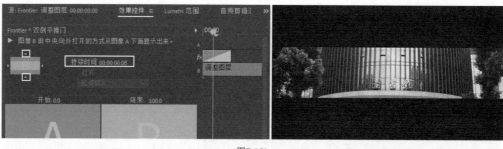

图7-161

21 为视频制作黑场过渡的效果。将播放头移动至音频波峰消失处，可调整时间轴滑块以方便观察。由于A1轨道被锁定，因此Premiere将自动激活最后一个视频素材。随后，在"效果控件"面板中的"不透明度"栏目中单击"切换动画"按钮，添加一个关键帧，如图7-162所示。

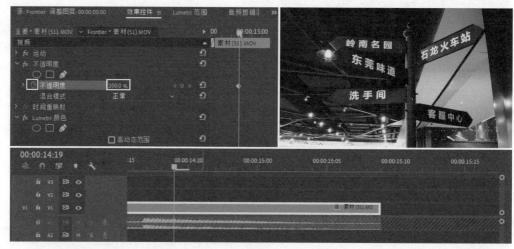

图7-162

22 将播放头移动至最后一个视频素材的最后一帧。在"效果控件"面板中将"不透明度"改为0%，Premiere将自动为其添加一个关键帧，如图7-163所示。视频效果如图7-164所示。

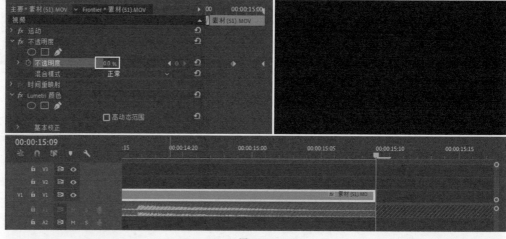

图7-163

图7-164

✤重点
👆 案例训练：制作音频的鼓点对齐效果2

素材文件	工程文件>CH07>案例训练：制作音频的鼓点对齐效果2
案例文件	工程文件>CH07>案例训练：制作音频的鼓点对齐效果2>案例训练：制作音频的鼓点对齐效果2.prproj
难易程度	★★★☆☆
技术掌握	掌握鼓点对齐技巧

本案例所用的素材为网络图片，案例效果如图7-165所示。

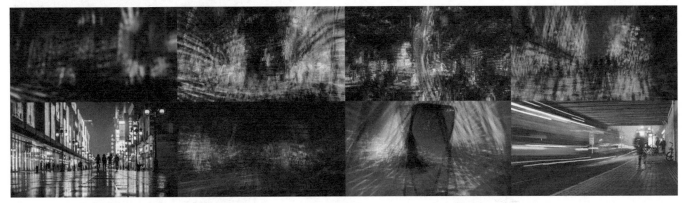

图7-165

01 在"项目"面板中双击，然后导入图片素材和背景音乐素材，如图7-166所示。

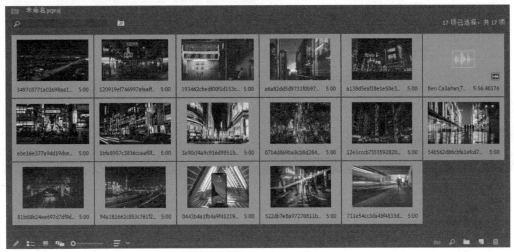

图7-166

02 将音频素材导入到轨道A1中，然后根据需要截掉不需要的部分，参考片段位置如图7-167所示。

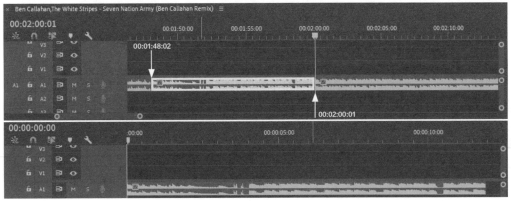

图7-167

03 在切换至英文输入法的前提下,按Space键播放,在音乐"鼓点"处按M键标记,如图7-168所示。

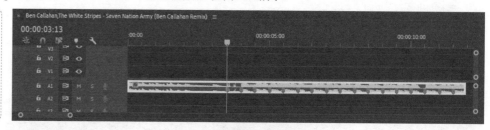

> ① 技巧提示
>
> 第1个标记点是片头的位置,即
> 00:00:33:13,往后则是放图片,每张图片
> 时间都一致,因此每隔12帧即可标记一次。
> 注意,时间码最后两位数字表示帧数,进
> 制为二十五,也就是满25后就进1秒。

图7-168

04 在"项目"面板空白处单击鼠标右键,执行"新建项目">"黑场视频"命令,如图7-169所示。

05 建立一个宽度为1953,高度为1080,时基为25 fps的黑场视频,如图7-170所示。

> ① 技巧提示
>
> 因为图片最大分辨率为1953×1080,所以这里创建的黑场视频的大小也是如此。

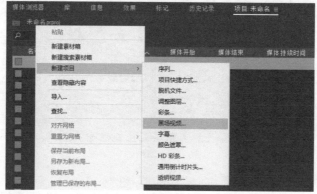

图7-169   图7-170

06 将黑场视频拖曳到V1轨道上,将鼠标指针悬停在黑场视频结尾处,待鼠标指针变成图标时,单击并向左拖曳,使之与第2个标记对齐,如图7-171所示。

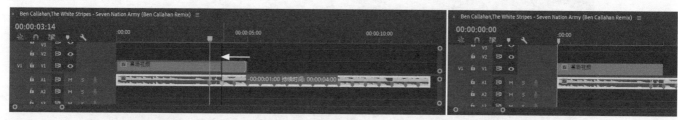

图7-171

07 将播放头移动至第1个标记处,单击"文字工具"，在"节目"面板中单击并输入"GO",如图7-172所示。

图7-172

08 将鼠标指针悬停在字幕图层结尾处,待鼠标指针变成图标时,单击并向左拖曳,使之与第2个标记对齐,如图7-173所示。

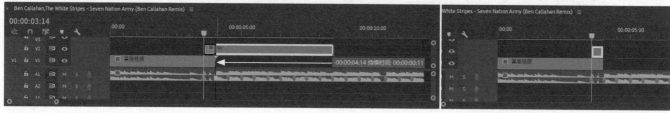

图7-173

09 切换至"效果"工作区,在"基本图形"面板中的"编辑"区域中,选择SimSum字体,将缩放修改为400并水平与竖直居中对齐,具体边框设置如图7-174所示。

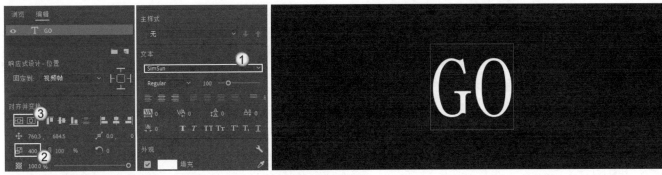

图7-174

10 按住Alt键,单击"GO"字幕图层并向左拖曳复制一份,修改复制出的字幕为"1",如图7-175所示。

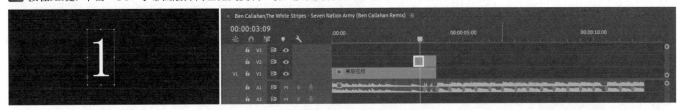

图7-175

11 在"基本图形"面板中的"编辑"区域中将缩放修改为250并水平与竖直居中对齐,如图7-176所示。

图7-176

12 按住Alt键,将"1"字幕图层向左拖曳复制一份,修改复制出的字幕为"2",如图7-177所示。

图7-177

13 按住Alt键,将"2"字幕图层向左拖曳复制一份,修改复制出的字幕为"3",如图7-178所示。

图7-178

14 按住Alt键，将"3"字幕图层向左拖曳复制一份，修改复制出的字幕为"赛博朋克图片卡点来了"，在"基本图形"面板中的"编辑"区域中将缩放修改为150并水平与竖直居中对齐，如图7-179所示。

 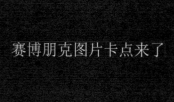 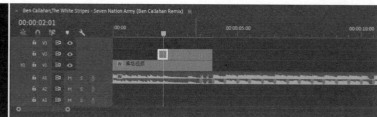

图7-179

15 将鼠标指针悬停在"赛博朋克图片卡点来了"字幕图层开头处，待鼠标指针变成 图标时，向左拖曳，使之与开头第1帧对齐，如图7-180所示。

16 在"项目"面板中将第1个图片素材拖曳到轨道V1上，将鼠标指针悬停在第一个图片素材结尾处，待鼠标指针变成 图标时，单击并向左拖曳，使之与第3个标记对齐，如图7-181所示。

图7-180

图7-181

17 同样地，在"项目"面板中将剩余的图片素材依次拖曳到轨道V1上，将鼠标指针悬停在图片素材结尾处，待鼠标指针变成 图标，向左拖曳，使之与标记对齐，如图7-182所示。

> ① 技巧提示
> 　读者在这里可以任意安排顺序。

图7-182

18 激活第1个图片素材，在"效果控件"面板中将"缩放"修改为102，如图7-183所示。在"效果控件"面板中调整剩余的图片素材的"缩放"以匹配"节目"面板画面大小。

图7-183

19 在"效果"面板中找到"视频过渡>FilmImpact过渡2>Impact地震"并拖曳到第1个图片素材的开头处，如图7-184所示。

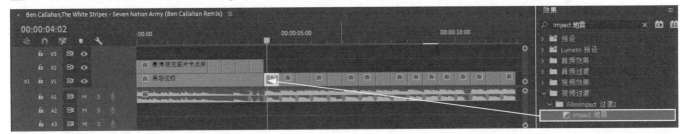

图7-184

20 激活"Impact地震"效果，在"效果控件"面板中将"持续时间"修改为00:00:00:03，并确保对齐方式为"起点切入"，如图7-185所示。

图7-185

21 在"效果"面板中找到"视频过渡>FilmImpact过渡2>Impact地震"并拖曳到第1个图片素材和第2个图片素材的连接处，如图7-186所示。

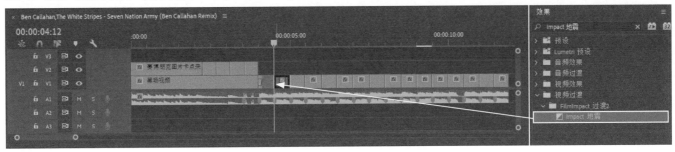

图7-186

22 激活"Impact地震"效果，在"效果控件"面板中将"持续时间"修改为00:00:00:06，并确保对齐方式为"中心切入"，如图7-187所示。

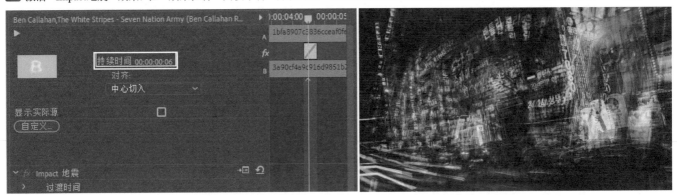

图7-187

23 将"Impact地震"并分别拖曳到剩余图片素材的连接处,分别激活"Impact地震"效果,在"效果控件"面板中将"持续时间"修改为00:00:00:06,并确保对齐方式为"中心切入",如图7-188所示。效果如图7-189所示。

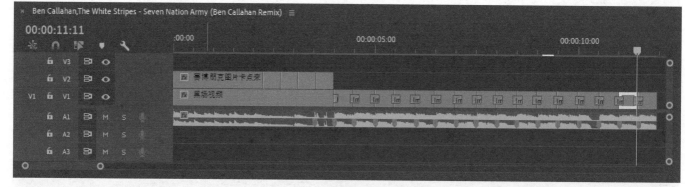

图7-188

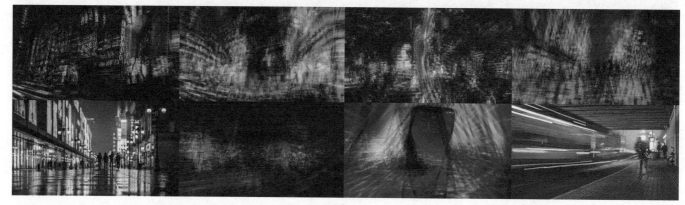

图7-189

7.4 音乐的添加与调整

本节主要介绍音乐的作用和添加原则。

7.4.1 音乐的作用

音乐是影视作品的重要组成部分,其作用主要体现在以下两个方面,即烘托作品气氛、诠释作品寓意。

烘托作品气氛:影视作品的时长是有限的,单纯依靠画面在有限的时间内表现气氛是远远不够的,此时音乐就显得非常必要了。如在某些电影镜头中需要表现凄婉的场景时,加入悠远绵长的音乐可以更有效地配合画面实现效果。

诠释作品寓意:每一部影视作品都需要有其内涵与寓意,它们是吸引观众品味作品的核心。画面是表现这些内容的重要载体,但同时音乐能够赋予这些内容更多的想象空间。如作品中的人物回溯其经历(苦尽甘来)时加入节奏变换的音乐,可以引导观众进行解读性思考。

👑重点

7.4.2 音乐的添加原则

音乐的添加主要遵循以下4个原则。

第1个: 音乐的选用应符合画面(视频)的整体构思。

第2个: 音乐表达的情感应与画面(视频)内容吻合(音画对立除外)。

第3个: 音乐的风格应与画面(视频)的风格相统一。

第4个: 音乐的节奏应与画面(视频)的节奏相统一。

👑 重点

🖐 案例训练：增强甜蜜气氛

素材文件	工程文件>CH07>案例训练：增强甜蜜气氛
案例文件	工程文件>CH07>案例训练：增强甜蜜气氛>案例训练：增强甜蜜气氛.prproj
难易程度	★★★☆☆
技术掌握	为视频添加合适的音乐来增强甜蜜气氛

案例效果如图7-190所示。

图7-190

01 导入视频素材和音乐素材并将它们拖曳到时间轴上，如图7-191所示。为了达到增强甜蜜气氛的效果，在这里我们选用"Maggie - summertime（acoustic ver）（Cover: cinnamons）"作为背景音乐。

02 调整水平导航缩放控件以达到最佳视觉效果。观察音乐素材，不难发现，音乐素材的结尾处有一些无效片段，如图7-192所示。

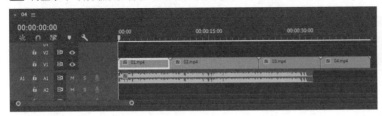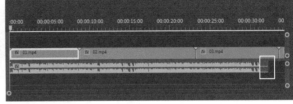

图7-191   图7-192

03 将播放头移动至音乐素材无效部分的开始处，在单击激活音乐素材的前提下，按快捷键Ctrl+K截断，如图7-193所示。

04 使用鼠标右键单击音乐素材的无效片段，选择"清除"命令，如图7-194所示。

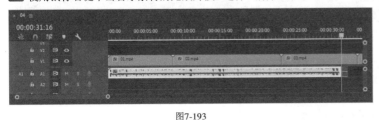

图7-193   图7-194

05 将轨道A1锁定以避免对其进行编辑。随后调整各个视频素材的出入点，并使视频素材整体与音乐素材在首尾处对齐，如图7-195所示。效果如图7-196所示。

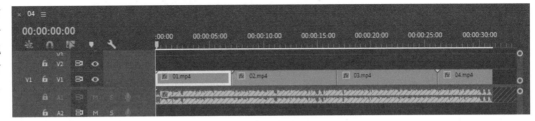

图7-195

图7-196

👑重点

👆案例训练：烘托人物情绪

素材文件	工程文件>CH07>案例训练：烘托人物情绪
案例文件	工程文件>CH07>案例训练：烘托人物情绪>案例训练：烘托人物情绪.prproj
难易程度	★★★☆☆
技术掌握	为视频添加合适的音乐来烘托人物情绪

效果如图7-197所示。

图7-197

01 导入视频素材和音乐素材，将音乐素材拖曳到时间轴上并裁剪出所需部分，如图7-198所示。

02 分别将视频素材拖曳到轨道V1上并调整各个视频素材的出入点，并使视频素材整体与音乐素材在首尾处对齐，如图7-199所示。

图7-198

> ！技巧提示
> 每个素材的时间段如下。
> 素材01:00:00:06:23~00:00:09:24。
> 素材02:00:00:00:10~00:00:01:18。
> 素材03:00:00:03:15~00:00:14:21。
> 素材04:00:00:06:02~00:00:13:13。
> 素材05:00:00:00:00~00:00:06:20。
> 素材06:00:00:00:00~00:00:05:22。
> 素材07:00:00:00:00~00:00:07:13。

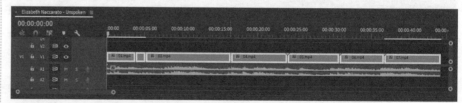

图7-199

03 接下来为现实与回忆做一个过渡转场。使用鼠标右键单击"项目"面板的空白处，选择"新建项目>调整图层"命令，如图7-200所示。

04 默认新建一个宽度为1920，高度为1080，像素长宽比为方形像素（1.0）的图层，如图7-201所示。

05 将调整图层拖曳到轨道V2中并与第3个视频素材对齐，如图7-202所示。

图7-200

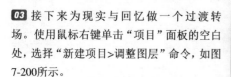

图7-201

图7-202

06 切换至"效果"工作区面板，找到"视频过渡>FilmImpact.net TP1>Impact Burn White"（燃烧白色）并拖曳到调整图层的开头处，如图7-203所示。

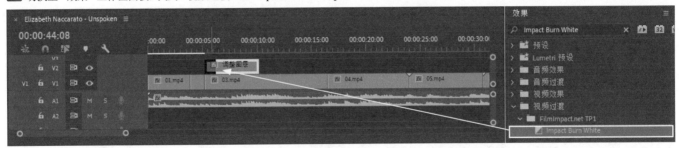

图7-203

07 单击激活"Impact Burn White"，在"效果控件"面板中将"持续时间"修改为00:00:00:06，如图7-204所示。

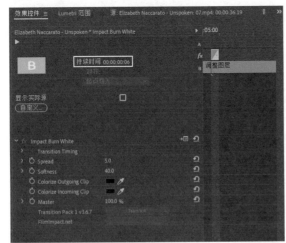

图7-204

08 按住Alt键单击调整图层并向右拖曳复制一份至最后一个视频素材开头处的对应位置，如图7-205所示。

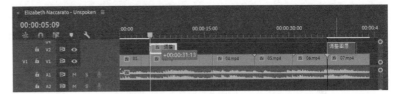

图7-205

09 切换至颜色工作区面板。激活第3个视频素材，在"Lumetri颜色>基本校正"中将"饱和度"调整为50，如图7-206所示。

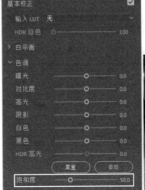

图7-206

10 以此类推，分别单击激活第4个~第6个视频素材，在"Lumetri颜色>基本校正"中将"饱和度"调整为50。

11 将音效素材导入到轨道A2上，并且使音效素材的波峰处与第1个调整图层开头对齐。调整音频竖直导航缩放控件，将音效素材的橡皮带向下拖曳，使音量降低为-5.2dB，如图7-207所示。

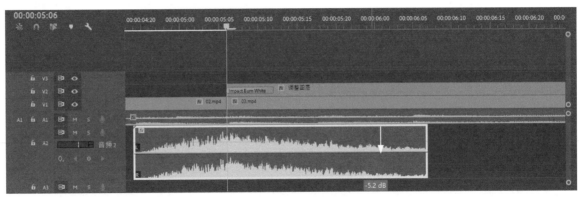

图7-207

12 按住Alt键将向右复制一份音效素材，并且使复制出的音效素材的波峰处与第2个调整素材开头对齐，如图7-208所示。效果如图7-209所示。

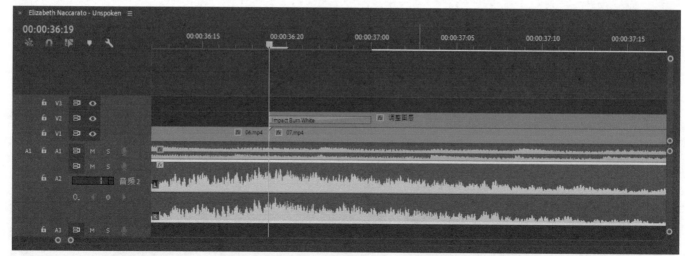

图7-208

图7-209

7.5 转场音效的处理技巧

同视频一样，音频也有转场效果，其原理与视频类似。

7.5.1 转场音的基本知识

在影视作品中，视频画面是一种叙事和记录的工具，在视频画面中无论采用哪种方式表现，最终都离不开视频内容的流畅性、节奏性。而音乐（音效）是辅助视频达到目的（叙事、记录等）的一种手段，那么音乐（音效）的处理也必然要遵循视频的处理原则。

音乐（音效）是有空间的，它并不能像视频画面那样用镜头作为剪辑的单位（基本），在编辑音乐（音效）的过程中，除需遵循视频画面叙事的要求外，还需格外注重情绪的处理（营造）。我们通常以空间的转化作为音乐（音效）剪辑的关键节点，本节将主要对相同及不同场景的切换过程中的音乐（音效）的处理方法进行讲解。

👑重点
7.5.2 相同及不同场景切换的音效处理技巧

相同场景切换的音乐（音效）处理主要遵循剪辑点的无痕处理，从而使观众注意力集中于视频本身所要表现的内容中。

不同场景切换的音乐（音效）处理比相同场景切换的音乐（音效）处理复杂。原因在于场景的切换会带来情绪逻辑的转变。所以处理这种转场的音乐（音效）要符合逻辑（情绪）的要求。

音乐（音效）提前及延后：指下一个镜头的音乐（音效）提前到上一个镜头的末尾开始播放及上一个镜头的音乐（音效）延后到下一个镜头的开端播放。

音乐（音效）提前及延后通常是为了让镜头之间的连续性更强，音乐（音效）无论是提前还是延后都需要遵循以上的音乐（音效）处理的要求。

☝ 重点

案例训练：相同场景切换的音效处理

素材文件	工程文件>CH07>案例训练：相同场景切换的音效处理
案例文件	工程文件>CH07>案例训练：相同场景切换的音效处理>案例训练：相同场景切换的音效处理.prproj
难易程度	★★★☆☆
技术掌握	掌握相同场景切换的音效处理技巧

视频效果如图7-210所示。

图7-210

01 导入视频素材和音效素材并将视频素材按顺序拖曳到"时间轴"面板上，如图7-211所示。

图7-211

02 分别调整各个视频素材的出入点，提取各个视频素材的有效部分，如图7-212所示。

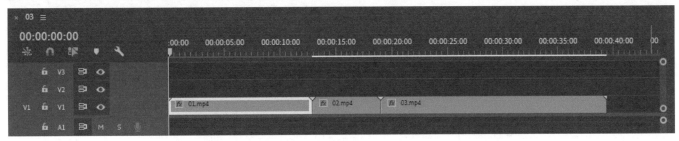

图7-212

⚠ 技巧提示

各个素材的截取区间如下。

素材01:00:00:07:05~00:00:12:22。

素材02:00:00:00:00~00:00:06:01。

素材03:00:00:00:15~00:00:07:10。

03 将"鸟叫树林音效"音频文件拖曳至轨道A1上，如图7-213所示。

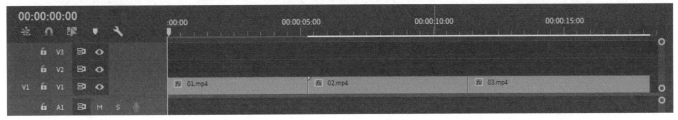

图7-213

04 将鼠标指针悬停在"鸟叫树林音效"的结尾处，待鼠标指针变成红色的图标■时，单击并向左拖曳，使之和最后一个视频素材结尾处对齐，如图7-214所示。

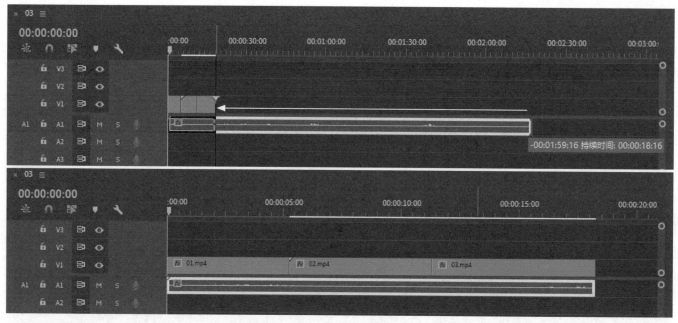

图7-214

05 将播放头移动至画面中人物第1步踏入水中的瞬间，将"水中走路音效"拖曳至A2轨道上并与播放头对齐，如图7-215所示。将播放头移动至画面中人物第2步踏入水中的瞬间，将"水中走路音效"拖曳至A2轨道上并与播放头对齐，如图7-216所示。

图7-215

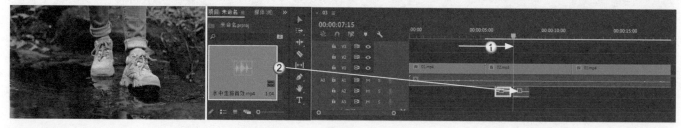

图7-216

06 由于画面中人物的第3步是踏在石头上的，此处不搭配音效，如图7-217所示。

图7-217

07 将播放头移动至画面中人物第4步踏入水中的瞬间，将"水中走路音效"拖曳至A2轨道上并与播放头对齐，如图7-218所示。

图7-218

08 将"水中走路音效"音效再次拖曳至A2轨道上并使它的结尾处与第1个视频素材结尾处对齐，做出将音效提前的效果，如图7-219所示。

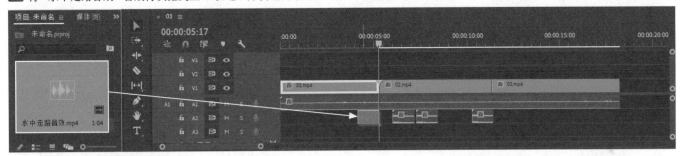

图7-219

09 切换至"音频"工作区面板，按Space键播放序列，在"音轨混合器"面板中查看和对比轨道音量。不难发现，轨道A1中的"鸟叫树林音效"总体音量较低，轨道A2中的"水中走路音效"总体音量较高，如图7-220所示。

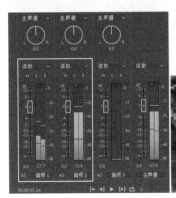

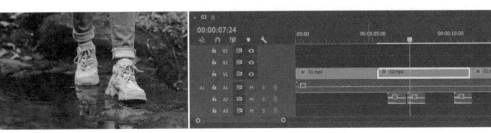

图7-220

10 将轨道A1的指示器数值修改为5，提高轨道A1总体音量，将轨道A2的指示器数值修改为−6，降低轨道A2总体音量，如图7-221所示。视频效果如图7-222所示。

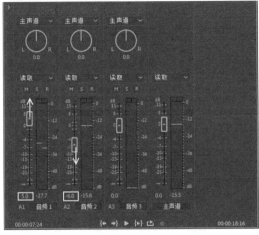

图7-221

图7-222

👑 重点

👆 案例训练：不同场景切换的音效处理

素材文件	工程文件>CH07>案例训练：不同场景切换的音效处理
案例文件	工程文件>CH07>案例训练：不同场景切换的音效处理>案例训练：不同场景切换的音效处理.prproj
难易程度	★★★☆☆
技术掌握	掌握不同场景切换的音效处理技巧

视频效果如图7-223所示。

图7-223

01 导入视频素材、音乐素材和音效素材。将视频素材按顺序拖曳到时间轴上并裁剪出所需片段，如图7-224所示。

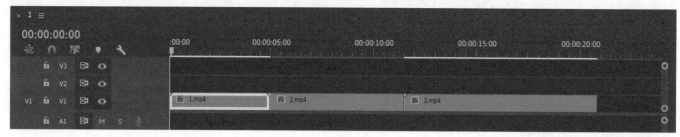

图7-224

(!) 技巧提示

视频素材的截取区间如下。

素材01：使用整段素材。

素材02：00:00:01:00~ 00:00:07:12。

素材03：00:00:00:00~ 00:00:09:07。

02 将长鸣音效素材拖曳至轨道A1上并与第2个视频素材开头处对齐，如图7-225所示。

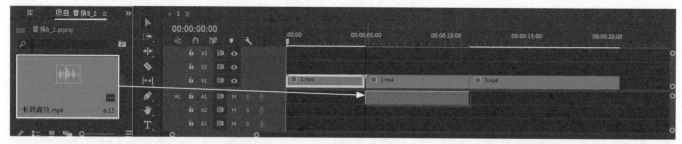

图7-225

03 将播放头移动至长鸣音效素材的声音开始递减处，将鼠标指针悬停在第2个视频素材的结尾处，待鼠标指针变成红色的图标⌐时，向左拖曳使之与播放头对齐，如图7-226所示。

图7-226

04 使用鼠标右键单击第2个视频素材和第3个视频素材之间的空白处，选择"波纹删除"命令，如图7-227所示。

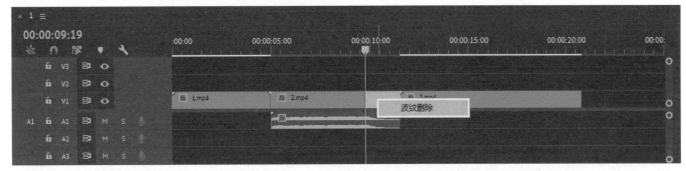

图7-227

05 将其中一个音乐素材拖曳到轨道A2上，音乐文件名如图7-228所示。

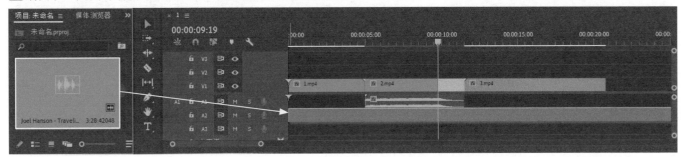

图7-228

06 裁剪出所需片段，并使它的开头处与第1个视频素材开头处对齐，结尾与第2个视频素材结尾处对齐，如图7-229所示。

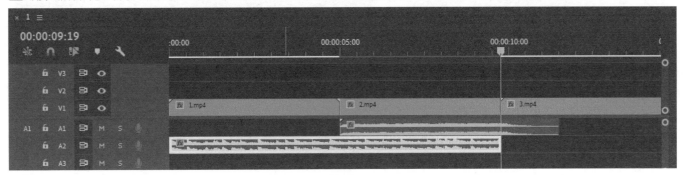

图7-229

> ① 技巧提示
>
> 音频的截取区间为00:00:00:12~00:00:10:06。

07 将第2个音乐素材拖曳至轨道A2上并与第3个视频素材开头处对齐，如图7-230所示。

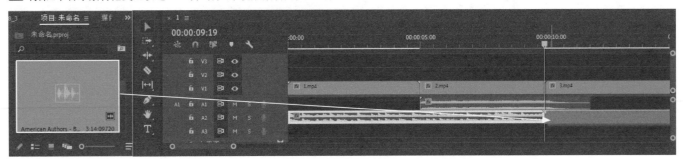

图7-230

08 将播放头移动至第3个视频素材结尾处，按快捷键Ctrl+K截断音频，随后将播放头之后的片段删除，如图7-231所示。

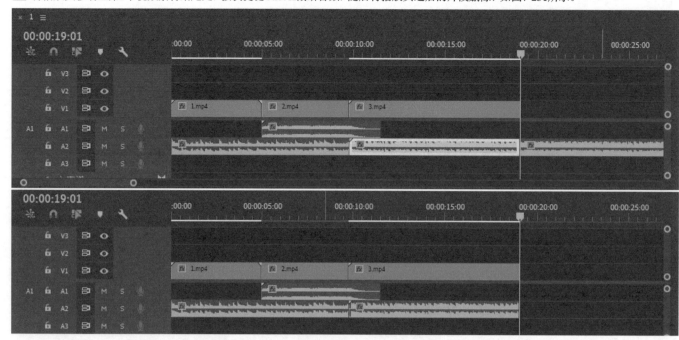

图7-231

09 调整音频轨道导航缩放控件以达到最佳的视觉效果。将播放头移动至第2个视频素材的约1/2处，单击"钢笔工具"，单击播放头与第1个音乐素材橡皮带相交的位置，添加一个关键帧，如图7-232所示。

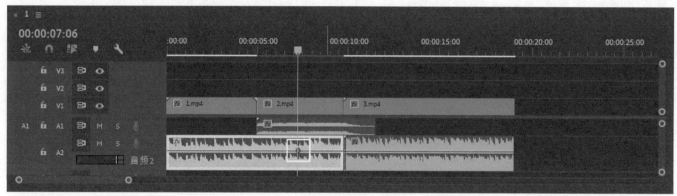

图7-232

10 单击第1个音乐素材橡皮带的结尾处，再次添加一个关键帧并向下拖曳至极限位置，为第1个音乐素材做出淡出效果，如图7-233所示。

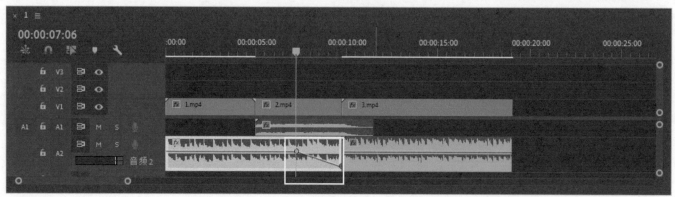

图7-233

11 将播放头移动至长鸣音效素材的结尾处,单击播放头与第2个音乐素材橡皮带相交的位置添加一个关键帧,如图7-234所示。

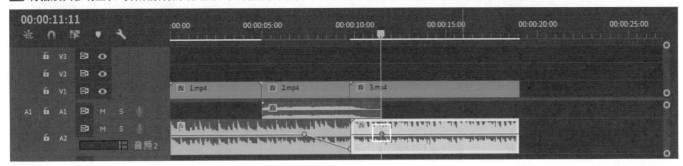

图7-234

12 单击第2个音乐素材橡皮带的开头处,再次添加一个关键帧并向下拖曳至极限位置,为第2个音乐素材做出淡入效果,如图7-235所示。

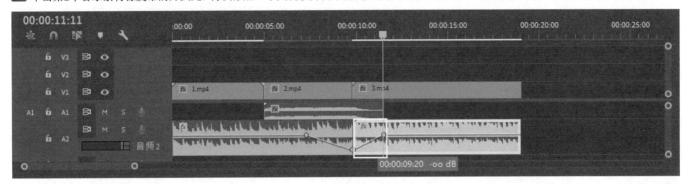

图7-235

13 将播放头移动至第3个视频素材的靠近结尾处,单击播放头与第2个音乐素材橡皮带相交的位置,添加一个关键帧,如图7-236所示。

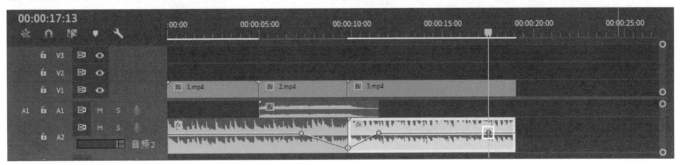

图7-236

14 单击第2个音乐素材橡皮带的结尾处,再次添加一个关键帧并向下拖曳至极限位置,为第2个音乐素材做出淡出效果,如图7-237所示。按Space键播放,视频效果如图7-238所示。

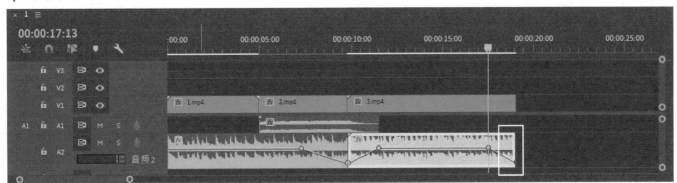

图7-237

图7-238

7.6 手机短视频和宣传片音频应用

本节主要介绍手机端视频和宣传片的音频应用。

👑 重点

◈ 综合训练：处理旁白与背景音乐的关系

素材文件	工程文件>CH07>综合训练：处理旁白与背景音乐的关系
案例文件	工程文件>CH07>综合训练：处理旁白与背景音乐的关系>综合训练：处理旁白与背景音乐的关系.prproj
难易程度	★★★★☆
技术掌握	掌握短视频旁白与内容的衔接思路

本案例所用的素材为拍摄的视频，案例效果如图7-239所示。

图7-239

👉 编排音频

01 双击"项目"面板，导入视频素材、旁白素材和背景音乐素材，如图7-240所示。

02 在"项目"面板中单击鼠标右键，执行"新建项目>序列"命令，如图7-241所示。

图7-240

图7-241

03 考虑到产品交互的顺畅度，建议视频以竖屏形式出现。切换至"设置"栏目，将"编辑模式"修改为"自定义"，并修改"帧大小"为"1080"水平和"1920"垂直，如图7-242所示。

04 将背景音乐素材拖至轨道A1上，音乐文件名如图7-243所示。

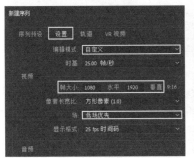

图7-242

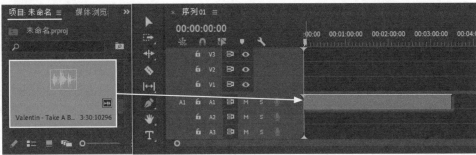

图7-243

05 调整水平导航缩放控件，不难发现，音乐素材的开头处存在无声部分，如图7-244所示。

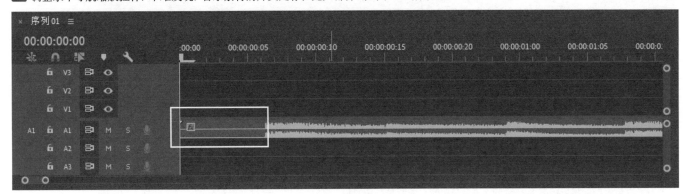

图7-244

06 将播放头移动至无声部分的结尾处，按快捷键Ctrl+K截断，并使用鼠标右键单击播放头之前的片段，选择"清除"命令，如图7-245所示。

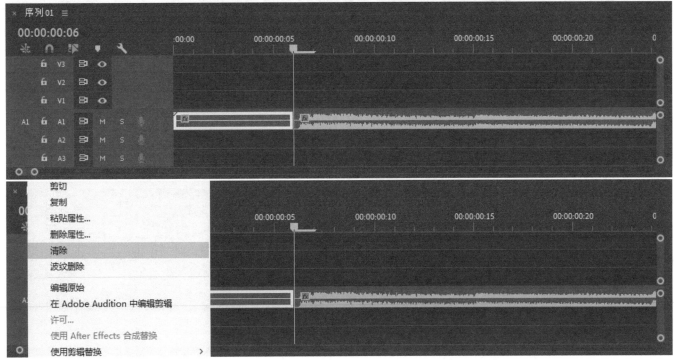

图7-245

07 将剩余的背景音乐素材向左拖曳使其开头处与第1帧对齐。将旁白素材拖至轨道A2上，如图7-246所示。

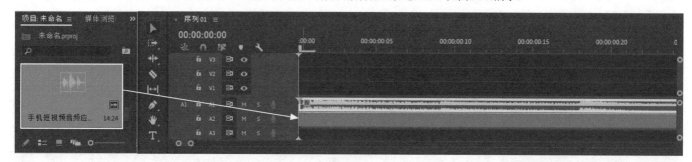

图7-246

08 将播放头移动至旁白素材的结尾处，选择轨道A1的音频，按快捷键Ctrl+K截断，并使用鼠标右键单击播放头之后的片段，选择"清除"命令，如图7-247所示。

图7-247

☞ **根据音频处理视频片段**

01 为了避免视频素材所附带的音频素材覆盖旁白素材或背景音乐素材，将第1个视频素材拖曳至轨道V3上，如图7-248所示。

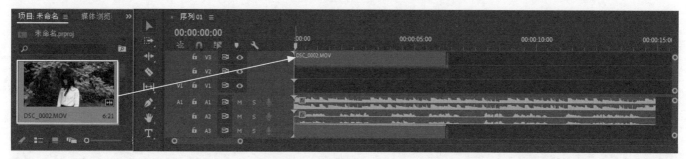

图7-248

02 分别单击轨道A1和轨道A2前的"切换轨道锁定"图标 将轨道A1和轨道A2锁定。将播放头移动至第1个视频素材所需片段的结尾处，按快捷键Ctrl+K截断，并清除掉后面部分，如图7-249所示。

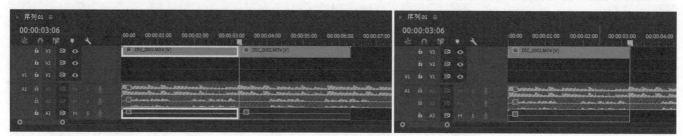

图7-249

03 以此类推，将剩余的视频素材按顺序拖曳至轨道V3上，调整各个视频素材的出入点，使视频素材整体与背景音乐素材和旁白素材对齐，如图7-250所示。

图7-250

04 框选所有视频素材，单击鼠标右键，选择"取消链接"命令，如图7-251所示。框选A3轨道上所有的音频素材，单击鼠标右键，选择"清除"命令，如图7-252所示。

05 框选所有视频素材，单击鼠标右键，选择"缩放为帧大小"命令，如图7-253所示。

图7-251

图7-252

图7-253

☞ 调色--

切换至"颜色"工作区，依次激活各个视频素材，选择"创意>Look>Kodak 5205 Fuji 3510(by Adobe)"效果，并将"强度"修改为50，如图7-254所示。

☞ 编辑音频音量--

01 找到"音频剪辑混合器"面板。播放序列时不难发现，轨道A1中音乐素材的音量大于轨道A2中旁白素材的音量，如图7-255所示。

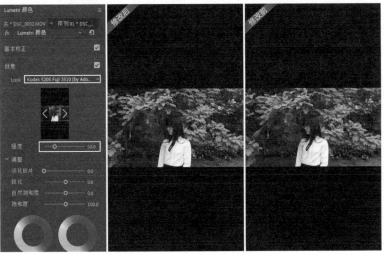

图7-254

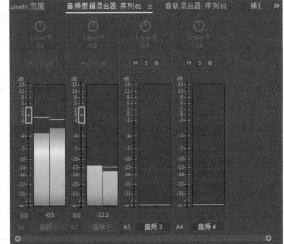

图7-255

02 切换至"效果"工作区面板。分别单击轨道A1和轨道A2前的"切换轨道锁定"图标🔒，将轨道A1和轨道A2解锁。找到"音频效果>特殊效果>人声增强"并将其拖曳到轨道A2的旁白素材上，如图7-256所示。

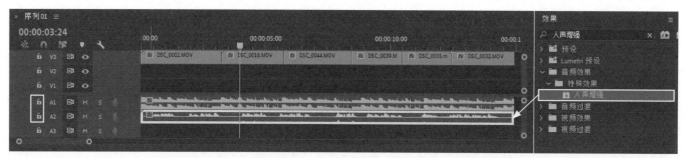

图7-256

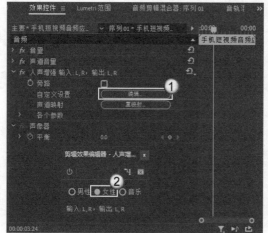

03 在"效果控件"面板中找到"人声增强",单击"编辑"按钮 ![编辑] ,选择"预设>女性",如图7-257所示。

04 找到"音频剪辑混合器"面板,在"音频剪辑混合器"面板中调整轨道A1音量为-10dB,将背景音乐整体音量降低,以突出轨道A2中旁白的声音,如图7-258所示。

图7-257   图7-258

05 将播放头移动至旁白素材最后一个波峰的结尾处。在激活背景音乐素材的前提下,在"效果控件"面板的"音量"中为"级别"添加一个关键帧,如图7-259所示。

图7-259

06 将播放头移动至旁白素材最后一个波峰的结尾处距离素材结尾约1/2处,在"效果控件"面板的"音量"中将"级别"调整为-4dB,Premiere将自动为其添加一个关键帧,如图7-260所示。

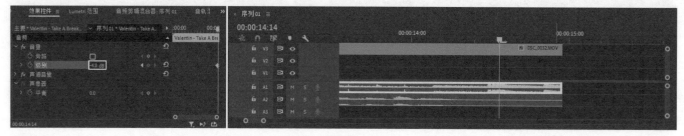

图7-260

07 将播放头移动至旁白素材结尾处,在"效果控件"面板的"音量"中将"级别"调整为-287.5 dB,Premiere将自动为其添加一个关键帧,如图7-261所示。

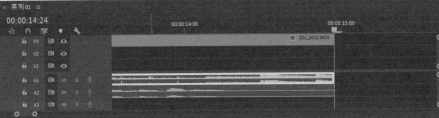

图7-261

👉 制作字幕--

01 为了增强编辑时字幕的可读性，切换至"项目"面板，使用鼠标右键单击空白处，执行"新建项目>黑场视频"命令，如图7-262所示。

02 默认新建一个宽度为1080，高度为1920，时基为25 fps的黑场视频，如图7-263所示。

图7-262

图7-263

03 将黑场视频拖曳到轨道V2上，将鼠标指针悬停在黑场视频结尾处，待鼠标指针变成 🔲 图标时，向右拖曳，使之与背景音乐素材结尾处和旁白素材结尾处对齐，如图7-264所示。

04 将播放头移动至开头处，选择"文字工具" 🔲，在"节目"面板中单击并输入第1句旁白"考虑一千次"，如图7-265所示。

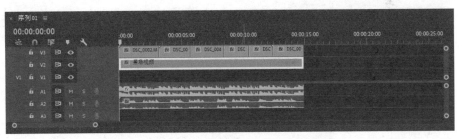

图7-264

图7-265

05 调整视频轨道滑块以达到最佳视觉效果。在"基本图形>编辑"中，将纵坐标修改为1370，将"缩放"修改为50，将字体修改为SimHei且居中对齐文本，最后将字幕水平居中对齐，如图7-266所示。

06 将播放头分别移动至旁白音频第1段波形开始和结尾处，将鼠标指针分别悬停在字幕图层首尾处，待鼠标指针变成 🔲/🔲 图标时，向右或向左拖曳，使字幕图层与旁白音频第一段波形对齐，如图7-267所示。

图7-266

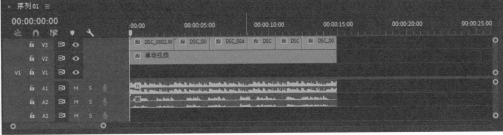
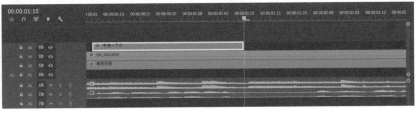

图7-267

07 按住Alt键将字幕图层向后拖曳复制多份，对文字内容分别进行修改后，分别与相应的旁白音频波形对齐，如图7-268所示。

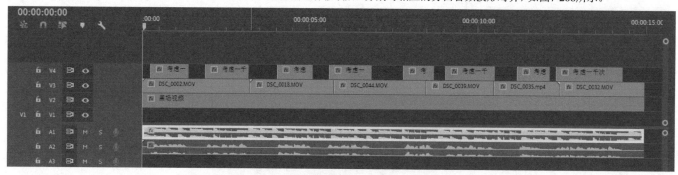

图7-268

08 将黑场视频拖曳到轨道V1上。按住Alt键将V4轨道的第1段字幕图层向下拖曳复制一份至V2轨道上，将字幕内容修改为英文"Think a thousand times"，并修改其纵坐标为1425，使其位于中文之下，如图7-269所示。

图7-269

09 以此类推，按住Alt键分别将V4轨道的字幕图层向下拖曳复制一份至V2轨道上，对文字内容分别进行修改后修改其纵坐标为1425，如图7-270所示。视频效果如图7-271所示。

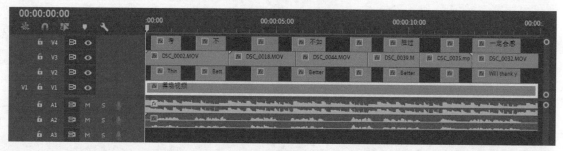

图7-270

图7-271

⬚ 综合训练：处理图片与音效的关系

素材文件	工程文件>CH07>综合训练：处理图片与音效的关系
案例文件	工程文件>CH07>综合训练：处理图片与音效的关系>综合训练：处理图片与音效的关系.prproj
难易程度	★★★★☆
技术掌握	掌握手机短视频音频中图片与音效的关系

本例主要介绍如何根据音效来衔接图片，原理与前面的案例相同，效果如图7-272所示。读者可以先自己尝试，也可以观看教学视频学习详细操作步骤。时间轴的序列编排参考如图7-273所示。

图7-272

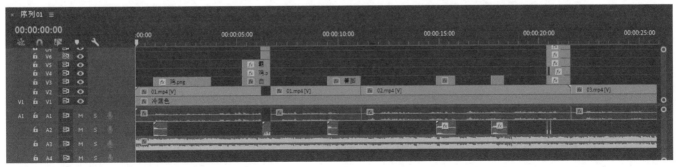

图7-273

⬚ 综合训练：处理宣传片音频

素材文件	工程文件>CH07>综合训练：处理宣传片音频
案例文件	工程文件>CH07>综合训练：处理宣传片音频>综合训练：处理宣传片音频.prproj
难易程度	★★★★☆
技术掌握	活用音频技巧处理宣传片音频

宣传片的音效制作方法与短视频内容相同，即在特殊位置卡入音效，读者可以观看教学视频来学习，如图7-274所示。时间轴序列参考如图7-275所示。

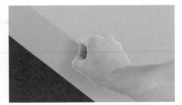

图7-274

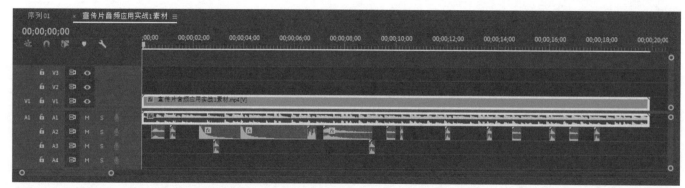

图7-275

👑 重点

🍃 综合训练：为宣传片添加音效

素材文件	工程文件>CH07>综合训练：为宣传片添加音效
案例文件	工程文件>CH07>综合训练：为宣传片添加音效>综合训练：为宣传片添加音效.prproj
难易程度	★★★★☆
技术掌握	掌握视频的卡点音效技法

宣传片的音效重点在于在已有的背景音乐上，根据片子的内容，在特定的时间点加入特殊音效，例如破碎、水流、飞机起飞等，读者只需要找到对应的片段即可。效果如图7-276所示，时间轴序列参考如图7-277所示。

图7-276

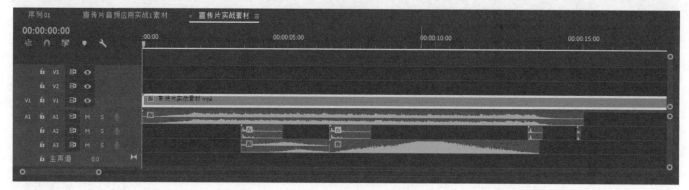

图7-277

ⓘ 技巧提示

　　最后，笔者建议各位读者，对于音频卡点的学习，虽然书中给出了具体的时间点，但是希望读者将它们作为参考，而不是一味地去追求确切的时间点，正确的方式应该是通过自己聆听、观察去寻找。

8

第 章 字幕制作技术

🎬 基础视频集数：11集　　🎬 案例视频集数：5集　　🕐 视频时长：66分钟

字幕，可以理解为视频内容的补充说明，不仅如此，字幕还改善了观众的观影听觉感受。如果观众观看无字幕且无法听清对话的视频，体验会很差。本章将主要介绍如何为视频添加各种各样的字幕效果。

学习重点 🔍

学完本章能做什么

读者可以为视频添加旁白字幕、人物字幕。除此之外，读者还可以针对不同的视频类型，制作不同的字幕效果，从而增强视频的震撼力。

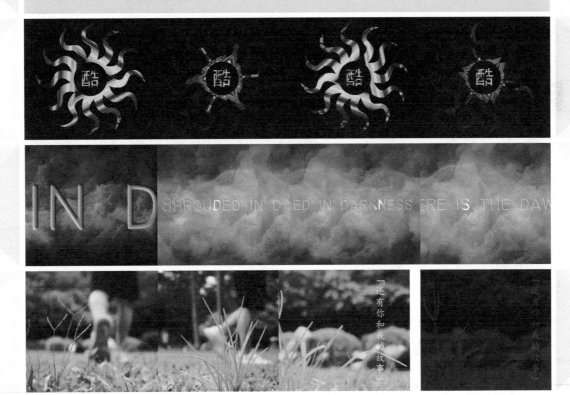

8.1 字幕的种类和格式

通常读者将音频和视频作为一个序列的主要组成部分，但是有时读者也需要为项目添加文字。Premiere中包含了强大的字幕和图形创建工具，可以在"时间轴"面板中找到并激活，如图8-1所示。

图8-1

8.1.1 硬字幕/软字幕（外挂字幕）

视频中的字幕通常分为3类，即硬字幕、软字幕和外挂字幕。

☞ 硬字幕--

硬字幕，又称"内嵌字幕"，即令字幕与视频合二为一。它拥有良好的兼容性，但是修正难度大，一旦出现字幕错误，就需要对整个视频文件进行重制，如图8-2所示。

☞ 软字幕（外挂字幕）------------------------------------

软字幕，又称"外挂字幕"，即将字幕保存为ASS、SSA或SUB等格式的文件。它修正便捷，读者可随意修改字幕内容、风格等，但需要字幕插件的辅助才能实现。

SRT格式体积小，且具有良好的兼容性，但无法使用华丽的特效字体，可用Word编辑和打印；ASS格式支持使用华丽的特效字体，但体积较大。此外，多数情况下，读者还可以使用U盘或移动硬盘插入到液晶电视机的USB接口进行播放。

图8-2

8.1.2 字幕格式

读者在编辑文字时需遵守版式规定。若文字在一个具有多种颜色的移动视频背景上呈现，就需要确保文字的清晰。读者需要衡量文字的易读性和样式，在传达足够信息的同时又不显得过于拥挤。

☞ 字体选择--

读者的计算机上安装了许多字体，但有时会很难选择一种合适的字体。因此，读者可以考虑以下因素，有利于正确地选择字体。

可读性：字体是否易读？所有的字符都具有可读性吗？速看之后能否记得文本？

样式：字体是否传达了正确的情感？如何描述该字体？

灵活性：字体是否与其他内容混在一起？是否能让信息表达更加简洁明确？

☞ 颜色选择--

虽然读者可以为字体赋予不同的颜色，但读者应该赋予字体合适的颜色以方便观众清晰地阅读，如图8-3和图8-4所示。

常见的文字颜色为白色和黑色。设置颜色时，通常是设置一个非常浅或者非常深的颜色，与放置的背景形成对比。

图8-3

图8-4

☞ 调整字偶间距--

设置字偶间距可以增大或减小光标左右的字符的间距，改善文字整体的外观和易读性。下面就来尝试一下。

扫码看讲解

01 激活"文字工具" **T** （快捷键为T），在"节目"面板中单击并输入"公园一日游"，如图8-5所示。

02 单击文字"公"与"园"之间的区域，如图8-6所示。

03 在"效果控件"面板中的"文本"区域中将"字偶间距"设置为250，如图8-7所示。不难发现，文字"公"与"园"之间的区域变宽了，如图8-8所示。

04 以此类推，将剩余文字的"字偶间距"设置为250，如图8-9所示。

图8-5

图8-6

图8-7

图8-8

图8-9

☞ 设置字间距

设置字间距可以对文字中的所有文本进行全局压缩或拓展，通常在以下场合使用。

紧凑的字间距： 当文字太长，读者想压缩它们以适应屏幕时可设置紧凑的字间距。这可以在保持相同的文字大小的同时容纳更多文字。

松散的字间距： 当对文字应用描边时可设置松散的字间距，常用于大型字幕和文字用于设计或运动图形元素的时候。

读者可以在"效果控件"面板中的"文本"区域调整字间距，如图8-10所示。只需选中文本图层，然后调整字间距即可。

图8-10

☞ 设置对齐

对齐视频文字没有硬性的规定，通常情况下，字幕安全区中使用的文字为左对齐或右对齐。在"效果控件"面板中有多个对齐文本的按钮，如图8-11所示。

☞ 设置字幕安全边距

在创建字幕时，读者可以查看参考线以定位文本和图形元素。读者可以打开"节目"面板中的设置菜单，选择"安全边距"来启用或禁用该功能，如图8-12所示。

启用"安全边距"后，"节目"面板中的画面内将出现两个线框，如图8-13所示。

图8-11

图8-12

图8-13

外围的线框显示90%的可视区域，这被视为操作安全框。超出框外的所有内容可能会被删除，因此读者需要将想要展示的关键元素放在安全框内。

内围的线框显示80%的可视区域，这被称为字幕安全区。正如本书有页边空白来避免文字与边缘离得太近一样，将文字放在中心处或字幕安全区中是非常重要的，因为这更便于观众读取信息。

★ 重点

8.1.3 在不同格式的字幕间转换

在制作用于广播电视等的视频时，读者可能会用到两种类型的字幕，一种是隐藏式字幕，另一种是开放式字幕。

隐藏式字幕可由观众启用或禁用，而开放式字幕则会一直显示在屏幕上。隐藏式字幕文件的颜色范围和设计特征的限制比开放式字幕的还要多。这是因为隐藏式字幕是在电视、机顶盒或在线观看软件上播放的，在播放之前，隐藏式字幕的控件就已经准备就绪。

隐藏式字幕的工作方式与开放式字幕的工作方式是相同的，读者可以用右键单击导入的字幕文件，选择"修改"，将文件修改为隐藏式或开放式字幕，或者从头开始创建另一个全新的隐藏式或开放式字幕。要使用这类字幕，需使用Premiere Pro 2020或更高版本。

☞ 使用隐藏式字幕

图8-14

添加能够被电视设备解码的隐藏式字幕变得越来越常见。读者可以将可见的字幕插入到视频文件中，并借助于支持的格式传输到特定的播放设备上。下面来为一个序列添加字幕。

01 打开序列，在菜单栏中选择"文件>导入"命令，如图8-14所示。找到字幕文件并导入。字幕文件将被添加到素材箱中，且带有帧速率和持续时间属性。

02 将封闭式字幕剪辑拖曳到序列中所有剪辑上方的轨道上，如图8-15所示。在本例中为V2轨道。

图8-15

图8-16

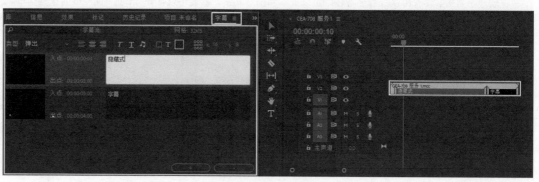

03 单击"节目"面板中的"设置"按钮，执行"隐藏字幕显示>启用"命令，如图8-16所示。

04 播放序列，观看字幕，如果字幕的显示不正确，则可以再次打开"节目"面板中的设置菜单，执行"隐藏字幕显示>设置"命令，确保设置与使用的文件类型相匹配，如图8-17所示。在本例中，选择"CEA-708"选项。

05 读者可以使用"字幕"面板中的控件调整字幕内容等，或者拖曳时间轴上的字幕手柄来更改时序，如图8-18所示。

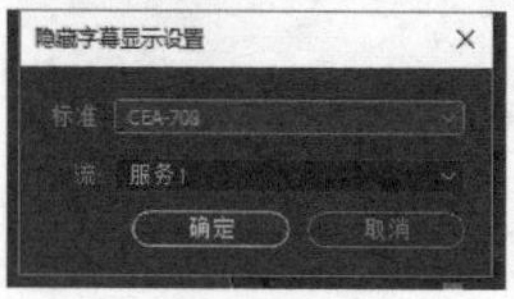

图8-17

图8-18

创建隐藏式字幕

01 将素材文件导入Premiere Pro 2021，并将视频素材拖曳到视频轨道V1上，如图8-19所示，"节目面板"如图8-20所示。

图8-19

图8-20

02 切换到"字幕"工作区，如图8-21所示，然后切换到"文本"面板，单击"创建新字幕轨"按钮 【CC 创建新字幕轨】，如图8-22所示。

03 打开"New caption track"（新字幕曲目）对话框，在"格式"的下拉菜单中有很多字幕格式，"CEA-608"（又称"Line 21"）为模拟广播的常用标准，"CEA-708"主要用于数字广播。这里选择"CEA-708"，单击"确定"按钮 【确定】，如图8-23所示。

图8-21

图8-22

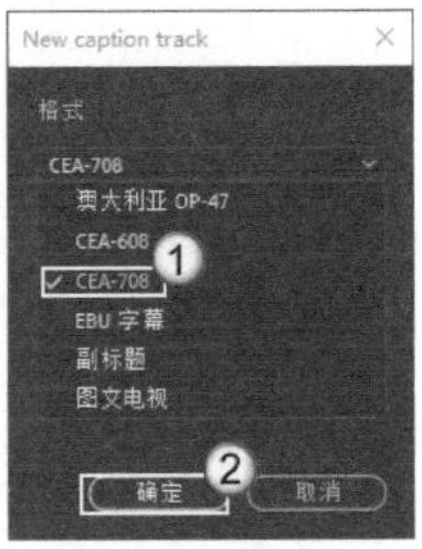

图8-23

04 将播放头拖曳想要添加字幕的位置（00:00:00:17），单击"文本"面板的"添加新字幕分段"按钮 ⊕，如图8-24所示。这时在时间轴面板顶部会自动创建一个字幕轨道，"节目"面板也会显示字幕，如图8-25所示。

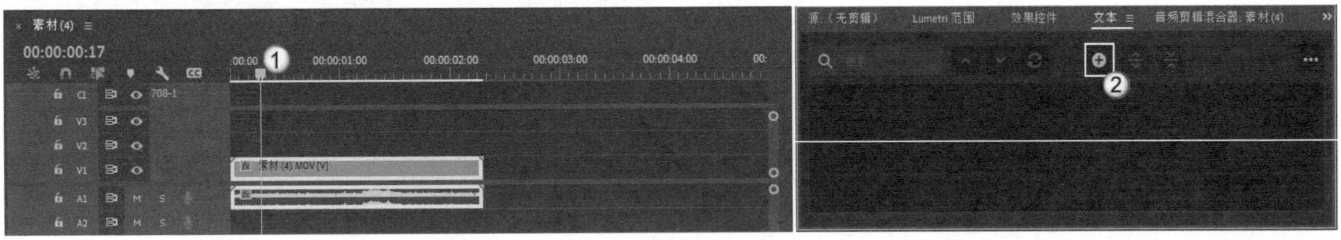

图8-24

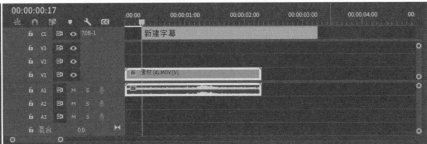

图8-25

05 双击"文本"面板中的"新建字幕"，然后输入"一个阳光明媚的下午"，为当前视频添加字幕，如图8-26所示。至此，字幕添加就完成了，读者可以重复添加字幕的步骤，在不同的时间段添加想要的字幕。

图8-26

👉 **使用开放式字幕**---

　　读者可以创建、导入、调整和导出开放式字幕。开放式字幕的时序是在Premiere中的字幕文件或字幕剪辑中设置的，在文字和对话同步时可以节约时间。

　　另外，开放式字幕的外观选项数量要比隐藏式字幕的外观选项数量多。在"项目"面板中用右键单击字幕剪辑，执行"修改>字幕"命令可更改字幕类型，如图8-27所示。读者还可以在"目标流格式"区域中为字幕剪辑指定"流"的类型。由于开放式字幕有许多额外选项可供使用，因此读者可以将隐藏式字幕转换为开放式字幕，但反之则不行。注意，该功能目前可以在Premiere Pro 2020及以上版本中实现，所以请读者注意版本。

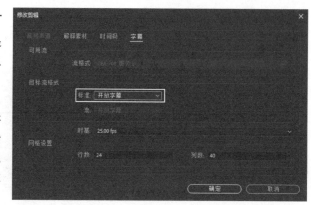

图8-27

8.2　字幕的创建

　　本节主要介绍"基本"面板的参数和字幕的创建方法。

👍 重点

8.2.1　"基本图形"面板概述

　　读者可在"效果"工作区中找到"基本图形"面板。"基本图形"面板分为两个部分，一个是"浏览"，另一个是"编辑"，如图8-28所示。

重要参数介绍

　　浏览：用于浏览内置的字幕面板，其中许多模板还包含了动画。

　　编辑：对添加到序列中的字幕或在序列中创建的字幕进行修改。

　　读者可以使用模板，也可使用"文字工具" ，在"节目"面板中单击创建字幕。读者还可以用"钢笔工具" 在"节目"面板中创建形状。长按文字工具后还可选择"垂直文字工具" ；长按"钢笔工具" 后可选择"矩形工具" 或"椭圆工具" 。读者创建了形状或文字元素后，可使用"选择工具" 调整其位置与大小。

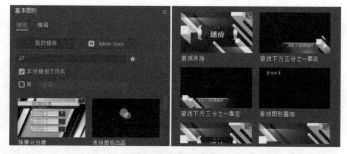

图8-28

01 打开文件，选中字幕图层，并切换到"基本图形"面板的"编辑"区域，如图8-29所示。

图8-29

02 "基本图形"面板的"编辑"区域包含两个图层："阳光明媚"和"形状01"，如图8-30所示。顶部图层在底部图层的上面，且读者可以在列表中上下拖曳图层更改顺序。若想关闭某个图层，可单击该图层前方的"眼睛"按钮 。

03 单击"形状01"图层将显示该图层的"对齐并变换"控件和"外观"控件，如图8-31所示。将鼠标指针悬停在控件按钮上即可显示该控件的名称。"对齐并变换"控件包含"垂直居中对齐"、"水平居中对齐"、"切换动画的位置"、"切换动画的比例"、"切换动画的不透明度"、"切换动画的锚点"和"切换动画的旋转"。"填充""描边"和"阴影"色板如图8-32所示，包含描边"宽度"和"拾色器"。

图8-30

04 单击"填充"色板，将弹出拾色器窗口，供读者选择颜色，如图8-33所示。读者可以输入数值选取颜色，也可以直接单击颜色区选择颜色。

05 单击"取消"按钮 ，单击"填充"色板后方的"拾色器" ，单击画面中的任意位置拾取一种颜色。实际上，读者可以从计算机屏幕上的任意位置拾取一种颜色。单击画面中的绿叶，形状将被填充与绿叶相同的颜色，如图8-34所示。

图8-31	图8-32	图8-33	图8-34

ⓘ **技巧提示**

　　在激活选择工具的前提下，在"节目"面板中单击激活形状后即可调整控制手柄改变其形状。随后切换至钢笔工具，则可以看到锚点，调整锚点即可重塑形状。切换回选择工具，单击形状之外的区域，隐藏控制手柄，则可更加清晰地看到结果。

　　选择选择工具，单击"节目"面板中的文字"阳光明媚"，则会在"基本图形"面板的"编辑"区域中出现文字"阳光明媚"的"对齐并变换"控件、"外观"控件和其他的控件，将鼠标指针悬停在控件按钮上即可显示该控件的名称，如图8-35所示。

　　另外，读者可以自由切换为其他字体，如图8-36所示。每个系统载入的字体都是不同的，若读者想添加更多的字体，可以自行在C盘的Fronts文件夹中安装。

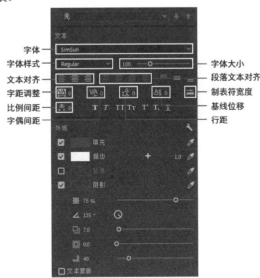

图8-35	图8-36

👑 重点

8.2.2 字幕的创建方法

　　Premiere提供了两种方法来创建文字，即点文字和段落文字，且这两种创建文字的方法都提供了水平方向创建文字和竖直方向创建文字的选项。

　　点文字： 在输入时建立一个文字框，文字会排成一行，直至读者按下Enter键换行。在改变文字框的大小和形状的同时也会改变文字的缩放比例。

　　段落文字： 在输入文字前就已经设置好了文字框的大小和形状。若之后再改变文字框的大小和形状则可以显示更多或更少的文字，但不会改变文字的缩放比例。

　　在"节目"面板中使用文字工具时，单击并输入就可以添加点文字；通过拖曳创建一个文字框，然后再输入文字就可以添加段落文字。

☞ 添加点文字--

01 打开序列，选择"文字工具" T ，单击"节目"面板，输入文字"青青翠草"，如图8-37所示。注意，最后一次在"基本图形"面板中所做的设置将被应用到新创建的字幕上。

02 激活"选择工具" ▶ [快捷键为V（英文输入法）]，文字外围将出现一个带有控制手柄的文字框，如图8-38所示。

图8-37   图8-38

03 拖曳文字框的边角进行缩放。在默认情况下，文字的高度和宽度将保持相同的缩放比。选择"基本图形>编辑>青青翠草>对齐并变换>设置缩放锁定"按钮 ，取消等比缩放，即可分别调整高度与宽度，如图8-39所示。

04 将鼠标指针悬停在文字框的任意一角外，鼠标指针将变成一个弯曲的双箭头，拖曳双箭头可以旋转文字。锚点的默认位置在文本框的左下角，文字将绕着锚点旋转，如图8-40所示。

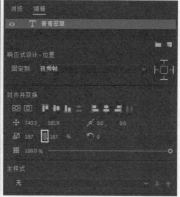

图8-39   图8-40

05 单击轨道V1前的切换轨道输出按钮 ，禁用轨道V1输出，如图8-41所示。

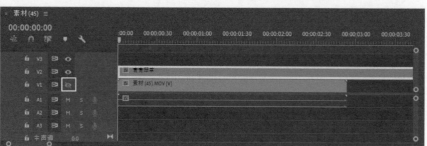

图8-41

06 单击"节目"面板中的"设置"按钮，选择"透明网格"命令，如图8-42所示。不难发现，在透明网格背景中字幕不容易被看清楚，如图8-43所示。

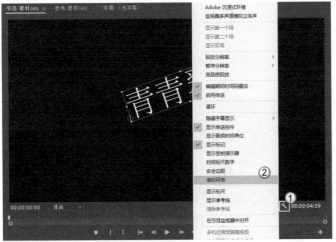

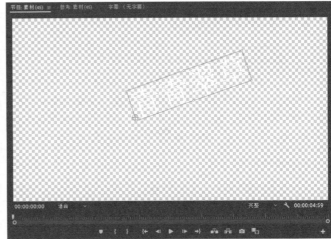

图8-42　　　　　　　　　　　　　　　　　　图8-43

07 在"基本图形"面板中的"编辑>青青翠草>外观"中勾选"描边"，并单击色块，在拾色器弹窗中选取黑色，如图8-44所示。

08 将"描边宽度"设置为8即可清晰地看到文字，并且在背景颜色变化时依然能够保持可读性，如图8-45所示。

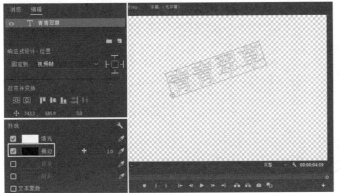

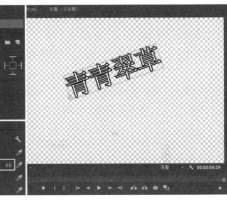

图8-44　　　　　　　　　　　　　　　　　　图8-45

☞ 添加段落文字

01 选择"文字工具" T ，在"节目"面板中拖曳创建文本框后输入段落文字。若需换行，则按Enter键。段落文字会将文字限定在文本框之内并在文本框的边缘自动换行，如图8-46所示。

02 单击"选择工具" ▶ ，拖曳文字框可改变文字框的大小和形状。注意，调整文字框的大小不会改变文字大小，如图8-47所示。

图8-46　　　　　　　　　　　　　　　　　　图8-47

8.3 字幕的处理

本节主要介绍字幕的处理方法。

⚑ 重点

8.3.1 风格化

"基本图形"面板可以对文字的字体、位置、缩放、旋转和颜色等进行修改,如图8-48所示。在"基本图形"面板中对字幕做出的修改和在"效果控件"面板中"文本"区域对字幕做出的修改效果是相同的。

☞ **更改字幕外观**--

在"基本图形"面板的"外观"区域可以更改字幕外观,增强文字的易读性。

填充: 为文字确定一个主色,有利于使文字与背景形成对比,保持文字的易读性。

描边: 为文字外部添加边缘,有利于保持文字在复杂背景上的易读性。

阴影: 为文字添加阴影。通常选择一个颜色较暗的阴影会令效果更加明显。读者还可以调整阴影的柔和度,同时也需保证该文字的阴影角度和项目中其他文字的阴影角度保持一致。

读者可以自由更改"填充""描边""阴影"的颜色,方法为通过单击色块调出拾色器弹窗选取颜色。有的时候,读者选取颜色后,预览颜色旁会出现一个警告按钮,如图8-49所示。这是Premiere在提醒该颜色不是广播安全色,这意味着将视频信号投入广播电视时很可能会出现问题。单击警告按钮即可自动选择最接近该颜色的广播安全色。

图8-48

☞ **保存自定义样式**--------------------------------------

如果读者设置了自己喜欢的文字外观,则可以将它保存为文字样式,供下次使用。文字样式包含了文字的颜色和属性等,读者可以应用文字样式来更改文字。下面来尝试一下保存与应用文字样式。

 扫码看讲解

01 创建两个文字样式不同的字幕,选择文本"天空",如图8-50所示。

02 选择"基本图形>编辑>天空>样式>创建样式",如图8-51所示。

03 将该文字样式命名为"填蓝描白",如图8-52所示。这个文字样式将添加到"主样式"中,如图8-53所示。

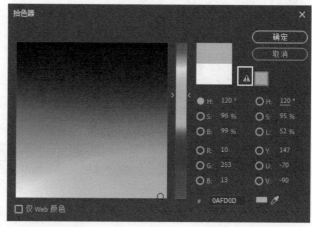

图8-49

图8-50

图8-51

图8-52

图8-53

04 切换至"组件"工作区面板。这个新的文字样式也将被自动添加到"项目"面板中，以便让读者更加轻松地在剪辑之间共享该文字样式，如图8-54所示。

05 切换至"效果"工作区面板。选择文字"湖水"，选择"基本图形>编辑>湖水>样式>填蓝描白"样式，文本"湖水"将应用"填蓝描白"样式，如图8-55所示。

图8-54

图8-55

8.3.2 形状字幕

在创建字幕时，读者可能需要创建非文字内容的图形。Premiere提供了创建矢量形状作为图形元素的功能，还可以从本地导入图形元素。

👉 创建形状--

01 打开序列，选择"钢笔工具"✐，在"节目"面板中单击多点，创建形状。在每次单击时，Premiere都会自动添加一个锚点，最后单击第1个锚点即可完成绘制，如图8-56所示。

02 在"基本图形"面板的"编辑>形状01>外观"中更改"填充"颜色为白色，勾选"描边"并更改"描边"颜色为黑色，设置"描边宽度"为20，如图8-57所示。

图8-56   图8-57

03 再次使用"钢笔工具"✐在"节目"面板中创建一个新形状，但这次不是单击，而是在每次单击时进行拖曳。在拖曳时Premiere将创建带有贝塞尔手柄的锚点，可以更加精确地控制创建的形状，如图8-58所示。

04 长按钢笔工具按钮，选择"矩形工具"▭，创建矩形。在绘制的同时按住Shift键会创建正方形，如图8-59所示。

05 选择"椭圆工具"⬭，创建椭圆。在绘制的同时按住Shift键创建圆形，如图8-60所示。

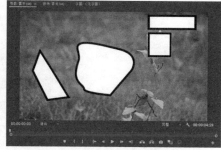

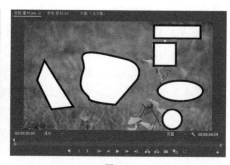

图8-58　　　　　　　　　　　图8-59　　　　　　　　　　　图8-60

添加图形

01 打开序列，在"基本图形"面板的"编辑"区域中单击"新建图层"按钮，选择"来自文件"命令，如图8-61所示。

02 找到想要导入的图形，选中后单击"打开"按钮 打开(O)，如图8-62所示。

03 选中图形，随后即可在"基本图形"面板的"编辑>太阳"中调整图形的位置、大小、旋转、缩放与不透明度等，如图8-63所示。

图8-61　　　　　　图8-62　　　　　　　　　　　　　　图8-63

8.3.3 滚动效果

　　读者可以为视频的片头和片尾字幕做出滚动、游动效果。下面就来尝试一下为视频字幕做出滚动效果。

01 新建一个1920×1080的黑场视频，如图8-64所示。

02 在"节目"面板中添加点文字。注意，需要输入足够多的文字以至于溢出屏幕，如图8-65所示。

03 读者可以在"基本图形"面板的"编辑"区域中，根据需要修改文本属性，如图8-66所示。

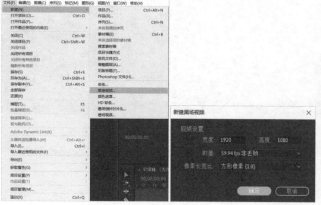

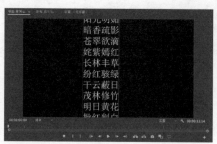

图8-64　　　　　　　　　　　图8-65　　　　　　　　　　　图8-66

04 选择"选择工具"![icon]，单击"节目"面板中文本框之外的区域，取消选中文本。随后在"基本图形"面板的"编辑"区域中将显示文本属性，其中包含了创建滚动字幕的选项。勾选"滚动"即可为字幕制作出滚动效果，如图8-67所示。按Space键播放即可查看字幕滚动效果。

05 在使用滚动效果时，"节目"面板中会出现一个滚动条，如图8-68所示。

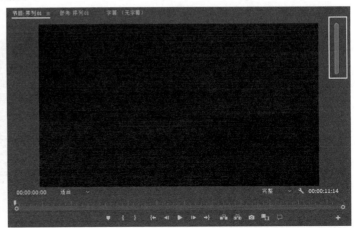

> ① **技巧提示**
>
> 为字幕制作出滚动或游动效果后，在播放剪辑时，字幕将以滚动或游动的方式进出屏幕。它包含了以下选项。
>
> **启动屏幕外**：将字幕设置为开始时完全从屏幕外滚进。
>
> **结束屏幕外**：将字幕设置为完全滚动出屏幕。
>
> **预卷**：设置第1个文本在屏幕上显示之前要延迟的帧数。
>
> **过卷**：设置字幕结束后播放的帧数。
>
> **缓入**：设置在开始的位置将滚动或游动的速度从零逐渐增大到最大速度的帧数。
>
> **缓出**：设置在末尾的位置放慢滚动或游动字幕速度的帧数。
>
> 播放速度是由时间轴上滚动或游动字幕的长度决定的。较短字幕的滚动或游动速度比较长字幕的滚动或游动速度快。

图8-67

图8-68

☞ **处理字幕模板**--------------------------------

"基本图形"面板中的"浏览"区域包含了许多字幕模板，读者可以将想要的字幕模板拖曳到序列上并对其进行修改，如图8-69所示。

许多字幕模板都包含了动态图形，所以它们也被称为动态图形模板。有些字幕模板的右上角可能会有一个"警告"标志![icon]，这说明该字幕模板中的字体在读者当前的系统中并没有被安装。若在序列中添加这样的字幕模板，将弹出解析字体对话框。选中缺失字体的复选框，它将被自动安装以供读者使用。

☞ **创建自定义的字幕模板**--------------------------------

读者可以创建自定义的字幕模板，只需要选中想要导出的字幕，然后在菜单栏中执行"图形>导出为动态图形模板"命令即可，如图8-70所示。

读者可以给自定义的字幕模板命名，并为其选择一个存储位置，如图8-71所示。

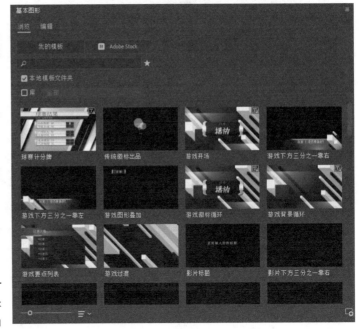

图8-69

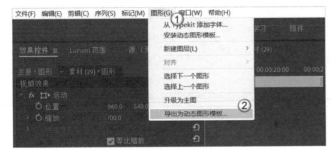

图8-70

图8-71

若读者将自定义的字幕模板存储在本地存储器中，则可以在任何项目中导入该字幕模板，具体方法为在菜单栏中选择"图形>安装动态图形模板"命令，如图8-72所示，或在"基本图形"面板中的"浏览"区域中单击"安装动态图形模板"按钮，如图8-73所示。

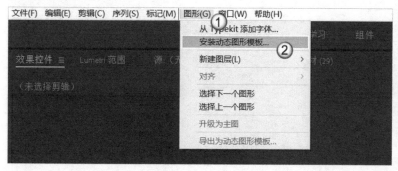

图8-72

图8-73

8.4 变形字幕效果

读者可以在Premiere中打造更加个性化的字幕。例如，读者可以从"效果"面板中为字幕添加变形效果，也可以调整"效果控件"面板中的"运动"选项为字幕做出运动效果等。在本节中，我们将讲解如何为字幕做出变形效果。

👑重点
8.4.1 输入字幕并添加效果

01 新建项目。使用鼠标右键单击"项目"面板空白处，执行"新建项目>黑场视频"命令，如图8-74所示。

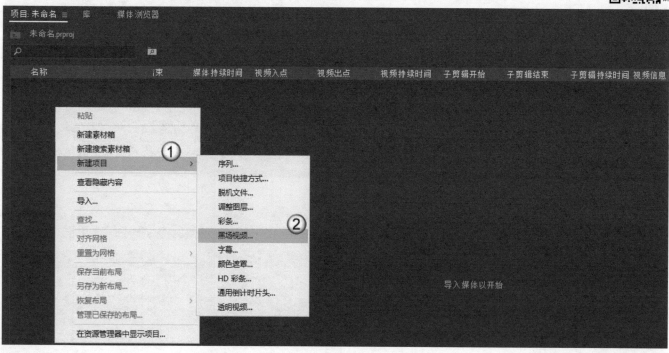

图8-74

02 建立一个720×576的黑场视频，具体参数设置如图8-75所示。

03 将黑场视频拖曳到时间轴上，如图8-76所示。

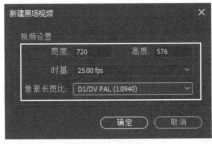

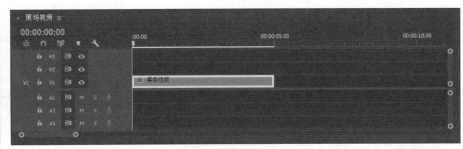

图8-75   图8-76

04 在"节目"面板中单击并输入"PR学习"文本,如图8-77所示。

05 切换至"效果"工作区面板。在"基本图形"面板中的"编辑"区域中将文字垂直居中对齐和水平居中对齐,如图8-78所示。

图8-77   图8-78

06 在"效果"面板中找到"视频效果>扭曲>波形变形"并将其拖曳到字幕图层上,如图8-79所示。

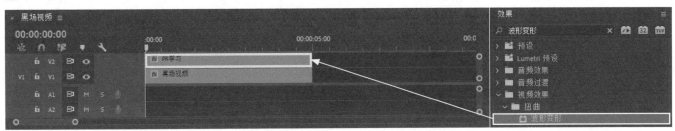

图8-79

07 按Space键播放,就可以看到文字一边跳动,一边变形。读者也可以在"效果控件"面板中找到"波形变形"效果,根据需要调整参数,如图8-80所示。

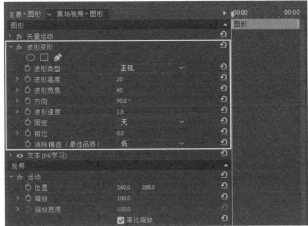

图8-80

👍 重点

8.4.2 运用位置/旋转/缩放等工具修改字幕

01 新建项目。用右键单击"项目"面板空白处，执行"新建项目>黑场视频"命令，如图8-81所示。

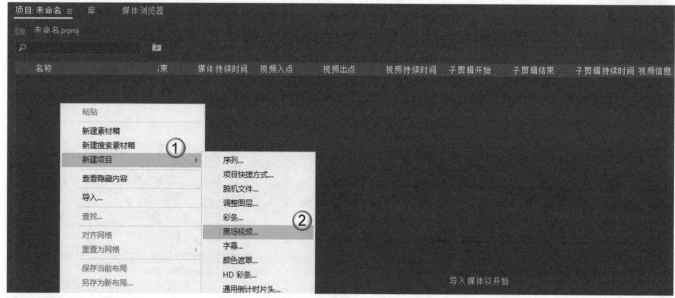

图8-81

02 建立一个宽度为720×576的黑场视频，具体参数设置如图8-82所示。

03 将黑场视频拖曳到时间轴上，如图8-83所示。

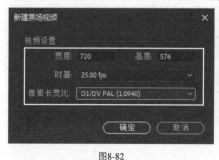

图8-82

图8-83

04 在"节目"面板中单击并输入"PR学习"，如图8-84所示。

05 切换至"效果"工作区面板，在"基本图形"面板中的"编辑"区域中将文字垂直居中对齐和水平居中对齐，如图8-85所示。

图8-84

图8-85

06 在"效果控件"面板的"运动"中将"位置"的横坐标修改为138，使文字位于画面左侧。随后单击"位置"字样前的"切换动画"按钮，添加一个关键帧，如图8-86所示。

图8-86

07 拖曳播放头至字幕图层结尾处，随后将"位置"的x轴坐标修改为566，使文字位于画面右侧，Premiere将自动添加一个关键帧，如图8-87所示。将播放头移动至字幕图层开头处，按Space键播放即可看到字幕的移动效果。

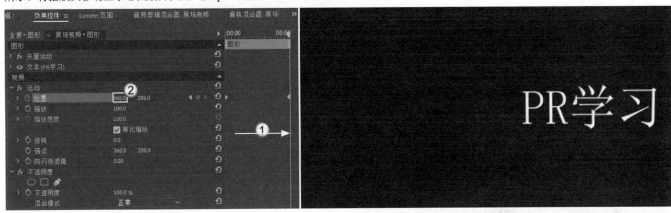

图8-87

08 在确保播放头位于字幕图层开头处的前提下，在"效果控件"面板的"运动"中单击"缩放"字样前的"切换动画"按钮⏱，添加一个关键帧，如图8-88所示。

09 拖曳播放头至画面中文字位于正中心的位置后将"缩放"修改为150，将文字放大，Premiere将自动添加一个关键帧，如图8-89所示。

图8-88

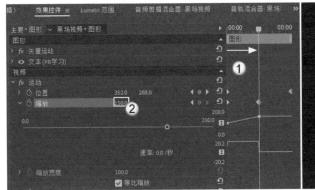

图8-89

10 拖曳播放头至字幕图层结尾处，随后将"缩放"修改为100，使文字恢复为原来的大小，Premiere将自动添加一个关键帧，如图8-90所示。

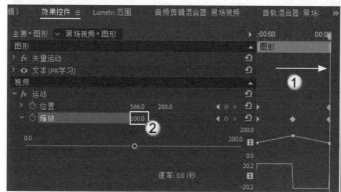

图8-90

11 在确保播放头位于字幕图层开头处的前提下，在"效果控件"面板的"运动"中单击"旋转"字样前的"切换动画"按钮，添加一个关键帧，如图8-91所示。

12 拖曳播放头至画面中文字位于正中心的位置，随后将"旋转"修改为360°，将文字旋转一周，Premiere将自动添加一个关键帧，如图8-92所示。

13 拖曳播放头至字幕图层结尾处，随后将"旋转"修改为720°，将文字再旋转一周，Premiere将自动添加一个关键帧，如图8-93所示。

图8-91

图8-92

图8-93

👑 重点

✍ 案例训练：制作移动变形字幕效果

素材文件	工程文件>CH08>案例训练：制作移动变形字幕效果
案例文件	工程文件>CH08>案例训练：制作移动变形字幕效果>案例训练：制作移动变形字幕效果.prproj
难易程度	★★★☆☆
技术掌握	活用字幕技巧制作出移动变形字幕效果

本案例所用的素材为网络视频，案例效果如图8-94所示。

图8-94

01 导入视频素材并将第1个视频素材拖曳到时间轴上，如图8-95所示。

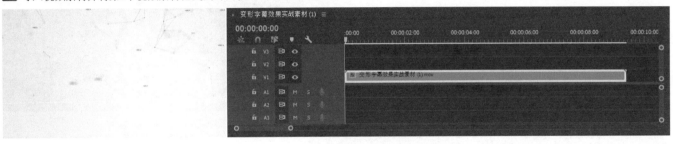

图8-95

02 切换至"效果"工作区面板。在本例中，我们将制作出字幕与背景粒子一起移动的效果。由于在第1个视频素材中，背景粒子从上往下移入，因此，将播放头移动至背景粒子移动一小段处，单击字幕工具，在"节目"面板中画面内部的顶部单击并输入"Science is endless"，如图8-96所示。

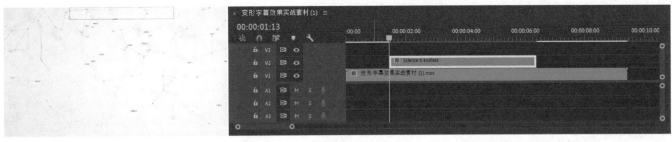

图8-96

03 在"基本图形"面板中修改字体为Technic且居中对齐文本，并将"填充"颜色修改为黑色，在"编辑"区域将字幕水平居中对齐，如图8-97所示。

04 在"效果控件"面板中的"文本（Science is endless）>变换"中单击"位置"字样前的"切换动画"按钮，添加一个关键帧，如图8-98所示。

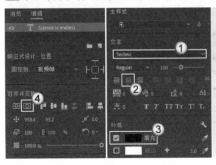

图8-97

图8-98

05 移动播放头，并在"效果控件"面板中的"文本（Science is endless）>变换"中不断调整字幕位置，使字幕实时跟踪背景粒子，使两者保持近似的移动速度，并且最后使文字大致位于画面居中位置。Premiere将自动添加关键帧，如图8-99所示。

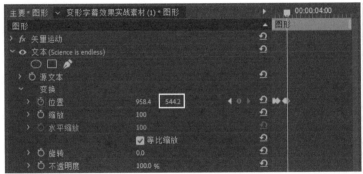

图8-99

06 在"效果控件"面板中的"文本（Science is endless）>变换"中单击"缩放"字样前的"切换动画"按钮，添加一个关键帧，如图8-100所示。

07 将鼠标指针悬停在字幕图层的结尾处，待鼠标指针变成红色的图标时，单击并向右拖曳，使之与第1个视频素材结尾处对齐。将播放头移动至背景粒子开始移走的位置，将"缩放"修改为90，将字幕缩小。Premiere将自动添加一个关键帧，如图8-101所示。

图8-100

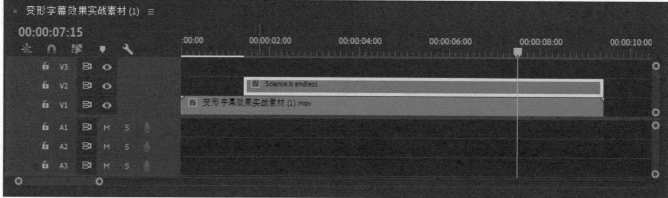

图8-101

08 在"效果控件"面板中的"文本（Science is endless）>变换"中单击"位置"后方的"添加/移除关键帧"按钮，添加一个关键帧，如图8-102所示。

09 移动播放头，并在"效果控件"面板中的"文本（Science is endless）>变换"中不断调整字幕位置，使字幕实时跟踪背景粒子，使两者保持近似的移动速度，并且最后使文字位于画面之外。Premiere将自动添加关键帧，如图8-103所示。

图8-102

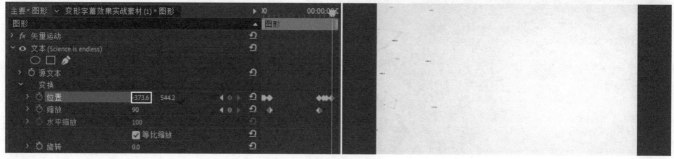

图8-103

10 将播放头移动至字幕移入一小段的位置，在"效果控件"面板中的"文本（Science is endless）>变换"中单击"不透明度"前方的"切换动画"按钮 ，添加一个关键帧，如图8-104所示。

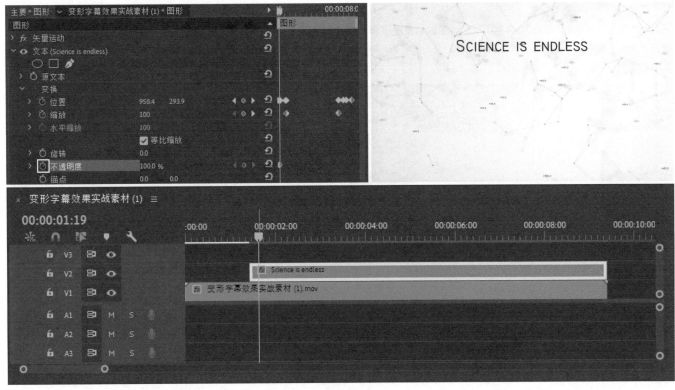

图8-104

11 将播放头移动至字幕图层的第1帧处，将"不透明度"修改为0%，做出字幕淡入效果，如图8-105所示。

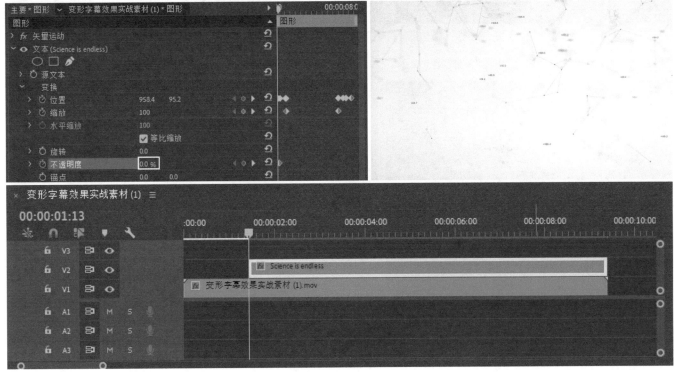

图8-105

12 为字幕添加闪电效果，使字幕更具有趣味性。切换至"组件"工作区面板。右键单击"项目"面板空白处，执行"新建项目>调整图层"命令，如图8-106所示。

13 默认建立一个1920×1080的调整图层。新建的调整图层将被放置在"项目"面板中。将播放头移动至字幕开始缩小的位置，将调整图层拖曳到轨道V3上，并与播放头对齐，如图8-107所示。

图8-106

图8-107

14 切换至"效果"面板。找到"视频效果>生成>闪电"并将其拖曳到调整图层上，如图8-108所示。

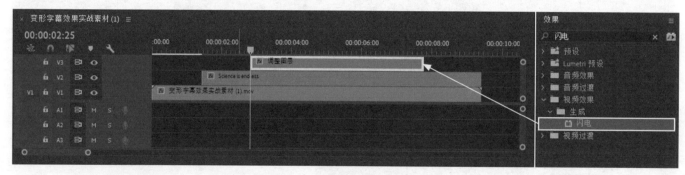

图8-108

15 在"效果控件"面板的"闪电"中将"外部颜色"和"内部颜色"都修改为黑色，并设置"混合模式"为正常，如图8-109所示。

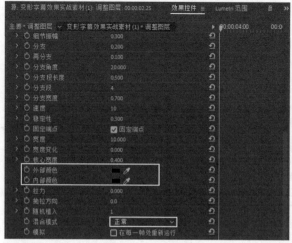

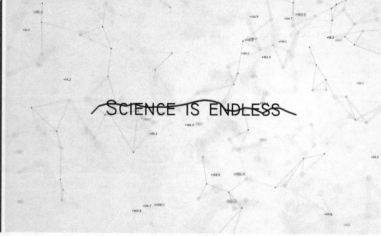

图8-109

16 将播放头移动至字幕开始移出的位置，将鼠标指针悬停在调整图层的结尾处，待鼠标指针变成红色的图标时，单击并向左拖曳使之与播放头对齐，如图8-110所示。

图8-110

17 在激活调整图层的前提下,将播放头移动至调整图层内的任意一帧,按快捷键Ctrl+K截断,按4次→键前进4帧,再次按快捷键Ctrl+K截断,并将中间部分删除,以制作出闪电的闪烁效果。注意,前进或后退、裁剪帧数的多少可根据读者自己的喜好而定,如图8-111所示。

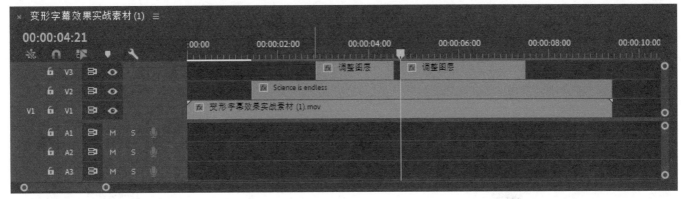

图8-111

18 以此类推,在调整图层的后方不同位置删掉若干帧,如图8-112所示。

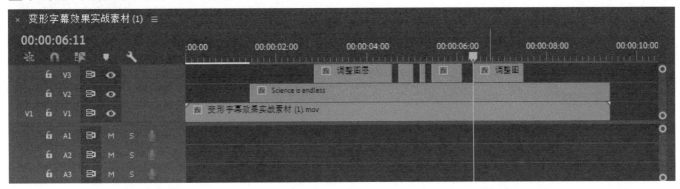

图8-112

19 切换至"组件"工作区面板,将第2段视频素材拖曳至轨道V1上,如图8-113所示。

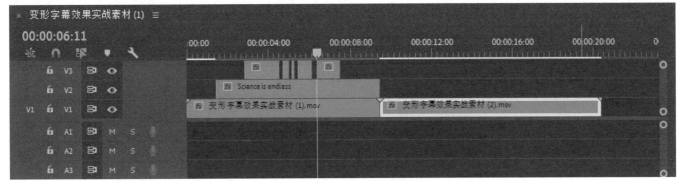

图8-113

20 由于在第2个视频素材中，背景粒子从右往左移入，因此，将播放头移动至背景粒子移动一小段处，在"节目"面板中画面内部的右侧单击并输入"It is an eternal mystery"，如图8-114所示。

图8-114

① **技巧提示**

后面的制作方法与前面的素材相同，读者可以进行尝试，有不明白的地方请观看教学视频。

8.5 字幕技术的应用

本节将介绍字幕的一些效果应用和短视频字幕的使用。这里将通过4个综合训练来带领大家以实践的形式进行学习。

☞ 重点

◈ 综合训练：制作炫酷字幕特效

素材文件	工程文件>CH08>综合训练：制作炫酷字幕特效
案例文件	工程文件>CH08>综合训练：制作炫酷字幕特效>综合训练：制作炫酷字幕特效.prproj
难易程度	★★★★☆
技术掌握	掌握字幕特效的制作方法

本案例所用的素材为网络视频，案例效果如图8-115所示。

图8-115

01 导入视频素材与图片素材，将视频素材拖曳到时间轴上，随后将图片素材拖曳到轨道V2上，如图8-116所示。

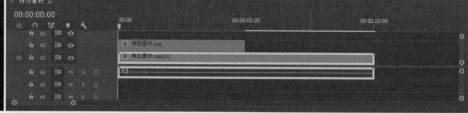

图8-116

02 在激活图片素材的前提下，切换至"效果"工作区面板，在"效果控件"面板的"运动"中将"缩放"调整为151以达到合适大小，如图8-117所示。

图8-117

03 单击激活视频素材,在"效果"面板中找到"视频效果>键控>轨道遮罩键"并将其拖曳到视频素材上,如图8-118所示。

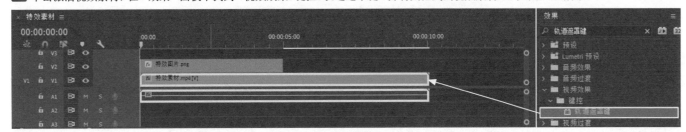

图8-118

04 在"效果控件"面板中找到"轨道遮罩键",设置"遮罩"为"视频2",如图8-119所示。

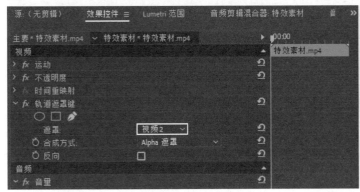

图8-119

05 框选视频素材和图片素材,执行"剪辑>嵌套"命令,或直接单击右键,选择"嵌套",并输入名称"酷",如图8-120所示。

图8-120

06 在"节目"面板中单击并输入"酷"。读者可以根据自己的喜好在"效果控件"面板中的文本选项或"基本图形"面板的"编辑"区域中修改文字属性,如图8-121所示。

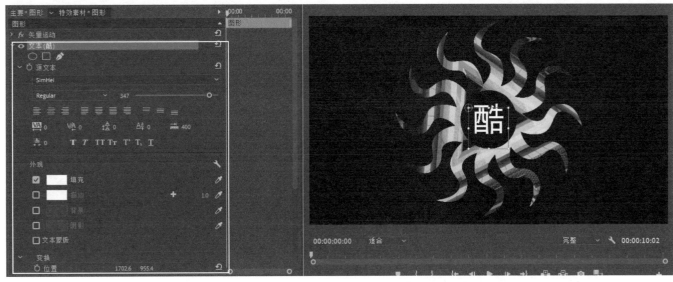

图8-121

07 将轨道V2上的字幕图层拖曳到轨道V3上,随后将"项目"面板中的视频素材拖曳到轨道V2上,以避免视频素材覆盖字幕,如图8-122所示。

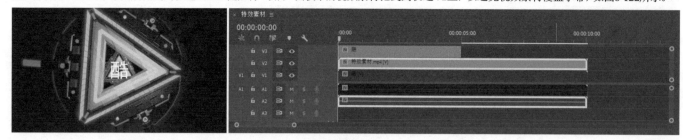

图8-122

08 在"效果"面板中找到"视频效果>键控>轨道遮罩键"并将其拖曳到轨道V2上的视频素材上,在"效果控件"面板中找到"轨道遮罩键",设置"遮罩"为"视频3",如图8-123所示。

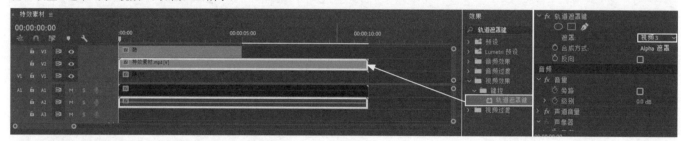

图8-123

09 在确保将播放头放置在开头第1帧的前提下,单击激活轨道V1上的嵌套序列,在"效果控件"面板的"运动"中将"旋转"修改为0,随后单击"旋转"字样前的"切换动画"按钮◎,添加一个关键帧,如图8-124所示。

10 将鼠标指针悬停在字幕图层结尾处,待鼠标指针变成红色的图标▮时,单击并向右拖曳,使之与视频素材结尾处对齐。将播放头移动至字幕图层的结尾处,在"效果控件"面板中将"旋转"调整为360°,Premiere将自动添加关键帧,如图8-125所示。最终效果如图8-126所示。

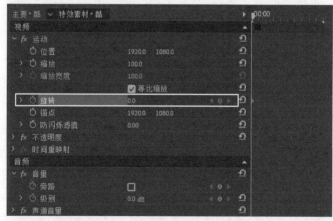
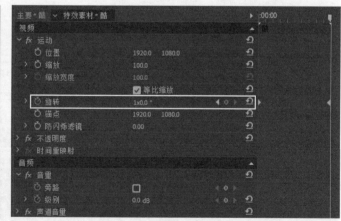

图8-124   图8-125

图8-126

ⓘ 技巧提示

　　这里的1×0.0°中的1指的是1个360°,后面的是余下的度数。

☀重点

◈ 综合训练：制作字幕扫光特效

素材文件	工程文件>CH08>综合训练：制作字幕扫光特效
案例文件	工程文件>CH08>综合训练：制作字幕扫光特效>综合训练：制作字幕扫光特效.prproj
难易程度	★★★★☆
技术掌握	活用字幕技巧制作出字幕扫光特效

本案例所用的素材为网络视频，案例效果如图8-127所示。

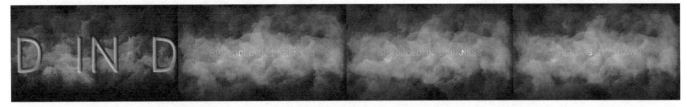

图8-127

01 导入背景素材和烟雾素材并将背景素材拖曳到时间轴上，在"节目"面板中单击并输入"Shrouded in darkness"，如图8-128所示。

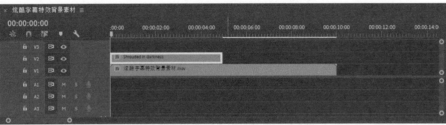

图8-128

02 切换至"效果"工作区面板，在"基本图形"面板的"编辑"区域中，修改"缩放"为80，将字体修改为Technic，并居中对齐文本，将字间距修改为20，将"填充"颜色修改为亮灰色（R:192，G:192，B:192），并竖直居中对齐与水平居中对齐，如图8-129所示。

03 在确保播放头位于开头处的前提下，按5次→键，前进5帧。在激活字幕素材的前提下，在"效果控件"面板的"运动"中单击"缩放"字样前的"切换动画"按钮 ，添加一个关键帧，如图8-130所示。

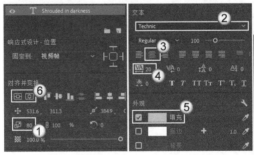

图8-129

图8-130

04 将播放头移动至开头处，将"缩放"修改为600。Premiere将自动为其添加关键帧，如图8-131所示。

图8-131

05 按5次→键,前进5帧。在激活字幕图层的前提下,按快捷键Ctrl+K截断,按住Alt键将播放头之后的字幕图层向上拖曳复制一份至轨道V3上并与播放头对齐,这里可调整水平导航缩放控件以达到最佳的视觉效果,如图8-132所示。

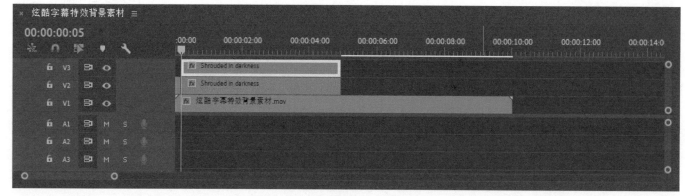

图8-132

06 单击激活轨道V3上的字幕图层,在"基本图形"面板的"编辑"区域中将"填充"颜色修改为白色,如图8-133所示。

图8-133

07 在确保播放头位于轨道V3上的字幕图层的第1帧的前提下,在"效果控件"面板的"不透明度"中单击"创建4点多边形蒙版"□,在"节目"面板中字幕的左侧创建一个矩形蒙版,并调整其大小与形状,使之成为一个细长而倾斜的矩形,并将"蒙版羽化"修改为15,如图8-134所示。

图8-134

08 单击"蒙版路径"字样前的"切换动画"按钮，添加一个关键帧，如图8-135所示。

09 按13次→键，前进13帧，在"效果控件"面板中单击"蒙版"选项标题激活蒙版，随后在"节目"面板中按住Shift键将其水平拖曳至字幕右侧，为字幕添加扫光效果，如图8-136所示。

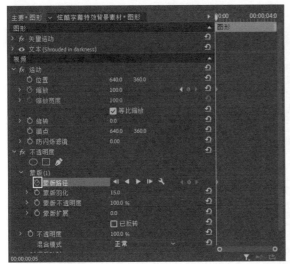

图8-135

图8-136

10 将播放头移动至字幕图层的最后一帧，单击激活轨道V2上的字幕图层，在"效果控件"面板的"运动"中将"缩放"修改为90。Premiere将自动添加关键帧，如图8-137所示。

图8-137

11 单击激活背景素材，在"效果控件"面板中单击"速度"后方的"添加/移除关键帧"按钮添加关键帧，如图8-138所示。

图8-138

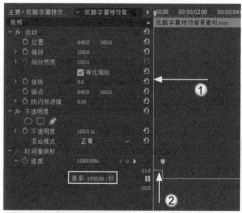

12 将播放头移动至开头处，展开"速度"选项，并向上拖曳开头至关键帧的那一段橡皮带，使其速率达到1 000/秒，以此来达到背景变速的效果，如图8-139所示。

13 将播放头移动至背景素材开始变速的位置，如图8-140所示。

图8-139　　　　　　　　　　　图8-140

14 在激活背景素材的前提下，按快捷键Ctrl+K将其截断，并用右键单击播放头之前的片段，选择"清除"命令，如图8-141所示。

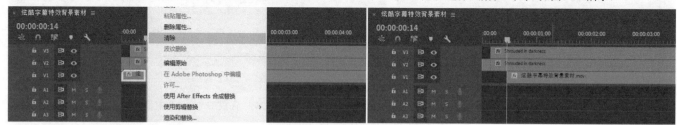

图8-141

15 单击背景素材并向左拖曳，使之与字幕图层开头处对齐，如图8-142所示。

16 将鼠标指针悬停在背景素材的开头处，待鼠标指针变成红色的图标时，向左拖曳至极限位置，即可在字幕出现扫光效果时停止背景变速，如图8-143所示。

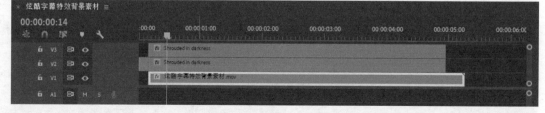

图8-142

图8-143

17 添加烟雾素材。由于轨道数量不够，因此，使用鼠标右键单击"时间轴"面板中视频轨道上方的空白处，选择"添加轨道"命令，如图8-144所示。默认添加一个新的视频轨道和一个新的音频轨道，如图8-145所示。

图8-144

图8-145

18 在"项目"面板中将烟雾素材移动至轨道V4上，如图8-146所示。

图8-146

19 在"效果控件"面板中将"不透明度"改为70%，将"混合模式"改为"滤色"，如图8-147所示。

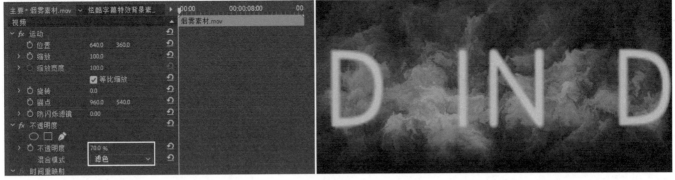

图8-147

20 使用鼠标右键单击烟雾素材，选择"速度/持续时间"命令，如图8-148所示。将"速度"修改为140.06%，如图8-149所示。

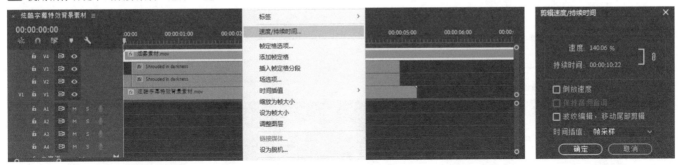

图8-148　　　　　　　　　　　　　　　　　图8-149

21 将鼠标指针分别悬停在烟雾素材和背景素材的结尾处，待鼠标指针变成红色的图标时，单击并向左拖曳，使它们与字幕素材结尾处对齐，如图8-150所示。

图8-150

22 框选所有素材和字幕图层，按住Alt键向右拖曳复制一份至它们的后方并和它们的结尾处对齐，如图8-151所示。

图8-151

23 修改复制出的所有字幕为"Where is the dawn",如图8-152所示。

图8-152

24 为了加强气势,找到"视频效果>风格化>浮雕"并将其拖曳到V2轨道上的所有字幕图层上,为字幕添加浮雕效果,如图8-153所示。效果如图8-154所示。

图8-153

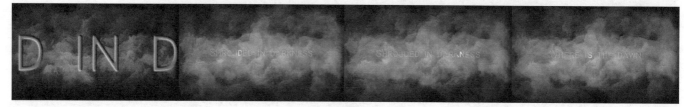

图8-154

👑 重点

◈ 综合训练:制作诗文效果

素材文件	工程文件>CH08>综合训练:制作诗文效果
案例文件	工程文件>CH08>综合训练:制作诗文效果>综合训练:制作诗文效果.prproj
难易程度	★★★★☆
技术掌握	活用字幕技巧为字幕制作出诗文效果

本案例所用的素材为拍摄的视频,案例效果如图8-155所示。

图8-155

👑 重点

◈ 综合训练:制作电影片头字幕

素材文件	工程文件>CH08>综合训练:制作电影片头字幕
案例文件	工程文件>CH08>综合训练:制作电影片头字幕>综合训练:制作电影片头字幕.prproj
难易程度	★★★★☆
技术掌握	活用字幕技巧制作电影片头字幕

本案例所用的素材为网络视频,案例效果如图8-156所示。

图8-156

9

第 **9** 章　抖音短视频实训

📹 案例视频集数：2集　　⏱ 视频时长：28分钟

抖音视频可以说是全民娱乐视频，这类视频属于手机短视频。无论是朋友圈，还是个人短视频账户，相信读者都有自己的作品，也希望能发布各类精彩的视频，得到广大网友的喜爱。本章主要通过两个抖音短视频实训来介绍这类视频的制作思路和方法。

学习重点　🔍

学完本章能做什么

读者不再只能进行简单的视频拼凑，还能根据视频表达主体制作有氛围的手机短视频，也能通过各类照片制作快闪的展示视频。另外，对于手机短视频，读者的音频处理技能也能得到提升。

9.1 制作情侣甜蜜Slomo视频

素材文件	工程文件>CH09>制作情侣甜蜜Slomo视频
案例文件	工程文件>CH09>制作情侣甜蜜Slomo视频>制作情侣甜蜜Slomo视频.prpoj
难易程度	★★★☆☆
技术掌握	音乐与动作的衔接思路和卡点技术

Slomo视频一般用于拍人物，通常人物在镜头前先保持正常速度并且神情动作有些漫不经心，然后随着音乐高潮的来临，突然卡住节点，开始做慢动作，通常展示的画面为"人美""人帅""甜蜜"等，令人观后久久无法释怀。本例主要制作情侣间唯美甜蜜的视觉效果，对于这类短视频，重点在于音乐和动作的衔接，以及高潮部分的效果。实例效果如图9-1所示。

图9-1

通过观看效果，我们可以总结出来以下4个制作思路。

第1个： 本视频的高潮部分是情侣接吻镜头，此处应该是一个爆发点，所以需要找到音乐高潮的时间点，并进行卡点。

第2个： 本例的重点表现片段为接吻部分，特效部分可以以此处为起点。

第3个： 既然接吻片段为重点表现片段，那么可以采用慢放效果来凸显出唯美、甜蜜的氛围。

第4个： 通过文案字幕来体现主体，而且还可以加入抖音比较常见的故障效果，让主题更加强烈。

9.1.1 创建抖音视频尺寸的序列

视频有横屏和竖屏两种模式，而抖音App的播放模式通常以竖屏为主，因此结合目前手机竖屏分辨率，可以将序列尺寸设置为1080×1920。

01 将本例的所有素材文件导入"项目"面板，如图9-2所示。

图9-2

02 因为抖音视频为竖屏模式，因此需要新建一个竖屏的序列。在"项目"面板中新建一个序列，设置"帧大小"为"1080"水平和"1920"垂直，具体参数设置如图9-3所示。

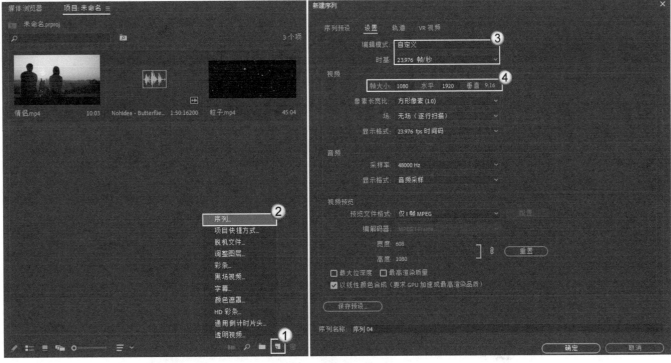

图9-3

9.1.2 音频卡点

读者应该经常"刷"抖音，不难发现这些短视频中的背景音乐通常都是播放不完的，因此我们需要对音频进行截取，即选择需要的部分。结合前面的分析，本例音频操作的重点是找到音乐高潮点。

01 将音乐素材拖曳到时间轴上的"序列01"中，如图9-4所示，然后读者可以根据视频时长需求剪掉不需要的音乐片段，这里笔者选择了00:00:32:16的位置作为裁剪点，并按快捷键Ctrl+K截断，然后删掉后面不要的部分，如图9-5和图9-6所示。

图9-4

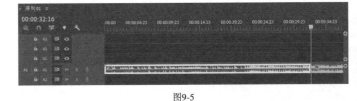

图9-5

图9-6

02 切换到"时间轴"面板、"节目"面板或"源"面板，并将输入法切换为英文输入法，按Space键播放音乐，当听到音乐高潮时，按M键进行帧标记，如图9-7所示。

① 技巧提示

读者如果对音乐还不能达到很敏感的程度，可以暂时参考笔者的时间点00:00:23:07，但希望读者以后一定要反复试听。

图9-7

9.1.3 确定视频高潮点

在导入视频素材后，有以下几个操作要点。

第1个： 根据实际需求截取需要的素材片段。

第2个： 找到素材画面中的剧情高潮点——接吻。

第3个： 调整视频素材的位置和尺寸，与序列尺寸吻合。

第4个： 让视频剧情的高潮点与音频的高潮点吻合。

01 确定了音频的长度和高潮点后，这个时候需要导入视频素材。将"项目"面板中的"情侣"视频素材导入轨道V1，如图9-8所示。

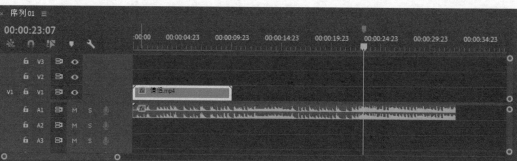

图9-8

> ① **技巧提示**
>
> 通过"节目"面板可以看到，视频素材与序列背景并没有吻合，上下的黑色区域即为空余部分。

02 选择轨道V1的"情侣"片段，切换至"效果控件"面板，将"位置"调整为1080和960，将"缩放"调整为180，如图9-9所示。此时，人物画面在窗口的正中。

03 选中"情侣"片段，切换成英文输入法，按Space键播放视频素材，当播放到情侣即将接吻的时候，按M键标记帧，图9-10所示。

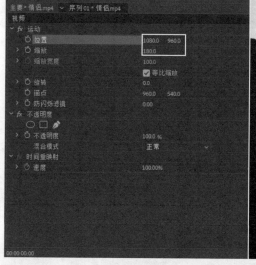

图9-9

图9-10

04 将"情侣"素材向右拖曳，当在音频标记点出现黑竖线，且竖线在"情侣"素材中间时，表示两个标记点现在同一时间点，如图9-11所示。此时，释放鼠标左键，让音频标记和视频标记对齐，如图9-12所示。

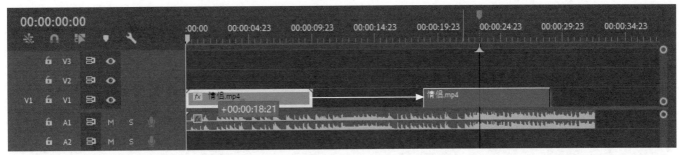

图9-11

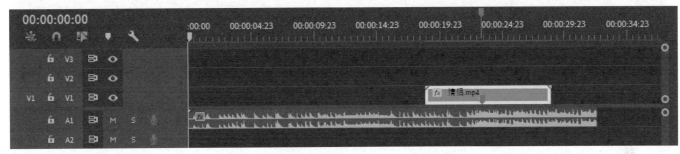

图9-12

05 选中音频素材,将鼠标指针移动到音频开始处,待出现 图标时,将其向右拖曳到与"情侣"视频素材起点对齐,如图9-13所示。

图9-13

06 将两段素材拖曳到轨道起点的位置,如图9-14所示。此时,按Space键播放,可以发现刚好到情侣接吻的时候,就开始播放音乐高潮部分。

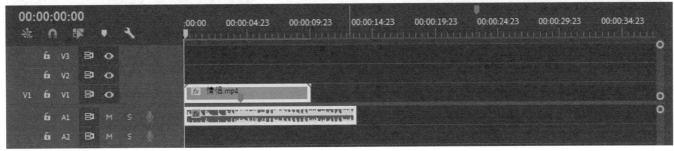

图9-14

07 细心的读者会发现,音频的标记点并没有跟着移动,这个时候可以将其移动到与视频标记点对齐的位置,如图9-15所示。

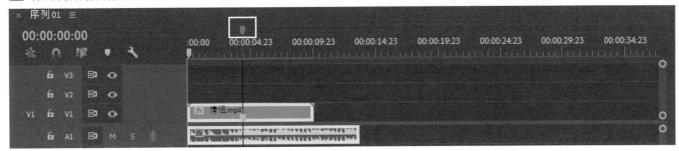

图9-15

9.1.4 慢放高潮片段

结合前面的分析,既然是表现唯美、甜蜜的氛围,那么就应该在视频的高潮片段上做"文章",这里可以采用慢放的方式来体现。

01 将播放头移动至视频素材的标记处,选择视频素材,按快捷键Ctrl+K截断,如图9-16和图9-17所示。注意,这里一定要保证选择的是视频素材,千万不要截断音频素材。

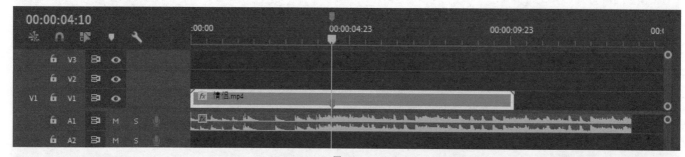

图9-16

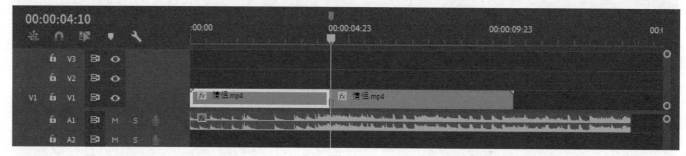

图9-17

02 选择截断后的后半段视频素材,单击鼠标右键,选择"速度/持续时间"命令,如图9-18所示,然后将"速度"修改为30%,以此来让后半段视频慢放,如图9-19所示。

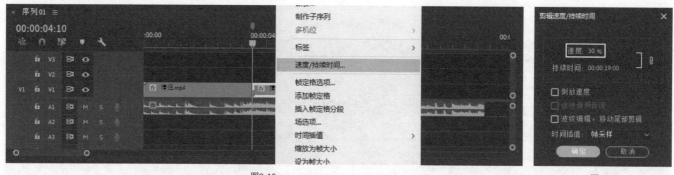

图9-18

图9-19

① 技巧提示

这个时候,读者观察"时间轴"面板会发现,后面半段素材上标示了播放速度为30.04%,如图9-20所示。与前面设置的30%有误差,这是时间码本身造成的,对视频剪辑不会造成任何影响,读者可以直接忽视。

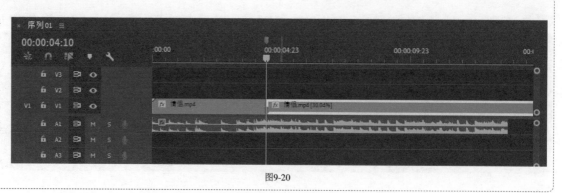

图9-20

03 将鼠标指针悬停在视频素材的结尾处，待鼠标指针变成图标 时，单击并向左拖曳，使之与音乐素材结尾处对齐，如图9-21和图9-22所示。

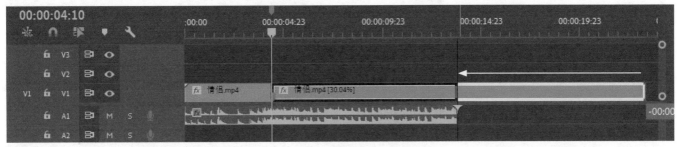

图9-21

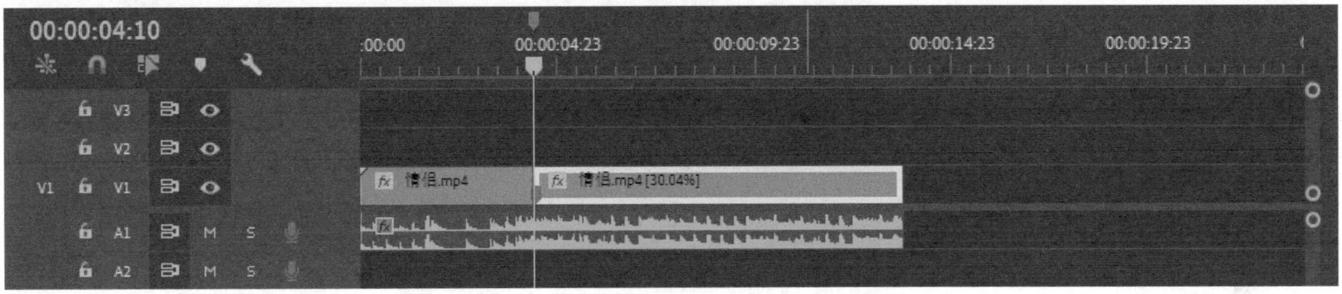

图9-22

> ① 技巧提示
>
> 此时，读者可以播放慢放的片段，观察播放速度是否适合所需氛围，如果不适合，则可以根据自己的喜好调整百分比。

9.1.5 置入效果

现在进行最后一步——增加氛围。虽然慢放效果让甜蜜氛围和唯美氛围得到了体现，但是目前的视频效果还是过于单调。因为这里是表现情侣间的甜蜜氛围，所以可以使用水泡泡这种效果来体现。同样，效果的加入点也要和音频、视频素材的高潮点吻合。

01 将"粒子"视频素材拖曳到序列中的轨道V2上，如图9-23所示，然后将其初始点与帧标记点对齐，如图9-24和图9-25所示。

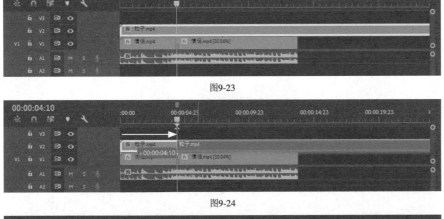

图9-23

图9-24

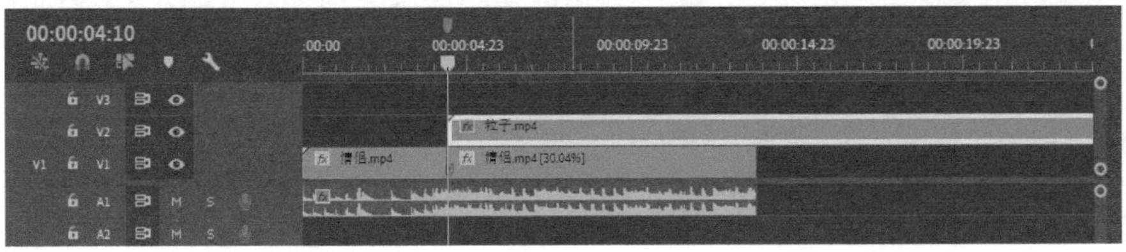

图9-25

> ① 技巧提示
>
> 导入粒子素材后，一定要观察"节目"面板中的粒子位置，以方便后续调整，如图9-26所示。此时，粒子与画面没有重合，且大小也需要调整。 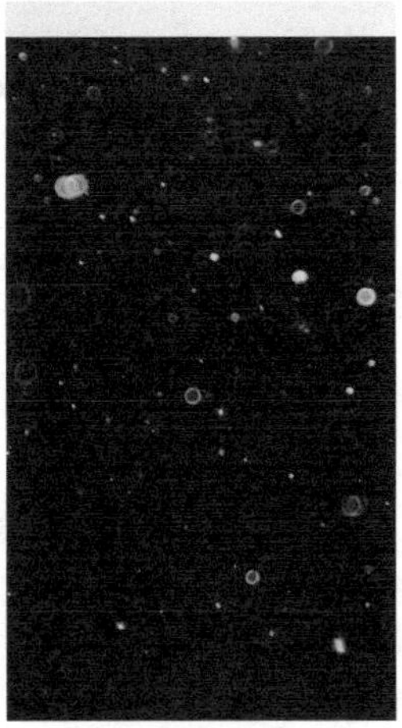
>
>
>
> 图9-26

02 选择"粒子"素材,在"效果控件"面板中调整粒子的大小和位置。将"位置"修改为540和908,将"缩放"修改为118,如图9-27所示。

图9-27

03 下面要将粒子合成到"情侣"画面中。将"混合模式"修改为"滤色",并在"时间轴"面板中将"粒子"结尾与"情侣"素材对齐,如图9-28所示。到此,抖音Slomo视频就制作完成了,读者可以将它发布到自己的抖音账户中,效果如图9-29所示。

⚠ **技巧提示**

　　至此,画面的制作就完成了,就目前的效果而言,视频本身问题是不大的,如果增加过多效果,反而会让抖音短视频变得"出戏",这时可以考虑使用文案来升华主题。

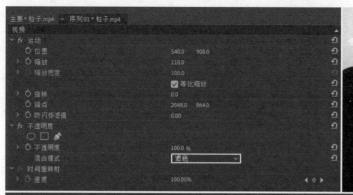

图9-28

图9-29

9.1.6 添加文案

在添加文案的时候，要注意文案的摆放位置，即不要让文案挡住了视频剧情内容，文案只是升华主题和体现画面层次的，不能喧宾夺主。本例我们选择的文案为"TRUE LOVE"，用于体现爱情的甜蜜氛围。另外，在制作故障效果前，可以考虑增加文案字幕的抖动效果，来与故障效果搭配，让视觉冲击力更立体，也更强。对于抖动效果的制作，可以直接使用逐帧动画的制作方法，即通过改变不同帧中文案字幕的位置来实现。

01 单击"文字工具" T，在"节目"面板中单击画面，然后输入"TRUE LOVE"内容，如图9-30所示。

图9-30

02 因为文字是与音频和画面高潮一起出现的，所以需要在"时间轴"面板中将文字向右拖曳到素材标记点的位置，并将开头与标记点对齐，如图9-31所示。

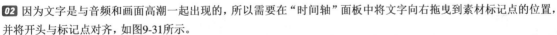

图9-31

03 在"基本图形"面板中选择TRUE LOVE文本，然后设置"文本"为Times New Roman和Bold，接着将文案左对齐，再根据画面调整文案的大小，这里设置为130，即增大30%，最后调整文案的位置，读者可以参考159.2和1380这组坐标值，如图9-32所示。

04 将鼠标指针悬停在字幕图层结尾处，待鼠标指针变成红色的图标时，向右拖曳，使之与视频素材结尾处对齐，如图9-33所示。

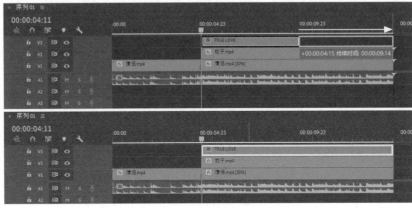

图9-32 图9-33

9.1.7 制作文案抖动效果

01 将播放头移动至字幕图层的约1/3处，在"效果控件"面板中单击"位置"前的"切换动画"图标，添加关键帧，如图9-34所示。

图9-34

02 按→键，让播放头前进1帧，将"位置"修改为560和980，让文案向右下方向移动一点点距离，如图9-35所示。

图9-35

03 按→键再次前进1帧，将"位置"修改为560和940，让文案竖直向上移动一段距离，如图9-36所示。

图9-36

04 继续按→键前进1帧，将"位置"修改为520和980，让文案向左下方向移动一段距离，如图9-37所示。

图9-37

05 再次按→键前进1帧，将"位置"恢复为初始的540和960，从而让这段时间形成文案字幕抖动的效果，如图9-38所示。

06 将播放头移动至字幕图层的约2/3处，继续制作抖动效果，单击"位置"栏目的"添加/移除关键帧"图标，添加关键帧，如图9-39所示。

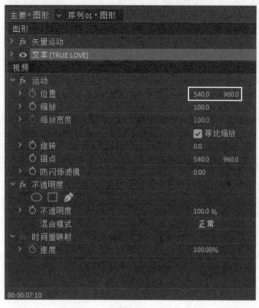

图9-38

图9-39

07 按→键前进1帧，将"位置"修改为560和980，将文案字幕向右下方向移动一点距离，如图9-40所示。

图9-40

08 按→键前进1帧，将"位置"修改为560和940，将文案字幕向上移动一点距离，如图9-41所示。

图9-41

09 继续按→键前进1帧，将"位置"修改为520和980，将文案字幕向左下方向移动一点距离，如图9-42所示。

图9-42

10 再次按→键前进1帧，将"位置"恢复为540和960，形成文案字幕抖动效果，如图9-43所示。

图9-43

9.1.8 制作故障效果

抖动效果制作完成后，可以直接在文案字幕中加入故障效果，注意时间点一定要和抖动效果吻合，不能错位。

01 在"效果"面板中找到"视频效果>沉浸式视频>VR数字故障"效果，然后将其拖曳到到字幕图层上，如图9-44所示。

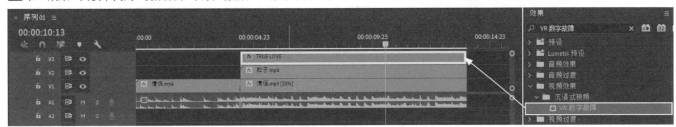

图9-44

02 将播放头移动至字幕图层的约1/3处添加首个关键帧的位置，在"效果控件"面板中单击"主振幅"前的"切换动画"图标◎，添加关键帧，并将"主振幅"调整为0，如图9-45所示。

图9-45

03 按→键前进1帧，将"主振幅"调整为100，形成故障效果，如图9-46所示。

图9-46

04 按两次→键前进2帧，单击"主振幅"栏目的"添加/移除关键帧"图标◎，添加关键帧，如图9-47所示。

05 按→键前进1帧，将"主振幅"调整为0，制作故障效果消失效果，如图9-48所示。

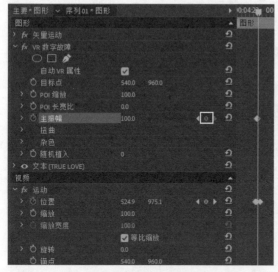

图9-47

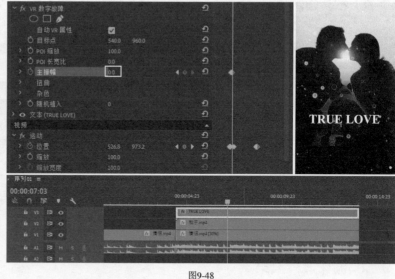

图9-48

图9-49

06 将播放头移动至字幕图层的约2/3处，在"效果控件"面板中单击"主振幅"栏目的"添加/移除关键帧"图标◎，添加关键帧，如图9-49所示。

07 同前面的方法一样，按→键前进1帧，将"主振幅"调整为100，制作出故障效果，如图9-50所示。

图9-50

08 按2次→键前进2帧，单击"主振幅"栏目的"添加/移除关键帧"图标，添加关键帧，如图9-51所示。

图9-51

09 按→键前进1帧，将"主振幅"调整为0，制作故障效果消失画面，如图9-52所示。最终效果如图9-53所示。

图9-52

图9-53

9.2 制作抖音快闪视频

素材文件	工程文件>CH09>制作抖音快闪视频
案例文件	工程文件>CH09>制作抖音快闪视频>制作抖音快闪视频.prpoj
难易程度	★★★★☆
技术掌握	掌握照片在视频中的呈现方式与鼓点对齐技术

快闪视频是一种展示性质的短视，读者可以将其理解为多图片或者视频展示序列。这类视频多用于宣传、介绍、展示等，是一种日常办公和朋友圈分享常用的短视频。读者可以通过本例的训练，将自己生活中的照片或视频片段制作成快闪视频，也可以将工作PPT的内容做成快闪视频，来感受一下不一样的展示效果。本例是介绍运动的重要性的宣传视频，效果如图9-54所示。

图9-54

预览完本视频后，读者可能会觉得快闪视频很复杂，其实不然，只要读者注意以下几点，就可以制作出优秀的快闪短视频。

第1点： 素材图片或视频一定要是同类的，不能过分跳跃，例如本例是宣传运动，所以配图都以健身为主。

第2点： 快闪短视频没有标准的展示方式，也就是说书中各图片的出现形式和顺序不是固定的，读者可以根据自己的想法进行设计。

第3点： 快闪短视频的制作重点是各素材的出现形式和变化形式，这个其实就是对各个素材进行关键帧编辑，通过改变不同帧的位置、大小、方向来制作关键帧动画。

第4点： 字幕是快闪动画的必备元素，否则谁都不知道主题是什么，字幕一定要醒目，且避免喧宾夺主。

9.2.1 创建视频背景

导入文件。在"项目"面板空白处点击右键，执行"新建项目>颜色遮罩"命令，新建一个"宽度"为1080，"高度"为1920的颜色遮罩，这里选择红色（R:250，G:0，B:0），并命名为"红"，具体操作过程如果如图9-55所示。创建的红色背景如图9-56所示。

图9-55　　　　　　　　　　　　　　　　　　　　　　　　　图9-56

9.2.2 创建片段1的内容

这里想通过旋转和缩小的形式让图片展示出来，因此制作重点是找到进入画面前的尺寸大小和最终的尺寸大小，以及进入画面前的旋转角度和进入画面后的旋转角度，然后根据时间点进行关键帧设置，即可完成。后续图片的出现形式也是这种思路，读者可以根据书中的方式操作，也可以自行操作。

01 将颜色遮罩"红"拖曳到时间轴上，并将"500287400.jpg"拖曳到轨道V2上，截取其开头12帧，如图9-57所示。

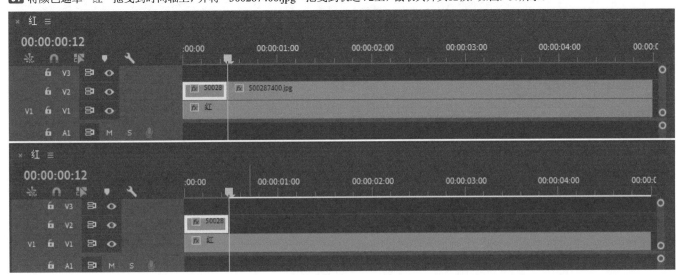

图9-57

02 切换至"效果"工作区，激活"500287400.jpg"，在"效果控件"面板中，将"缩放"调整为26，将"旋转"调整为-10°，让素材图片能以合适的尺寸和方式出现在画面中，如图9-58所示。

03 将播放头移动至"500287400.jpg"图层的大约1/3处，在"效果控件"面板中单击"缩放"和"旋转"前的切换动画按钮 ，添加关键帧，如图9-59所示。

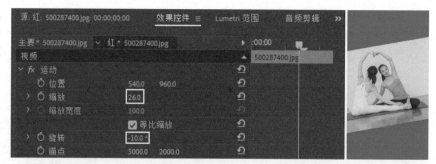

图9-58

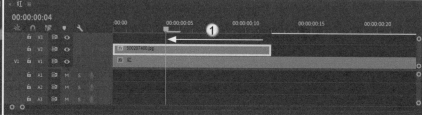

图9-59

04 将播放头移动至"500287400.jpg"图层的开头处，将"缩放"调整为31，将"旋转"调整为6°，如图9-60所示，制作出首图进入画面的效果。

图9-60

9.2.3 创建片段2的内容

01 将"500595642.jpg"拖曳到轨道V2上，截取其开头12帧，如图9-61所示。

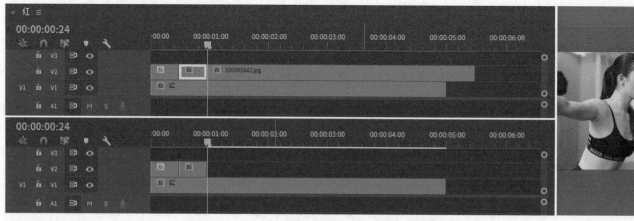

图9-61

> ① **技巧提示**
>
> 因为上一个图片素材占用了12帧，所以第2个素材紧挨着第1个素材放置后，时间码应该加上前面的12帧，现在是24帧，所以时间码应该为00:00:00:24。另外，读者也可以在导入素材后将播放头放在素材开头处，然后按12次→键，即可找到12帧的位置。

02 在"效果控件"面板中将"缩放"调整为66，将"旋转"调整为7°，将图片置在画面中，如图9-62所示。

03 将播放头移动至"500595642.jpg"图层的1/3处，在"效果控件"面板中单击"缩放"和"旋转"前的"切换动画"图标，添加关键帧，如图9-63所示。

图9-62

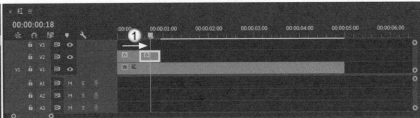

图9-63

04 将播放头移动至"500595642.jpg"图层的开头处，将"缩放"调整为90，将"旋转"调整为-7°，如图9-64所示。

图9-64

9.2.4 创建多图片同时出现的效果

01 将"500643452.jpg"拖曳到轨道V2上，截取其开头24帧，如图9-65所示。

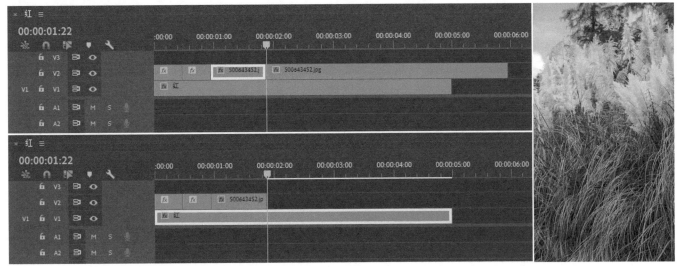

图9-65

02 在"效果控件"面板中将"缩放"调整为18，将"旋转"调整为4°，将素材合适地摆放在画面中，如图9-66所示。

03 将播放头移动至"500643452.jpg"图层的1/4处，在"效果控件"面板中单击"缩放"和"旋转"前的"切换动画"按钮 ，添加关键帧，如图9-67所示。

图9-66

 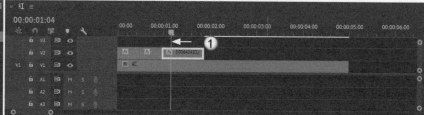

图9-67

04 将播放头移动至"500643452.jpg"图层的开头处，将"缩放"调整为22，将"旋转"调整为9°，如图9-68所示。

图9-68

05 将播放头移动至"500643452.jpg"图层的1/3处，在"效果控件"面板中单击"位置"前的"切换动画"按钮 ，添加关键帧，如图9-69所示。

图9-69

06 将播放头移动至"500643452.jpg"图层的约1/2处，将"位置"调整为540和526，如图9-70所示。

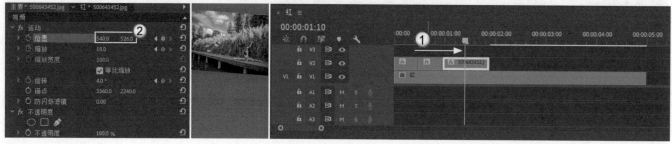

图9-70

07 将"500668540.jpg"拖曳到轨道V3上，截取其开头12帧并使其结尾处与"500643452.jpg"图层结尾处对齐，如图9-71所示。

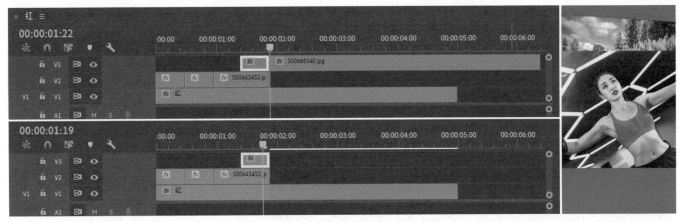

图9-71

08 在"效果控件"面板中，将"位置"调整为540和1428，将"缩放"调整为65，将"旋转"调整为4°，如图9-72所示。

09 将播放头移动至"500668540.jpg"图层的约1/3处，在"效果控件"面板中单击"位置"前的"切换动画"按钮 🕘，添加关键帧，如图9-73所示。

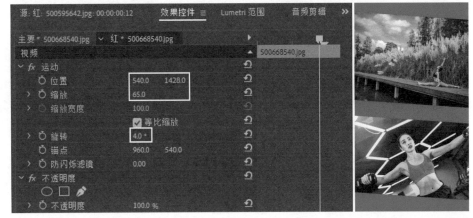

图9-72

图9-73

10 将播放头移动至"500668540.jpg"图层的开头处，将"位置"调整为540和2318，如图9-74所示。

图9-74

9.2.5 创建片段4的内容

01 将"500933451.jpg"拖曳到轨道V2上，截取其开头12帧，如图9-75所示。

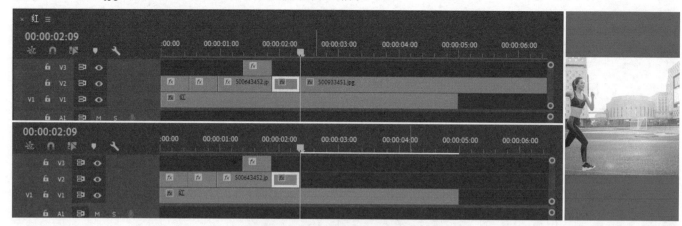

图9-75

02 在"效果控件"面板中将"缩放"调整为64，如图9-76所示。

03 将播放头移动至"500933451.jpg"图层的开头处，在"效果控件"面板中单击"旋转"前的"切换动画"按钮，添加关键帧，并将"旋转"调整为-10°，如图9-77所示。

图9-76

图9-77

04 按3次→键前进3帧，将"旋转"恢复为0°，并单击"缩放"前的"切换动画"按钮，添加关键帧，如图9-78所示。

图9-78

05 按2次→键前进2帧，将"缩放"调整为95，Premiere将自动添加一个关键帧，如图9-79所示。

图9-79

06 再次按2次→键前进2帧，将"缩放"恢复为64，Premiere将自动添加一个关键帧，如图9-80所示。

图9-80

9.2.6 创建背景颜色衔接效果

01 将播放头移动至"500933451.jpg"图层的结尾处，单击激活颜色遮罩"红"，在"效果控件"面板中单击"缩放"前的切换动画按钮，添加关键帧，如图9-81所示。

图9-81

02 按10次→键前进10帧，将"缩放"调整为0，如图9-82所示。接下来按快捷键Ctrl+K将"红"图层截断，并删除后面的多余部分，如图9-83所示。

图9-82

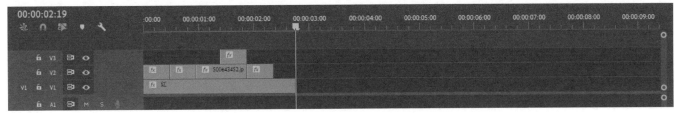

图9-83

! 技巧提示

之所以这里显示的是黑屏效果，那是因为未在"节目"面板中激活"透明网格"命令，如果激活了，那么看到的就是透明效果，如图9-84和图9-85所示。

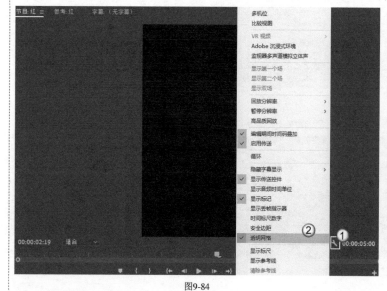

图9-84

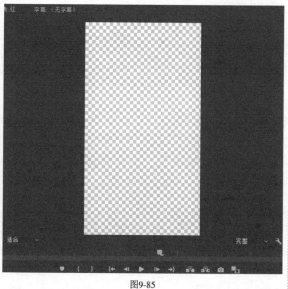

图9-85

03 在"项目"面板空白处单击右键，选择"新建项目>颜色遮罩"命令，建立一个宽度为1080，高度为1920的颜色遮罩，选择蓝色（R:0，G:119，B:255），并命名为"蓝"。随后将颜色遮罩"蓝"拖曳到轨道V1上，如图9-86所示。

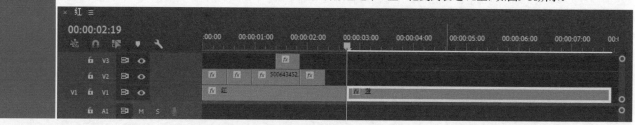

图9-86

04 将播放头移动至颜色遮罩"蓝"的开头处，在"效果控件"面板中单击"缩放"前的"切换动画"按钮 ⬡，添加关键帧，并将"缩放"调整为0，如图9-87所示。

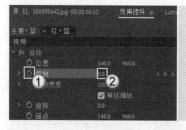 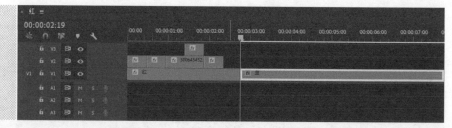

图9-87

05 按10次→键前进10帧，将"缩放"调整为100，Premiere将自动添加一个关键帧，如图9-88所示。

图9-88

9.2.7 创建片段5的内容

01 在确保将播放头定位至颜色遮罩"蓝"的第10帧处的前提下，将"500967006.jpg"拖曳到轨道V2上，如图9-89所示。截取其开头24帧，如图9-90所示。

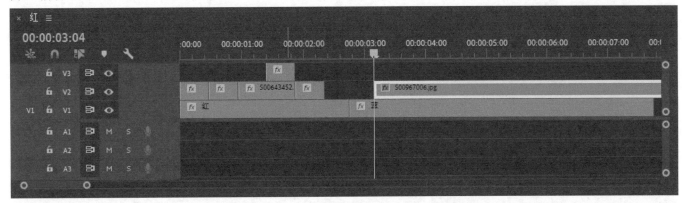

图9-89

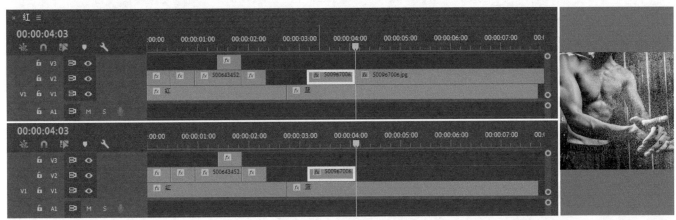

图9-90

02 在"效果控件"面板中，将"缩放"调整为61，将"旋转"调整为5°，如图9-91所示。

03 将播放头移动至"500967006.jpg"图层的约1/4处，在"效果控件"面板中单击"缩放"和"旋转"前的"切换动画"图标，添加关键帧，如图9-92所示。

图9-91

图9-92

04 将播放头移动至"500967006.jpg"图层的开头处,将"缩放"调整为73,将"旋转"调整为-11°,如图9-93所示。

图9-93

05 将播放头移动至"500967006.jpg"图层的约1/3处,在"效果控件"面板中单击"位置"前的"切换动画"图标 ,添加关键帧,如图9-94所示。

图9-94

9.2.8 创建图片交错出现的效果

01 将播放头移动至"500967006.jpg"图层的约1/2处,将"位置"调整为540和1466,如图9-95所示。

图9-95

02 将"501091482.jpg"拖曳到轨道V3上,使其开头处与"500967006.jpg"图层的约1/2处对齐,如图9-96所示。同样,截取其开头24帧,如图9-97所示。

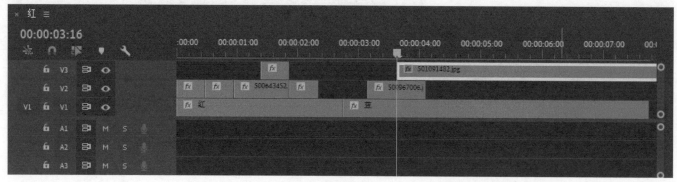

图9-96

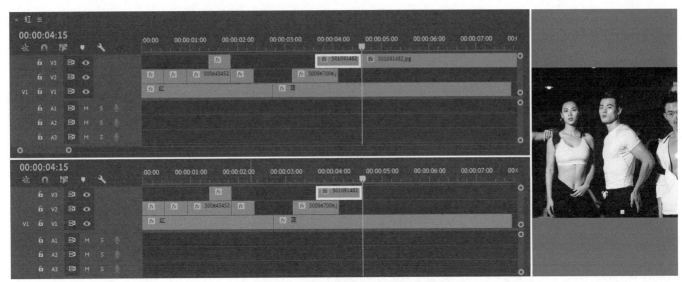

图9-97

03 在"效果控件"面板中,将"位置"调整为540和555,将"缩放"调整为69,将"旋转"调整为-4°,如图9-98所示。

04 将播放头移动至"501091482.jpg"图层的倒数第5帧处,在"效果控件"面板中单击"位置"前的"切换动画"按钮⚪,添加关键帧,如图9-99所示。

图9-98

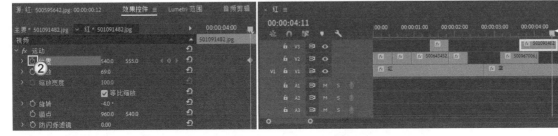

图9-99

05 将播放头移动至"501091482.jpg"图层的倒数第2帧处,将"位置"调整为-696和555,如图9-100所示。

图9-100

06 将播放头移动至"501091482.jpg"图层的倒数第6帧处,将"501103332.jpg"拖曳到轨道V2上,如图9-101所示。同样,这里截取其开头20帧,如图9-102所示。

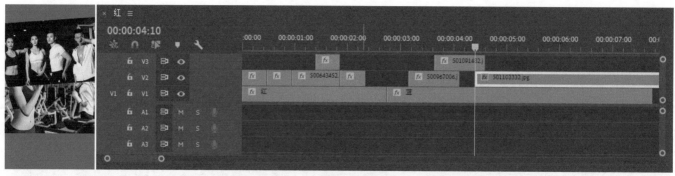

图9-101

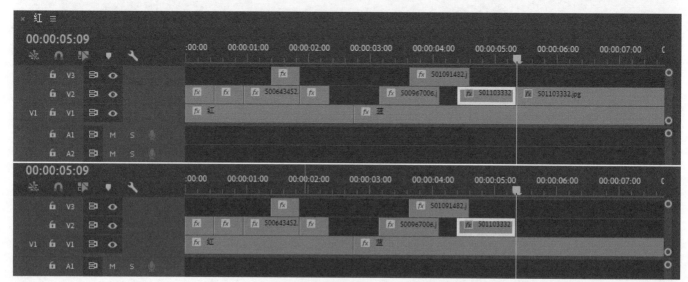

图9-102

07 移动播放头，让画面中仅出现新导入的素材，然后在"效果控件"面板中将"缩放"调整为71，将"旋转"调整为3°，如图9-103所示。

08 将播放头放在新素材的开头处，然后按4次→键前进4帧，在"效果控件"面板中单击"位置"前的"切换动画"图标 🕥，添加关键帧，如图9-104所示。

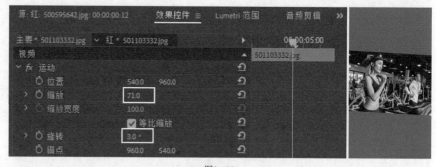

图9-103

图9-104

09 将播放头移动至"501103332.jpg"图层的开头处，将"位置"调整为3000和960，并单击"缩放"前的"切换动画"图标 🕥，添加关键帧，如图9-105所示。

图9-105

10 将播放头移动至"501103332.jpg"图层的倒数第2帧处，将"缩放"调整为75，如图9-106所示。

图9-106

9.2.9 创建片尾的内容

01 将"501103341.jpg"拖曳到轨道V2上，截取其开头20帧，如图9-107所示。

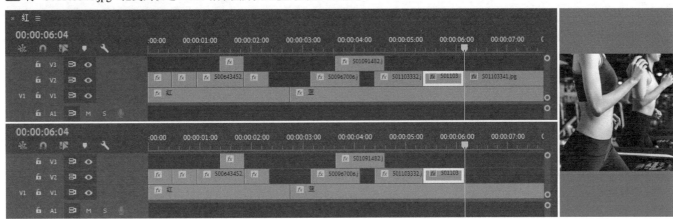

图9-107

02 将播放头移动至"501103341.jpg"图层的倒数第2帧处，在"效果控件"面板中单击"缩放"前的"切换动画"按钮，添加关键帧，并将"缩放"调整为58，如图9-108所示。

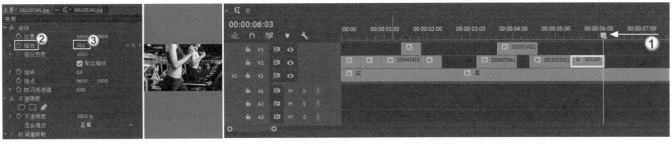

图9-108

03 将播放头移动至"501103341.jpg"图层的开头处,将"缩放"调整为63,如图9-109所示。

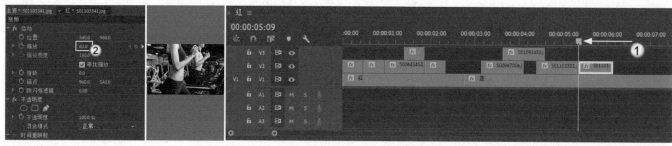

图9-109

04 将播放头移动到"501103341.jpg"图层的末尾,然后选择"蓝"色遮罩,按快捷键Ctrl+K截断,并删除后面的片段,如图9-110所示。

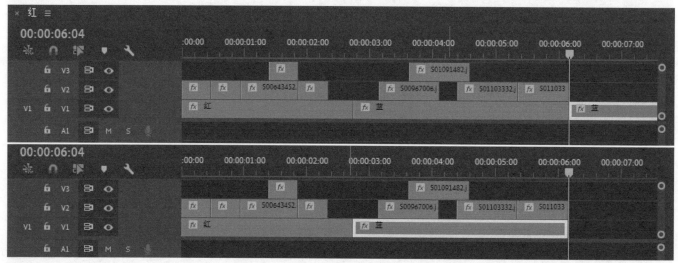

图9-110

9.2.10 制作字幕

快闪视频的字幕比较普通,不要使用酷炫的效果。因为快闪视频本身的画面交替和闪动效果就比较多,如果字幕也比较酷炫,那么会让观者眼睛疲惫,以及找不到视频内容重点在哪。

01 将播放头移动至开头处,单击"文字工具"T,在"节目"面板中单击并输入"身体的",如图9-111所示。

02 将位置调整为640和350,将缩放调整为120,将字体设置为SimSun,将填充颜色设置为黄色(R:255,G:1911,B:0),将描边颜色设置为黑色(R:0,G:0,B:0),并将描边宽度设置为8,具体参数设置如图9-112所示。

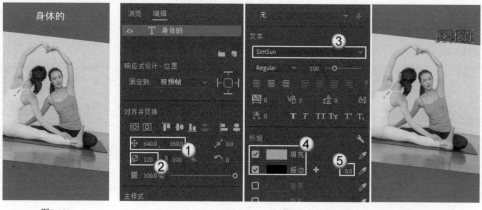

图9-111   图9-112

03 将鼠标指针悬停在字幕图层的结尾处，待鼠标指针变成红色的图标 ⊣ 时，单击并向左拖曳，使之与"500287400.jpg"图层结尾处对齐，如图9-113所示。

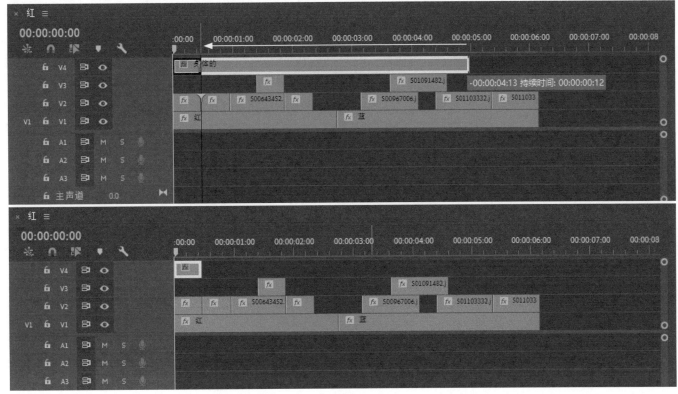

图9-113

04 按住Alt键向右拖曳字幕图层复制一份，使其开头处与"500595642.jpg"图层开头处对齐，并将文字修改为"健康"，随后将位置修改为162和444，如图9-114所示。

图9-114

05 按住Alt键向右拖曳字幕图层复制一份，使其开头处与"500933451.jpg"图层开头处对齐，并将文字修改为"不可忽视"，随后将位置修改为300和379，如图9-115所示。

图9-115

06 按住Alt键向右拖曳字幕图层复制一份,使其开头处与"500967006.jpg"图层开头处对齐,并将文字修改为"运动",随后将位置修改为251和510,如图9-116所示。

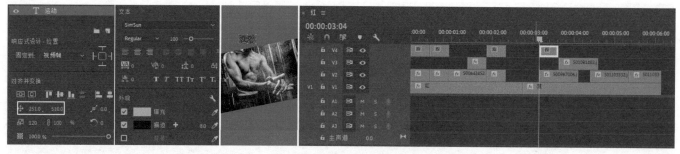

图9-116

07 按住Alt键向右拖曳字幕图层复制一份,使其开头处与"501091482.jpg"图层开头处对齐,并将文字修改为"是一切生命",随后将位置修改为446和1059,如图9-117所示。

图9-117

08 按住Alt键向右拖曳字幕图层复制一份,并将文字修改为"的源泉",随后将位置修改为360和1451,如图9-118所示。

图9-118

09 按住Alt键向右拖曳字幕图层复制一份,并调整长度,将文字修改为"生命",随后将位置修改为157和1584,如图9-119所示。

图9-119

10 按住Alt键向右拖曳字幕图层复制一份,并调整长度,将文字修改为"在于运动",随后将位置修改为300和511,如图9-120所示。

图9-120

9.2.11 处理音频

01 将音乐素材拖曳到轨道A1上，按快捷键Ctrl+K截除开头无声部分和颜色遮罩"蓝"结尾之后的片段，如图9-121所示。

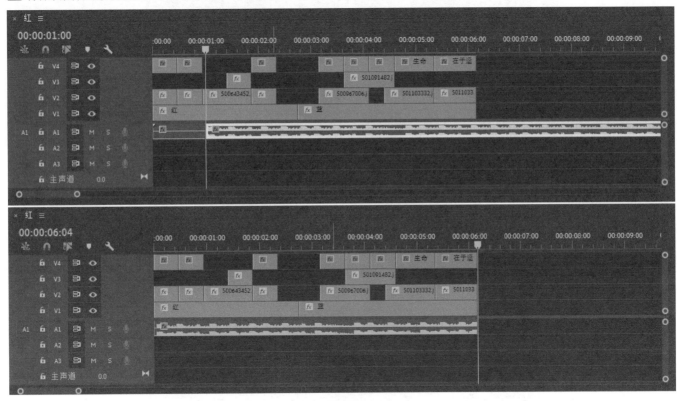

图9-121

02 在"效果"面板中找到"音频过渡>交叉淡化>指数淡化"效果，并将其拖曳到音乐素材的结尾处，如图9-122所示。

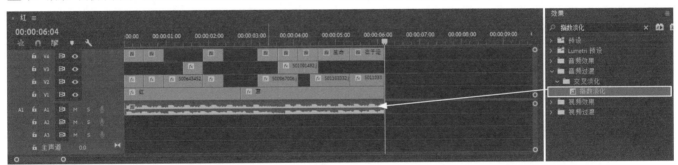

图9-122

03 在"效果控件"面板中将"持续时间"修改为00:00:00:08，如图9-123所示。最终效果如图9-124所示。

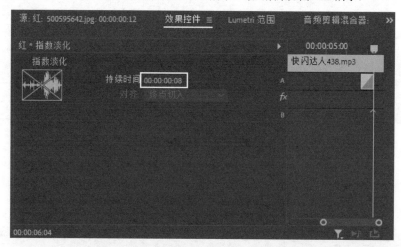

图9-123

图9-124

① 技巧提示

至此，快闪短视频制作完成，本实训的难度不在于技巧性的东西，而在于耐心和自我拓展能力。这是一个比较灵活的训练，读者可以进行各种形式的尝试，也可以使用视频片段代替图片。

① 技巧提示

② 疑难问答

◎ 知识课堂

第 **10** 章 栏目包装实训

📹 案例视频集数：2集　⏱ 视频时长：37分钟

提到栏目包装，读者想到的可能是大型综艺节目的宣发片段。但是对于初期学习来说，建议读者选择体量较小的案例来操作，因为毕竟是个人完成的。本章主要通过两个案例分别介绍栏目包装类视频中的效果呈现和节奏处理，例如定格效果、片头快节奏展示等。

学习重点 🔍

学完本章能做什么

读者可以根据栏目主体抓住视频的中需要表现的热点，从而对热点进行一系列效果处理；通过对制作片头快闪视频的训练，读者能掌握根据节目主题处理视频节奏的思路和方法。

10.1 制作纪录片照片定格效果

素材文件	工程文件>CH10>制作纪录片照片定格效果
案例文件	工程文件>CH10>制作纪录片照片定格效果>制作纪录片照片定格效果.prproj
难易程度	★★★☆☆
技术掌握	掌握定格照片的拍摄模拟技法和字幕扭曲效果的制作思路

本例是对一段温馨纪录片成片进行效果优化，画面中两位老人的情感交流体验了一种和谐、幸福的氛围，如图10-1所示。对于视频包装来说，善于抓住视频中的一个热点，然后对这个部分进行效果优化，才是对视频效果和主题最大的提升。

图10-1

观看本段纪录片最终效果，不难发现这是一种常见的节目或者纪录片视频片段，用于体现节目主题或者纪录片的宣传主题。本例的制作重点有以下5个。

第1个： 本视频有两段音频，一个是背景音乐，一个是相机咔嚓的音效。

第2个： 画面定格在两位老人亲吻的瞬间，所以音乐高潮点和画面时间点应该吻合，且此处也是照片定格效果的触发点，因此此处是重点操作点。

第3个： 照片定格效果要做到尽量真实，例如咔嚓音效的结合、拍照瞬间的视觉模糊效果、曝光的白场效果。

第4个： 既然是包装节目，那么文案是必要的内容，甚至可以考虑为文案制作一些效果，例如擦除生成等。

第5个： 既然是定格效果，那么肯定有慢放效果。

10.1.1 导入素材

01 将视频素材和音频素材导入"项目"面板，如图10-2所示。

02 将"公园老人"视频素材拖曳到时间轴中，Premiere会自动创建一个基于当前视频属性的序列，并以素材名称命名序列，如图10-3所示。

图10-2

图10-3

10.1.2 确定剧情高潮点

按Space键播放视频或拖曳播放头，找到老人亲吻的画面，如图10-4所示。按快捷键Ctrl+K截断视频，如图10-5所示。

图10-4

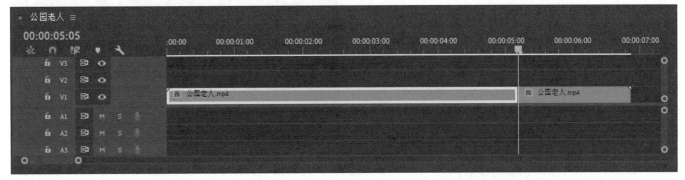

图10-5

10.1.3 制作相框效果

相框的出现时刻就是高潮点，我们可以先复制一个片段，在这个位置通过"裁剪"和"径向阴影"来制作相框。

01 按住Alt键向上拖曳播放头之后的片段复制一份至轨道V2上，如图10-6和图10-7所示。

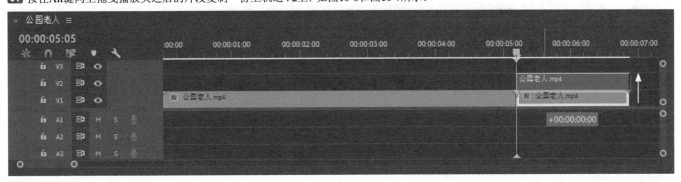

图10-6

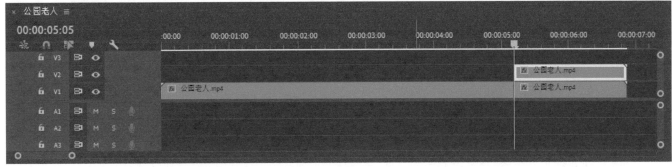

图10-7

02 切换至"效果"面板，找到"视频效果>变换>裁剪"，然后将其拖曳到轨道V2的素材片段上，如图10-8所示。

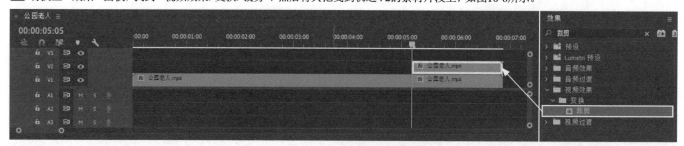

图10-8

03 切换到"效果控件"面板，展开"裁剪"卷展栏，通过设置"左侧""顶部""右侧"和"底部"来裁剪当前视频片段，这里均调整为15%，如图10-9所示。

04 在"效果"面板中找到"视频效果>透视>径向阴影"效果，然后将其拖曳到轨道V2的素材片段上，如图10-10所示。

05 在"效果控件"面板中，将"阴影颜色"设置为白色（R:255，G:255，B:255），将"不透明度"调整为100%，将"光源"调整为970和530，如图10-11所示。

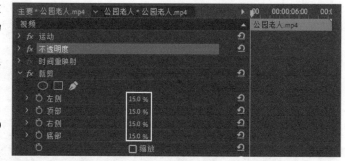

图10-9

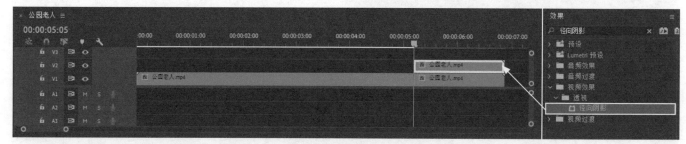

图10-10

图10-11

10.1.4 制作曝光瞬间的效果

我们都看到过影片中在拍照的时候，拍照瞬间都会曝光或者白化一小段时间，这里用照片定格的效果，其实也是拍照，因此需要模拟这种效果。我们可以使用"白场过渡"来实现。

01 在"效果"面板中找到"视频过渡>溶解>白场过渡"效果，然后将其拖曳到轨道V2的素材片段的开头处，如图10-12所示。

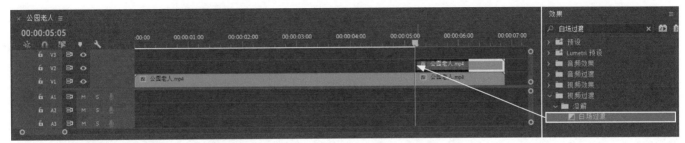

图10-12

图10-13

02 在"效果控件"面板中，将"持续时间"修改为00:00:00:06，如图10-13所示。效果如图10-14所示。

图10-14

10.1.5 标记背景音乐的高潮点

同前面的实训一样，通过听的方式来找到背景音乐的高潮点，然后将其标记，接着根据视频长短截取音频片段。

01 切换至"项目"面板，将音乐素材拖曳至轨道A1上，如图10-15所示。

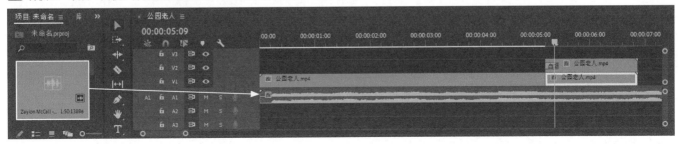

图10-15

02 在切换成英文输入法的前提下，按Space键播放音频，并在高潮处按M键进行帧标记，如图10-16所示。

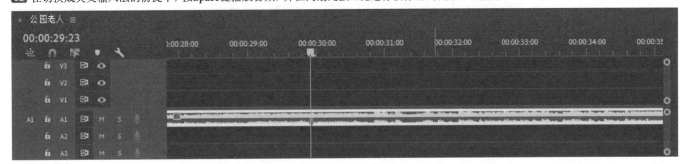

图10-16

---

① 技巧提示

读者或许有疑问，这里为什么不先剪掉音频中的无声部分。这是因为目前要找到音乐高潮点去和定格照片吻合，而且音频长度远大于视频，所以找到标记点后，直接根据视频长度删掉不要的部分即可，不需要多此一举。

---

03 将鼠标指针移动到音频开头,当出现红色图标 时,单击鼠标左键,然后向右拖曳,让音频的起点到标记点的距离小于第1段的长度,便于后续操作,如图10-17和图10-18所示。

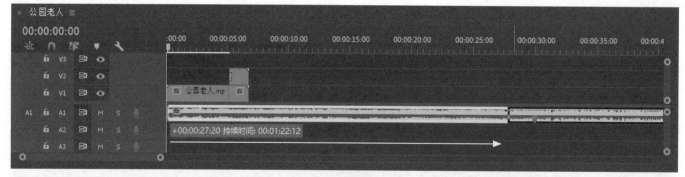

图10-17

图10-18

04 选中音频素材,然后将其向左拖曳,让音频开头越过标记点,待时间轴的截断点位置出现竖直对齐辅助线时,如图10-19所示,表示此时截断点与标记点对齐了,松开鼠标左键,如图10-20所示。

图10-19

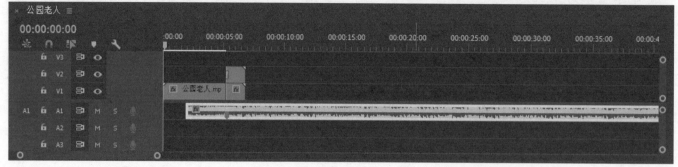

图10-20

05 将播放头移动到视频片段结尾处,选中音频素材,按快捷键Ctrl+K截断,然后删除后面不需要的音频,如图10-21和图10-22所示。

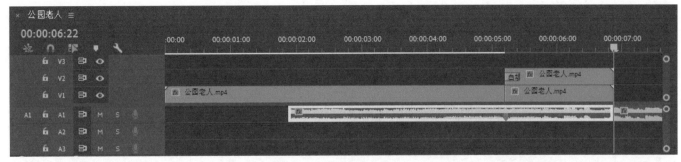

图10-21

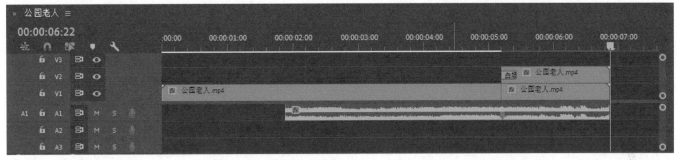

图10-22

10.1.6 制作定格画面的慢放效果

定格画面并不是完全静止不动的，而是非常缓慢地播放，因此我们可以使用"速度/持续时间"命令来控制视频片段的播放速度，从而形成定格画面。读者可以根据喜好设置播放速度。

01 框选轨道V1和轨道V2中的视频素材的第2小段视频，单击鼠标右键，选中"速度/持续时间"命令，如图10-23所示。设置"速度"为1%，让高潮部分形成定格画面，烘托氛围，如图10-24所示。

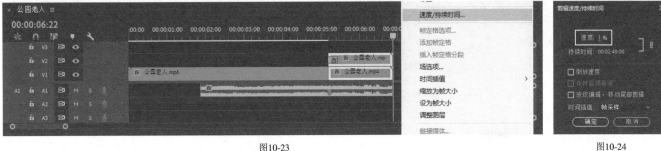

图10-23　　　　　　图10-24

02 因为将视频片段慢放后，视频时长增加了，所以视频超过了音频的范围，如图10-25所示，因此将轨道V1和V2的视频结尾向前拖曳，使它们与音频结尾对齐，如图10-26所示。

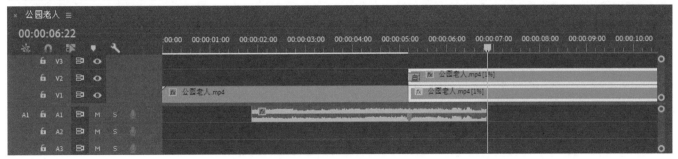

图10-25

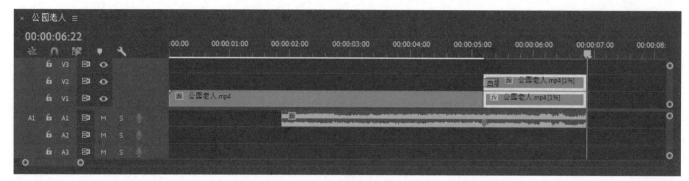

图10-26

10.1.7 添加相机快门音效

添加相机咔嚓音效的注意事项首先是要找准视频高潮点，不过在本例中与标记点对齐即可。其次，就是音效素材应该尽量优化一下。

01 将"相机咔嚓"音效素材拖曳至轨道A2上，如图10-27所示。

图10-27

02 放大显示音效素材，然后截断并将开头不需要的部分删除，如图10-28和图10-29所示。

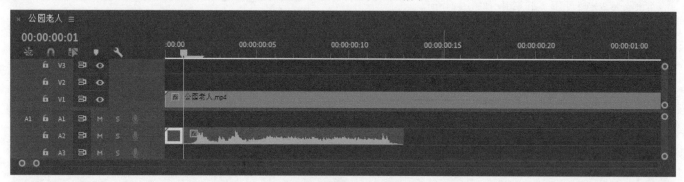

图10-28

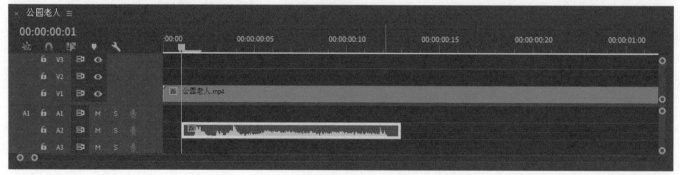

图10-29

03 将音效素材向右移动，使其开头与截断点和标记点对齐，如图10-30所示。

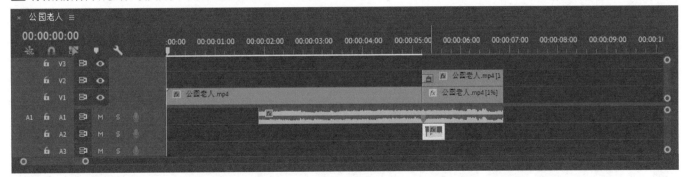

图10-30

04 到此，可以看到视频播放到音乐高潮时，画面也到了高潮，然后伴随着相机咔嚓声，一张定格的照片就生成了。细心的读者可能发现，在试听过程中前面半段没有背景音乐，这是因为我们没有将背景音乐与视频开头对齐，因此这里处理一下，如图10-31所示。

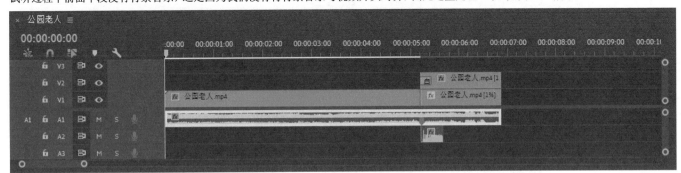

图10-31

10.1.8 制作拍照时的模糊效果

在拍照的曝光瞬间，会出现短暂的视觉模糊效果，我们可以使用"相机模糊"来对底片进行处理。

01 切换至"效果"面板，找到"视频效果>模糊与锐化>相机模糊"效果，然后将其拖曳到轨道V1的第2个素材片段上，如图10-32所示。

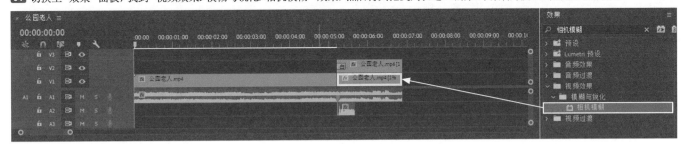

图10-32

02 在"效果控件"面板中将"百分比模糊"修改为5，制作出拍照过程中短暂模糊的效果，如图10-33所示。效果如图10-34所示。

图10-33

图10-34

10.1.9 制作字幕书写效果

字幕的生成形式是可以自由选择的,这里笔者选择的是书写的形式,让画面显得更加和谐和幸福。书写字幕效果的制作重点在于笔刷和关键帧的结合应用。

01 将播放头移动至白场过渡效果结束时刻,单击"文字工具" ,在"节目"面板中单击并输入"ENTERNITY",如图10-35所示。

图10-35

02 在"基本图形"面板中将文本字体更换为Times New Roman Bold,然后设置字间距为70,接着将文字增大到120%,最后将文案水平居中和竖直居中对齐,如图10-36所示。

图10-36

03 使用鼠标右键单击文字图层,然后选择"嵌套"命令,如图10-37所示,并将嵌套序列的"名称"设置为ENTERNITY,如图10-38所示。

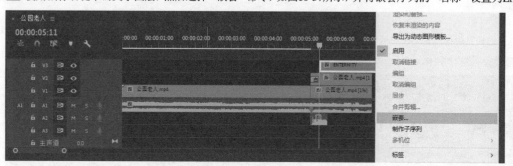

图10-37

图10-38

04 在"效果"面板中找到"视频效果>生成>书写"效果,然后将其拖曳到嵌套序列上,如图10-39所示。

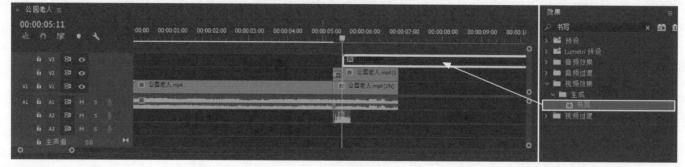

图10-39

05 在"效果控件"面板中更改"颜色"为红色（R:255，G:0，B:0），然后设置"画笔大小"为50，"画笔间隔（秒）"为0.001，此时画面中间会出现一个红色圆点，如图10-40所示。

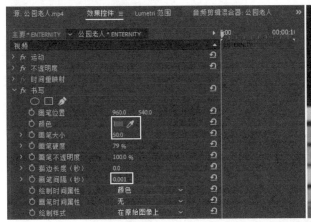

图10-40

06 将"节目"面板画面调整为100%，以使后续操作更加精准，如图10-41所示。

07 将播放头移动到字幕图层的开头处，在效果面板中单击"书写"卷展栏，然后在"节目"面板中将画笔移动至第1个字母"E"上方，如图10-42和图10-43所示。

图10-41

图10-42　　　　　　　　　图10-43

08 在"效果控件"面板中，单击"画笔位置"前的"切换动画"图标◎，添加关键帧，如图10-44所示。

09 按3次→键前进3帧，将画笔向左下方拖曳一段距离，如图10-45所示。然后以此类推，制作出擦拭效果，如图10-46所示。

图10-44

图10-45

图10-46

10 在"效果控件"面板中将"绘制样式"修改为"显示原始图像"，如图10-47所示。效果如图10-48所示。

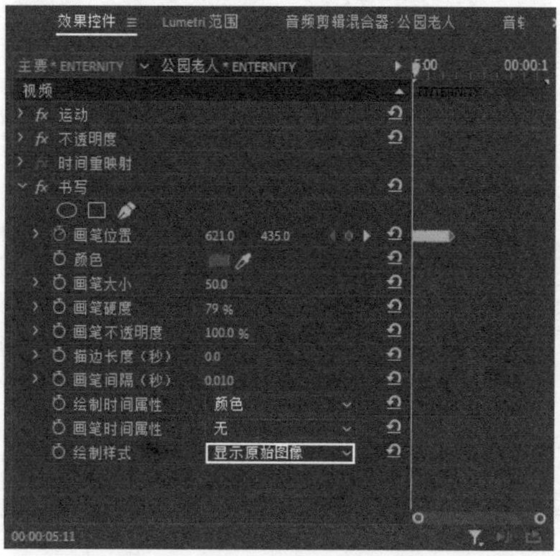

图10-47

图10-48

10.1.10 制作字幕扭曲效果

读者可以自行选择字幕的效果，无论是抖音常见的故障风，还是本例的湍流置换效果，只要符合视频表现效果，都可以。

01 在"效果"面板中找到"视频效果>扭曲>湍流置换"效果，然后将其拖曳到到嵌套序列上，如图10-49所示。

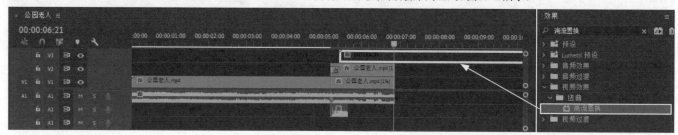

图10-49

02 在"效果控件"面板中将"数量"调整为5，让文案字幕有略微的扭曲效果，如图10-50所示。

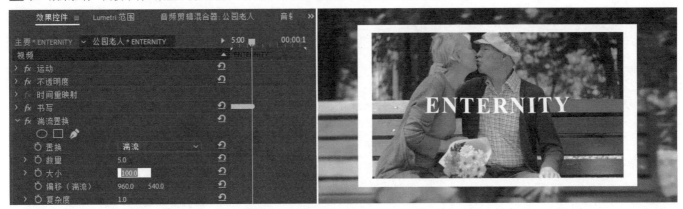

图10-50

03 将播放头移动至嵌套序列开头处，单击"演化"前的"切换动画"图标 ⓞ，添加关键帧，如图10-51所示。

图10-51

04 将鼠标指针悬停在嵌套序列结尾处，待鼠标指针变成红色的图标 ⫿时，单击并向左拖曳，使之与视频素材结尾处对齐，如图10-52所示。

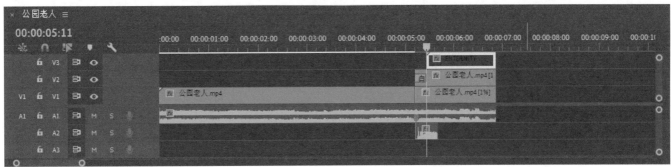

图10-52

05 将播放头移动至嵌套序列结尾处，将"演化"调整为10×0.0°（即3600°），如图10-53所示，效果如图10-54所示。

<table>
<tr><td>图10-53</td><td>图10-54</td></tr>
</table>

> ⓘ 技巧提示
>
> 如果读者觉得文字生成或效果的时间太短，可以根据实际情况重新设置"速度/持续时间"，以达到不同的效果，如图10-55所示。
>
>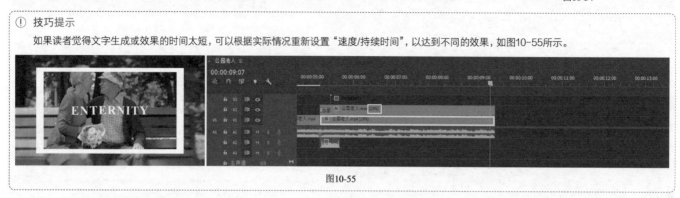
>
> 图10-55

10.2 制作娱乐栏目片头

素材文件	工程文件>CH10>制作娱乐栏目片头
案例文件	工程文件>CH10>制作娱乐栏目片头>制作娱乐栏目片头.prproj
难易程度	★★★★☆
技术掌握	掌握音乐节奏卡点技巧和照片动态效果的制作方法

娱乐栏目片头通常就是一段快闪视频，在节奏和图片切换时找准时间点，然后切换。这类片头一定要注意素材图片的选择和字幕的位置，形成强有力的视觉冲击感。效果如图10-56所示，读者可以观看教学视频学习。

图10-56

第11章

Vlog制作实训

📷 案例视频集数: 2集　　⏱ 视频时长: 23分钟

　　读者应该经常看到Vlog视频, 对于Vlog, 读者可以简单地理解为一种个人记录秀, 旅游、生活、美食、回忆等都可以被记录为Vlog视频。这类视频没有明确的规则和要求, 主要是体现作者的一种心情、经历等, 是一种自由表达主体的视频。

学习重点　　　　　　　　　　　　　　　　　　　　　　🔍

学完本章能做什么

　　读者可以通过剪辑记录下自己的生活、旅游、回忆等经历, 将它们通过Vlog的形式表达出来, 或者通过自媒体平台发分享出去; 也可以使用Vlog制作以企业为主人公的办公类的纪录宣传片。

11.1 制作Vlog颜色卡点效果

素材文件	工程文件>CH11>制作Vlog颜色卡点效果
案例文件	工程文件>CH11>制作Vlog颜色卡点效果>作Vlog颜色卡点效果.prproj
难易程度	★★★★☆
技术掌握	掌握定格变色效果和视频跳跃效果的制作思路

本例是一个个人旅游记录视频，通过分享不同的片段来叙述旅游的过程，然后对每个片段分别进行卡点变色特写、镜头跳跃特写、交叉展示特写，展示视频的节奏感，效果如图11-1所示。

图11-1

观看完实例效果后，我们可以总结出以下几个制作要点。

第1个：这是卡点视频，因此对音乐的鼓点（动次打次）的标记是重中之重。

第2个：对于卡点定格效果，可以根据鼓点来确定时间点，从而形成节奏感，然后这种效果可以通过慢放来实现。

第3个：对于跳跃镜头，可以将一段素材截断，然后拼凑。

第4个：对于交叉展示特写，可以在轨道上进行错位剪切。

第5个：为了体现卡点的特写效果，可以对慢放视频片段进行简单的调色处理，这里使用Look预设。

第6个：对于整个Vlog，所有视频片段的播放速度应该是一致的，因为要注意调整素材片段的播放速度。

第7个：对于音效的添加，可以在定格处加入"咔嚓"音效，从而让旅游拍照的效果更加突出。

11.1.1 对背景音乐进行鼓点标记

对鼓点的标记，就是寻找音频的节拍点，也就是我们常说的"动次打次"。

01 将素材文件夹中的视频素材、音频素材导入"项目"面板，如图11-2所示。

图11-2

02 将音乐素材（不是鼓点素材）拖曳到"时间轴"面板中，形成序列，如图11-3所示。

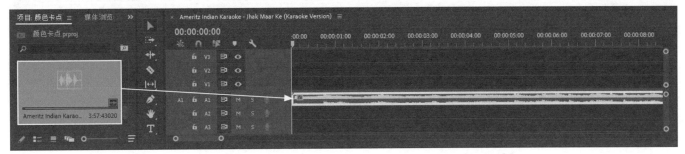

图11-3

03 因为当前音频很长，但卡点视频中不需要用到这么大，所以可以根据视频需求在"源"面板通过设置入点和出点截取音频，如图11-4所示。将截取的音频开头与时间轴中的序列开头处对齐，如图11-5所示。

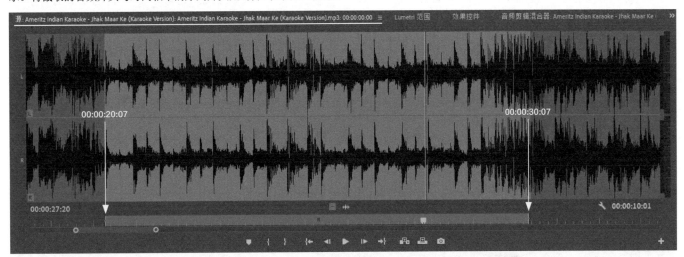

图11-4

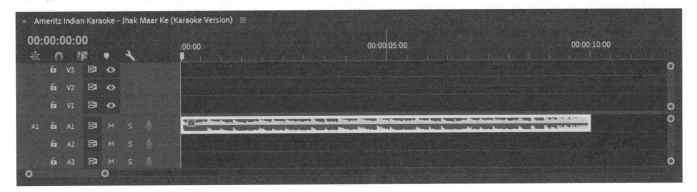

图11-5

> ⓘ **技巧提示**
>
> 　在截取音频时，读者只需要选择一段有明显节奏感的片段，然后确定好时长即可，例如这里我们需要10s的长度，因此选择了00:00:20:07~00:00:30:07的区间。

04 因为是卡点视频，而这个"点"就是音频的节奏感，也就是我们常说的"动次打次"的这个点。在"时间轴"面板或"节目"面板中按Space键播放视频，然后每听到一次节拍，就按M键标记，如图11-6所示。注意，在00:00:00:00处也需要按M键进行帧标记。

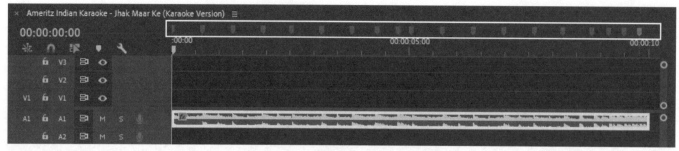

图11-6

11.1.2 制作卡点定格效果

卡点定格效果是在连续的画面中突然慢放，形成画面定格。这里可以通过将素材片段截断，对后面的素材进行慢放来实现。注意，既然是卡点效果，那么慢放的时间点一定是鼓点。

01 在"项目"面板中将"1.mp4"素材拖曳到轨道V1上，如图11-7所示，此时视频长度远大于音频的长度。

图11-7

02 在播放头上单击鼠标右键，选择"转到下一个标记"命令，让播放头直接跳转到下一个帧标记点，如图11-8和图11-9所示。

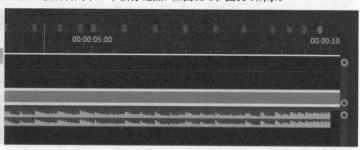

图11-8

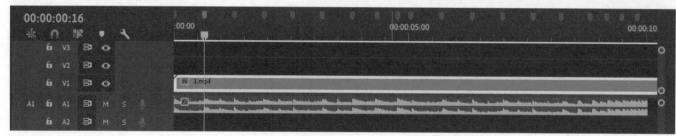

图11-9

03 按快捷键Ctrl+K截断视频素材，如图11-10所示，然后选择后半部分素材，单击鼠标右键，选择"速度/持续时间"命令，如图11-11所示，接着设置"速度"为1%，如图11-12所示。

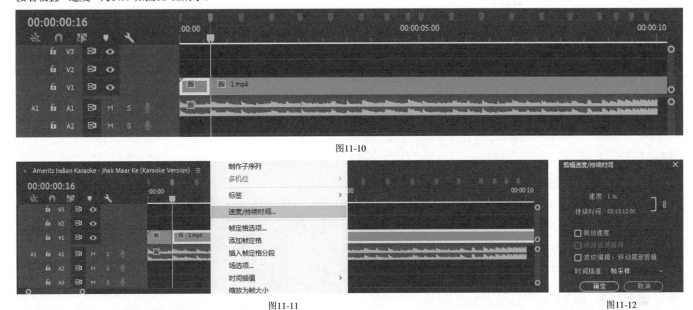

图11-10

图11-11　　　　　　　　　　　　　　　　　　　　　图11-12

04 用同样的方法将播放头移动到第3个帧标记点，然后按快捷键Ctrl+K截断，并删除后面多出的部分，如图11-13和图11-14所示。

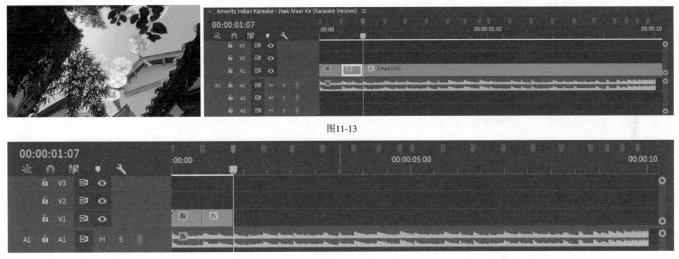

图11-13

图11-14

05 将"9.mp4"素材拖曳到"时间轴"面板中，在拖曳过程中可以看到该素材自带音频，为了防止与轨道A1的音频冲突，可以将素材拖曳到轨道V2中，使其与第1个素材的尾部对齐，如图11-15所示。

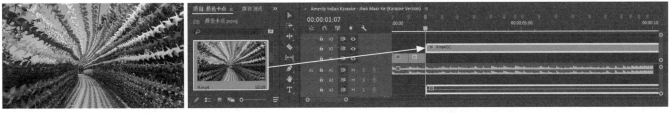

图11-15

> ① 技巧提示
>
> 　读者可以根据需求选择视频的起点，但务必要让截断后的起点与第3个帧标记对齐。

06 因为这里的素材中的音频文件是多余的，因此选择"9.mp4"素材，然后单击鼠标右键，选择"取消链接"命令，接着删除轨道A2的音频，如图11-16和图11-17所示。

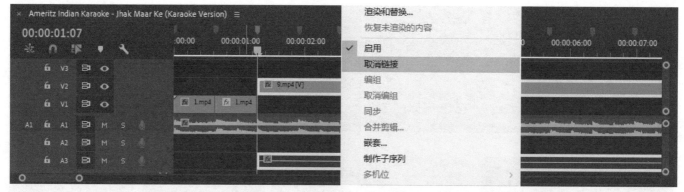

图11-16

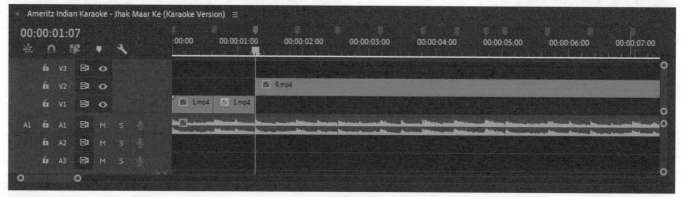

图11-17

07 将播放头移动到第4个帧标记，选择"9.mp4"素材，然后按快捷键Ctrl+K截断素材，如图11-18所示，接着选择后面的素材片段，单击鼠标右键，选择"速度/持续时间"命名，如图11-19所示，最后将"速度"设置为1%，如图11-20所示。

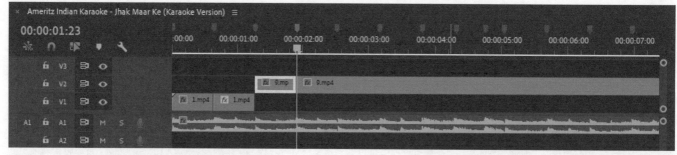

图11-18

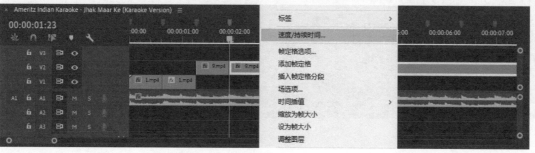

图11-19   图11-20

08 将播放头移动到下一个帧标记点，然后选择"9.mp4"素材，按快捷键Ctrl+K截断素材，然后删除后半段素材，如图11-21和图11-22所示。

图11-21

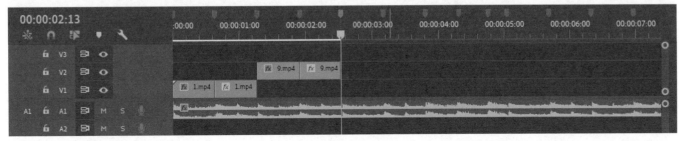

图11-22

09 用同样的方法处理第3个素材"6.mp4"，如图11-23所示。注意，笔者导入素材后，将素材的00:00:10:22处作为了播放起点。

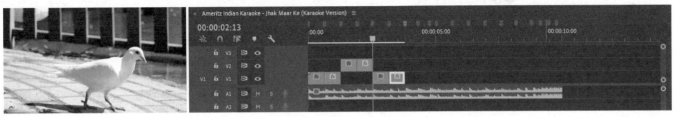

图11-23

11.1.3 制作画面跳跃效果

画面跳跃效果并不是随意截取不同画面进行拼凑，而是要保证剧情上的连贯性。因此可以对整段素材进行截断，然后分别使用其中一部分，从而拼凑成剧情连贯，但画面跳跃的效果。

01 将第4个视频素材"3.mp4"拖曳到轨道V1上，并使其与第3个素材片段的结尾对齐，如图11-24所示。

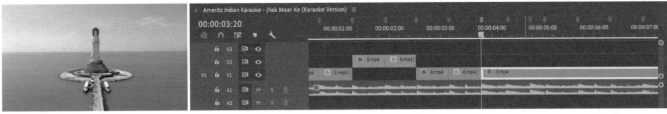

图11-24

> ① 技巧提示
>
> 图11-24所示的画面是将视频入点设置为00:00:21:24，如图11-25所示。读者也可以根据自己的喜好选择视频的入点。

图11-25

02 使用快捷键Ctrl+K将第4个视频素材"3.mp4"分为3份，如图11-26所示。

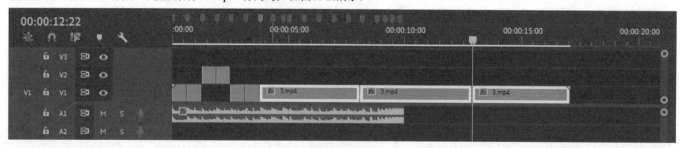

图11-26

03 将鼠标指针悬停在第1小段视频素材的结尾处，待鼠标指针变成红色的图标 ⅃ 时，单击并向左拖曳，使之与紧挨素材开头的标记点对齐，如图11-27和图11-28所示。

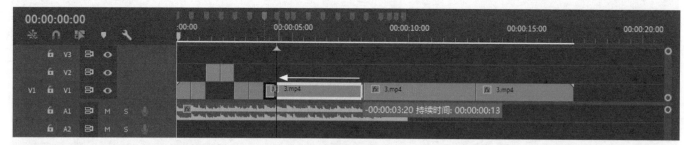

图11-27

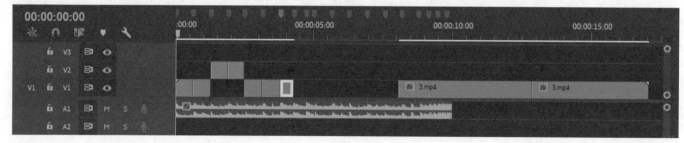

图11-28

04 将第2小段素材整个向左移动，使其开头与第1小段素材的结尾对齐，如图11-29和图11-30所示。

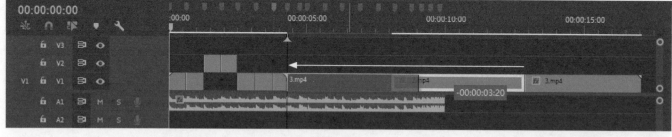

图11-29

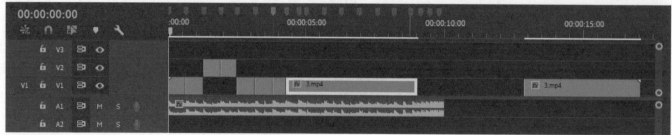

图11-30

05 选择第2小段素材的结尾,待鼠标指针变成红色的图标 ┫ 时,单击并向左拖曳,使其与紧挨着第2个小片段开头的下一个帧标记对齐,如图11-31和图11-32所示。

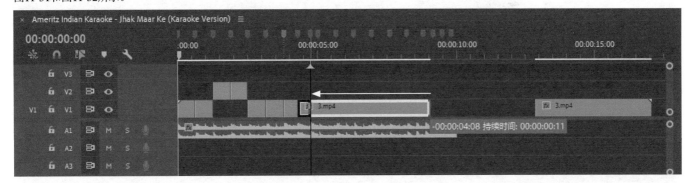

图11-31

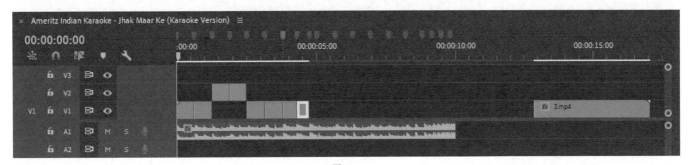

图11-32

06 用同样的方法对第3个小片段进行处理,如图11-33所示。3个片段交接处的画面如图11-34所示,这样就形成了画面跳跃效果。

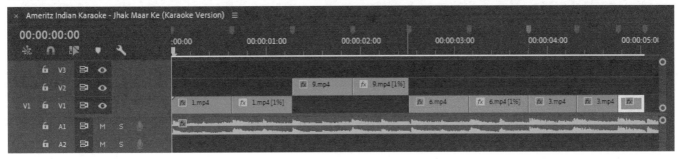

图11-33

图11-34

11.1.4 统一Vlog的整体播放速度

对于拍摄的素材,不一定所有素材的播放速度都是一样的,因此要根据前面的素材速度进行微调,然后用相同的方法处理卡点效果。

01 将第5个视频素材"2.mp4"拖曳到轨道V1上,根据需要选择素材的入点,与第4个素材结尾对齐,如图11-35所示。

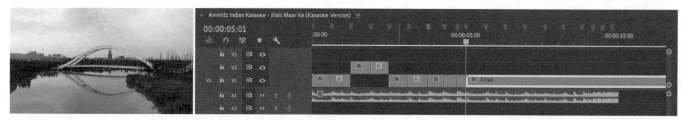

图11-35

02 在播放"2.mp4"素材的时候，发现该段素材的播放速度相比于其他素材要慢一些，所以单击鼠标右键，选择"速度/持续时间"命令，然后设置"速度"为300%，加快素材的整体播放速度，如图11-36所示。

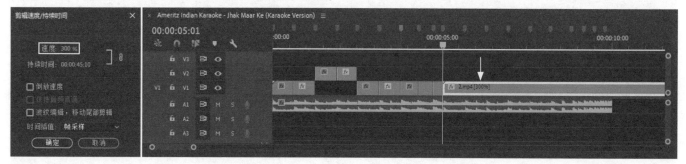

图11-36

03 按第1段素材的处理方法处理该素材，如图11-37所示。

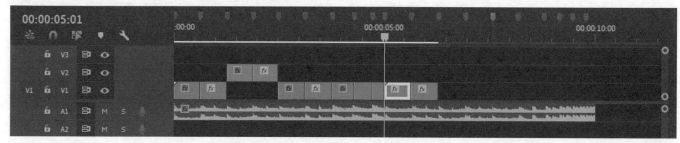

图11-37

04 按上1个素材的操作方法，将第6个视频素材"7.mp4"拖曳到轨道V1上，选择好视频素材的入点，然后让其开头与上一个素材的结尾对齐，如图11-38所示。

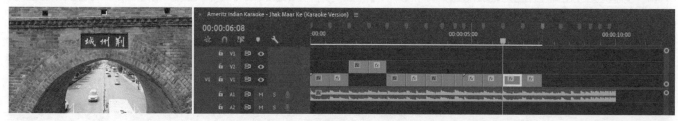

图11-38

05 继续用同样的方法处理第7个视频素材"5.mp4"，注意，因为这个素材自带音频，所以记得将其放在轨道V2上，然后删除音频，如图11-39所示。

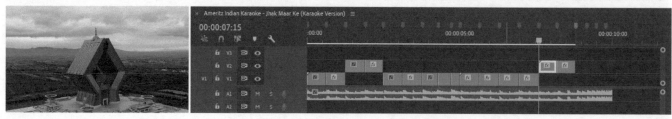

图11-39

11.1.5 制作画面交叉效果

画面交叉效果通常用于两段内容相似的素材，交替播放画面，以错落的画面效果形成节奏感。这种效果的制作方法很简单，即对两个或多个轨道的素材进行首尾交错连接即可。

01 将两个转盘素材"8.mp4"和"4.mp4"分别拖曳到轨道V2和轨道V1上，选择合适的入点后，让它们的开头均与上一个素材结尾对齐，如图11-40所示。

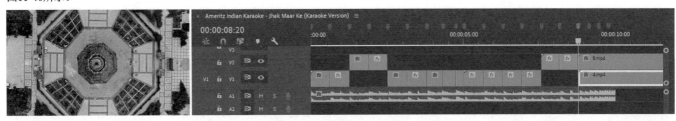

图11-40

02 按照帧标记将两个转盘素材截断，分别分割为4份，如图11-41所示。分别删除轨道V2的奇数片段和轨道V1的偶数片段，如图11-42所示。

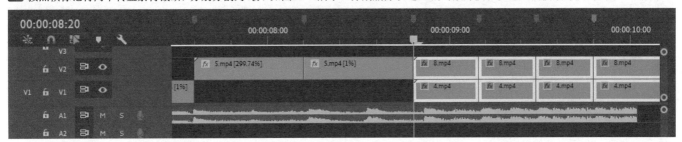

图11-41

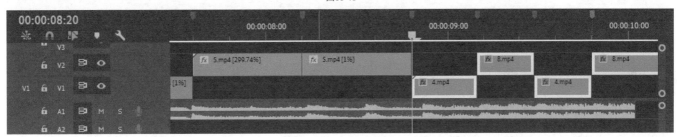

图11-42

03 将鼠标指针悬停在轨道V2的素材结尾处，待鼠标指针变成红色图标 时，单击并向左拖曳，使之与音乐素材结尾处对齐，如图11-43所示。

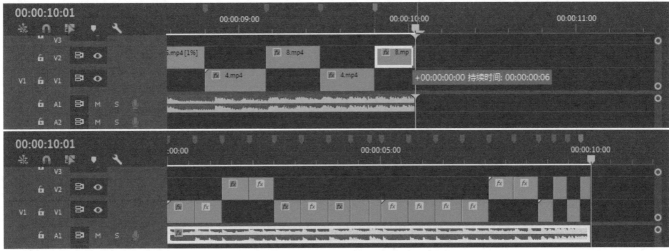

图11-43

11.1.6 处理定格效果

对于鼓点的定格效果，可以使用颜色变化和效果来处理，这里我们采用调色处理。在制作过程中，只需要找到各个定格效果的时间点或画面变化的时间点，然后对相应的素材片段进行调色处理即可。

01 切换至"颜色"工作区面板，选择"时间轴"面板中第1个视频素材的第2小段，在"创意"中添加一个Look预设，这里添加的是"SL BLUE COLD"，如图11-44所示。

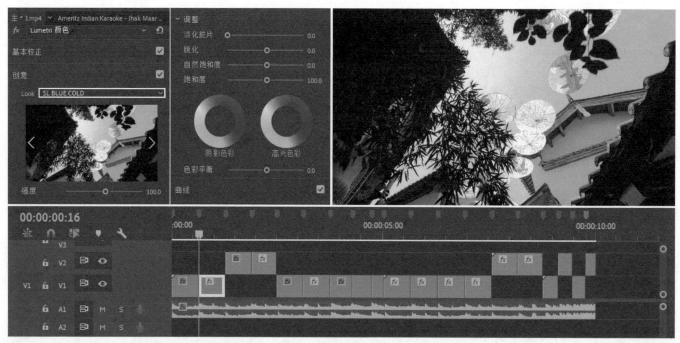

图11-44

02 选择"时间轴"面板中第2个视频素材的第2小段，在"创意"中添加一个Look预设，这里添加的是"Fuji F125 Kodak 2393(by Adobe)"，如图11-45所示。

图11-45

03 选择"时间轴"面板中第3个视频素材的第2小段,在"创意"中添加一个Look预设,这里添加的是"SL BIG HDR",如图11-46所示。

图11-46

04 选择第4个视频素材的第2小段,在"创意"中添加一个Look预设,这里添加的是"Fuji REALA 500D Kodak 2393(by Adobe)",如图11-47所示。

图11-47

05 选择第4个视频素材的第3个小段，在"创意"中添加一个Look预设，这里添加的是"**Fuji F125 Kodak 2393(by Adobe)**"，如图11-48所示。

图11-48

06 选择"时间轴"面板中第5个视频素材的第2小段，在"创意"中添加一个Look预设，这里添加的是"**SL BIG**"，如图11-49所示。

图11-49

07 在"时间轴"面板选择第6个视频素材的第2小段，在"创意"中添加一个Look预设，这里添加的是"Fuji F125 Kodak 2393(by Adobe)"，如图11-50所示。

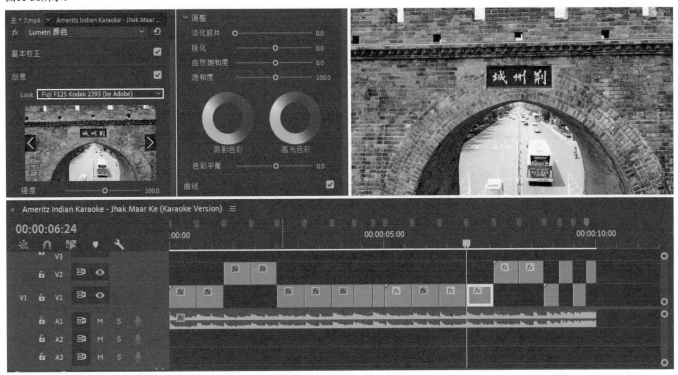

图11-50

08 在"时间轴"面板中选择第7个视频素材的第2小段，在"创意"中添加一个Look预设，这里添加的是"SL BLUE ICE"，如图11-51所示。

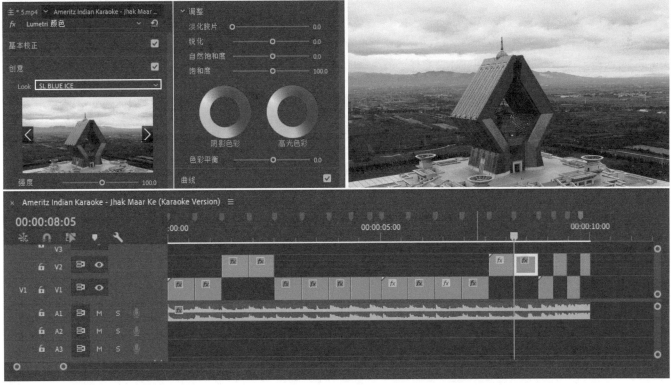

图11-51

09 分别点击激活V1轨道的转盘素材的第1小段和第2小段，在"创意"中添加一个Look预设，这里添加的是"Fuji ETERNA 250D Fuji 3510(by Adobe)"，如图11-52和图11-53所示。

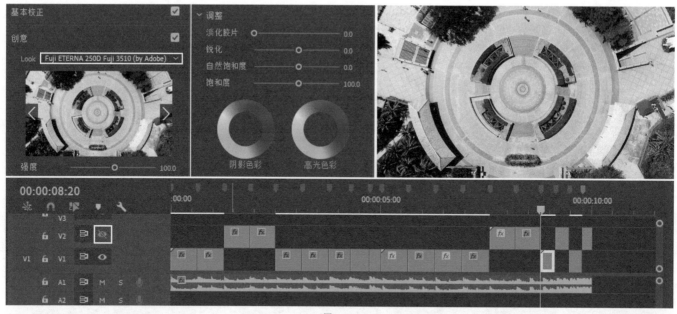

图11-52

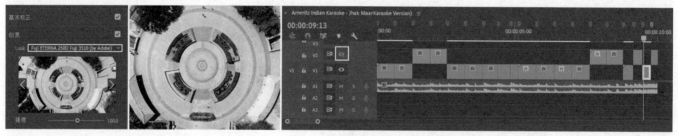

图11-53

10 在"时间轴"面板中分别选择轨道V2的转盘素材的第1小段和第2小段，在"创意"中添加一个Look预设，这里添加的是"SL BLUE ICE"，如图11-54和图11-55所示。

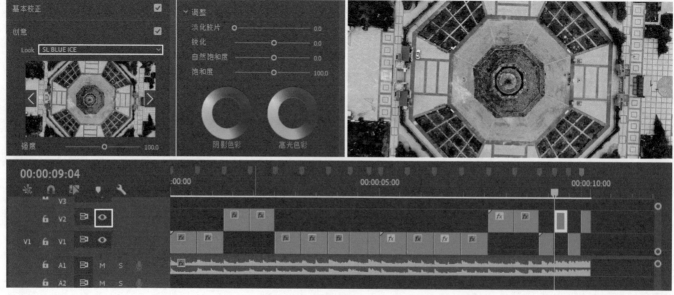

图11-54

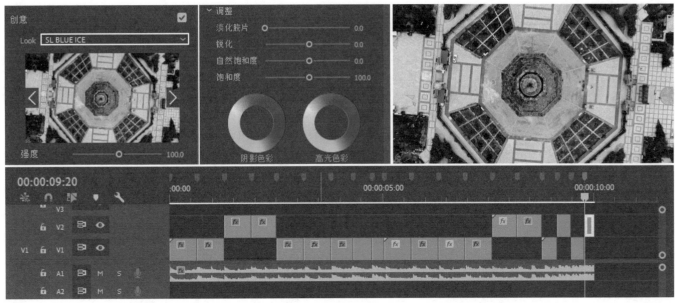

图11-55

11.1.7 添加鼓点音效

在添加鼓点音效之前,我们要听一下两个鼓点音频文件的区别,"鼓点1"时间短,可以作为视频片段切换的音效;"鼓点2"时间长,且有类似于咔嚓的音效,因此可以作为卡点定格效果的音效。

将"鼓点1"素材拖曳到视频正常播放的帧标记点,将"鼓点2"素材拖曳到慢放1%的素材起点(帧标记点),如图11-56所示。最终效果如图11-57所示。

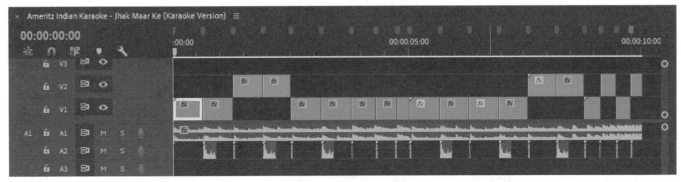

图11-56

图11-57

11.2 制作VHS效果的个人生活Vlog

素材文件	工程文件>CH11>制作VHS效果的个人生活Vlog
案例文件	工程文件>CH11>制作VHS效果的个人生活Vlog>制作VHS效果的个人生活Vlog.prproj
难易程度	★★★★☆
技术掌握	掌握老旧效果的制作思路和RGB分离效果的制作技巧

VHS效果是一种比较复古的录像机视觉效果，多用于制作回忆录或者年代久远的视频效果，其中包含故障风、画面切割、老旧电视杂点效果、RGB颜色分离效果。本例使用这种效果制作了名为"日记"的个人生活记录视频，以便于多年以后回味曾经的美好，效果如图11-58所示。

图11-58

观看本例视频后，不难发现本例的效果比较复古，看似简单的视频，其中涉及了很多效果和技术点。

第1点： 开头的波纹使用了波纹变形和杂点效果，是为了体现老旧和怀念氛围。

第2点： 视频中的正片涉及画面切割效果。

第3点： 视频正片涉及RGB分离效果。

第4点： 应该对该视频进行饱和度降低调整，以体现老旧的感觉。

11.2.1 创建序列

01 将素材文件夹中的视频素材和音频素材拖曳到"项目"面板中，如图11-59所示。

图11-59

02 将素材"开头波纹"拖至"时间轴"面板中，Premiere会自动创建一个序列，如图11-60所示。

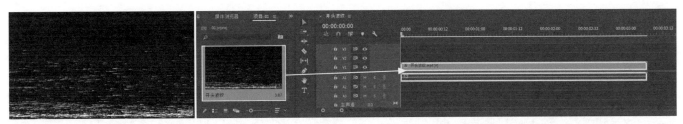

图11-60

03 为了方便管理，这里在"项目"面板中将序列名称修改为"序列01"，"时间轴"面板也会同步更新名称，如图11-61和图11-62所示。

图11-61

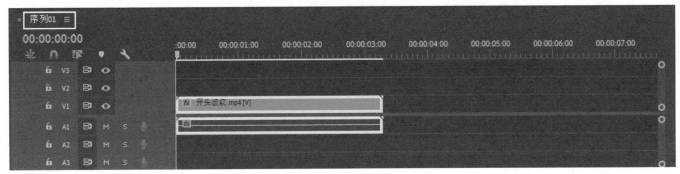

图11-62

04 因为本视频会使用特有的背景音乐，所以在时间轴中选中"开头波纹"，然后单击鼠标右键，选择"取消链接"命令，将视频和音频分离，如图11-63所示，接着将音频删除，然后将视频素材移动到轨道V3上，方便后续操作，如图11-64所示。

图11-63

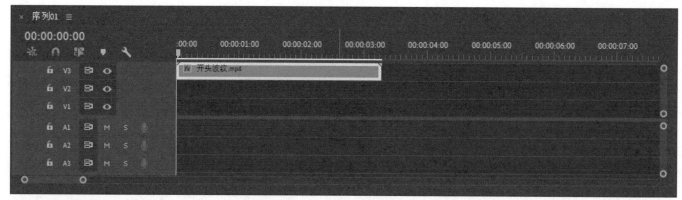

图11-64

05 将"项目"面板中的背景音乐素材拖曳至轨道A1上,如图11-65所示。通过听背景音乐选择需要的部分,这里笔者选择了开头至00:00:15:19的部分,然后在00:00:15:19处按快捷键Ctrl+K截断,并删掉后面的部分,如图11-66和图11-67所示。

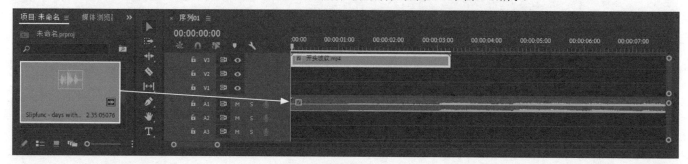

图11-65

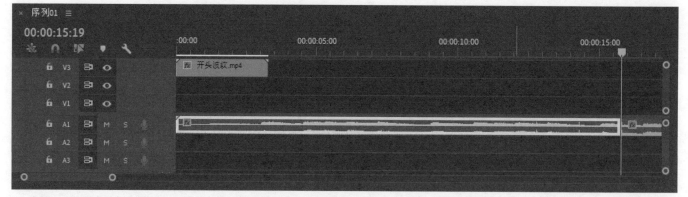

图11-66

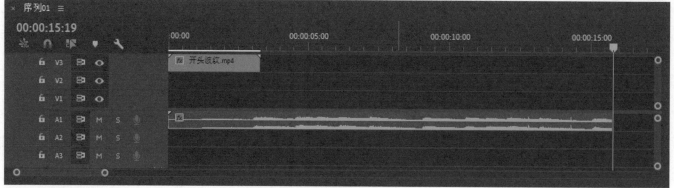

图11-67

06 继续听音乐或者观察波形图，可以发现在第3秒的时候背景音乐开始提高音量，而开头波形也是视频的开头部分，所以这与音频是比较吻合的。将播放头放置在00:00:03:00的位置，然后将"开头波纹"素材的结尾与播放头对齐，如图11-68和图11-69所示。

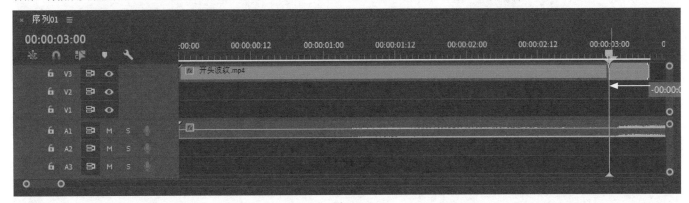

图11-68

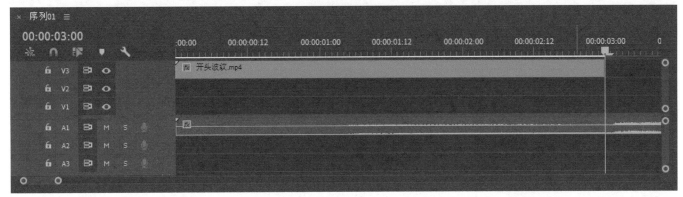

图11-69

11.2.2 制作片头噪波效果

我们可以使用特定的素材，再根据需求对应地去制作噪点、波纹、故障等效果。

01 使用鼠标右键单击"项目"面板的空白处，然后执行"新建项目>颜色遮罩"命令，如图11-70所示，接着设置"颜色遮罩"的颜色为黑灰色（R:56，G:56，B:56），如图11-71所示。

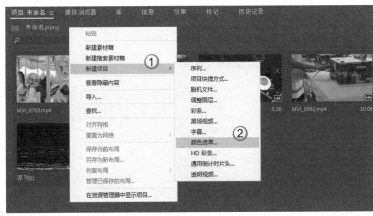

图11-70

图11-71

02 在"项目"面板中将新建的"颜色遮罩"拖曳到轨道V1上，如图11-72所示，然后将颜色遮罩的结尾处与"开头波纹"素材的结尾处对齐，如图11-73和图11-74所示。

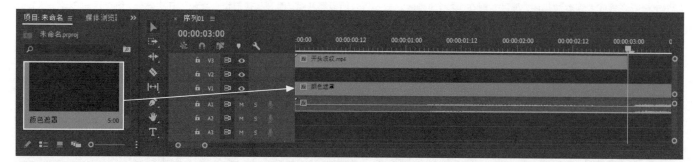

图11-72

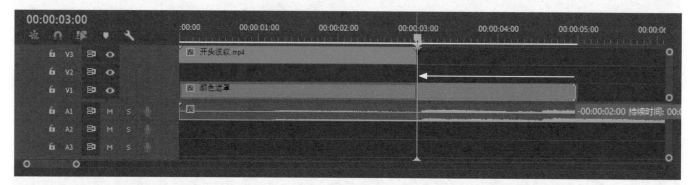

图11-73

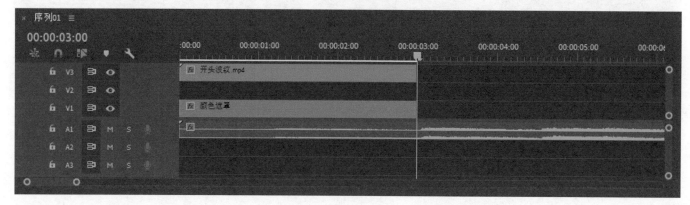

图11-74

03 在"效果"面板中搜索"颜色键",然后将其拖放至开头波纹素材上,添加一个"颜色键"效果,如图11-75所示。

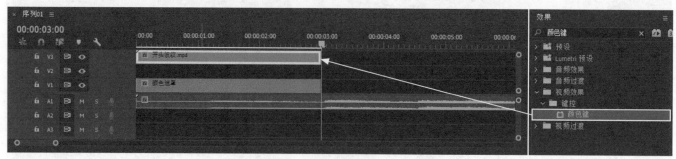

图11-75

04 选择序列中的"开头波纹"素材,打开"效果控件"面板,在"颜色键"卷展栏中使用"主要颜色"的"吸管工具" 吸取"节目"面板画面中的黑色,如图11-76所示,然后将"颜色容差"调整为110,如图11-77所示。

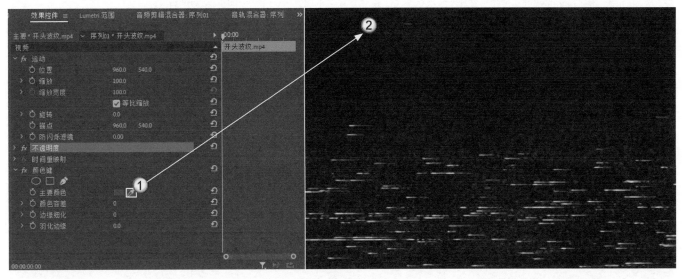

图11-76

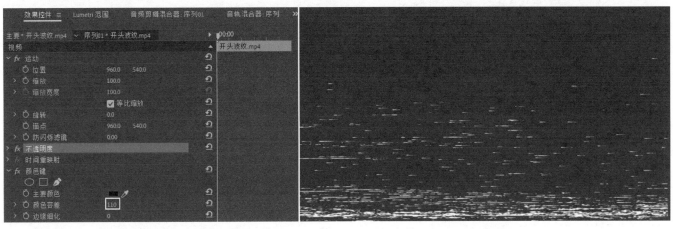

图11-77

05 双击"节目"面板中的画面，这时会出现编辑框，选择中间的指示器，将画面中的波纹向下移动一段距离，如图11-78和图11-79所示。

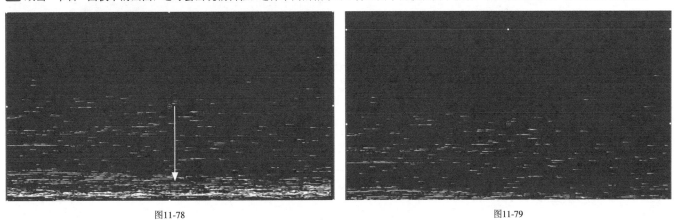

图11-78 图11-79

① 技巧提示

如果读者使用鼠标移动会误让整个画面在水平方向移动，那么可以连续按↓键来操作。

06 按住Alt键，将轨道V3的"开头波纹"素材向轨道V4移动，将其复制一个到轨道V4上，如图11-80和图11-81所示。

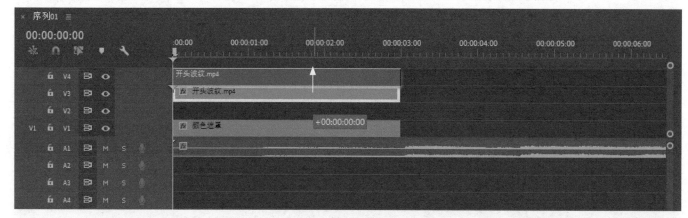

图11-80

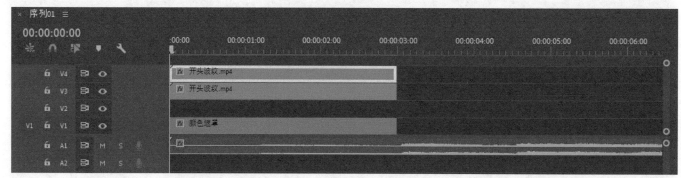

图11-81

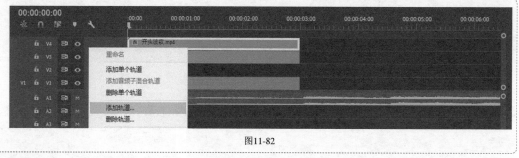
07 在"效果"面板中搜索"垂直翻转"，然后将其拖曳至轨道V4的"开头波纹"素材上，添加一个"垂直翻转"效果，如图11-83所示，接着将波纹上移一段距离，如图11-84所示。

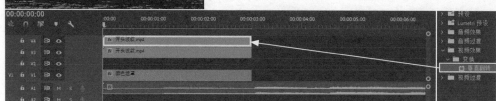

图11-83

图11-84

08 在"效果"面板中搜索"水平翻转"效果，然后将其拖曳至V4轨道的"开头波纹"素材上，添加一个"水平翻转"效果，如图11-85所示。

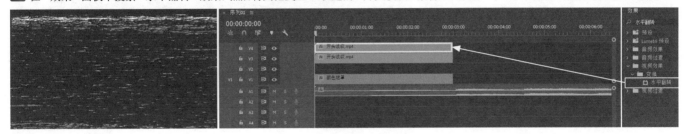

图11-85

11.2.3 制作片头文案

这类Vlog的文案字体一定要与视频主体相关联，这里既然用噪波和老旧风格，那么字体也应该是比较能体现这类主体的。

01 使用"文字工具" **T** 在画面上添加"daily"文案，并将文字图层放在轨道V2上，如图11-86所示。

图11-86

02 将文字图层的时长调整为3 s，然后在"效果控件"面板中将字体修改为VCR OSD Mono，设置字号为150，居中对齐文本，并填充为白色，接着在"基本图形"面板中将文案放在画面的正中，如图11-87所示。

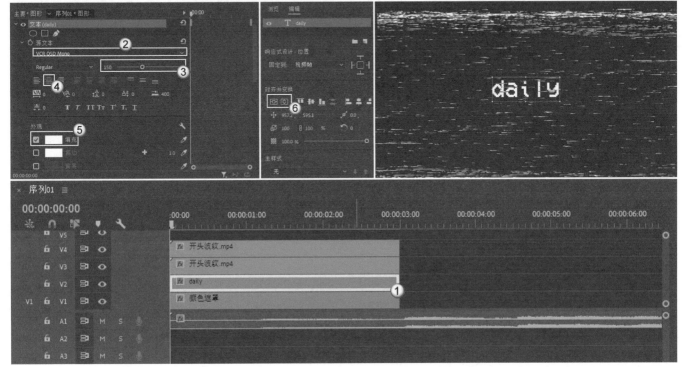

图11-87

03 在"项目"面板的空白处单击鼠标右键,执行"新建项目>调整图层"命令,新建一个"调整图层",如图11-88所示。

04 将"项目"面板中的"调整图层"拖曳至轨道V5上,并设置"调整图层"的时长为3 s,如图11-89和图11-90所示。

图11-88

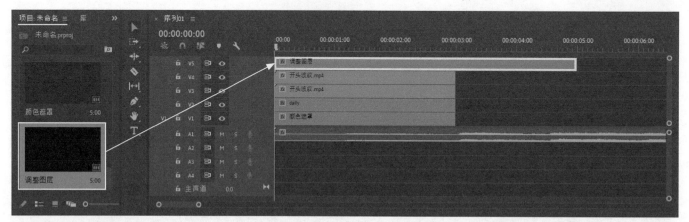

图11-89

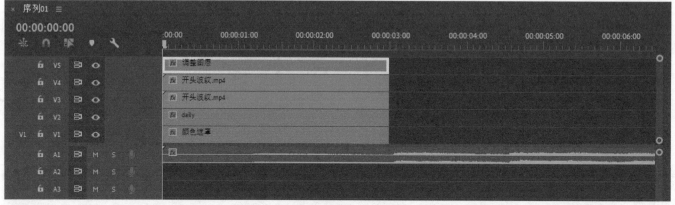

图11-90

05 在"效果"面板中搜索"波形变形"效果,然后将其拖曳至序列中的"调整图层"上,如图11-91所示。

图11-91

06 打开"效果控件"面板,设置"波形类型"为"平滑杂色","方向"为0°,"波形速度"为0.1,"固定"为"所有边缘",然后根据需要调整"波形宽度",这里为77,如图11-92所示。

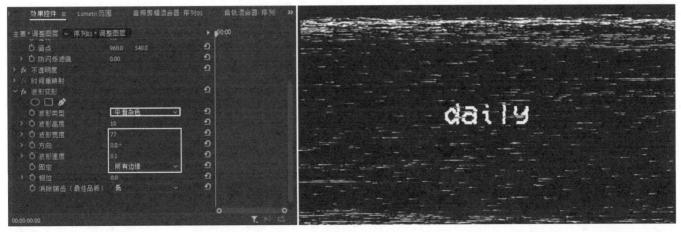

图11-92

07 在"效果"面板中搜索"杂色"效果，然后将其拖曳至序列中的"调整图层"上，添加一个"杂色"效果，如图11-93所示。

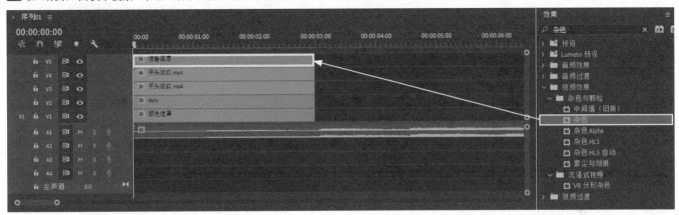

图11-93

08 打开"效果控件"面板，设置"杂色数量"为15%，让画面产生杂色效果，如图11-94所示。

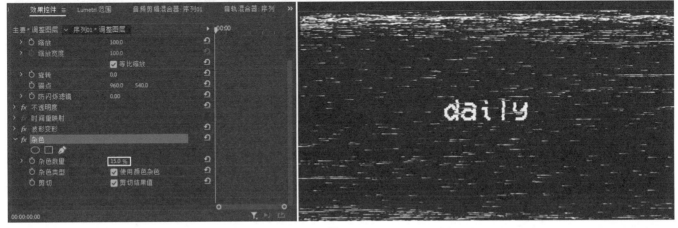

图11-94

11.2.4 制作正片的画面切割效果

画面切割效果是一种很能体现年代感和故障风的效果，这里既然是一个回忆类型的Vlog，那么全片都是一样的，因此可以使用一个调整图层来控制整个视频，而制作画面切割效果的工具可以选择"波形变形"效果。

01 依次将MVI_0981、MVI_0703、MVI_0717、MVI_0912拖曳至V2轨道上，然后删除它们自带的音频，接着根据音乐节奏和需要设置每段视频的长短，处理完成后将它们放置在轨道V1上，如图11-95所示。

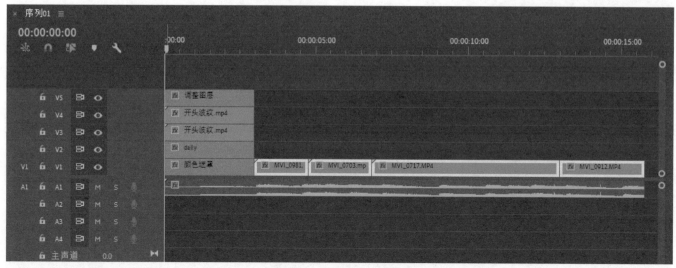

图11-95

① **技巧提示**

对于卡点和视频长短设置，读者可以自行处理。

02 将"项目"面板中的"调整图层"拖曳至轨道V4的"开头波纹"素材之后，调整时长至与整个视频长度相同，如图11-96所示。

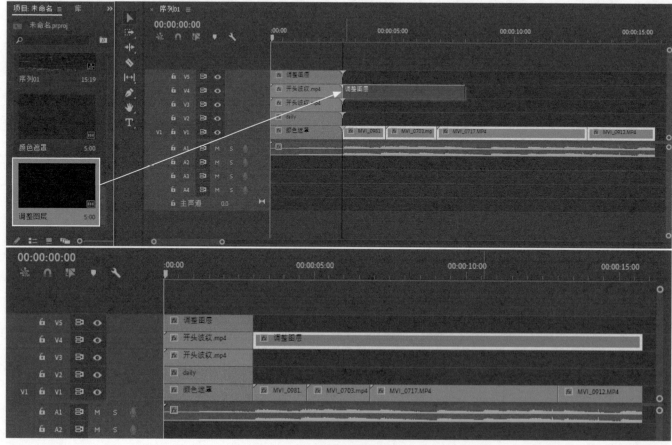

图11-96

03 为轨道V4的"调整图层"添加一个"杂色"效果，如图11-97所示。

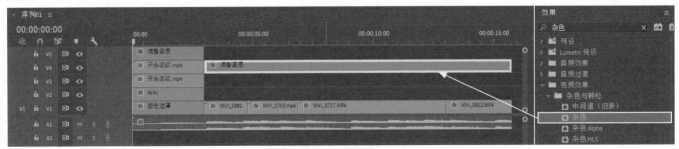

图11-97

04 打开"效果控件"面板，设置"杂色数量"为15%，如图11-98所示。

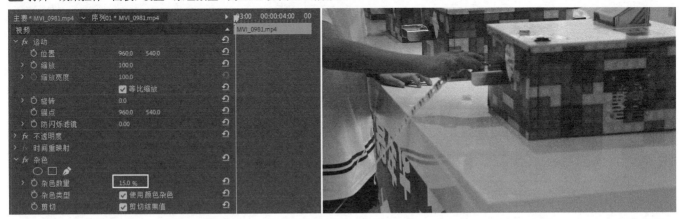

图11-98

05 为轨道V4的"调整图层"添加一个"波形变形"效果，如图11-99所示，然后设置"波形类型"为"正方形"，"方向"为0°，"波形速度"为0.1，"固定"为"所有边缘"，将"波形宽度"调整为较大数值，这里为835，如图11-100所示。

图11-99

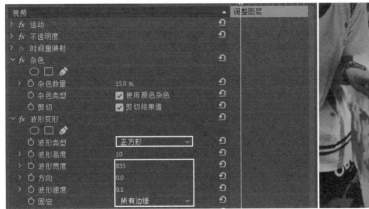

图11-100

11.2.5 制作RGB分离效果

　　RGB分离是抖音非常流行的效果,但读者可能不知道,这种风格其实在老旧影像中很早就出现了。对于这种风格,其实可以理解为将画面的R、G、B元素拆分出来(不影响原片效果),然后挨个移动每个元素的位置,形成错位,从而让画面看着是R、G、B元素被分离出来了。

01 将序列中的视频素材全选,单击鼠标右键,选择"嵌套"命令,形成嵌套序列,如图11-101所示,然后按住Alt键,向上拖曳嵌套序列,分别为轨道V2和轨道V3复制一个嵌套序列,如图11-102所示。

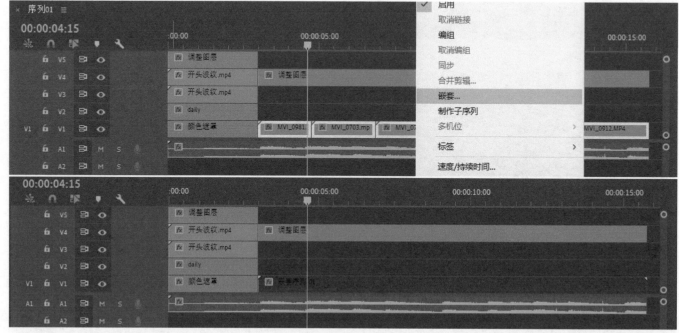

图11-101

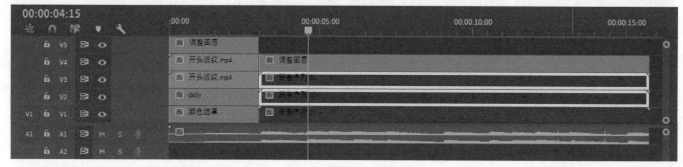

图11-102

02 在"效果"面板中搜索"颜色平衡"效果,然后将"颜色平衡(RGB)"效果分别拖曳到3个嵌套序列上,为3个嵌套序列都添加一个"颜色平衡(RGB)"效果,如图11-103所示。

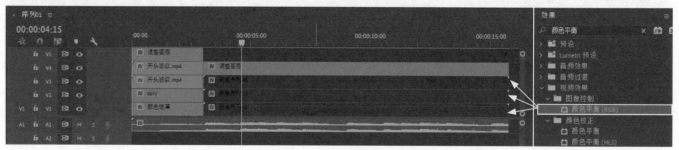

图11-103

03 打开"效果空间"面板，将轨道V3的嵌套序列的"绿色"和"蓝色"调整为0，即保留"红色"，如图11-104所示；将轨道V2的嵌套序列的"红色"和"蓝色"调整为0，即保留"绿色"，如图11-105所示；将轨道V1的嵌套序列的"红色"和"绿色"调整为0，即保留"蓝色"，如图11-106所示。

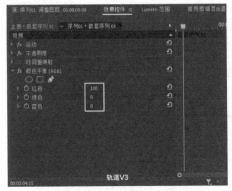
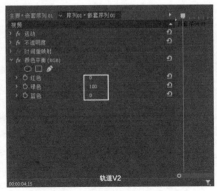

图11-104　　　　　　　　　　　图11-105　　　　　　　　　　　图11-106

04 将3个嵌套序列的"不透明度"中的"混合模式"都改为"滤色"，如图11-107所示。

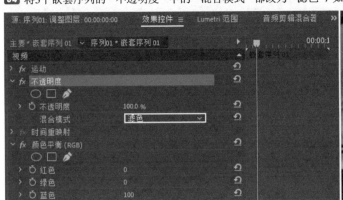

图11-107

05 分别调整轨道V2和轨道V3的嵌套序列的位置，这里将轨道V3的嵌套序列的y轴坐标从540调整到551，如图11-108所示；将轨道V2的嵌套序列的x轴坐标从960调整到962，如图11-109所示。效果如图11-110所示。

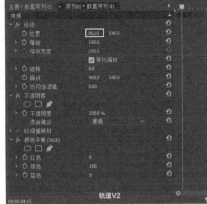

图11-108　　　　　　　　　　　图11-109　　　　　　　　　　　图11-110

11.2.6　对正片进行调色

虽然正片素材是我们当下拍摄的，但是为了表现老旧风格，需要对其颜色进行处理。我们都知道，旧的东西看起来有褪色感，因此可以考虑降低饱和度等参数来达到效果。

框选3个嵌套序列，再次进行嵌套，并将它们命名为"视频层"，在"Lumetri颜色"中对视频层进行调色，这里没有固定参数值，读者可以根据需要增强曝光、降低饱和度，参考参数值如图11-111所示。

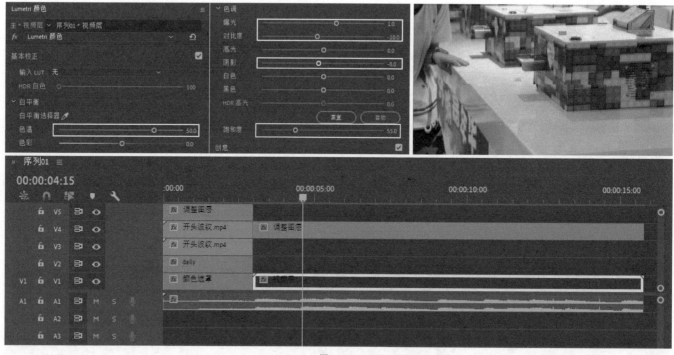

图11-111

11.2.7 制作正片画面噪波效果

这里的制作方法与片头的类似，读者可以自行尝试，也可以跟着步骤来操作。

01 将视频波纹素材拖放至视频层上方轨道，即V2轨道上，调整至与视频长度一致，并删除多余的音频，如图11-112所示。如果素材长度不够，则通过复制粘贴延长，并进行嵌套。

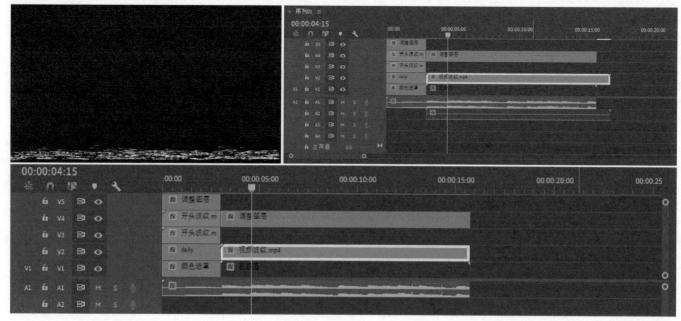

图11-112

02 在"效果"面板中搜索"颜色键"效果，将其拖曳至序列中的"视频波纹"素材上，如图11-113所示。

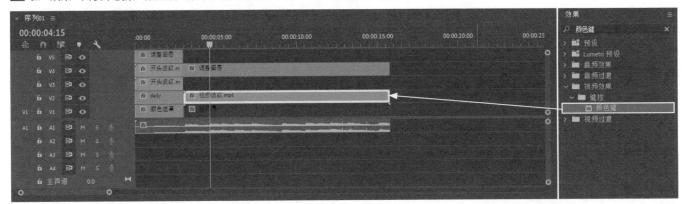

图11-113

03 打开"效果控件"面板，使用"吸管工具" 🖋 吸取"节目"面板中的黑色，并将"颜色容差"设置为200，使画面中只保留底部的白色波纹，如图11-114和图11-115所示。

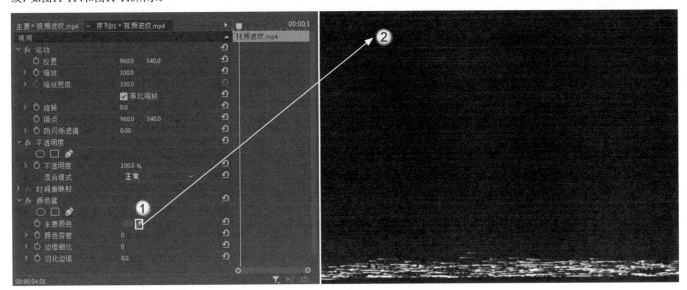

图11-114

图11-115

04 设置"不透明度"调整为50%，并设置"混合模式"为叠加，如图11-116所示，调整位置的y轴坐标值为609，使波纹下移。最终效果如图11-117所示。

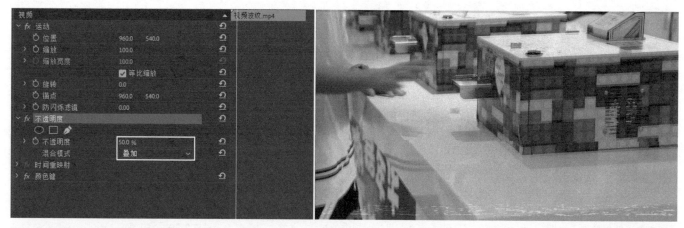

图11-116

图11-117

第12章 酷炫视频实训

📹 案例视频集数：2集　　⏱ 视频时长：29分钟

　　对于酷炫的视频，相信是读者都希望能制作的。这类视频的制作方法并不难，其实就是效果的添加和音乐的选择，根据不同视频内容制作不同的视频效果。本章主要介绍了音乐场所的动感视频效果，通过光效分离来制作一种动感的节奏感，让整个视频达到炫丽的效果。

学习重点

·片段选择	476页	·明暗闪烁效果	483页
·流光效果	479页	·错位效果	485页
·动感效果	480页	·虚实结合效果	487页

学完本章能做什么

　　读者可以根据视频内容和音频节奏对视频素材进行有目的的选择，并能为视频制作一系列的效果，能合理地把控好音乐节奏与画面的契合度，制作出各种炫丽的视频效果。

12.1 制作音乐节娱乐视频

素材文件	工程文件>CH12>制作音乐节娱乐视频
案例文件	工程文件>CH12>制作音乐节娱乐视频>制作音乐节娱乐视频.prproj
难易程度	★★★★☆
技术掌握	掌握流光效果、明暗效果、虚实结合效果的制作方法

本例为制作一段音乐节场景的动感视频,通过视频片段和震撼的音乐相结合,制作出流光动态效果,将整个音乐节盛况的震撼、动感、炫光的效果给体现出来。本例效果如图12-1所示。

图12-1

观看完成片效果后,相信读者会被效果所震撼,且内心会认为该效果的制作难度很大。其实不然,读者只需要抓住以下几个要点,就能制作出这种视频。

第1个: 音乐一定要有很强的节奏感,且视频片段也需要有冲击力,即根据音乐节奏选择视频的不同片段。

第2个: 读者可以发现流光效果其实是人和物的轮廓,因此在制作过程中先查找人和物轮廓,然后对它们进行效果处理即可。

第3个: 视频中流光效果呈现两种颜色,且同时出现,这里可以考虑使用RGB分离的方式,让两种效果错位。

第4个: 至于流光效果的忽大忽小、忽明忽暗,以及画面的虚实结合,都是通过关键帧来对应操作的。

12.1.1 根据音乐节奏选择视频片段

这类视频的音乐节奏感是很强的,通常有两种方式来选择片段:一是直接根据需要选择需要的片段;二是根据音乐节奏选择片段。

01 将素材文件中的视频和音频素材导入到"项目"面板中,如图12-2所示。

图12-2

02 将"乐队"和"音乐节"视频素材依次导入到"时间轴"面板的轨道V1中,如图12-3所示,然后重命名序列为"序列01",如图12-4所示。

图12-3

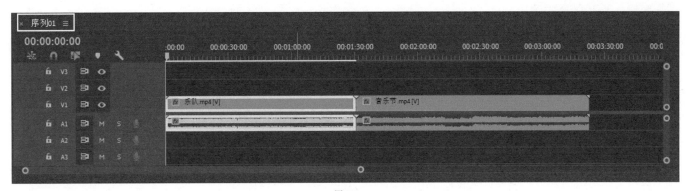

图12-4

03 框选序列中的素材，单击鼠标右键，选择"取消链接"命令，如图12-5所示，然后删除所有音频，并将"音乐节"和"乐队"互换位置，如图12-6所示。

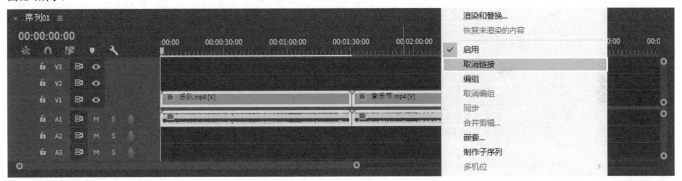

图12-5

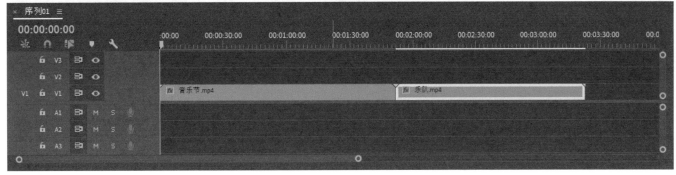

图12-6

04 将"项目"面板中的音乐素材拖曳至轨道A1上，如图12-7所示，然后根据需求截取音乐片段，这里截选00:00:49:00至00:01:10:01的部分，如图12-8所示。

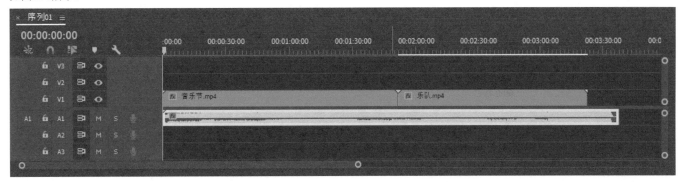

图12-7

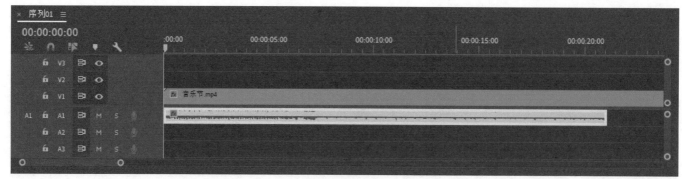

图12-8

05 根据音乐节奏点截取视频片段，这里读者可以根据画面来截取，然后对应音乐的节奏，如图12-9所示。

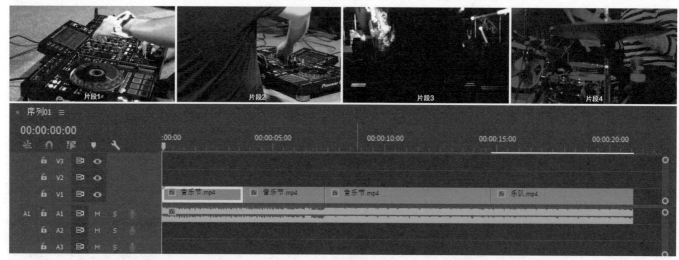

图12-9

① 技巧提示

　　为了方便读者操作，笔者在这里将每段素材的范围罗列一下。

　　第1个片段为素材"音乐节"的00:00:00:00~00:00:03:17。

　　第2个片段为素材"音乐节"的00:00:24:18~00:00:28:08。

　　第3个片段为素材"音乐节"的00:00:30:20~00:00:38:04。

　　第4个片段为素材"乐队"的00:09:07:01~00:09:13:08。

12.1.2 找到人和物的轮廓

　　要制作流光效果，必须先提取出人和物的轮廓，这里可以直接通过"查找边缘"效果来进行处理。

01 按住Alt键，将序列中第3段"音乐节"素材向上拖曳到轨道V2中，复制一份素材到轨道V2中，如图12-10所示。

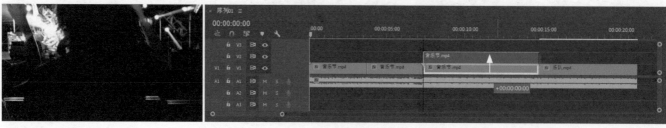

图12-10

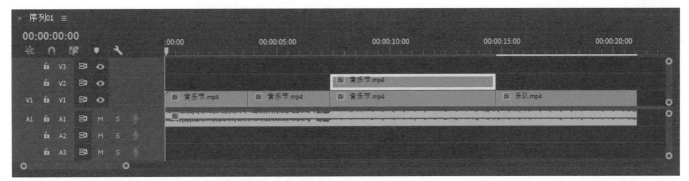

图12-10（续）

02 在"效果"面板搜索"查找边缘"效果，将其拖放至V2轨道的"音乐节"素材中，如图12-11所示。

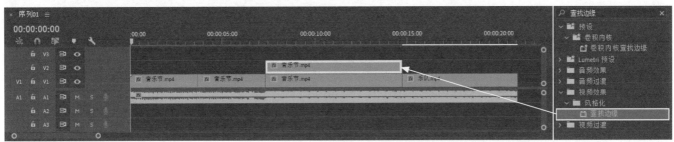

图12-11

03 打开"效果控件"面板，将"查找边缘"中的"反转"勾选，如图12-12所示。

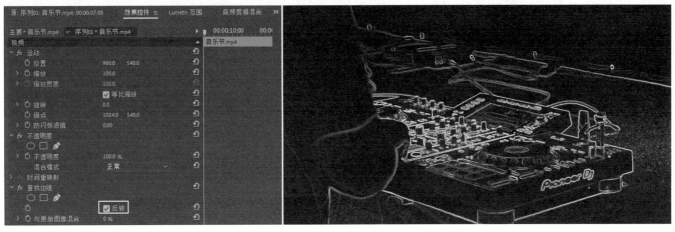

图12-12

12.1.3 设置流光颜色

将边缘找到后，我们可以从图12-12所示的效果中看到白色的部分就是可以用于制作流光效果的轮廓线，接下来为它们设置想要的颜色即可。

01 在"效果"面板中搜索"色彩"效果，将其拖曳至轨道V2的"音乐节"素材中，如图12-13所示。

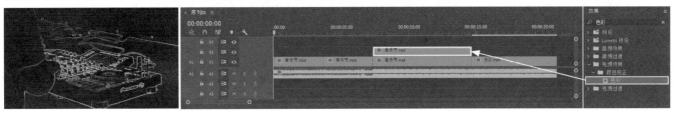

图12-13

02 打开"效果控件"面板，单击"将白色映射到"后面的色块，修改线条颜色为紫色（R:245，G:0，B:234），如图12-14所示。

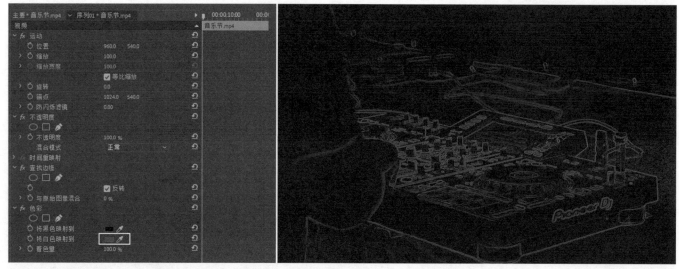

图12-14

03 在"不透明度"中将"混合模式"设置为"颜色减淡"，如图12-15所示。

图12-15

12.1.4 制作忽大忽小的动感效果

此时流光效果与原视频的轮廓边缘是完全重合的，看起来就是简单的描边效果，体现不出音乐场所的动感效果，因此可以考虑让流光效果随着音乐产生忽大忽小的效果，时而与人和物结合，时而脱离人和物，形成强大的视觉冲击力。在制作这种效果前，我们要考虑一个问题，那就是"忽大忽小"其实是一个循环的过程，也就是说可以设置一段时间内增大，一段时间内又恢复到原大小，依次循序，所以这就是制作"缩放"循环关键帧动画。

01 将播放头放置在此段素材的开始处，即00:00:07:09位置，然后单击"缩放"的"切换动画"图标 ，添加一个关键帧，如图12-16所示。

02 按住Shift键的同时按→键，让播放头向右移动5帧，然后设置"缩放"为150，如图12-17所示。

图12-16

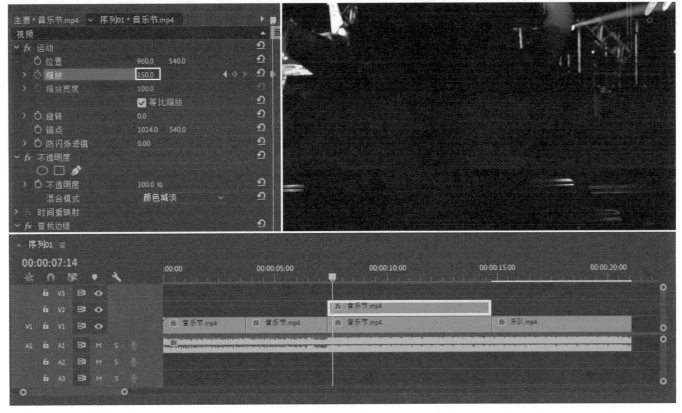

图12-17

03 继续在按住Shift键的同时按→键，将播放头向右移动5帧，设置"缩放"为100，如图12-18所示。

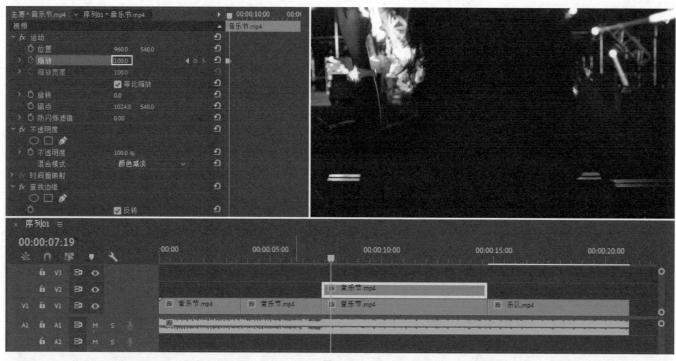

图12-18

04 重复上述两步，一直操作至素材的结尾，"效果控件"的关键帧效果如图12-19所示。动画效果如图12-20所示。

图12-19

图12-20

(!) **技巧提示**

将轨道V1隐藏，播放素材，可以看到光效的缩放变化情况，配合动感的音乐，效果更加具有冲击力，如图12-21所示。

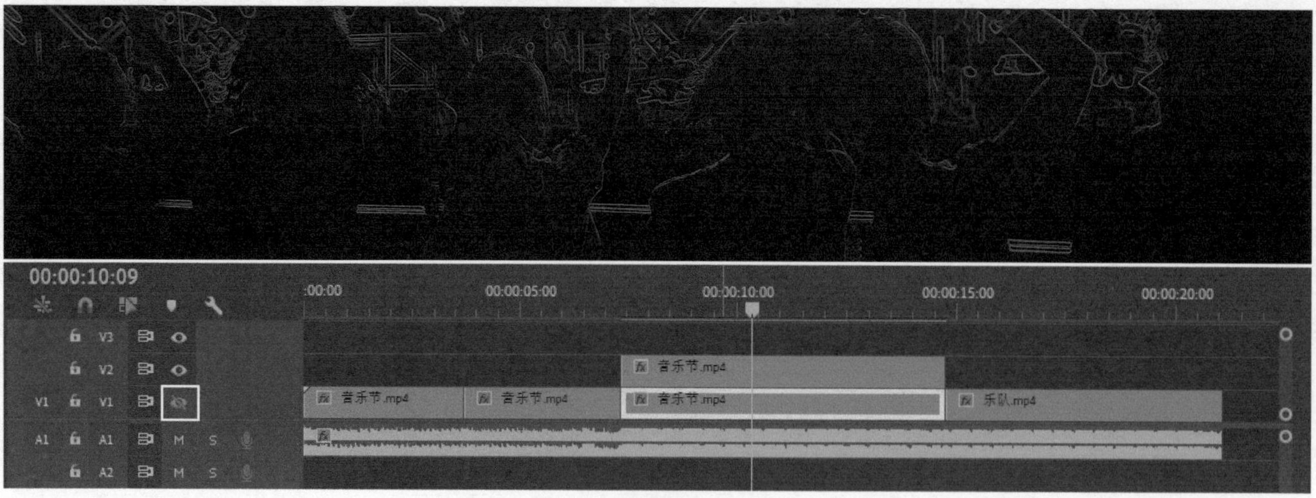

图12-21

12.1.5 制作忽明忽暗的闪烁效果

目前的效果非常有视觉冲击力，但是同一的敏感效果让流光效果看起来非常的生硬，且不符合音乐场所的节奏感。这里可以考虑让流光效果形成"忽明忽暗"的闪烁效果，那么就是处理"不透明度"，制作思路与"忽大忽小"效果相同。

01 将播放头移动到该素材的开始位置，然后单击"不透明度"前的"切换动画"图标 ，添加一个关键帧，然后设置"不透明度"为0%，如图12-22所示。

图12-22

02 按住Shift键的同时按→键，向右移动5帧，然后设置"不透明度"为100%，如图12-23所示。

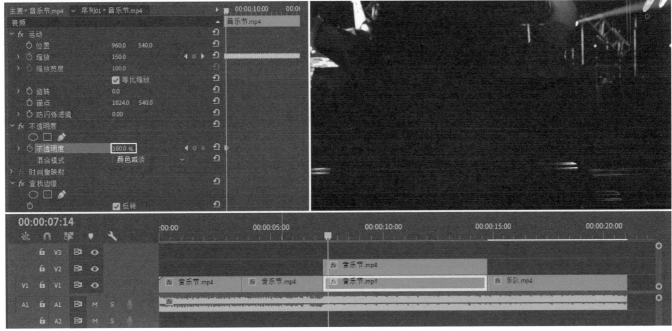

图12-23

03 继续按住Shift键的同时按→键，向右移动5帧，然后设置"不透明度"为0%，如图12-24所示。

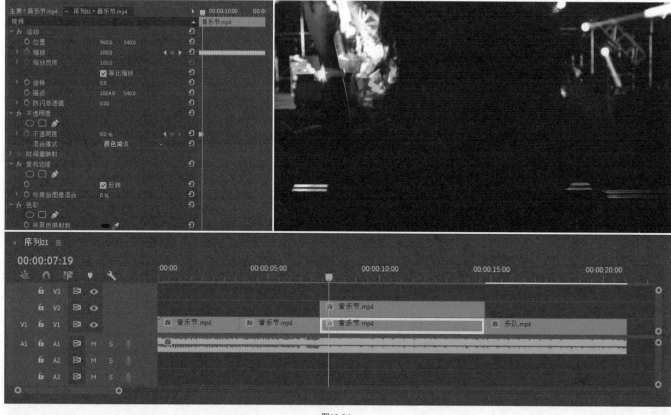

图12-24

04 重复上述两步，一直操作到素材结尾，如图12-25所示。效果如图12-26所示。

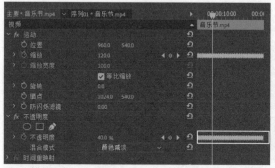

图12-25

图12-26

① **技巧提示**

同理，将轨道V1隐藏，可以看到光效忽明忽暗的闪烁效果，视觉冲击力更大，如图12-27所示。

图12-27

12.1.6 制作颜色错位效果

这里的制作原理与RGB分离效果相同，就不过多叙述了。

01 按住Alt键，将轨道V2的"音乐节"素材移动到轨道V3中，复制一个到轨道V3中，如图12-28所示。

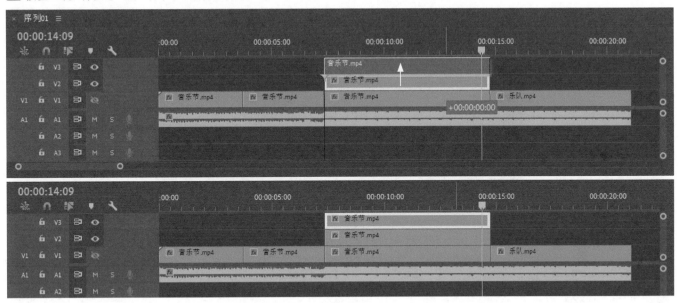

图12-28

02 选择轨道V3的"音乐节"素材，然后将"色彩"中的"将白色映射到"更改为绿色（R:0，G:245，B:229），如图12-29所示。

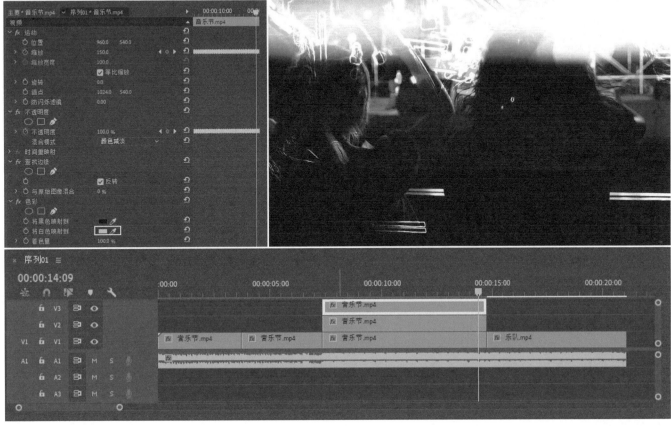

图12-29

⚠ 技巧提示

为了便于观察效果，读者可以不显示轨道V2，如图12-30所示。

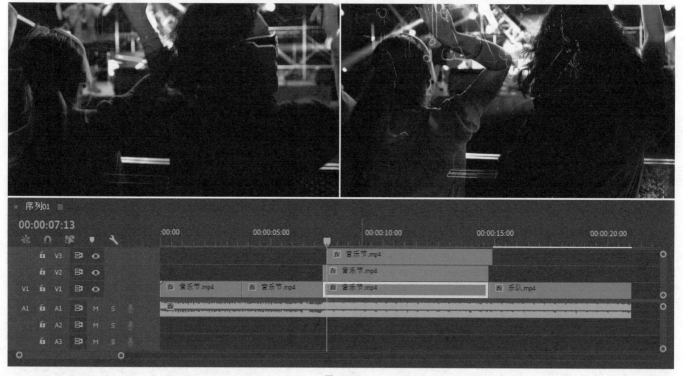

图12-30

03 将V3轨道的素材"音乐节"向右移4帧，与下面轨道的视频形成错位，从而形成两种颜色的交错效果，如图12-31所示。

图12-31

12.1.7 制作后半段素材的效果

"乐队"素材的制作方法与"音乐节"相同，读者可以选择这个素材片段，然后重复12.1.2~12.1.6小节的步骤。当然，读者也可以根据自己的喜好，单独设置其他参数。

对第4段素材"乐队"进行与第3段素材"音乐节"相同的操作，制作效果，如图12-32所示。这里可以将轨道V3超过音频部分的素材删掉，如图12-33所示。

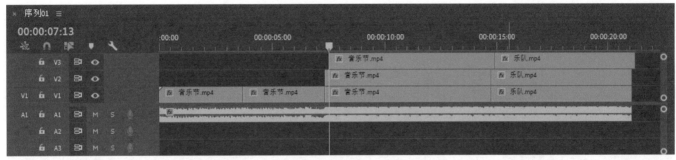

图12-32

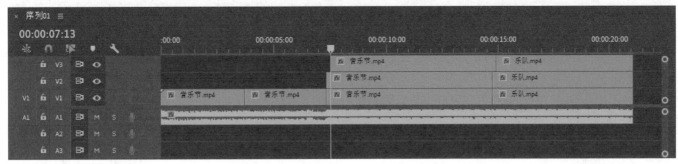

图12-33

12.1.8 制作虚实结合的效果

如果就按当前效果这么播放，整个视频就相当于添加了流光效果，对于体现音乐场所的动感效果，还是差了点"味道"。我们可以考虑让单独的流光效果和成片交替出现，这样就让场景中的人与物和流光效果形成虚实对比，从而增强视频的冲击力。

01 效果制作完成后，可以根据音乐节奏将原视频的片段删减一部分，以增强视觉效果，如图12-34所示。

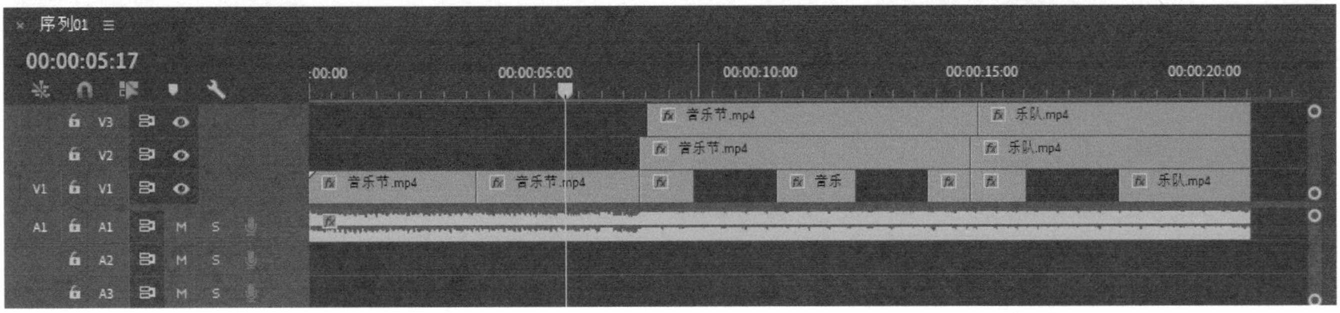

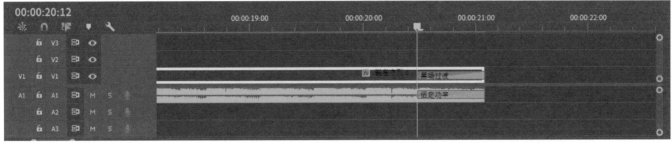

图12-34

02 对所有视频进行嵌套，形成嵌套序列01，然后在视频结尾处添加一个黑场过渡效果，在音频结尾处添加一个恒定功率效果，将"持续时间"都调整为00:00:00:15，形成视频淡出效果，如图12-35所示。视频的最终效果如图12-36所示。

图12-35

图12-36

12.2 制作动感酷炫相册

素材文件	工程文件>CH12>制作动感酷炫相册
案例文件	工程文件>CH12>制作动感酷炫相册>制作动感酷炫相册.prproj
难易程度	★★★★☆
技术掌握	掌握RGB颜色分离和多镜头融合的技术

本例主要介绍酷炫动态相册的制作方法，读者可以使用这种方法记录生活，并通过在片子中加入一些关键动态的效果，使整个片子看起来更加酷炫、震撼。本例效果如图12-37所示。

图12-37

附录A Premiere 常用视频输出参数

Premiere的成片输出都是通过执行"文件>导出"命令来操作的，如图A-1所示。下面介绍视频输出的常用设置技巧。

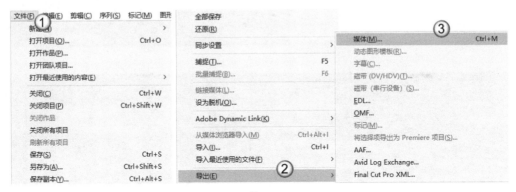

图A-1

A1 预渲染（预览效果）

这种渲染模式主要用于在视频制作过程中预览渲染效果，以便实时查看。具体操作步骤如下。

（1）在时间轴上通过播放头确定时间点，然后单击鼠标右键，分别标记"入点"和"出点"，确定需要预览的片段，如图A-2和图A-3所示。

图A-2

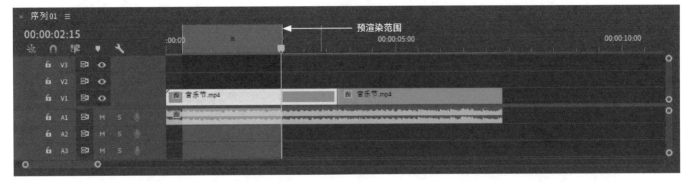

图A-3

（2）在菜单栏中执行"序列>渲染入点到出点的效果"命令，如图A-4所示。渲染完成后，"时间轴"面板的标记片段呈现为绿色，如图A-5所示。读者可以直接按Space键，在"节目"面板中预览流畅的效果。

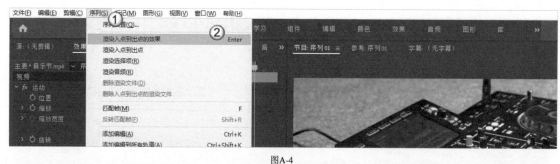

图A-4

图A-5

A2 通用视频输出参数设置

这套参数设置和方法几乎可以适用于大部分视频的输出，具体操作如下。

通过菜单命令打开"导出设置"面板，设置"格式"为"H.264"，然后通过"输出名称"设置好输出位置和视频名称，根据需要勾选"导出视频"和"导出音频"选项，其他参数保持默认即可，接着单击"导出"按钮 ，等待输出结束，即可在设置好的位置找到输出的视频，如图A-6所示。

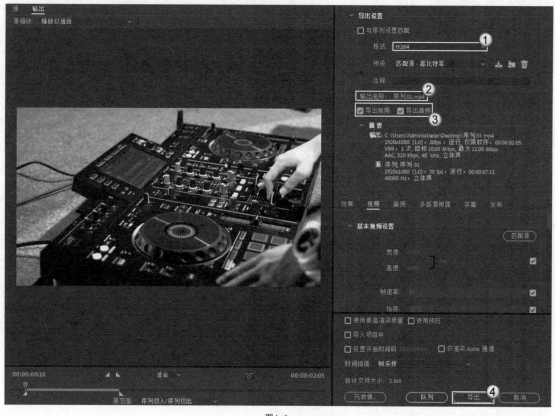

图A-6

A3 视频输出参数调整

在工作中通常会根据需求渲染高质量的视频，具体操作如下。

（1）设置"格式"为"H.264"或"QuickTime"，"预设"为"匹配源-高比特率"，如图A-7所示。另外，如果剪辑时的序列设置即为所需设置，可直接勾选"与序列设置匹配"选项。

（2）在"视频"选项卡中展开"基本视频设置"卷展栏，默认为"匹配源"，即使用与源视频一样的参数。如果读者需要增大或减小视频分辨率，只须取消勾选复选框 ✅ ，即可修改为自己想要的分辨率大小，如图A-8所示。另外，读者还可以修改"帧速率"，数值越小，视频越小，视频质量越低。注意，除非有特殊需求，帧速率一般不作修改。

（3）向下滑动，展开"比特率设置"卷展栏，"目标比特率"的单位为Mbps，默认为10，即10 Mbps，如图A-9所示。注意，输出质量与输出速度成反比，也受计算机硬件影响。一般情况下视频无须达到这个码率，如果是输出1080p的一般高清视频，码率通常在3000 Kbps左右，即"目标比特率"为3 Mbps；720p的视频则推荐"目标比特率"为1.5~2 Mbps，具体数值根据实际情况进行调整。

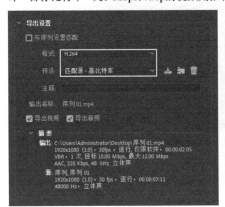
图A-7

图A-8

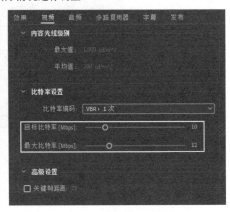
图A-9

（4）如果因视频有黑边或者其他原因，需要进行裁剪，可以切换到"源"面板，单击上方的"裁剪"图标 🔲 ，在视频中拖曳锚点进行裁剪，也可以在"裁剪"图标 🔲 右侧输入数值来进行精确裁剪，如图A-10所示。

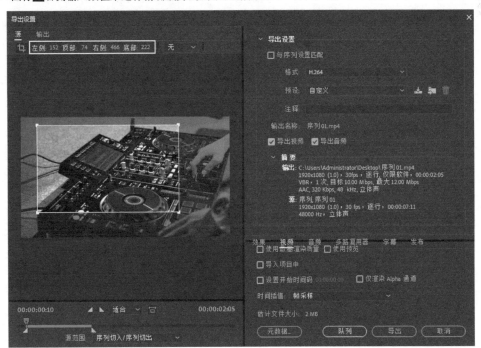
图A-10

（5）读者可以拖曳下方进度条两端的三角形滑块调节视频的出入点，在其上方有出入点的时间位置，拖曳预览播放头可预览导出的画面，如图A-11所示。

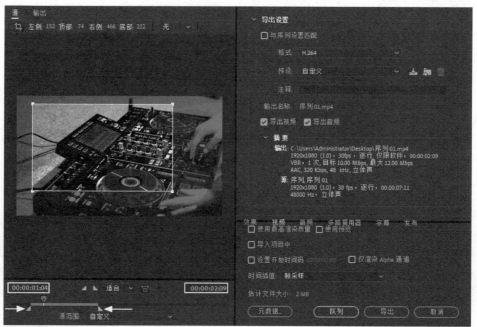

图A-11

A4 使用Adobe Media Encoder批量输出

安装好Adobe Media Encoder后，就可以使用它来批量输出视频了，面板如图A-12所示。

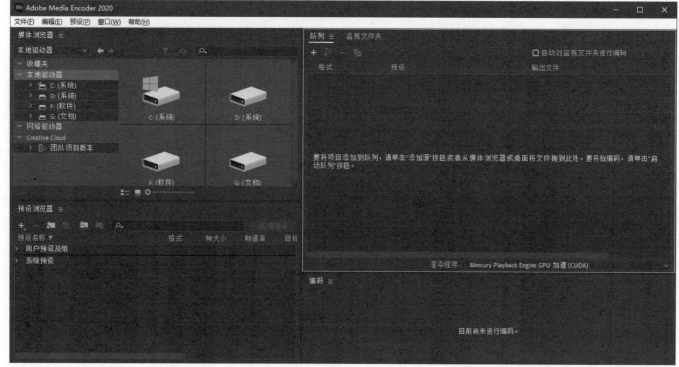

图A-12

（1）读者可以直接将需要输出的Premiere源文件拖曳到"队列"面板中，在拖曳过程中，选择"时间轴"面板的序列名，如图A-13所示。当然，也可以在"媒体浏览器"中搜索源文件，然后导入，如图A-14所示。

图A-13

图A-14

（2）在"队列"面板中分别选择每个文件的输出设置，也可以重新设置，然后设置输出位置，如图A-15所示。

（3）如果输出预设不够理想，读者可以根据需求创建预设和导入预设，如图A-16所示。

（4）一切就绪后，在"队列"面板中单击"启动队列"按钮▶，即可输出"队列"面板中的所有文件，如图A-17所示。

另外，安装了Adobe Media Encoder后，单击Premiere"导出设置"面板中的"队列"按钮 队列 ，就可以将当前源文件发送到Adobe Media Encoder的"队列"面板中。

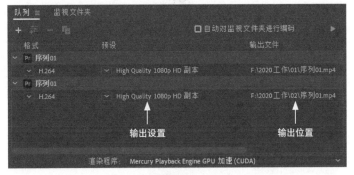

图A-15

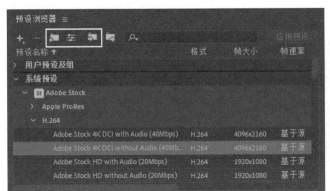

图A-16

图A-17

A5 视频常用输出格式

用Premiere输出视频时可以选用以下3种格式。

H.264

H.264不属于视频格式，而是一种视频编码标准，跟AVI、MPG不属于同一类。使用H.264导出的视频格式为MP4，音频格式为AAC。

QuickTime

这是Apple（苹果）公司创立的一种视频格式，在很长的一段时间里，它都只在Apple（苹果）公司的Mac机上存在，后来发展到支持Windows平台。QuickTime的出错率很低，兼容性很高，使用QuickTime格式导出的视频为MOV文件。

AVI

AVI即Audio Video Interleave，是一种视频音频交义存取格式。所有的AVI文件都包括两个必需的List模块，任何视频编码方案都可以使用在AVI文件中。其文件主要由视频和音频部分构成，这两个部分在文件中是分别存储的。AVI对视频文件采用了一种有损压缩方式，但压缩比较高，因此尽管画面质量不是太好，但其应用范围仍然非常广泛。AVI支持256色和RLE压缩。AVI格式主要应用在多媒体光盘上，用来保存电视、电影等各种影像信息。

附录B Premiere常用快捷键

Premiere有大量的捷键键，笔者根据快捷键功能罗列出常用的快捷键，读者可以在操作过程中多加练习。

B1 文件操作

操作	快捷键
新建项目	Ctrl + Alt + N
打开项目	Ctrl + O
在Bridge中浏览	Ctrl + Alt + O
关闭项目	Ctrl + Shift + W
关闭	Ctrl + W
保存	Ctrl + S
另存为	Ctrl + Shift + S
捕捉	F5
批量捕捉	F6
从媒体浏览器导入	Ctrl + Alt + I
导入	Ctrl + I
导出媒体	Ctrl + M
退出	Ctrl + Q

B2 编辑操作

操作	快捷键
撤销	Ctrl + Z
重做	Ctrl + Shift + Z
剪切	Ctrl + X
复制	Ctrl + C
粘贴	Ctrl + V
粘贴插入	Ctrl + Shift + V
粘贴属性	Ctrl + Alt + V
清除	Delete
波纹删除	Shift + Delete
重复	Ctrl + Shift + /
全选	Ctrl + A
取消全选	Ctrl + Shift + A
查找	Ctrl + F
编辑原始	Ctrl + E
新建文件夹	Ctrl + /
项目窗口列表查看图标	Ctrl + PageUp(PgUp)
项目窗口放大查看图标	Ctrl + PageDown(PgDn)
在项目窗口查找	Shift + F

B3 窗口操作

操作	快捷键
项目	Shift + 1
"源"面板	Shift + 2
时间轴	Shift + 3
"节目"面板	Shift + 4
效果控件	Shift + 5
音轨混合器	Shift + 6
效果	Shift + 7
媒体预览器	Shift + 8

B4 素材操作

操作	快捷键
缩放为当前画面大小（自定义）	Q
速度/持续时间	Ctrl + R
插入	,
覆盖	.
嵌套（自定义）	Ctrl + B
编组	Ctrl + G
取消编组	Ctrl + Shift + G
音频增益	G
音频声道	Shift + G
启用	Shift + E
链接/取消链接	Ctrl + L
制作子剪辑	Ctrl + U

B5 序列操作

操作	快捷键
新建序列	Ctrl + N
渲染工作区效果	Enter
匹配帧	F
添加编辑	Ctrl + K
添加编辑到所有轨道	Ctrl + Shift + K
修整编辑	T
延伸下一编辑到播放指示器	E
默认视频转场	Ctrl + D
默认音频转场	Ctrl + Shift + D
默认音视频转场	Shift + D
提升	;
提取	'
放大	=
缩小	–
吸附	S
序列中下一段	Shift + ;
序列中上一段	Ctrl + Shift + ;

B6 帧标记操作

操作	快捷键
标记入点	I
标记出点	O
标记素材入出点	X
标记素材	Shift + /
在项目窗口查看形式	Shift + \
返回媒体浏览	Shift + *
标记选择	/
跳转到入点	Shift + I
跳转到出点	Shift + O

附录B Premiere常用快捷键

续表

操作	快捷键
清除入点	Ctrl + Shift + I
清除出点	Ctrl + Shift + O
清除入出点	Ctrl + Shift + X
添加标记	M
移动到下一个标记	Shift + M
移动到上一个标记	Ctrl + Shift + M
清除当前标记	Ctrl + Alt + M
清除所有标记	Ctrl + Alt + Shift + M

B7 字幕操作

操作	快捷键
新建字幕	Ctrl + T
左对齐	Ctrl + Shift + L
居中对齐	Ctrl + Shift + C
右对齐	Ctrl + Shift + R
制表符设置	Ctrl + Shift + T
模板	Ctrl + J
上一层的下一个对象	Ctrl + Alt +]
下一层的下一个对象	Ctrl + Alt + [
放到最上层	Ctrl + Shift +]
上移一层	Ctrl +]
放到最下层	Ctrl + Shift + [
下移一层	Ctrl + [

B8 剪辑操作

操作	快捷键
从入点播放到出点	Ctrl + Shift + Space
从播放指示器播放到出点	Ctrl + P
修剪上一个编辑点到播放指示器	Ctrl +Alt + Q
修剪下一个编辑点到播放指示器	Ctrl +Alt + W
切换到摄像机1	Ctrl + 1
切换到摄像机2	Ctrl + 2
切换到摄像机3	Ctrl + 3
切换到摄像机4	Ctrl + 4
切换到摄像机5	Ctrl + 5
切换到摄像机6	Ctrl + 6
切换到摄像机7	Ctrl + 7
切换到摄像机8	Ctrl + 8
切换多机位视图	Shift + 0
切换多有源视频	Ctrl + Alt + 0
切换多有源音频	Ctrl + Alt + 9
切换所有视频目标	Ctrl + 0
切换所有音频目标	Ctrl + 9
修整上一层	Ctrl + Right
修整上次多层	Ctrl + Shift + →
修整下一层	Ctrl + Left
修整下处多层	Ctrl + Shift + ←
停止穿梭	K
切换修整类型	Shift + T
切换全屏	Ctrl + `
前进五帧	Shift + →
右穿梭	L
后退五帧	Shift + ←
跳转上一个编辑点	Shift + ↑

续表

操作	快捷键
跳转下一个编辑点	Shift + ↓
导出单帧	Ctrl + Shift + E
重置当前工作区	Alt + Shift + 0
编辑	Alt + Shift + 1
编辑	Alt + Shift + 2
元数据记录	Alt + Shift + 3
效果	Alt + Shift + 4
项目	Alt + Shift + 5
音频	Alt + Shift + 6
颜色校正（三视图窗口）	Alt + Shift + 7
右穿梭	J
慢速右穿梭	Shift + L
慢速左穿梭	Shift + J
播放-停止	Space
播放临近区域	Shift + K
显示嵌套	Ctrl + Shift + F
最大化或恢复光标下的帧	`
最大化所有轨道	Shift + +
最小化所有轨道	Shift + −
扩大视频轨道	Ctrl + +
缩小视频轨道	Ctrl +−
前进一帧	→
后退一帧	←
清除展示帧	Ctrl + Shift + P
缩放到序列	\
设置展示帧	Shift + P
播放头右移动	↓
播放头左移动	↑
跳转到序列中的素材结束点	End
跳转到序列列中素材开始点	Home
跳转到所选素材结束点	Shift + End

495

附录C Premiere Pro 2021计算机硬件配置清单

以下示例的硬件配置为第9代计算机硬件配置，读者可以根据实际情况选择当年的对应硬件。

最低配置清单	
操作系统	Windows 10 64位
CPU	核心配置4核i3或同级AMD(i3 9100)
显卡	至少3 GB显存的nVIDIA卡或ATI卡（GTX 1660）
内存	8 GB
显示器	分辨率1920×1080真彩色显示器
磁盘空间	20 GB
浏览器	Microsoft Internet Explorer 7.0
网络	连接状态

性价比配置清单	
操作系统	Windows 10 64位
CPU	核心配置6核i5或同级AMD(i5 9400)
显卡	至少6 GB显存的nVIDIA卡或ATI卡（RTX 2060）
内存	16 GB
显示器	分辨率1920×1080真彩色显示器
磁盘空间	30 GB
浏览器	Microsoft Internet Explorer 7.0及以上
网络	连接状态

高端配置清单	
操作系统	Windows 10 64位
CPU	核心配置16核i7或同级AMD(i7 9700)
显卡	至少8 GB显存的nVIDIA卡或ATI卡（RTX 2080）
内存	32 GB
显示器	分辨率1920×1080真彩色显示器
磁盘空间	30 GB
浏览器	Microsoft Internet Explorer 7.0及以上
网络	连接状态